Das 1x1 der Unternehmenskommunikation

Mirco Hillmann

Das 1x1 der Unternehmenskommunikation

Ein Wegweiser für die Praxis

2., vollständig überarbeitete und erweiterte Auflage

Mirco Hillmann
Berlin, Deutschland

ISBN 978-3-8349-4688-1   ISBN 978-3-8349-4689-8 (eBook)
DOI 10.1007/978-3-8349-4689-8

Die Deutsche Nationalbibliothek verzeichnet diese Publikation in der Deutschen Nationalbibliografie; detaillierte bibliografische Daten sind im Internet über http://dnb.d-nb.de abrufbar

Springer Gabler
© Springer Fachmedien Wiesbaden GmbH 2011, 2017
Ursprünglich erschienen unter dem Titel „Unternehmenskommunikation kompakt"
Das Werk einschließlich aller seiner Teile ist urheberrechtlich geschützt. Jede Verwertung, die nicht ausdrücklich vom Urheberrechtsgesetz zugelassen ist, bedarf der vorherigen Zustimmung des Verlags. Das gilt insbesondere für Vervielfältigungen, Bearbeitungen, Übersetzungen, Mikroverfilmungen und die Einspeicherung und Verarbeitung in elektronischen Systemen.
Die Wiedergabe von Gebrauchsnamen, Handelsnamen, Warenbezeichnungen usw. in diesem Werk berechtigt auch ohne besondere Kennzeichnung nicht zu der Annahme, dass solche Namen im Sinne der Warenzeichen- und Markenschutz-Gesetzgebung als frei zu betrachten wären und daher von jedermann benutzt werden dürften.
Der Verlag, die Autoren und die Herausgeber gehen davon aus, dass die Angaben und Informationen in diesem Werk zum Zeitpunkt der Veröffentlichung vollständig und korrekt sind. Weder der Verlag noch die Autoren oder die Herausgeber übernehmen, ausdrücklich oder implizit, Gewähr für den Inhalt des Werkes, etwaige Fehler oder Äußerungen. Der Verlag bleibt im Hinblick auf geografische Zuordnungen und Gebietsbezeichnungen in veröffentlichten Karten und Institutionsadressen neutral.

Layout: Lisa Skellington

Springer Gabler ist Teil von Springer Nature
Die eingetragene Gesellschaft ist Springer Fachmedien Wiesbaden GmbH
Die Anschrift der Gesellschaft ist: Abraham-Lincoln-Str. 46, 65189 Wiesbaden, Germany

Vorwort

Die Globalisierung der Märkte, geopolitische Entwicklungen und digitale Transformation stellen die Unternehmen vor große Herausforderungen. Einerseits müssen sie innovativ sein, um ihre Zukunft abzusichern. Andererseits laufen sie Gefahr, ihre Kunden zu verlieren, wenn sie ihre Produkte und Dienstleistungen nicht ausreichend erklären und diese als austauschbar wahrgenommen werden.

Die Unternehmen ringen um Aufmerksamkeit, Vertrauen und Glaubwürdigkeit in der Öffentlichkeit und auf den Märkten. Die Kommunikations- und Innovationsfähigkeit ist dabei ein wichtiger Gradmesser für den Bestand und die Weiterentwicklung von Unternehmen. Hinzu kommt, dass gerade in schwierigen Unternehmenssituationen und Krisen die Medien sofort und hartnäckig auf den Plan treten und das Tempo durch die ständige Verfügbarkeit des Internets zusätzlich beschleunigt wird. Was gestern noch ein lokales Ereignis war, weitet sich heute zum nationalen oder gar internationalen Thema aus. Die Grenze zwischen der Innen- und Außenwelt eines Unternehmens löst sich auf und der Transparenzdruck nimmt zu.

Gewinner in diesem Rennen sind nur diejenigen, die nach innen und außen über ein positives Image und eine nachhaltige Reputation verfügen. Vor diesem Hintergrund ist die Kommunikation für den Unternehmenserfolg von zentraler Bedeutung. Gerade im Zuge der steigenden Informationsflut kommt es darauf an, sich mit einer individuellen, zielgruppenspezifischen Kommunikation positiv zu positionieren und von der Konkurrenz abzuheben. Denn eine negative Berichterstattung kann verheerender sein als schlechte Zahlen. Ein Unternehmen mit hoher Reputation kann eine Krise besser wettmachen als ein Unternehmen mit schwachem Profil.

Eine wirksame Kommunikation ist jedoch kein Zufallsprodukt, sondern führt immer zu der Frage: Wie müssen Inhalte gestaltet sein, damit sie für die jeweilige Bezugsgruppe interessant sind? Nur wer seine Zielgruppe jedes Mal neu absteckt, Inhalte adressatengerecht aufbereitet und über individuelle Kanäle kommuniziert, der wird erfolgreich agieren können. Es geht darum, die eigenen Werte, Leistungen und Fähigkeiten in der Öffentlichkeit zu einer glaubwürdigen Marke zu verschmelzen. Gleiches gilt für die Kommunikation nach innen: In Zeiten zunehmender Veränderungen, getrieben durch Finanz- und Wirtschaftskrisen, ist es umso wichtiger, die Mitarbeiter mit Offenheit und stringenten Argumentationslinien für notwendige Maßnahmen wie Restrukturierungsprozesse zu gewinnen und sie mitzunehmen. Beides lässt sich mit einer professionell gestalteten Unternehmenskommunikation realisieren.

Doch wo und wie treffe ich als Unternehmen meine Stakeholder? Welche Instrumente eignen sich für welche Botschaften? Wie spreche ich glaubhaft mit meiner Zielgruppe? Mit welcher Strategie baue ich ein positives Image auf? Wie kommuniziere ich in der Krise und wie lässt sich meine Arbeit messen? Antworten auf diese und weitere Fragen möchte ich Ihnen mit diesem Praxishandbuch geben.

Das Buch erläutert verständlich und übersichtlich die Theorie und Praxis der Unternehmenskommunikation. Die Themenpalette ist breit gefasst und deckt unter Berücksichtigung zahlreicher Fallbeispiele die wesentlichen Handlungsfelder der Unternehmenskommunikation ab: von Interner und Externer Kommunikation über Finanzkommunikation, Social Media, Storytelling und Issues Management bis hin zu Krisenkommunikation und Kommunikations-Controlling.

Das Buch zeigt, wie professionelle Kommunikation in der Praxis funktioniert und welchen Beitrag sie zur Wertschöpfung eines Unternehmens leistet. Die hier gesammelten Fallbeispiele aus mittelständischen und börsennotierten Unternehmen sowie Behörden und Verbänden zeigen dabei zweierlei: erstens, dass sich eine Organisation fahrlässig verhält, wenn es die Instrumente der Unternehmenskommunikation nicht nutzt, und zweitens, dass die Arbeit der Kommunikationsverantwortlichen Disziplin, Kontinuität und auch ein neues Rollenverständnis verlangt.

Kommunikationsflüsse müssen orchestriert, Wissensinnovationen koordiniert und visionäre Strukturen entwickelt werden. Der Pressesprecher avanciert beispielsweise zum Community-Manager, dessen Kompetenzen im Kontext der Digitalisierung weit über die klassische Medienarbeit hinausgehen. Multi-Stakeholder-Ansatz, ein vielschichtiges Mediaportfolio und ein intensives Content-Management kennzeichnen sein Aufgabenspektrum. Er fungiert nicht mehr nur als Sprachrohr des Unternehmens, sondern als digitaler Storyteller, der Content adressatengerecht aufbereitet, interne und externe Stakeholder involviert und dem Top-Management die richtige Bühne verschafft.

Als Einführung und komprimiertes Nachschlagewerk können Sie dieses Buch von vorne nach hinten durchlesen oder Themen gezielt nachschlagen. Abgerundet wird das Werk durch Checklisten, ein Glossar und eine Branchenübersicht mit Ansprechpartnern.

Das Buch richtet sich als Einstiegswerk an Praktiker und Studierende zugleich. Es dient als Nachschlagewerk, um theorie- und praxisorientiert eine Übersicht zu den vielfältigen Themen der Unternehmenskommunikation zu geben. Ferner möge das Buch sowohl Einsteigern als auch erfahrenen Kommunikatoren Ideen, Anregungen und neue Impulse für den Kommunikationsalltag geben.

Vorwort

An dieser Stelle bedanke ich mich herzlichst bei den Menschen, die mir mit Rat und Tat als fachliche Sparringspartner zur Verfügung standen und mit ihren Inspirationen in Gesprächen und Interviews zum Gelingen dieses Buches beigetragen haben. Ihnen ist es zu verdanken, dass dieses Buch aus der Unternehmenspraxis heraus geschrieben ist und die Themen, Entwicklungen und Fragestellungen aufgreift, welche die Kommunikationsverantwortlichen beschäftigen.

Mein besonderer Dank gilt:
Reza Ahmari (Bundespolizei), Karin Arnolds (Bayer), Ulrich Biene (Brauerei C.&A. Veltins), Kay Bommer (Deutscher Investor Relations Verband), Michael Dallwig (Freier Kommunikationsberater), Klaus Eck (Eck Consulting), Ibrahim Ghubbar (Deutscher Sparkassen- und Giroverband), Marion Grundmann (Edeka Nord), Britta Heyn (Terex MHPS), Dorothee Hutter (Deutsche Gesellschaft für Internationale Zusammenarbeit), Kerstin Jäckel-Engstfeld (Landeshauptstadt Düsseldorf), Hans Jessen (ARD Hauptstadtstudio), Alexander Jobst (FC Schalke 04), Mirko Kaminski (Agentur Achtung!), Johannes Leifert (Daimler), Christoph Meier (Lufthansa Group), Ole Müggenburg (Dederichs Reinecke & Partner), Stefan Rojacher (Kaspersky Lab), Helmut Roloff (Open Grid Europe), Sebastian Rosendahl (Flughafen Dortmund), Dr. Torsten Rössing (Ewald & Rössing), Frieder Sandel (Siemens), Prof. Dr. Christopher Storck (Hering Schuppener), Burkhard Woelki (GAZPROM Germania) und Prof. Dr. Ansgar Zerfaß (Universität Leipzig). Darüber hinaus bedanke ich mich bei Angela Meffert (Springer Gabler) für das Lektorat und Lisa Skellington für die Gestaltung dieses Buches.

Solch ein Werk entsteht in der Freizeit und am Wochenende, daher ein ganz herzlicher Dank für die Unterstützung und Geduld an meine Partnerin.

Ich freue mich über Feedback und Anregungen jeglicher Art über einen der folgenden Kanäle:

XING: www.xing.com/profile/Mirco_Hillmann
LinkedIn: www.linkedin.com/in/mirco-hillmann-06227594

Berlin, den 01. Mai 2017   **Mirco Hillmann**

Inhaltsverzeichnis

Vorwort		5
Teil A: Grundlagen der Unternehmenskommunikation		16
1.	**Unternehmenskommunikation**	18
1.1	Begriffsbestimmung	18
1.2	Historie	19
1.3	Zielgruppen	22
1.4	Aufgaben und Ziele	24
1.5	Bedeutung	27
Teil B: Kommunikation mit wichtigen Bezugsgruppen		30
2.	**Kommunikation mit den Mitarbeitern**	32
2.1	Grundlagen der Internen Kommunikation	32
2.2	Anforderungen an die Interne Kommunikation	33
2.3	Instrumente der Internen Kommunikation	35
	2.3.1 Mitarbeiterzeitung	35
	2.3.2 Intranet	36
	2.3.3 Newsletter	38
	2.3.4 Umfrage	38
	2.3.5 Blog	38
	2.3.6 Podcast/Webcast	39
	2.3.7 Wikis	40
	2.3.8 Bewegtbild	40
	2.3.9 Videokonferenz	41
	2.3.10 Social Networks	41
	2.3.11 Dialog	43
2.4	Fallbeispiel I: Crossmediales und dialogorientiertes Themenmanagement (Audi AG)	44
2.5	Fallbeispiel II: Kommunikation einer Übernahme (Terex MHPS GmbH)	46
3.	**Kommunikation mit der Öffentlichkeit**	53
3.1	Grundlagen der Externen Kommunikation	53
3.2	Anforderungen an die Externe Kommunikation	54

3.3		Instrumente der Externen Kommunikation	55
	3.3.1	Kundenmagazin	55
	3.3.2	Nachbarschaftszeitung	57
	3.3.3	Unternehmenswebsite	58
	3.3.4	Imagebroschüre	61
	3.3.5	Event	62
	3.3.6	Sponsoring und Spenden	64
3.4		Fallbeispiel I: Integriertes Kommunikationskonzept „Energie verbindet Menschen" (GAZPROM Germania GmbH)	69
3.5		Fallbeispiel II: Mit einer innovativen Kommunikationskampagne zum erfolgreichen Bürgerentscheid (Initiative „Bewahrt Fehmarn!")	76
4.		**Kommunikation mit Journalisten**	**81**
4.1		Instrumente der direkten Kommunikation	82
	4.1.1	Pressekonferenz	82
	4.1.2	Pressegespräch	84
	4.1.3	Journalistenseminar	84
	4.1.4	Redaktionsbesuch	85
4.2		Instrumente der indirekten Kommunikation	85
	4.2.1	Pressemitteilung	85
	4.2.2	Pressefoto	87
	4.2.3	Presseverteiler	88
	4.2.4	Pressecenter	89
	4.2.5	Pressespiegel	91
4.3		PR vs. Journalismus: Der richtige Umgang miteinander	92
4.4		Fallbeispiel I: Ausgezeichnete Kommunikation mit den Journalisten (Kaspersky Lab GmbH)	94
4.5		Fallbeispiel II: Erfolgreicher Mediendialog im Ausnahmezustand (Polizeipräsidium Frankfurt am Main)	97

Teil C: Spezielle Felder der Unternehmenskommunikation   **106**

5.	**Finanzkommunikation: Auf Erfolgskurs im Kapitalmarkt**	**108**
5.1	Begriffsbestimmung	108
5.2	Historie	109
5.3	Zielgruppen	110
5.4	Organisation der Finanzkommunikation	111
5.5	Aufgaben der Finanzkommunikation	112
5.6	Anforderungen an eine Finanzkommunikation	113
5.7	Grundsätze der Finanzkommunikation	114

5.8	Instrumente der Finanzkommunikation	115
5.9	Handlungsempfehlungen	118
5.10	Fallbeispiel I: Erfolgreiche Kommunikation mit dem Kapitalmarkt (Bayer AG)	120
5.11	Fallbeispiel II: Gemeinsame Aktion für die Aktie (comdirekt bank AG, BNP, Paribas S.A., ING-DiBa AG)	123

6.	**Storytelling: Mit Geschichten Unternehmen gestalten**	**127**
6.1	Begriffsbestimmung	127
6.2	Historie	128
6.3	Anforderungen an das Storytelling	129
6.4	Einsatz in der Praxis	130
	6.4.1 Planung	133
	6.4.2 Befragung	133
	6.4.3 Auswertung	135
	6.4.4 Story-Erstellung	135
	6.4.5 Validierung	137
	6.4.6 Kommunikation	137
6.5	Evaluation	137
6.6	Fallbeispiel I: Die Welt fragt, Siemens antwortet (Siemens AG)	138
6.7	Fallbeispiel II: Die Legionäre – das Rückgrat des römischen Imperiums (E.ON SE)	143

7.	**Social Media: Pflicht oder Kür der Unternehmenskommunikation?**	**148**
7.1	Begriffsbestimmung	148
7.2	Historie	149
7.3	Entwicklung und Herausforderung	150
7.4	Einsatz in der Praxis	154
7.5	Strategie und Handlungsempfehlungen	157
	7.5.1 Status quo	159
	7.5.2 Zielgruppe	159
	7.5.3 Wettbewerbsumfeld	160
	7.5.4 Zielsetzung	160
	7.5.5 Strategie	161
	7.5.6 Umsetzung	163
	7.5.7 Social-Media-Guideline	164
	7.5.8 Erfolgsmessung	167
7.6	Fallbeispiel I: Zentrale Kommunikation in einer dezentralen Organisation (Deutscher Sparkassen- und Giroverband e.V.)	169
7.7	Fallbeispiel II: Social Media im Wahlkampf (Thomas Geisel, Oberbürgermeister Stadt Düsseldorf)	174

8.	**Erfolgreiche Marken: Die Rolle der Kommunikation**	**179**
8.1	Begriffsbestimmung	179
8.2	Identität einer Marke	180
8.3	Image einer Marke	182
8.4	Positionierung einer Marke	184
8.5	Markenstrategien	187
	8.5.1 Einzelmarkenstrategie	187
	8.5.2 Dachmarkenstrategie	187
	8.5.3 Familienmarkenstrategie	188
	8.5.4 Strategien der Marken-PR	188
8.6	Instrumente der Marken-PR	190
	8.6.1 Zeitungen und Zeitschriften	191
	8.6.2 Fernsehen und Hörfunk	191
	8.6.3 Außenwerbung (Out-of-Home)	193
	8.6.4 Guerilla-Marketing	195
8.7	Neue Potenziale für die Markenkommunikation	196
8.8	Zusammenspiel von Kommunikation und Marketing	200
8.9	Fallbeispiel I: 100 Jahre Persil (Henkel AG & Co. KGaA)	203
8.10	Fallbeispiel II: Eine crossmediale, wirkungsvolle Lifestyle-PR-Kampagne (eBay Corporate Services GmbH)	209
8.11	Fallbeispiel III: Mit innovativer Eventkommunikation zum Markenerfolg (Brauerei C. & A. Veltins GmbH & Co. KG)	211
9.	**Issues Management: Risiken erkennen, Chancen nutzen**	**215**
9.1	Begriffsbestimmung	216
9.2	Aufgaben des Issues Managements	216
9.3	Entwicklung eines Issues	217
9.4	Management eines Issues	219
	9.4.1 Identifizierung und Bewertung	219
	9.4.2 Festlegung einer Handlungsstrategie	220
	9.4.3 Maßnahmenplanung und Umsetzung	221
	9.4.4 Evaluation	222
9.5	Implementierung eines Issues Managements-Systems	222
9.6	Fallbeispiel I: Aufbau eines globalen Issues Managements (Daimler AG)	223
9.7	Fallbeispiel II: Kommunikation mit dem Wutbürger (Edeka Handelsgesellschaft Nord GmbH)	226

10.	**Krisenkommunikation: Nach der Krise ist vor der Krise**		**231**
10.1	Begriffsbestimmung		231
10.2	Arten von Krisen		232
10.3	Beispiele für Krisen		233
10.4	Verlauf einer Krise		238
10.5	Risiko-Analyse		241
10.6	Krisenprävention		243
	10.6.1	Krisenstab	243
	10.6.2	Lageraum (War Room)	244
	10.6.3	Krisenübung	245
	10.6.4	Baukasten	246
10.7	Akute Krisenkommunikation		248
	10.7.1	Eintritt einer Krise	248
	10.7.2	Umgang mit der Krise	249
	10.7.3	Sprache in der Krise	250
	10.7.4	Information an die Mitarbeiter	253
	10.7.5	Information an die Journalisten	253
	10.7.6	Information an weitere Bezugsgruppen	256
10.8	Aufarbeitung der Krise		257
10.9	Fallbeispiel I: Kommunikation im Tarifkonflikt (Lufthansa Group)		258
10.10	Fallbeispiel II: Kommunikation eines Leitungsbruches (Open Grid Europe GmbH)		262
11.	**Erfolgskontrolle: Ist Kommunikation messbar?**		**266**
11.1	Begriffsbestimmung		267
11.2	Historie		267
11.3	Zielsetzung		269
11.4	Aufgaben des Kommunikations-Controllings		270
11.5	Wirkungsstufen der Kommunikation – DPRG/ICV-Bezugsrahmen		272
11.6	Instrumente des Kommunikations-Controllings		277
	11.6.1	Balanced Scorecard und Strategy Map	277
	11.6.2	Das Strategische Haus	281
	11.6.3	Medienresonanzanalyse	284
	11.6.4	Weitere Instrumente	285
11.7	Einsatz in der Praxis		287
11.8	Fallbeispiel I: Strategiefokussierung mit strategischem Zielhaus (Deutsche Gesellschaft für Internationale Zusammenarbeit GmbH)		288
11.9	Fallbeispiel II: Aufbau eines internationalen Kommunikations-Controllings (Henkel AG & Co. KGaA)		293

| Teil D: | Fazit | 298 |

12. Glaubwürdigkeit ist die wichtigste Währung — 300
Journalisten und Pressesprecher – 301
natürliche Feinde oder gute Kumpel?
Gastbeitrag von Hans Jessen,
langjähriger Korrespondent ARD-Hauptstadtstudio

| Teil E: | Checklisten und Ansprechpartner | 306 |

13. Checklisten — 308
- 13.1 Instrumente der Internen Kommunikation — 308
- 13.2 Instrumente der Externen Kommunikation — 309
- 13.3 Unternehmenswebsite — 310
- 13.4 Pressekonferenz — 311
- 13.5 Interview — 315
- 13.6 Pressemitteilung — 316
- 13.7 Agenturauswahl — 318
- 13.8 Instrumente der Finanzkommunikation — 319
- 13.9 Storytelling — 320
- 13.10 Social-Media-Guideline — 322
- 13.11 Krisenmanual — 323

14. Kommunikation mit starken Partnern: Wichtige Ansprechpartner — 326
- 14.1 Kommunikationsberatungen — 327
- 14.2 PR-Datenbanken und Presseportale — 327
- 14.3 Medienbeobachtung und -auswertung — 328
- 14.4 Corporate-Design-Agenturen — 328
- 14.5 Hochschulen und Weiterbildungsangebote — 329
- 14.6 Fachmedien — 329
- 14.7 Verbände und Organisationen — 330
- 14.8 Kontrollorgane — 331

Glossar — 332
Literaturverzeichnis — 354
Stimmen zum Buch — 370
Der Autor — 372

Teil A

Grundlagen der Unternehmens-kommunikation

1.	**Unternehmenskommunikation**
1.1	Begriffsbestimmung
1.2	Historie
1.3	Zielgruppen
1.4	Aufgaben und Ziele
1.5	Bedeutung

1. Unternehmenskommunikation

Eine zielgerichtete, professionelle Kommunikation nach innen und außen wird zunehmend als integraler Bestandteil unternehmerischer Wertschöpfung verstanden. Unabhängig von Umsatz und Größe eines Unternehmens ist sie notwendig, um sich den unternehmensrelevanten Stakeholdern (deutsch: Anspruchsgruppen) bekannt zu machen und sich als einzigartig gegenüber dem Wettbewerb zu präsentieren. Zu den Stakeholdern gehören unter anderem Mitarbeiter, Kunden, Journalisten, Politiker, Aktionäre, Geschäftspartner, Bürgerinitiativen und andere Multiplikatoren, die mit ihrem Handeln das Image und die Reputation eines Unternehmens entscheidend beeinflussen können.

Die Kommunikation hilft nicht nur bei besonderen, außergewöhnlichen Anlässen wie Fusionen oder Krisen, sondern schafft auch selbst Wert. Image und Reputation als Ergebnis der Kommunikation sind für die Unternehmen einkommenswirksam und haben daher Kapitalcharakter.

Während Konzerne in der Regel über eigene Kommunikationsabteilungen verfügen, nutzen aktuell nur wenige kleine bis mittlere Unternehmen und Institutionen die vielfältigen Möglichkeiten einer professionellen Unternehmenskommunikation, obwohl sich gerade dadurch entscheidende Wettbewerbsvorteile ergeben. Die Mehrheit der über 350.000 mittelständischen Unternehmen in Deutschland könnte durch aktive Markenführung und Kommunikation ihre Sichtbarkeit und ihren Erfolg im Markt deutlich stärken.

Der Kommunikationserfolg ist letztendlich das Ergebnis vieler Bausteine, die auch mit kleinem Budget umgesetzt werden können. Glaubwürdige und tief im Markenkern verankerte Botschaften sowie eine offene Kommunikation mit den internen und externen Stakeholdern leisten einen großen Beitrag zur Steigerung von Image und Reputation, denn eines ist im Umgang mit den Medien ganz sicher nicht Gold: kontinuierliches Schweigen.

1.1 Begriffsbestimmung

Der Begriff der Unternehmenskommunikation ist mehrdimensional und variierbar. Unterschiedliche Wissenschaftsdisziplinen wie die Wirtschafts- und Kommunikationswissenschaft, Soziologie oder Organisationspsychologie haben in den letzten Jahren verschiedene Definitionen festgelegt, die sich im Laufe der Zeit gewandelt haben.

Nach Ansgar Zerfaß beinhaltet die Unternehmenskommunikation „alle kommunikativen Handlungen von Organisationsmitgliedern, mit denen ein Beitrag zur Aufgabendefinition und -erfüllung in gewinnorientierten Wirtschaftseinheiten geleistet wird"[1].

Dieter Georg Herbst definiert den Begriff ausführlicher: „Der Begriff Unternehmenskommunikation steht für das systematische und langfristige Gestalten der Kommunikation eines Unternehmens mit seinen wichtigen internen und externen Bezugsgruppen mit dem Ziel, das Unternehmen bei diesen Bezugsgruppen bekannt zu machen und das starke und einzigartige Vorstellungsbild (Image) der Unternehmenspersönlichkeit aufzubauen und kontinuierlich zu entwickeln."[2]

Manfred Bruhn sieht die Unternehmenskommunikation als „Gesamtheit sämtlicher Kommunikationsinstrumente und -maßnahmen eines Unternehmens, die eingesetzt werden, um das Unternehmen und seine Leistungen in den relevanten internen und externen Zielgruppen der Kommunikation darzustellen"[3].

Rick E. Borchelt und Kristian H. Nielsen verstehen unter Unternehmenskommunikation keine Einbahnstraßenkommunikation, sondern wechselseitige Beziehungen: „(...) PR is the art and science of developing meaningful relationships with the public necessary for continuing the work of an organization."[4] Als sogenannter Manager of the Trust Portfolio kommuniziert sie Haltung, Einstellung, Werte und Ziele innerhalb und außerhalb der Organisation.

Die Vielzahl der Begriffsbestimmungen zeigt, dass es schwierig ist, eine Definition zu finden, die in Wissenschaft und Praxis gleichermaßen anerkannt ist. Hinsichtlich des Nutzwertes sind sich aber die meisten Wissenschaftler einig: Die Unternehmenskommunikation kennzeichnet die planmäßig zu gestaltende Beziehung zwischen dem Unternehmen und den Stakeholdern verbunden mit dem Ziel, eine vertrauensvolle Beziehung zu diesen Anspruchsgruppen aufzubauen bzw. zu erhalten, so dass sie das Unternehmen einem anderen vorziehen.

1.2 Historie

Im Laufe der Jahrzehnte hat die Unternehmenskommunikation verschiedene Entwicklungsstufen durchlaufen: von der unsystematischen Ad-hoc-Kommunikation zur integrierten und interaktiven Kommunikation.

---

[1] Zerfaß (2010), S. 287.
[2] Herbst (2003), S. 24.
[3] Bruhn (2015), S. 12.
[4] Borchelt / Nielsen (2014), S. 58 ff.

Ihren Ursprung hat die Unternehmenskommunikation in den USA, wo sie in Form der politischen Öffentlichkeitsarbeit zunächst als Möglichkeit zur Steuerung der Massen verstanden wurde. Theodor Roosevelt nutzte als erster US-Präsident die Selbstinszenierung im Sinne eines Storytellings, womit er sich von der in der Öffentlichkeit sehr formalistischen Amtsführung seiner Vorgänger löste. So ließ er 1906 seine erste Auslandsreise zur Baustelle des Panamakanals medial begleiten. Sein entfernter Cousin und Nachfolger im Präsidentenamt Franklin D. Roosevelt beraumte 1933 erstmals eine präsidiale Pressekonferenz an und betrat damit ebenso kommunikatives Neuland.[5]

Der Begründer der modernen Public Relations war der US-Amerikaner Edward Bernays, ein Neffe von Sigmund Freud. In den Nachkriegsjahren versuchte Bernays, die Wirksamkeit von Propaganda als Steuerungsmittel des Kaufverhaltens und politischer Meinungsbildung einer Massendemokratie auch in Friedenszeiten nutzbar zu machen. Um den negativ besetzten Begriff Propaganda zu vermeiden, nannte er sein Vorgehen Public Relations. Bernays prägte den Begriff des PR-Managers und verantwortete in dieser Funktion bei verschiedenen Wirtschaftsunternehmen die Öffentlichkeitsarbeit, unter anderem bei der American Tobacco Company, für die er 1929 einen der weltweit ersten PR-Coups einfädelte.

In den 1920er Jahren galt eine rauchende Frau als skandalös. Bernays brach dieses Tabu: Er engagierte für die traditionelle Osterparade auf der Fifth Avenue in New York eine Gruppe Feministinnen, die während des Umzuges aus ihren Strumpfbändern Zigaretten zogen und diese in aller Öffentlichkeit rauchten. An die Presse hatte er die Information gegeben, dass während der Parade Frauenrechtlerinnen sogenannte Fackeln der Freiheit entzünden würden. Die Fotografen waren zur Stelle und die Tageszeitungen berichteten am darauffolgenden Tag über diesen Tabubruch. Die Zigarette avancierte zum Symbol der emanzipierten Frau und Bernays Auftraggeber American Tobacco erzielte mit seiner Marke Lucky Strike gigantische Umsätze.[6]

Beeinflusst durch die weitere Professionalisierung in den USA entwickelte sich auch in Deutschland die Öffentlichkeitsarbeit. Zu den Pionieren gehörte der Kommunikationsforscher Carl Hundhausen, der 1937 die Pressearbeit beim Rüstungskonzern Krupp einführte. Als wegbereitend für die Mitarbeiterkommunikation gilt die von ihm herausgegebene Mitarbeiterzeitung, die „Kruppschen Mitteilungen". Hundhausen war später unter anderem Vorsitzender der Deutschen Public Relations Gesellschaft (DPRG), die 1958 als erster Berufsverband gegründet wurde.[7]

---

5 Vgl. Steinke (2015), S. 6 ff.
6 Vgl. Lotter (2009), S. 38-39.
7 Vgl. Steinke (2015), S. 6 ff.

In den 1950er Jahren verfügten nur wenige Unternehmen über eine eigene Stelle für Öffentlichkeitsarbeit. Die Kommunikationsmaßnahmen waren in der Regel nicht weit im Voraus geplant, sondern erfolgten meistens spontan und anlassbezogen. Die Hauptaufgabe der Kommunikationsverantwortlichen bestand darin, den Vertrieb zu unterstützen und Technologien zu erklären.

Erst in den 1960er und 70er Jahren gewann die Außendarstellung eines Unternehmens zunehmend an Bedeutung. Imagekampagnen sollten das gewünschte Marken- bzw. Unternehmensbild im Bewusstsein der Verbraucher verankern und durch die Gestaltung der Werbebotschaft erlebbar werden lassen. Im Mittelpunkt kommunikativer Überlegungen stand dabei nicht nur das Produkt, sondern auch der Kunde. Die Unternehmen versuchten, sich als klar unterscheidbare Alternative gegenüber der Konkurrenz darzustellen. Durch eine strategische Ausrichtung sollte den Konkurrenzprodukten bestenfalls die Rolle des Nachahmers zugewiesen werden.

Die wachsende Bedeutung der strategischen Ausrichtung eines Unternehmens bereitete Mitte der 1980er Jahre die Plattform für die Entwicklung und Kommunikation der Unternehmensidentität vor, die ihren Ausdruck in der sogenannten Corporate Identity fand. Dieser Begriff subsumiert alle Unternehmensaktivitäten zur Darstellung gegenüber der Öffentlichkeit, die sich in Verhalten, Kommunikation und Erscheinungsbild des Unternehmens ausdrücken. Der Grundgedanke besteht darin, ein Unternehmen möglichst klar, einheitlich und sympathisch darzustellen. Deshalb wird Corporate Identity häufig als konsequente Weiterentwicklung des Public-Relations-Gedankens aufgefasst.

Anfang der 1990er Jahre entstand das Konzept der integrierten Kommunikation, das heute bei vielen Unternehmen Anwendung findet. Darunter ist der systematisch geplante Einsatz aller Kommunikationsinstrumente zu verstehen, um durch eine „(...) in sich widerspruchsfreie und damit glaubwürdige Kommunikation ein einheitliches Erscheinungsbild bei den Zielgruppen zu erzeugen und dessen Entscheidungsverhalten positiv zu beeinflussen"[8].

Seit der Jahrtausendwende hat sich die Unternehmenskommunikation angesichts der zunehmenden Digitalisierung grundlegend neu orientieren und ausrichten müssen. Die Ein-Weg-Kommunikation hat sich zu einer multiplen Kommunikation entwickelt, indem sich die Unternehmen durch den Einsatz von Social Media neue Zugänge zu ihren Stakeholdern geschaffen haben.

---

[8] Bruhn (2015), S. 93.

Das Erlangen von Aufmerksamkeit bei den relevanten Stakeholdern, deren Einbindung in die Kommunikationsarbeit und die Schaffung von Alleinstellungsmerkmalen gegenüber der Konkurrenz in Verbindung mit neu aufkommenden Medienformaten stellen die zentralen Herausforderungen der Unternehmenskommunikation dar. Die Stakeholder sind nicht mehr passive Botschaftsempfänger, sondern sie tauschen aktiv Inhalte mit Unternehmen und anderen Konsumenten aus, kommentieren Inhalte und werden durch die Generierung eigener Inhalte selbst zu Kommunikations- und Informationsproduzenten.[9]

Auch staatliche Institutionen und Behörden sind zu Sendern, Medien und Multiplikatoren geworden. Ob Terroranschläge, Flüchtlingskrise, Pegida oder Occupy – die Öffentlichkeit und Medien wünschen sich dialogorientierte Behörden und Institutionen, die nichts verschleiern, sondern transparent informieren und kommunizieren.

Die behördliche Kommunikation hat dabei in vielen Bereichen die gleichen Mechanismen wie die Unternehmenskommunikation, so dass für die Kommunikationsverantwortlichen beider Lager die alltägliche Herausforderung darin besteht, über viele verschiedene Kanäle hinweg zu kommunizieren und die Stakeholder mit den für sie relevanten Themen abzuholen und für einen positiven Imageaufbau und -transfer zu sorgen.

1.3 Zielgruppen

Die Unternehmenskommunikation hat eine Vielzahl von Stakeholdern, für die jeweils eine spezifische, adressatengerechte Kommunikation erforderlich ist. Die Anzahl und die Zusammensetzung der Stakeholder kann dabei von Unternehmen zu Unternehmen sehr verschieden sein. Der sogenannte Stakeholder-Kompass von Lothar Rolke gibt einen guten Überblick über die für die Kommunikationsverantwortlichen relevanten Zielgruppen:[10]

---

9 Vgl. Bruhn (2016), S. 104.
10 Vgl. Rolke (2014), S. 108 ff.

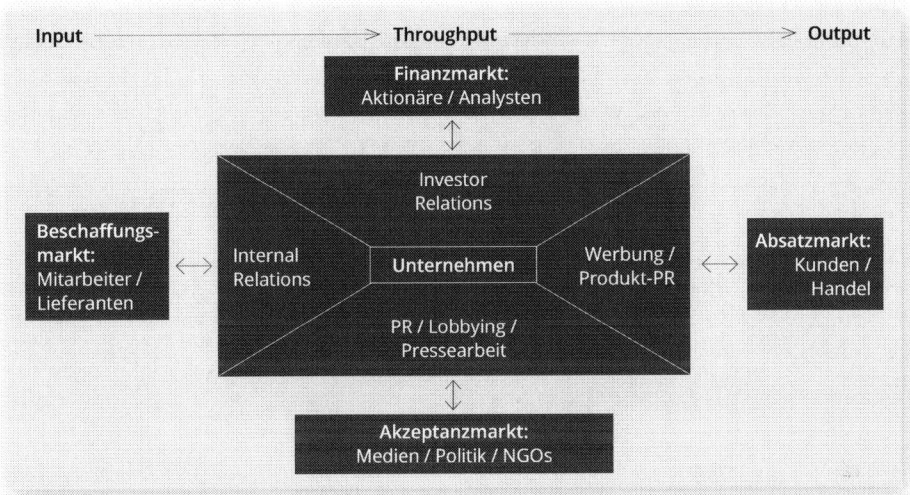

Abb. 1: Der Stakeholder-Kompass zeigt die relevanten Zielgruppen der Unternehmenskommunikation auf (Quelle: In Anlehnung an Rolke, 2014).

Der Stakeholder-Kompass dient dazu, aus einer Vielzahl möglicher Zielgruppen die für die Unternehmenskommunikation wichtigsten Stakeholder zu identifizieren, um die Beziehungen zu diesen Gruppen aufzubauen und bei Bedarf zu optimieren. Der Kompass besteht aus zwei Achsen: Die horizontale Achse reicht vom Absatzmarkt bis zum Beschaffungsmarkt und die vertikale Achse bildet den Finanzmarkt und den Akzeptanzmarkt ab. Die Unternehmenskommunikation richtet sich an die damit verbundenen Zielgruppen.[11]

Langfristig gesehen sind die Kunden eine der wichtigsten Zielgruppen eines Unternehmens, da sie unentbehrlich für die Erwirtschaftung von Umsatz und Gewinn sind. Hierbei sollten entsprechend der horizontalen Achse nicht nur die Beziehungen zu den Kunden oder Lieferanten erfasst, sondern auch eine Verknüpfung zwischen dem Absatzmarkt und dem Beschaffungsmarkt aufgebaut werden. Diese Verknüpfung lässt sich durch die Rückkoppelung von Kundenbedürfnissen durch entsprechendes Mitarbeiter- bzw. Organisationsverhalten ermöglichen.[12]

In Zeiten zunehmender Veränderungen nehmen die Mitarbeiter eine zentrale Rolle ein, da sie durch den Austausch mit ihrem Umfeld entscheidend zum Image und zur Reputation des Unternehmens beitragen. Ihre Loyalität gegenüber dem Arbeitgeber und ihre Bereitschaft zur aktiven Mitgestaltung sind entscheidend für den Unternehmenserfolg. Funktioniert diese Rückkoppelung nicht, dann entstehen Widerstände und Brüche.[13]

---

11 Vgl. Rolke (2014), S. 108.
12 Vgl. ebd.
13 Vgl. ebd.

Entsprechend der vertikalen Achse müssen die Unternehmen zum einen ihren Investoren glaubhaft vermitteln, dass eine hinreichende Chance auf Gewinnerzielung besteht, und dies entsprechend begründen. Gleichzeitig muss das Unternehmen der breiten Öffentlichkeit und ihren Repräsentanten vermitteln, dass das Renditemotiv nicht die Gemeinwohlinteressen gefährdet.[14] Denn was die Analysten auf der einen Seite erfreut, nämlich ein sich kontinuierlich verbesserndes EBIT, kann schnell zu Kritik der anderen Anspruchsgruppe führen, indem zum Beispiel die Medienvertreter ein von der Unternehmensleitung initiiertes Stellenabbauprogramm in der öffentlichen Berichterstattung kritisieren.

Solange kein umfassendes Stakeholder-Mapping vorliegt, sind die Kommunikationskanäle nachgeordnet zu betrachten. Damit der Dialog mit allen Stakeholdern reibungslos funktioniert, müssen den Kommunikationsverantwortlichen die individuellen Interessen der einzelnen Zielgruppen sowie die Beziehungsgeflechte bekannt und vertraut sein. Sie schaffen mit der Kommunikation nur dann einen unternehmerischen Mehrwert, wenn sie über umfangreiche Kenntnisse der jeweiligen Stakeholder verfügen und ihre individuellen Bedürfnisse erfüllen.[15]

1.4 Aufgaben und Ziele

Die Unternehmenskommunikation gliedert sich je nach Unternehmensgröße und strategischem Stellenwert in verschiedene Aufgabenbereiche. Dabei fungieren die einzelnen Bereiche auch als Servicedienstleister für andere Abteilungen, indem sie ihnen Spezialwissen aus der Organisation liefern, kommunikativ beraten oder ihre Kommunikationskanäle für bereichsübergreifende Themen zur Verfügung stellen, zum Beispiel wenn der Bereich Corporate Social Responsibility (CSR) seine neue Nachhaltigkeitsstrategie über die Kanäle der Internen Kommunikation in die Belegschaft hinein kommunizieren möchte oder der Bereich Investor Relations die Plattformen der Externen Kommunikation für den Dialog mit den Finanzjournalisten nutzen möchte.

Am Anfang einer fundierten und nachhaltigen Unternehmenskommunikation steht die Verabschiedung einer Kommunikationsstrategie, welche die eigene Kommunikation mit den Unternehmenszielen verknüpft. Genau genommen handelt es sich um einen Kommunikationsplan für die Unternehmensbotschaften, mit denen bestimmte Zielgruppen erreicht werden sollen. Die Formulierung einer Kommunikationsstrategie bedeutet dabei auch, sich über die Potenziale von Kommunikation bewusst zu werden, das Budget und die Zeit richtig einzuteilen und eine regelmäßige Erfolgskontrolle durchzuführen. Fehlt eine Strategie, dann fehlt auch der rote Faden in der Kommunikation.

---

14 Vgl. Rolke (2014), S. 109 ff.
15 Vgl. ebd.

Eine allein für das Marketing konzipierte Produktkommunikation lässt beispielsweise Chancen ungenutzt, das Unternehmen auch als guten Arbeitgeber oder als Technologieführer zu platzieren. Eine nur auf den Vorstandsvorsitzenden bzw. Geschäftsführer fokussierte Kommunikation kann sich im Falle eines Personalwechsels wiederum negativ auf das Markenimage auswirken. Daher gilt: Eine Kommunikationsstrategie hat nicht einzelne Unternehmensbereiche oder Personen, sondern das Gesamtunternehmen im Blick.

In der Praxis wird die Kommunikationsstrategie samt Aufgabenfeldern und Zielen von der Unternehmenskommunikation als zuständige Fachabteilung entwickelt und umgesetzt, während die Unternehmensziele von der Geschäftsführung verabschiedet werden. Die Voraussetzung für die Entwicklung und Umsetzung einer praxistauglichen Kommunikationsstrategie ist die kritische Selbstanalyse des Unternehmens, indem kommunikative Stärken und Schwächen ermittelt werden (erfolgreiches Alleinstellungsmerkmal gegenüber Wettbewerber vs. Wettbewerbsdruck infolge schrumpfender Absatzmärkte).

Eine solide Unternehmenskommunikation fußt auf drei Säulen:

1. Sie verfügt über eine Kommunikationsstrategie, die konkrete Ziele definiert.

2. Sie besitzt einen organisatorischen und personellen Rahmen, zu dem auch die Verknüpfung zu den internen und externen Stakeholdern gehört, beispielsweise zu den Fachabteilungen innerhalb des Unternehmens oder zu den Vertretern aus Politik, Medien und Wirtschaft.

3. Ihre Aufgaben setzt sie in Form von verschiedenen adressatengerechten Kommunikationsmaßnahmen um, mit denen sie ihre Botschaften bei den Stakeholdern nachhaltig platziert.

Alle Bereiche der Unternehmenskommunikation zielen letztendlich darauf ab, ein positives Image durch vorausschauende, geplante und geordnete Aktivitäten und die damit verbundene Vermittlung und Verbreitung von Informationen zu bilden und zu festigen. Dafür müssen fortlaufend kommunikative Anlässe geschaffen werden, um das Unternehmen und seine Marke bei den entsprechenden Zielgruppen ins Gespräch zu bringen sowie ein Meinungsbild und eine Umgebung zu schaffen, in der das Unternehmen und seine Marke wirtschaftlich erfolgreich agieren können.

Um die übergreifenden Unternehmensziele möglichst effektiv zu unterstützen, muss die Kommunikation grundsätzlich als Managementaufgabe begriffen werden, indem der Bereich Unternehmenskommunikation organisatorisch der Geschäftsführung zugeordnet ist und alle Kommunikationsaktivitäten auf die Unternehmensstrategie ausgerichtet sind.

Im Grunde genommen ist es bei der Unternehmenskommunikation wie bei der Musik. Sie kann zwar gehört werden, muss aber nicht zwangsläufig verstanden werden. Was bei einem guten Orchester der Dirigent ist, sind bei guter Kommunikation die Strategie sowie die damit verbundenen Ziele und Botschaften. Aus diesem Grund sollten die Kommunikationsverantwortlichen klare Botschaften festlegen und vermitteln, damit wie im Konzertsaal die richtigen Töne beim Publikum ankommen.

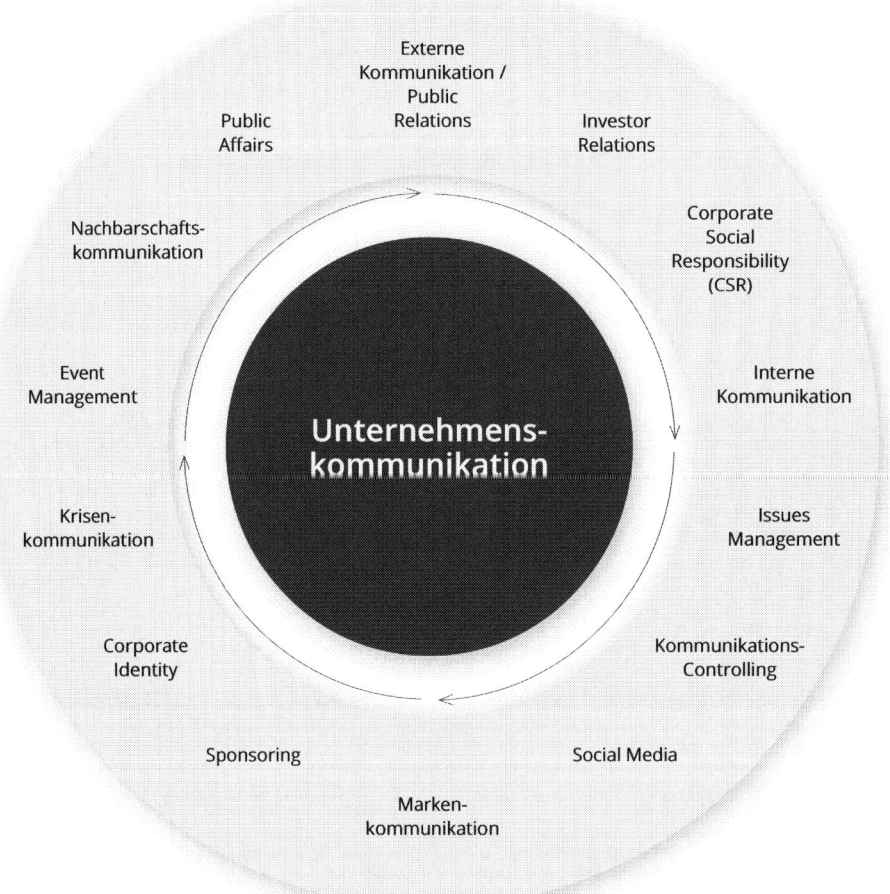

Abb. 2: Funktions- und Aufgabenbereiche der Unternehmenskommunikation (Quelle: Eigene Darstellung).

1.5 Bedeutung

Mit der zunehmenden Komplexität der Unternehmenswelt ist auch die Bedeutung der Kommunikation in den vergangenen Jahren rasant gestiegen. Die Gründe dafür sind vielschichtig:

Einerseits hat sich für viele Unternehmen die Situation auf den Absatzmärkten dramatisch verschärft. Es wird immer schwieriger, das eigene Angebot in der Fülle der konkurrierenden Marken sichtbar zu machen. Deshalb besteht eine der zentralen Aufgaben der Unternehmenskommunikation darin, dem Unternehmen und seinem Produkt durch vielfältige, mitunter auch außergewöhnliche Maßnahmen ein positives Alleinstellungsmerkmal gegenüber der Konkurrenz zu verschaffen. Dabei steht nicht mehr nur die Frage nach qualitativ hochwertigen Produkten im Fokus, sondern der Kunde möchte sich vielmehr auch mit dem Unternehmen und seiner Marke identifizieren können.

Andererseits führt der Wettbewerbsdruck auch dazu, dass sich Unternehmen noch schlanker und effizienter aufstellen müssen. Neue Strategien, Restrukturierungs- und Effizienzprogramme sind die Folge und die Verunsicherung innerhalb der Belegschaft ist oftmals groß. Damit die Mitarbeiter solche Veränderungen nicht nur mittragen, sondern auch motiviert vorantreiben, müssen sie diese verstehen. Dafür bedarf es einer transparenten, direkten Kommunikation zwischen Unternehmensleitung und Belegschaft.

Nach dem Risk Barometer der Allianz Versicherung rangieren Reputationsrisiken auf Platz 7 der größten Gefahren für die Unternehmen weltweit, noch vor betriebsbedingten Unfällen (Platz 8), politischen, sozialen Unruhen/Krieg (Platz 9) sowie Diebstahl, Betrug, Korruption (Platz 10).[16] Demnach ist die Reputation eines Unternehmens entscheidend für den wirtschaftlichen Erfolg. Nimmt sie Schaden, dann wirkt sich dies mitunter auch negativ auf die wirtschaftliche Entwicklung aus.

Abseits dessen sind die Kommunikationsaufgaben mit der zunehmenden Digitalisierung wesentlich komplexer geworden. Der Kunde ist beispielsweise ein aktiver Teilnehmer geworden. Er wählt seine Inhalte nicht nur selbst aus, sondern teilt diese, gibt Kaufempfehlungen und möchte jederzeit mit den Unternehmen in den Dialog treten können. Wenn er eine Frage oder eine Beschwerde hat, dann will er eine Antwort bekommen, und das schnell, freundlich und kompetent. Kurzum: In der neuen Medienwelt haben die digitalen Kanäle die alte Einbahnstraßenkommunikation beiseite gefegt. Und mit der steigenden Zahl von Enthüllungswebsites (WikiLeaks, The Intercept, Bellingcat etc.) ist für die Unternehmen jederzeit die Gefahr gegeben, dass unethisches Verhalten in das Blickfeld der Öffentlichkeit rückt.

---

16 Vgl. Allianz SE und Allianz Global Corporate & Specialty SE (2016), S. 1 ff.

Vor Hintergrund dieser Entwicklung ist eine professionelle Kommunikation von großer Bedeutung, da sie entscheidend für den Unternehmenserfolg ist. Die Unternehmen sind dabei mehr denn je gefordert, klare Entscheidungen zu treffen, über welche Kanäle sie aktiv kommunizieren, bei welchen sie nur dabei sind und von welchen sie sich fernhalten. Ob Mitarbeiter, Kunde, Journalist oder Analyst – die Botschaften des Unternehmens müssen zielgruppenspezifisch aufbereitet und konsistent über verschiedene Kanäle adressatengerecht kommuniziert werden.

Zusammenfassung

›) Die Unternehmenskommunikation ist die zielgerichtete, professionelle Kommunikation nach innen und außen, die für einen positiven Imageaufbau und eine nachhaltige Reputation eines Unternehmens sorgt.

›) Die Unternehmenskommunikation fußt dabei auf drei Säulen: Sie verfügt über eine Kommunikationsstrategie, die ihre Ziele definiert. Sie besitzt einen organisatorischen Rahmen, zu dem auch die Verknüpfung zu den internen und externen Stakeholdern gehört, und ihre Aufgaben werden in Form von verschiedenen Kommunikationsmaßnahmen umgesetzt, mit denen die Botschaften bei den internen und externen Stakeholdern platziert werden.

›) Die Unternehmenskommunikation wird durch die Digitalisierung zunehmend komplexer. Aus der Ein-Weg-Kommunikation ist eine multiple Kommunikation mit verschiedenen internen und externen Stakeholdern entstanden. Die Kommunikationsverantwortlichen avancieren dabei zu Community-Managern, deren Kompetenzen im Kontext der Digitalisierung weit über die klassische Medienarbeit hinausgehen.

›) Für die Ansprache der unternehmensrelevante Stakeholder ist eine zielgruppenspezifische, transparente und glaubwürdige Kommunikation über verschiedene Kanäle hinweg erforderlich, welche die Stakeholder langfristig an das Unternehmen und seine Marken bindet.

Teil B

Kommunikation mit wichtigen Bezugsgruppen

2. Kommunikation mit den Mitarbeitern

2.1 Grundlagen der Internen Kommunikation
2.2 Anforderungen an die Interne Kommunikation
2.3 Instrumente der Internen Kommunikation
2.4 Fallbeispiel I
2.5 Fallbeispiel II

3. Kommunikation mit der Öffentlichkeit

3.1 Grundlagen der Externen Kommunikation
3.2 Anforderungen an die Externe Kommunikation
3.3 Instrumente der Externen Kommunikation
3.4 Fallbeispiel I
3.5 Fallbeispiel II

4. Kommunikation mit Journalisten

4.1 Instrumente der direkten Kommunikation
4.2 Instrumente der indirekten Kommunikation
4.3 PR vs. Journalismus: Der richtige Umgang miteinander
4.4 Fallbeispiel I
4.5 Fallbeispiel II

2. Kommunikation mit den Mitarbeitern

Die kommunikative Einbindung der Mitarbeiter in das Geschehen eines Unternehmens ist für den wirtschaftlichen Erfolg unabdingbar. Ein Mitarbeiter, der sich mit seinem Arbeitgeber und dessen Produkten identifiziert, trägt als Botschafter durch seine positiven Äußerungen im beruflichen und privaten Umfeld zur reputationsstiftenden Außendarstellung des Unternehmens bei. Somit ist die Kommunikation mit den eigenen Mitarbeitern eine wesentliche Voraussetzung für eine erfolgreiche Kommunikation nach außen.

Wurde die Interne Kommunikation früher eher stiefmütterlich behandelt, so hat sie in den vergangenen Jahren im Zuge fortlaufender Veränderungsprozesse und veränderten Mediennutzungsverhaltens stark an Bedeutung und Professionalität gewonnen. Dabei hat sie sich von einer Ergebnis- zu einer Prozesskommunikation entwickelt.[17]

Ein Großteil der Unternehmen hat inzwischen erkannt, dass die frühzeitige kommunikative Einbindung der Mitarbeiter und die Informationsvermittlung über verschiedene Kanäle hinweg einen entscheidenden Wettbewerbsvorteil darstellen. Vor diesem Hintergrund wird die Bedeutung der Internen Kommunikation in den nächsten Jahren weiter zu nehmen. Dabei agieren die Kommunikationsverantwortlichen nicht mehr ausschließlich als Übermittler von Nachrichten, sondern als Initiatoren von internen Kommunikationsbeziehungen, strategische Berater der Unternehmensleitung und Führungskräfte sowie als Vermittler zwischen Chefetage, Mitarbeitern und Betriebsräten.

2.1 Grundlagen der Internen Kommunikation

Die Interne Kommunikation ist die Sache aller im Unternehmen Beschäftigten und umfasst sämtliche Kommunikationsprozesse, die sich innerhalb der Belegschaft abspielen. Die Mitarbeiter erwarten zu allen unternehmerischen Entscheidungen umfassende Informationen, Aussagen mit Substanz und Verlässlichkeit, individuell auf ihre Belange zugeschnittene Medienangebote sowie Informationen und Services, die ihren Arbeitsalltag erleichtern.

Die Hauptaufgabe der Internen Kommunikation besteht darin, die Mitarbeiter im Sinne einer dialogorientierten Kommunikation frühzeitig über wesentliche Entwicklungen und Ereignisse zu informieren, die sie und das Unternehmen betreffen. Dabei gilt: intern vor extern. Mitarbeiter erhalten wichtige Informationen immer zuerst, im Falle gesetzlicher Bestimmungen genauso schnell wie Externe.

---

17 Vgl. Herbst (2014a), S. 29.

Grundsätzlich sollte die Interne Kommunikation Chefsache sein, d.h., sie muss aus organisatorischer Sicht direkt der Unternehmensführung zugeordnet sein. Ist sie irgendwo im Unternehmen angesiedelt, dann dauert es mitunter zu lange, bis Informationen aus der Führungsebene bei den Mitarbeitern ankommen, und es verzögern sich Entscheidungsprozesse, die für die Arbeit wesentlich sind.[18]

2.2 Anforderungen an die Interne Kommunikation

Mit Unterstützung der Internen Kommunikation müssen insbesondere Veränderungsprozesse innerhalb des Unternehmens zeitnah, offen, direkt und vor allem verlässlich kommuniziert und kontinuierlich kommunikativ begleitet werden. Fühlen sich die Mitarbeiter schlecht informiert, können sie ihr Vertrauen in das Unternehmen verlieren und sich auch nach außen negativ über das Unternehmen äußern, womit ein externer Image- und Reputationsverlust einhergehen kann.

Um die Ziele der Internen Kommunikation umzusetzen, bedarf es einer klaren Rollenverteilung, Kontinuität und Konsequenz. Vorab müssen Schlüsselrollen und Kompetenzen definiert sowie Verantwortlichkeiten und Abläufe geklärt sein. Das Informationswesen innerhalb eines Unternehmens sollte klar in Grundregeln untergliedert sein und die Mitarbeiter in den Informationsfluss einbinden, um einen optimalen Ablauf zu gewährleisten.

Eine zeitnahe, transparente und dialogorientierte Kommunikation mit der Belegschaft ist wichtiger denn je. Dafür müssen folgende Anforderungen erfüllt sein:[19]

Die Interne Kommunikation muss ...

1) systematisch geplant sein: Interne Kommunikation darf nicht einfach so passieren, sondern sie muss strategisch geplant und geordnet sein sowie vorausschauend erfolgen. Alle Beteiligten (Geschäftsleitung, Personalabteilung, Betriebsrat) müssen abgestimmt kommunizieren. Hierfür ist ein gesamtheitliches, strategisches Kommunikationskonzept unerlässlich.

2) frühzeitig erfolgen: Interne Kommunikation bewirkt umso mehr, je früher sie beginnt. Erfolgt eine Information zu spät, kann dies für die Kommunikation negative Konsequenzen haben. Daher gilt der Grundsatz: Mitarbeiter erhalten wichtige Informationen über das Unternehmen immer zuerst. Im Falle gesetzlicher Bestimmungen (zum Beispiel deutsches Wertpapierhandelsgesetz) gilt: Die Mitarbeiter müssen genauso schnell und gut informiert werden wie Externe.

---

18 Vgl. Herbst (2014a), S. 167 ff.
19 Vgl. ebd., S. 155 ff.

›) verständlich sein: Die Botschaften müssen allgemein verständlich formuliert sein, denn komplexe, in Fachchinesisch formulierte Anliegen werden von der Belegschaft oftmals nicht verstanden und abgelehnt.

›) aktiv sein: Die Interne Kommunikation unterliegt dem Grundsatz „Agieren vor Reagieren", da nur so Falschinformationen, Vorurteile und Fehleinschätzungen bereits im Vorfeld verhindert werden können.

›) sachlich richtig sein: Die zu kommunizierenden Daten und Fakten müssen im Sinne einer transparenten Kommunikation korrekt und überprüfbar sein.

›) glaubwürdig sein: Die Informationen müssen offen und direkt ausgetauscht werden. Wichtig ist ein glaubwürdiger kommunikativer Austausch im Unternehmen, der sorgsam entwickelt werden muss. Denn Meinungen festigen sich nur dann, wenn sie langfristig aufgebaut sind und von oberster Stelle vorgelebt werden.

›) problemorientiert sein: Interne Kommunikation dient dem Austausch, der auch kritisch geführt werden muss. Sie sollte daher nicht im Sinne einer Hofberichterstattung fungieren, sondern Hintergründe kritisch hinterfragen. Schlechte Nachrichten sollen dabei weder dramatisiert noch heruntergespielt werden. Es zählen Fakten und kompetente Erklärungen.

›) kontinuierlich erfolgen: Interne Kommunikation ist dauerhaft, d.h., es wirkt wenig vertrauenerweckend, wenn sich jemand nur dann zu Wort meldet, wenn es aus seiner Sicht vorteilhaft ist. Das Vertrauen muss erarbeitet und langfristig bestätigt werden.

Wichtig: Bei außergewöhnlichen Ereignissen wie zum Beispiel der Ankündigung eines Vorstandswechsels oder Restrukturierungsprogramms muss sich die Interne Kommunikation von der alltäglichen Regelkommunikation unterscheiden. Nicht die reine Informationsvermittlung, sondern die Beteiligung der Mitarbeiter am anstehenden Veränderungsprozess steht im Vordergrund. Besonders die mittlere Managementebene und die Führungskräfte müssen frühzeitig umfassend informiert werden, da sie, so das Ergebnis einer Umfrage der Unternehmensberatung Mutaree, Veränderungsprojekte besonders häufig blockieren.[20] Verläuft die Interne Kommunikation nicht in geordneten Bahnen oder erfolgt sie zu spät, dann kann dies das Betriebsklima nachhaltig negativ beeinflussen. Mangelnder Dialog und eine verspätete Reaktion sind dabei oftmals die Hauptursache für eine gescheiterte Veränderungskommunikation.[21]

---

20 Vgl. Gülde (2010), S. 12.
21 Vgl. ebd., S. 14.

2.3 Instrumente der Internen Kommunikation

In der Internen Kommunikation steht den Kommunikationsverantwortlichen eine Vielzahl von Instrumenten zur Verfügung. Neben der klassischen Mitarbeiterzeitung und dem Intranet gehören insbesondere Dialogveranstaltungen und Bewegtbildformate zu den erfolgversprechendsten Instrumenten der Mitarbeiterkommunikation. Nachfolgend erhalten Sie einen Überblick über die wesentlichen Instrumente der Internen Kommunikation.

2.3.1 Mitarbeiterzeitung

Die Mitarbeiterzeitung ist eine der ältesten etablierten Medien der Internen Kommunikation. Sie bietet Hintergrundinformationen zu aktuellen Unternehmensthemen sowie Anregungen und Hilfestellungen für die tägliche Arbeit. Dies geht einher mit der Vorstellung von Fachabteilungen und Projektteams sowie Stellungnahmen der Unternehmensleitung, wobei die Mitarbeiterzeitung nicht als Sprachrohr der Chefetage verstanden werden sollte.

Die Mitarbeiterzeitung darf Inhalte nicht nur aus Sicht der Chefetage wiedergeben, sondern sie muss gerade kontroverse, kritische Themen aus unterschiedlichen Perspektiven des Unternehmens beleuchten. Steht ein Unternehmen beispielsweise vor einem tiefgreifenden Veränderungsprozess, dann sollte die anstehende Veränderung nicht eindimensional erklärt, sondern durch eine Auseinandersetzung zwischen Vorstand, Betriebsrat und Mitarbeitern, gern auch einem externen Experten, abgebildet werden. Der Energie-Konzern E.ON setzt beispielsweise bei konzernweiten Change-Programmen eigene Projekt-Newsletter ein und in der Mitarbeiterzeitung E.ON World gibt es entsprechende Themenschwerpunkte mit Interviews der Projektverantwortlichen und der Unternehmensleitung.

Grundsätzlich empfehlen sich journalistisch aufbereitete Texte, die das Unternehmensgeschehen für die Belegschaft auf unterhaltsame und authentische Art und Weise greifbar und erlebbar machen. Die Mitarbeiterzeitung muss ehrliche Informationen liefern und auch heikle Themen behandeln. Ist dies nicht der Fall, dann verliert sie schnell ihre Glaubwürdigkeit.[22]

Im Zuge der digitalen Transformation hat sich auch das älteste Medium der Internen Kommunikation gewandelt. Die Devise der Kommunikationsverantwortlichen lautet: Online statt Print. So hat der Technologiekonzern Siemens sein gedrucktes Mitarbeitermagazin SiemensWelt eingestellt.

---

22 Vgl. Steinke (2015), S. 116 ff.

Seit 2016 erscheint das Magazin nur noch in digitaler Form. Die Inhalte für das Online-Magazin fließen dabei in eine konzernweit einheitliche Intranet-Plattform ein, welche die rund 350.000 Mitarbeiter täglich mit individualisierten, persönlichen Nachrichten versorgt. Durch die Benutzerauthentifizierung erkennt das System, in welchem Land, in welcher Einheit und in welcher Funktion der Mitarbeiter tätig ist.

Arbeitet beispielsweise ein Mitarbeiter im Vertrieb von Windkraftanlagen in Südafrika, so erhält er auf seiner Intranet-Startseite lokale Nachrichten aus Südafrika und zur Windenergie sowie landesübergreifende Nachrichten aus dem Gesamtkonzern, die konzernweite Relevanz besitzen. An gleicher Stelle findet der Mitarbeiter einen direkten Zugang zum Siemens Social Network, mit dem das Unternehmen dem zunehmenden Bedürfnis der Mitarbeiter nach neuen Dialogmöglichkeiten in Echtzeit Rechnung trägt.[23]

Auf diese Entwicklung haben auch die Kommunikationsverantwortlichen anderer Unternehmen reagiert, indem sie Online-Ausgaben ihrer Mitarbeiterzeitungen mit integrierter Social Software eingeführt haben. Dies ist aber nur sinnvoll, wenn ein redaktioneller Mehrwert in Form von tagesaktuellen Geschichten gegenüber Print gegeben ist und der Austausch zwischen Redaktion und Leserschaft kontinuierlich durch neue Dialogformate und eine stärkere inhaltliche Einbindung, zum Beispiel in Form eines Leser-Reporters, gefördert wird.

Es geht nicht mehr nur darum, Inhalte von Ausgabe zu Ausgabe zu planen und in möglichst ansprechende Formate zu bringen. Die Inhalte müssen fortgeschrieben und über verschiedenste Kanäle verbreitet werden, um dann wieder in der Mitarbeiterzeitung aufgegriffen zu werden. Ob digital oder gedruckt – eine gute Mitarbeiterzeitung muss schlussendlich auf authentische Art und Weise informieren und unterhalten, sonst wird sie schlichtweg nicht gelesen.

2.3.2 Intranet

Das Intranet hat sich neben der klassischen Mitarbeiterzeitung als Leitmedium der Internen Kommunikation etabliert. Denn die Informationen müssen für die Mitarbeiter jederzeit und überall verfügbar sowie auf dem aktuellsten Stand sein. Mitarbeiterzeitung, Schwarzes Brett und Infobriefe reichen allein nicht mehr aus. Da unternehmerische Entscheidungen immer schneller getroffen werden, muss auch der Informationsaustausch immer rascher erfolgen.

---

23 Vgl. Förster (2016), S. 24 ff.

War das Intranet Anfang der 1990er Jahre oftmals eine intransparente, unstrukturierte Informationssammlung, in dem die Kommunikation nach dem sogenannten Einbahnstraßenprinzip (vom Sender zum Empfänger) erfolgte, so hat es sich inzwischen zu einer interaktiven Kommunikationsplattform entwickelt, die mit verschiedenen Tools wie Chats oder Videokonferenzen eine direkte Übertragung und einen Austausch von Informationen in Echtzeit ermöglicht. Im Sinne eines vernetzten Arbeitens wird das Intranet um Social Network als neue digitale Form des Zusammenarbeitens erweitert (siehe Kapitel 2.3.10).

Für die Mitarbeiter ergibt sich der Mehrwert des Intranets durch nachfolgende Eigenschaften:[24]

- ›) Verfügbarkeit: Das Intranet ist jederzeit, überall und kostenlos nutzbar. Fast jeder Mitarbeiter kann Informationen abrufen und sich mit Kollegen austauschen, ohne an einen Ort gebunden zu sein.

- ›) Serviceorientierung: Das Intranet hält nicht nur aktuelle Nachrichten und Informationen aus der Unternehmenswelt bereit, sondern bietet mitarbeiterbezogene Services an, zum Beispiel Wissensdatenbank, Sprachendienst, Urlaubsanträge, Reisebuchung oder Büromaterialbestellung.

- ›) Multimedialität: Die Integration von Videos, Grafiken, Fotos und Animationen ermöglicht eine erlebnisreiche Inszenierung von Unternehmensgeschichten. So kann die schriftliche Rede des Vorstandsvorsitzenden mit Fotos, Grafiken und Bewegtbild ergänzt werden oder er kommuniziert direkt in Echtzeit via Videobotschaft Richtung Belegschaft.

- ›) Vernetztheit: Das Intranet kann mit anderen Netzen und Technologien verbunden werden, Stichwort: Social Network. Hierbei stehen anders als beim herkömmlichen Intranet die dynamische Wissensvermittlung und interaktive Zusammenarbeit im Vordergrund. Die Inhalte werden nicht nur zentral durch eine Redaktion zur Verfügung gestellt, sondern auch von den Mitarbeitern selbst erstellt und mitgestaltet. Das bestehende Intranet kann zum Beispiel um projektspezifische Communities ergänzt werden, in denen sich die Projektmitarbeiter an der Kommunikation und Ergebnisfindung aktiv beteiligen.

Grundsätzlich gilt: Im Intranet muss jegliche Art von Information mit nur wenigen Mausklicks erreichbar sein. Oftmals besteht die Gefahr, dass zum Beispiel Fachbereiche im Intranet ihre eigenen Wege gehen und der Mitarbeiter erraten muss, in welchem Bereich er welche Information findet. Deshalb sollte das Intranet über eine einfache,

---

24 Vgl. Herbst (2014a), S. 190 ff.

übersichtliche Architektur verfügen. Neben einem überschaubaren Maß an Ober- und Unterkategorien sollten die Benutzerpfade einer einheitlichen Logik und Struktur folgen. Die Themen müssen vernünftig verschlagwortet sein, so dass die Mitarbeiter auf Anhieb wissen, welche Information sich hinter welchem Navigationspunkt verbirgt. Besonders wichtige Inhalte sollten prominent auf der Startseite im sichtbaren Non-Scroll-Bereich abgebildet sein, der übrige Content sollte durch Auswahl und Prioritätensetzung gewichtet sein. Die Mitarbeiter müssen den Eindruck gewinnen, dass das Intranet laufend redaktionell gepflegt und mit neuen Inhalten versehen wird. Nur dann werden sie es auch täglich aufsuchen.

2.3.3 Newsletter

Der Newsletter versorgt die Mitarbeiter einheitlich und zeitgleich mit umfassenden Informationen zum Unternehmensgeschehen. Er ist ein gutes Kommunikationstool, um die Belegschaft auch anlassbezogen, zum Beispiel bei personellen oder strukturellen Veränderungen im Unternehmen, kurzfristig zu informieren. Analog zum Intranet sollte der Newsletter einem einheitlichen Corporate Design folgen und die Inhalte übersichtlich und interaktiv aufbereiten, zum Beispiel durch eine Kombination aus Unternehmensnachricht, Grafik und Animation sowie Videobotschaft des Geschäftsführers bzw. Vorstandsvorsitzenden.

2.3.4 Umfrage

Ein geeignetes Mittel zur Steigerung der Interaktivität sind regelmäßig wechselnde Mitarbeiterumfragen in Form von sogenannten Multiple-Choice-basierten „Quick Polls" (drei Antwortmöglichkeiten pro Frage) zu aktuellen Unternehmensthemen (Was erwarten Sie von dem anstehenden Veränderungsprozess? Haben Sie Sorgen und Ängste? Fühlen Sie sich von der Internen Kommunikation gut informiert?). Einerseits werden die Mitarbeiter dazu motiviert, ihre Meinung abzugeben, andererseits werden den Kommunikationsverantwortlichen wertvolle Rückschlüsse für ihre Arbeit gegeben.

2.3.5 Blog

Während der Blog in den USA für viele Unternehmen zum Herzstück der Kommunikation geworden ist, fristet er in Deutschland zumindest im Bereich der Außendarstellung ein stiefmütterliches Dasein. Dabei bietet der unternehmenseigene Blog vielfältige Möglichkeiten der Kommunikation, indem er zum Beispiel in der B2B-Kommunikation die eigenen Angebote in den Kontext der aktuellen Marktentwicklungen stellt und Wissen vermittelt.

Die Interne Kommunikation setzt häufig auf Blogs, die sich unter anderem in CEO- und Mitarbeiter-Blogs unterteilen. Der CEO-Blog dient insbesondere der Vermittlung von Informationen durch die Unternehmensleitung. In Mitarbeiter-Blogs können die Mitarbeiter einen Einblick in ihren Arbeitsalltag geben und verschiedene Unternehmensthemen diskutieren. Die Blogs können durch Videos und Fotos ergänzt werden, Kommentarfunktionen ermöglichen schnelle Reaktionen auf Beiträge. Dadurch bietet sich für die Kommunikationsverantwortlichen die Gelegenheit, Mitarbeitermeinungen und Stimmungsbilder aus dem Unternehmen schnell zu erfassen, um im Bedarfsfall adäquat darauf reagieren zu können.

Ob intern oder extern: Je nutzwertiger, lebendiger und auch kontroverser auf dem Blog kommuniziert wird, desto mehr werden sich die Besucher auch per Kommentar zu Wort melden. Dafür müssen die Kommunikationsverantwortlichen nicht nur bloggerechte Geschichten mit hochwertigen Infografiken, Bildern und Videos produzieren, sondern auch öffentliche Debatten durch ein entsprechendes Agenda-Setting initiieren und sich daran mit Kommentaren beteiligen. Darüber hinaus sollten sie auch mal fremd bloggen, indem andere Blogs abonniert und kommentiert sowie Blog-Plattformen wie LinkedIn Pulse oder Facebook Notes getestet und in die eigene Blog-Strategie einbezogen werden. Auch die Zusammenarbeit mit Gastautoren oder Content-Partnerschaften bieten gute Möglichkeiten, mit neuen Stakeholdern in Kontakt zu treten.

2.3.6 Podcast/Webcast

Bei dem Begriff Podcast handelt es sich um ein Kunstwort, das sich aus Pod für „play on demand" und cast, abgekürzt vom Begriff Broadcast (Rundfunk), zusammensetzt. Hierbei handelt es sich um eine Serie von Audio- bzw. Videodateien, die im Internet oder Intranet über einen Feed automatisch bezogen werden können. Auch wenn eine direkte Interaktion fehlt, eignet sich ein Podcast gut für die anschauliche Vermittlung von komplexen Inhalten gepaart mit einem täglichen oder wöchentlichen Update, auf das die Mitarbeiter jederzeit zugreifen können.

Der Begriff Webcast ist eine Wortkreation aus Web und Broadcast. Im Gegensatz zum Podcast handelt es sich beim Webcast um einen Service für Live-Übertragungen. Angelehnt an eine Fernseh- oder Radiosendung im Internet ermöglicht der Webcast eine direkte Interaktion mit dem Publikum. Der Industriekonzern ThyssenKrupp nutzt beispielsweise den Webcast „Vorstand on Air" für den direkten Austausch mit der Belegschaft. Der Vorstand des Geschäftsbereichs Materials Services steht den Mitarbeitern in Deutschland, Österreich und Schweiz regelmäßig zu aktuellen Unternehmensthemen 90 Minuten lang live Rede und Antwort.

2.3.7 Wikis

Bei Wikis handelt es sich analog zum externen Wikipedia um ein Content-Management-System, das originär der Wissensvermittlung innerhalb des Unternehmens dient. Die Mitarbeiter können Einträge zu bestimmten Themen erstellen und diese im Sinne des Wissenserwerbs laufend aktualisieren und mit weiteren Online-Quellen verlinken. Ein Vorteil besteht darin, dass sich Informationshierarchien durch das öffentliche Bereitstellen von Informationen auflösen und die Mitarbeiter nicht im Silodenken verharren.

2.3.8 Bewegtbild

Das größte Potenzial der Internen Kommunikation liegt in der Glaubwürdigkeit der Information. Vor diesem Hintergrund hat das Thema Bewegtbild in der Unternehmenskommunikation stark an Bedeutung gewonnen. Denn Bewegtbilder sind authentisch, emotional sowie überraschend und bringen die Botschaften auf den Punkt, kurzum: Ein Film sagt oftmals mehr als 1.000 Worte.

Dies hat inzwischen auch ein Großteil der Kommunikationsverantwortlichen erkannt. So zeigt der PR-Trendmonitor 2016 von news aktuell, einer Tochtergesellschaft der Deutschen Presse-Agentur (dpa), und der PR-Beratung Faktenkontor, dass die Bedeutung von Bewegtbildern in der Mitarbeiterkommunikation zugenommen hat. 58 Prozent der befragten Unternehmen planen den Ausbau des Intranets und die Implementierung neuer Medien wie Audio- und Video-Angebote.[25]

Größere Unternehmen wie Daimler, BASF oder Deutsche Bahn verfügen seit Langem über hauseigenes Fernsehen (Mitarbeiter-TV), das für Außendienstschulungen oder für die anlassbezogene Verkündung von Unternehmensnachrichten genutzt wird. Der Elektronikkonzern Philips hat mit BlueTube eine YouTube-ähnliche Videoplattform für die Interne Kommunikation eingeführt, welche die 115.000 Mitarbeiter weltweit jeden Tag mit Bewegtbildmaterial zu verschiedenen Unternehmensthemen versorgt. Jeder Mitarbeiter kann dabei selbst Videos einstellen, editieren, Gruppen einrichten, teilen und liken. Dabei dient BlueTube auch dem internen Wissensmanagement, in dem zum Beispiel Infofilme zu neuen Produkten gezeigt werden.

Darüber hinaus dienen Bewegtbilder der emotionalen Ansprache an die Belegschaft und verleihen der zu vermittelnden Information mehr Glaubwürdigkeit und Authentizität. Mitarbeiter, die beispielsweise die Unternehmensleitung live im Bild erleben, nehmen die Botschaften positiver auf als in Form eines mitunter schöngefärbten

---

25 Vgl. Kümmel (2009), S. 121.

Artikels in der Mitarbeiterzeitung. Dabei lassen sich im Vergleich zur Printkommunikation komplexe Sachverhalte verständlicher und unterhaltsamer transportieren. Gerade bei der kommunikativen Begleitung von Veränderungsprozessen wird häufig auf Bewegtbild zurückgegriffen, um den Mitarbeitern die mitunter sehr komplexen Themengebiete verständlich und mittels einer emotionaleren Gestaltung greifbar und erlebbar zu vermitteln.[26]

Die Bedeutung von Bewegtbild wird zukünftig weiter zunehmen. Nach Auskunft des deutschen Digitalverbandes Bitkom rufen drei von vier Internet-Nutzern regelmäßig Videos ab und der US-amerikanische Netzwerk-Ausrüster Cisco prognostiziert einen rasanten Anstieg von Bewegtbild im Internet: Der globale Datenverkehr mit Bewegtbildmaterial soll sich von 2016 bis 2019 vervierfachen: von 21.600 Petabytes auf 89.300 Petabytes. Ein Petabyte entspricht einer Million Gigabytes.[27]

2.3.9 Videokonferenz

Die Videokonferenz ist ein beliebtes internes Kommunikationsinstrument, das zwar nicht das persönliche Gespräch ersetzt, aber am ehesten die Anforderungen einer ganzheitlichen Kommunikation erfüllt. Der große Vorteil besteht darin, dass Meetings in kleinen Gruppen weltweit ohne Reisezeiten und -kosten möglich sind. So können die Mitarbeiter zum Beispiel Online-Tagungen live von ihrem Arbeitsplatz aus verfolgen, Fragen stellen und sich an Diskussionen beteiligen oder mit entfernt ansässigen Zielgruppen kommunizieren.

2.3.10 Social Networks

Ob Enterprise 2.0, New Work oder Arbeiten 4.0 – die Begrifflichkeiten für das vernetzte Arbeiten innerhalb der Unternehmen sind vielschichtig. Der Begriff Social Network fasst die digitale Entwicklung am treffendsten zusammen. Unter Social Networks ist der Einsatz von unternehmenseigenen Social-Media-Plattformen zu verstehen, die den Wissensaustausch und die soziale Interaktion innerhalb einer Organisation ermöglichen, gemäß der Devise: raus aus dem Silo, rein ins Netzwerk.

Plattformen wie zum Beispiel Yammer (Microsoft) oder Facebook@work bieten neben bekannten Funktionen wie Newsfeeds, Nachrichten und Veranstaltungen integrierte Kollaborationslösungen wie Media- und File-Sharing, Online-Umfragen, Wikis und Blogs, in denen Fachthemen oder Projekte veröffentlicht und diskutiert werden kön-

---

26 Vgl. Kümmel (2004), S. 121.
27 Vgl. FAZ (2016/20), S. 31.

nen. Diese Funktionalitäten aus Social Media werden mit dem Intranet vereint und zunehmend auch in Mitarbeiter-Apps integriert, die eine Ergänzung zu den bestehenden Kommunikationskanälen darstellen.

Der Weg zum vernetzten Arbeiten ist jedoch kein Selbstläufer. Wie jeder andere Veränderungsprozess muss auch die Einführung einer neuen Arbeitsplattform entsprechend moderiert und begleitet werden, zum Beispiel in Form von Schulungen, Seminaren sowie Aufklärungs- und Motivationskampagnen. Im Fokus steht die Entwicklung einer Unternehmensphilosophie, die auf Selbstorganisation und Partizipation der Belegschaft im Sinne einer transparenten, bereichsübergreifenden Zusammenarbeit setzt. Damit sind Social Networks vor allem ein kulturelles Thema, das von den Kommunikationsverantwortlichen fortlaufend unterstützt und begleitet werden muss.

Als eines der ersten deutschen Unternehmen hat die Deutsche Telekom bereits in 2012 Social Networks eingeführt. Ziel war es, weltweit alle Mitarbeiter des Konzerns an einem Ort zusammenzuführen, an dem sie unabhängig Wissen und Informationen teilen können und an der Weiterentwicklung des Unternehmens mitwirken. Diese Transparenz erforderte ein kulturelles Umdenken auf allen Ebenen. Herausgekommen ist das interaktive Social Intranet „you and me" (YAM), das 2016 von der DPRG mit dem Deutschen Preis für Online-Kommunikation ausgezeichnet wurde.[28]

Das Herzstück der globalen, mehrsprachigen Plattform ist eine intelligente Startseite, die mittels eines sogenannten News-Aggregatoren die relevanten Inhalte für jeden Nutzer individuell zusammenstellt. Die Relevanz wird durch die Organisationszugehörigkeit und Themen bestimmt, an denen der Mitarbeiter auf der Plattform beteiligt ist oder sich einbringt. Ergänzend dazu werden zentrale Unternehmensinformationen veröffentlicht. Der Vorteil der personalisierten Startseite besteht darin, dass der Mitarbeiter die für ihn relevanten Informationen zum richtigen Zeitpunkt erhält und somit eine Informationsüberflutung von vornherein vermieden wird. Im YAM kommunizieren die Mitarbeiter über alle Hierarchie- und Bereichsgrenzen hinweg und fungieren selbst als Autoren.

Bei der Einführung von YAM handelte es sich nicht um einen bloßen Relaunch des bestehenden Intranets, sondern um eine signifikante Veränderung der gesamten Organisation, indem eine neue Form der Belegschaftskommunikation entstanden ist. Ein Beispiel hierfür ist der Blog „Tim's Base" vom Vorstandsvorsitzenden Tim Höttges. Die Belegschaft kann hier verschiedene Themen platzieren, diskutieren und Feedback geben. Die Initiative „Buche Tim" ermöglicht dabei das Einbringen von Themen, Ideen und Verbesserungsvorschlägen, die direkt mit dem Vorstand diskutiert werden können. Die Mitarbeiter können ihren obersten Chef für die Besprechung ihrer Themen sprichwörtlich buchen, was sich positiv auf die Mitarbeitermotivation und Identifi-

---

28 Vgl. Derno (2016), S. 56 ff.

kation mit dem Unternehmen auswirkt. Die Mitarbeiter erhalten die Informationen direkt und ungefiltert vom Management, das wiederum unmittelbares Feedback aus der Belegschaft bekommt. Eine Win-win-Situation.[29]

Für die erfolgreiche Einführung von Social Networks ist die Schaffung von Akzeptanz auf allen Unternehmensebenen die wichtigste Voraussetzung. Dies bedarf einer intensiven Vorbereitung, gezielter Maßnahmen und Kampagnen sowie einer kontinuierlichen Begleitung durch die Kommunikationsverantwortlichen. Eine besondere Rolle kommt dabei den Führungskräften zu, beginnend bei der Unternehmensleitung. Sie müssen als Vorbild agieren, indem sie Social Network selbst nutzen und ihre Mitarbeiter dabei im Berufsalltag unterstützen. Die Haltung der Führungskräfte gegenüber der Plattform ist ganz entscheidend für die weitere unternehmensweite Umsetzung, indem die Mitarbeiter für das Thema sensibilisiert und von der Sinnhaftigkeit überzeugt werden. Die Deutsche Telekom setzt dabei unter anderem auf zielgruppenspezifische Trainingsangebote und Mentoren-Programme, bei denen weniger Social-Media-affine Mitarbeiter durch erfahrene Kollegen unterstützt werden.

Grundsätzlich müssen die Kommunikationsverantwortlichen das Thema Social Network als langfristige strategische Aufgabe verstehen, indem die Plattform laufend an die Bedürfnisse der Belegschaft angepasst wird. Dazu gehört es auch, Kritik ernst zu nehmen, um den eingeschlagenen Kurs unter Umständen zu korrigieren. Welche Aktivitäten im Detail notwendig sind, mag bei jedem Unternehmen unterschiedlich ausgeprägt sein, abhängig von den Barrieren, die es zu überwinden gilt. Sind jedoch einmal nachhaltige Lösungen erzielt, zeigen sich wie im Fall der Deutschen Telekom schnell die Vorteile: lebendiger Dialog, weniger Doppelarbeit sowie mehr Transparenz in der täglichen Arbeit.

2.3.11 Dialog

Das persönliche Gespräch ist und bleibt der Königsweg im Bereich der Internen Kommunikation, da Informationen direkt an die Belegschaft vermittelt und deren Feedback eingeholt werden kann.

Große Veränderungsprojekte wie eine Restrukturierung oder Neuausrichtung eines Unternehmens erfordern einen direkten, kontinuierlichen Dialog mit allen Beteiligten, indem zum Beispiel bei einer Belegschaftsversammlung Fragestellungen, Sorgen und Bedenken der Mitarbeiter direkt durch die Unternehmensleitung erörtert und diskutiert werden. Selbstverständlich gehören auch Instrumente wie Intranet, Flyer und Projektzeitungen zum Kommunikationsmix. Doch sie allein können die Veränderungen nicht vermitteln, sondern haben eher eine flankierende Funktion.

---

29 Vgl. Derno (2016), S. 56 ff.

Das direkte Treffen mit dem Vorstandsvorsitzenden oder Geschäftsführer ist die authentischste Form der Kommunikation mit der Belegschaft. Hierbei sollte der Protagonist aber nicht nur als bloßer Ankündigungsminister auftreten, sondern der Maxime „Sagen und Machen" folgen. Ausgehend von der Teilnehmerzahl empfiehlt es sich, dass der Vorstandsvorsitzende oder Geschäftsführer sich symbolisch auf einer Ebene mit seinem Publikum bewegt (keine Bühne, Podium), um somit keine Berührungsängste seitens der Mitarbeiter aufkommen zu lassen.

Im Sinne einer offenen Feedbackkultur muss er die Mitarbeiter dazu einladen, sich aktiv einzubringen, Rückmeldung zu geben, Vorschläge zu machen und Fragen zu stellen. Er muss beweisen: Ich bin einer von euch. Denn nur im offenen, vertrauensvollen Umgang miteinander lassen sich unternehmerische Herausforderungen gemeinsam bewältigen. Der direkte, offene Dialog zwischen ihm und der Belegschaft muss bei allen Kommunikationsaktivitäten im Vordergrund stehen. Das Feedback der Mitarbeiter gibt den Kommunikationsverantwortlichen dabei eine gute Orientierungshilfe für die eigene Arbeit, indem Schwachstellen identifiziert, Optimierungspotenziale aufgezeigt und entsprechende Maßnahmen umgesetzt werden.

2.4 Fallbeispiel I: Crossmediales und dialogorientiertes Themenmanagement (Audi AG)

Im Zuge einer organisatorischen Neustrukturierung der AUDI AG haben die Kommunikationsverantwortlichen des Ingolstädter Automobilherstellers den Bereich Interne Kommunikation Anfang 2014 neu aufgestellt.

Der Ausgangspunkt waren mehrtägige Workshops mit Unterstützung externer Berater, in denen das bestehende Mediaportfolio auf den Prüfstand gestellt und eine neue Kommunikationsstrategie samt Spielregeln und Key Performance Indicators (KPIs) entwickelt wurde. Im Fokus der Neuausrichtung stand eine dialogorientiertere Mitarbeiterkommunikation mittels neuer, innovativer Kommunikationskanäle.

Das Kommunikationsteam reflektierte im ersten Schritt die eigene Arbeit und führte eine unternehmensweite Mitarbeiterbefragung durch, welche der Identifizierung von Schwachstellen und Optimierungspotenzialen diente (Wie oft nutzen Sie welche Kanäle? Welche Themen interessieren Sie? Welche neuen Medienformate wünschen Sie sich?).

Im zweiten Schritt wurden neue Rollenprofile für das zwölfköpfige Kommunikationsteam festgelegt. Ein Mitarbeiter beschäftigt sich ausschließlich mit dem Themenfeld Strategie, indem er unter anderem die Weiterentwicklung des Führungsleitbildes unterstützt und die Strategiefelder des Unternehmens kommunikativ begleitet. Eine Mitarbeiterin fungiert als direktes Bindeglied zum Betriebsrat, indem sie die kommunikativen Bedürfnisse der Mitarbeitervertretung bedient. Ein Kollege widmet sich ausschließlich der Entwicklung neuer Medien- und Kommunikationsformate und der Identifizierung von Trends.

Trotz dieser verschiedenen Aufgabenfelder haben alle Kommunikationsverantwortlichen eins gemeinsam: Sie arbeiten crossmedial und tauschen sich täglich beim sogenannten Daily Meeting über die bestmögliche mediale Vernetzung und Umsetzung von mitarbeiterrelevanten Themen aus. In der redaktionellen Berichterstattung haben sie sich dem Online-First-Prinzip verpflichtet, d.h., die Freigabe eines Textes erfolgt immer innerhalb von zwölf Stunden, so dass die Aktualität der Meldungen stets gewährleistet ist.

Hinsichtlich der Neugestaltung des Mediaportfolios haben die Kommunikationsverantwortlichen das interne TV-Magazin Audi Journal eingeführt, das alle zwei Wochen Fernsehbeiträge mit unternehmensrelevanten Themen aus Technik und Forschung, aber auch zu Arbeit, Hobbys oder zum sozialen Engagement der Mitarbeiter ausstrahlt. Sofern ein neues Automodell vorgestellt wird, erhält die Belegschaft einen Tag vor Ende der Geheimhaltung einen exklusiven Einblick. Damit trägt das Kommunikationsteam der zunehmenden Bedeutung von Bewegtbild Rechnung. Allein 2015 haben die Kommunikationsverantwortlichen rund 300 Fernsehbeiträge produziert, davon 180 für die Mitarbeiterkommunikation.

Neben dem Bewegtbild nehmen auch Social Networks eine wichtige Rolle im Kommunikationsmix des Ingolstädter Premiumherstellers ein. So wurde das Intranet-Portal Audi mynet neu aufgesetzt und mit einer Reihe innovativer Social-Network-Komponenten versehen. Das Portal ist personalisierbar, denn hinter jedem Passwort versteckt sich eine individuelle Rolle mit Rechten. Die Startseite ist für jeden gleich, seine bevorzugten Tools und Favoriten stellt sich aber jeder Mitarbeiter selbst zusammen.

In dem Kollaborationstool Audi Team diskutieren die Mitarbeiter verschiedene Unternehmensthemen, tauschen sich zu Projekten aus und entwickeln gemeinsam Lösungen. Um auch die weniger online-affinen Mitarbeiter für Social Network zu gewinnen, organisierten die Kommunikationsverantwortlichen regelmäßig Schulungen, die den Mitarbeitern den Mehrwert für ihren Arbeitsalltag aufzeigten. Darüber hinaus wurden die Auszubildenden des Unternehmens einbezogen. In sogenannten Reverse Mentorings erklären die Azubis auf Wunsch ihren Vorgesetzten im Alter +45 die Funktionalitäten der neuen Online-Welt.

Abgesehen von den Medienformaten haben sich auch die Inhalte geändert. Die Mitarbeiter wünschen mehr Informationen über das Unternehmen hinaus, aus der Branche und dem Wettbewerbsumfeld gepaart mit emotionalen, bewegenden Geschichten, zum Beispiel die Geschichte über den Mauerspringer von Berlin, die anlässlich des 25-jährigen Jubiläums des Mauerfalls veröffentlicht wurde. Der DDR-Grenzsoldat Conrad Schumann, der während des Baus der Berliner Mauer in den Westen sprang und dessen Foto um die Welt ging, hat 25 Jahre bei Audi gearbeitet. Sein Sohn und seine beiden Enkel sind noch heute für das Unternehmen tätig. Die Geschichte bewegte nicht nur die Audi-Belegschaft, sondern interessierte auch die Medienvertreter, die mehrfach über die Familie Schumann berichteten.

Auf der Agenda des Kommunikationsteams steht aber nicht nur die Information, sondern auch die Wertschätzung und Motivation der Mitarbeiter. So werden jedes Jahr Familientage mit einem bunten Rahmenprogramm organisiert, dazu erfolgen Ticket-Verlosungen zu begehrten Sport-Events wie die Heimspiele des Fußball-Rekordmeisters Bayern München oder die Rennen der Deutschen Tourenwagen-Meisterschaft, die zugleich auf die Sponsoringaktivitäten von Audi einzahlen.

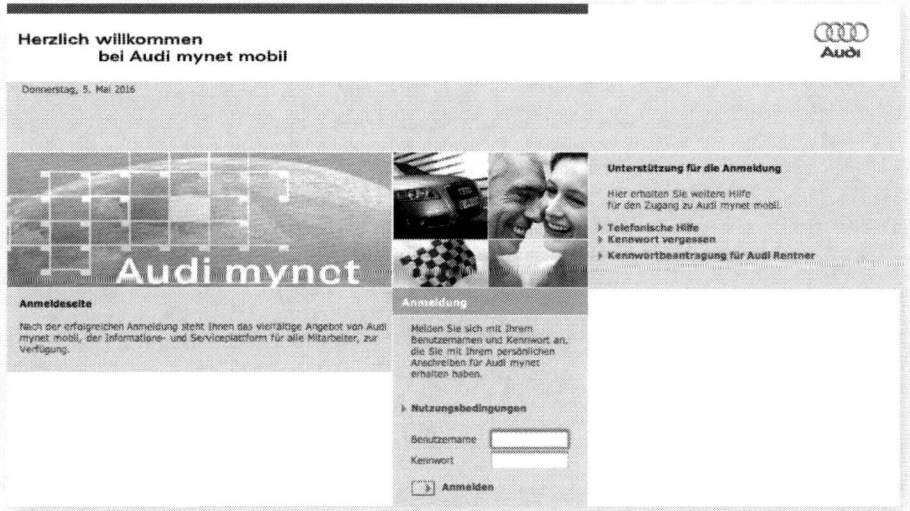

Abb. 3: Das Intranet-Portal Audi mynet ist ein wichtiger Kanal im dialogorientierten Themenmanagement des Automobilherstellers Audi (Quelle: Audi, 2016).

2.5 Fallbeispiel II: Die Kommunikation einer Übernahme (Terex MHPS GmbH)

Unternehmerisches Wirtschaften und betriebliches Management vollziehen sich unter ganz anderen Voraussetzungen als noch vor wenigen Jahren. Gerade Reorganisationsprojekte erfordern besondere Mechanismen der Planung, Steuerung, Kommunikation und Führung.

Ein gutes Beispiel hierfür ist die Übernahme und Integration der ehemaligen Demag Cranes AG in die US-amerikanische Terex Corporation. Dabei war der international operierende Kranhersteller selber ein Produkt vieler Veränderungen: Nach der Übernahme von Mannesmann durch Vodafone erwarben die Technologie-Konzerne Siemens und Bosch die Maschinenbausparte von Mannesmann. Eine Holding, an der Siemens und die Private-Equity-Gesellschaft KKR beteiligt waren, übernahm 2002 die Unternehmen Demag Cranes & Components GmbH und Gottwald Port Technology GmbH, die 2006 unter dem neuen Dach der Demag Cranes AG an die Börse gebracht wurden. Zwei Jahre später gelang Demag Cranes der Aufstieg in den deutschen Aktienindex MDAX.

Das Unternehmen mit Standorten unter anderem in Düsseldorf und Wetter blieb von den Auswirkungen der Finanzkrise 2009 nicht verschont und führte eine größere Restrukturierung unter dem damaligen Vorstandsvorsitzenden Aloysius Rauen durch. 2011 sah sich Demag Cranes dann einer Übernahmeofferte der Konkurrenten Terex (USA) und Konecranes (Finnland) ausgesetzt. Nachdem Demag Cranes zunächst mit einer Abwehrstrategie reagierte, erhielt der amerikanische Maschinenbaukonzern Terex im Mai 2011 den Zuschlag. Aufgrund von Zugeständnissen wie Standort- und Jobgarantien einigten sich die Vorstände beider Unternehmen einvernehmlich auf die Übernahme, die im August 2011 vollzogen wurde.

Einerseits sorgte die Übernahme innerhalb der Demag-Cranes-Belegschaft für große Verunsicherung. Der Verlust der Unabhängigkeit drohte, dazu eine starke kulturelle Veränderung, denn das deutsche Traditionsunternehmen sollte Teil eines großen US-Konzerns werden. Für die Verantwortlichen beider Unternehmen stellte dies eine große kommunikative Herausforderung dar. Für sie stand fest: Wenn die Belegschaft die mit der Übernahme verbundenen Veränderungen nicht wirklich mitträgt und nur halbherzig umsetzt, dann würden die Reibungsverluste während der Integration der Demag Cranes in den Terex-Konzern zu großen Problemen führen.

Andererseits stellte für Terex die Übernahme von Demag Cranes die größte Transaktion der Unternehmensgeschichte dar. Das Unternehmen war seit den 1990er Jahren durch Zukäufe stark gewachsen, allerdings war Demag Cranes das bislang größte Unternehmen. Dementsprechend erklärten die Amerikaner die Übernahme zur Chefsache und stellten einen eigenen Vice President Integration ab, der über viele Monate hinweg am Düsseldorfer Unternehmenssitz arbeitete und das eigens einberufene Integrationsteam koordinierte.

Die wichtigste Aufgabe der Geschäftsführung und der Kommunikationsverantwortlichen bestand darin, den Ängsten und Widerständen der Belegschaft mit einer klaren, richtungsweisenden Kommunikation zu begegnen. Ziel war es, Akzeptanz für die Übernahme zu schaffen, die Mitarbeiter in die neue Terex-Welt mitzunehmen und die Führungskräfte zur Kommunikation mit ihren Mitarbeitern zu befähigen.

Im ersten Schritt fand am Standort Düsseldorf eine Belegschaftsversammlung mit dem Terex-Finanzvorstand Phil Widman, Terex-Personalleiter Kevin Barr und Brian Henry, Leiter Unternehmensentwicklung, statt. Sie verkündeten gleich zu Beginn die wichtigste Botschaft: Das Geschäft der Demag Cranes werde nicht beschnitten, sondern um das Hafengeschäft von Terex erweitert. Konkret: Der Düsseldorfer Kranhersteller werde vom Nischen- zum Systemanbieter im Sinne einer Portfolio-Erweiterung um Containerbrücken, Portalstapler und -hubwagen, Schwerlaststapler, Schüttgutlademaschinen und sogenannte Hoppern unter dem neuen Geschäftsbereichsnamen Terex Port Solutions entwickelt.

Dieser Schritt markierte eine sinnvolle Ergänzung zu den Hafenmobilkranen, automatisierten Containertransportfahrzeugen und Stapelkranen aus Düsseldorf. Aus strategischer Sicht war dies eine schlüssige Entscheidung und somit auch eine nachvollziehbare Geschichte für die Kommunikation nach innen und außen. Mit der vollständigen Übertragung des Hafengeschäfts erhielten die Düsseldorfer neue Standorte in China, Italien und Frankreich. Im Geschäftsbereich Terex Material Handling (Industriekrangeschäft) blieb Demag als Produktname mit dem Zusatz „A Terex Brand" erhalten.

Ebenfalls sehr früh beschloss die Unternehmensleitung von Terex die Einrichtung eines Integrationsteams, bestehend aus 18 Mitarbeiterinnen und Mitarbeitern beider Unternehmen, die in Vollzeit an der Integration arbeiteten und durch zahlreiche Fachkräfte unterstützt wurden.

Die Hauptaufgabe bestand in der Vereinheitlichung von Strukturen und Prozessen in Einkauf, Personal und Finanzen sowie die Implementierung eines einheitlichen Corporate Designs im Innen- und Außenauftritt des Unternehmens. Ebenfalls im Integrationsteam angesiedelt war die prozessbegleitende Kommunikation. Durch die Einrichtung des Integrationsteams wurde gewährleistet, dass alle für den Veränderungsprozess relevanten Informationen an einer Stelle zusammenliefen und die Kommunikationsmaßnahmen frühzeitig abgestimmt werden konnten.

Die Kommunikationsverantwortlichen beider Unternehmen waren sich einig, dass die Notwendigkeit und der Mehrwert der anstehenden Veränderungen jederzeit klar, offen und überzeugend kommuniziert werden mussten. Sie erarbeiteten dafür eine an die Zielgruppe angepasste Kommunikation, die zum Ziel hatte, eine Brücke zu schlagen zwischen der altvertrauten Demag-Welt und der neuen Terex-Welt. Die Ausgangslage und Zielsetzung wurde in entsprechend prägnante und allgemeinverständliche Kernbotschaften formuliert, welche die Grundlage für die gesamte Kommunikation bildeten.

Um das Demag-Cranes-Team persönlich willkommen zu heißen und den Mitarbeitern zu ermöglichen, sich schnell persönlich zu vernetzen, wurden unter anderem mehr Demag-Cranes-Führungskräfte als üblich zur jährlichen Terex-Leadership-Konferenz eingeladen. Dazu fanden weltweit Business Summits statt, um den neuen Mitarbeitern gemeinsam mit den alteingesessenen Teammitgliedern Terex-Standards wie Compliance-Richtlinien und Business-Prozesse zu vermitteln und auch hier wiederum die persönliche Vernetzung zu ermöglichen.

Außerdem startete das Integrationsteam eine umfassende, auf die Gesamtbelegschaft ausgerichtete Kommunikationsoffensive. Die Kommunikationsverantwortlichen veröffentlichten mehrere Hintergrundartikel in den bereits unter Demag Cranes etablierten Kommunikationskanälen sowie im konzernweiten Terex-Intranet, welche das neue Segment und die zukünftige, strategische Rolle der ehemaligen Demag Cranes innerhalb der Terex-Gruppe thematisierten.

Der damalige Terex-CEO Ronald DeFeo verwies auf die Synergieeffekte der Übernahme, dazu wurde das Integrationsteam mit all seinen Funktionen und den anstehenden Aufgaben vorgestellt. Ein kommunikativer Schwerpunkt lag dabei auf der Vermittlung des sogenannten Terex Way, der sich aus den sechs Unternehmenswerten Integrität, Respekt, Verbesserung, Führung als Dienst an anderen, Mut und gesellschaftliche Verantwortung zusammensetzte.

Mit Blick auf den bereits bestehenden Wertekatalog von Demag Cranes war dies ein sensibles Thema, so dass sich die Kommunikationsverantwortlichen auf einen persönlichen, direkten Dialog und Austausch mit der Belegschaft fokussierten. So besuchten amerikanische und deutsche Führungskräfte in ihrer Funktion als Integrationsbeauftragte bei einer Roadshow die deutschen Standorte, um die Unternehmenswerte der Belegschaft persönlich vorzustellen und zu diskutieren.

Für die kommunikative Begleitung dieser und weiterer Veränderungsprozesse wie die Schaffung eines zentralen Einkaufs oder die Vereinheitlichung der Personalinstrumente galt es, neue Formate der Unternehmenskommunikation zu entwickeln, um die Mitarbeiter in den Veränderungsprozess einzubinden und Informationen im Dialog zu erarbeiten und zu vermitteln.

So wurde das interne Mediaportfolio von Terex um nachfolgende Instrumente erweitert:

1) Integration Telegram: Der Newsletter informierte die Belegschaft regelmäßig über den laufenden Integrationsprozess und erste Projekterfolge.

1) Videopodcast: Der Podcast diente der Vorstellung des neuen Segmentpräsidenten Steve Filipov, der regelmäßig Informationen zur Integration und den damit einhergehenden Veränderungsprozessen gab. Er nahm häufig einen operativ Verantwortlichen mit vor die Kamera und interviewte ihn in einem lockeren Ambiente.

1) Integrationsportal: In diesem Portal konnten die Mitarbeiter anonym ihre Meinung äußern oder Fragen zum Integrationsprozess stellen, die wenig später im Intranet von den Kommunikationsverantwortlichen beantwortet wurden.

Die Fragen der Belegschaft bezogen sich dabei auf die zukünftigen arbeitsrechtlichen Rahmenbedingungen, die Zukunftsfähigkeit der Standorte und die mit der Terex-Übernahme einhergehenden kulturellen Veränderungen. Alle Fragen wurden von den Kommunikationsverantwortlichen umfassend und zeitnah beantwortet.

Der gesamte Integrationsprozess wurde vom ehemaligen Vorstand der Demag Cranes, Aloysius Rauen, aktiv begleitet. In 2013 übergab er auf der internationalen Führungskräftekonferenz den Stab an Steve Filipov, der zum President of Terex Material Handling & Port Solutions ernannt wurde. Das war ein wichtiges Signal für das Team, dass die Integration in den Terex-Konzern tatsächlich strategisch überlegt war und von den Entscheidern der ehemaligen Demag Cranes mitgetragen wurde.

Aus Sicht der Kommunikationsverantwortlichen war für die erfolgreiche Integration der Demag Cranes in den Terex-Konzern die transparente Top-down-Kommunikation ausschlaggebend. Auch heute setzen die Kommunikationsverantwortlichen auf eine offene, direkte Mitarbeiterkommunikation, die sich nicht zuletzt aufgrund von flachen Hierarchien gut etabliert hat. So werden für alle Mitarbeiter in Verwaltung und Produktion regelmäßig Workshops und Online-Seminare zu verschiedenen Themen durchgeführt: von der Einhaltung der Unternehmenswerte über die Optimierung des Führungskräfteverhaltens bis hin zur Erhöhung des Frauenanteils in leitenden Positionen. Gerade die Themen Diversity und Inclusion sind dabei fester Bestandteil des Personalmanagements.

Begleitend dazu führen die Personalverantwortlichen alle zwei Jahre eine Mitarbeiter-Umfrage durch, die als Stimmungsbarometer und Impulsgeber zugleich dient. Basierend auf den Umfrageergebnissen erarbeitet das Management einen Action Plan, der konkrete Lösungen zur Behebung etwaiger Problemstellungen aufzeigt. Somit ist das Management nah dran an der Belegschaft und kann schnell agieren, sofern einmal der Schuh drückt.

All diese Maßnahmen haben dazu geführt, dass die Teammitglieder das Unternehmen Terex nach außen vertreten und auch in den Städten und Gemeinden rund um die Produktions- und Bürostandorte der Veränderungsprozess nachvollzogen wurde. Die Terex-Werte sind seitens der Belegschaft allgemein anerkannt und Themen wie Compliance, Ethik, Diversity und Inclusion haben eine so tiefe und messbare Organisationsdurchdringung erreicht, wie sie nur wenige Unternehmen nach fünf Jahren Integrationsprozess vorweisen können.

Fallbeispiel II (Terex MHPS GmbH)

Abb. 4: Wenige Monate nach der Gründung des Geschäftsbereichs Terex Port Solutions präsentierte das Unternehmen das zusammengeführte Portfolio und die neue Marke Terex Gottwald auf der Branchenleitmesse TOC Europe 2012 in Antwerpen (Quelle: Terex MHPS, 2012).

Zusammenfassung

›) Der Bereich Interne Kommunikation hat sich in den vergangenen Jahren stark professionalisiert, da ihre Bedeutung gerade in Zeiten zunehmender Veränderungsprozesse gestiegen ist. Fühlen sich die Mitarbeiter schlecht informiert, dann können sie sich in ihrer Rolle als Botschafter des Unternehmens auch nach außen hin negativ äußern, womit für das Unternehmen ein externer Image- und Reputationsverlust einhergehen kann.

›) Die Interne Kommunikation kann nicht einfach so passieren, sondern sie muss systematisch geplant sein und frühzeitig erfolgen. Die Informationen müssen im Sinne einer dialogorientierten Kommunikation verständlich, sachlich richtig und glaubwürdig über verschiedene Kanäle an die Mitarbeiter vermittelt werden. Dabei kommt den Formaten Dialogveranstaltung und Bewegtbild eine besondere Rolle zu. Hierbei steht der direkte beidseitige Austausch im Vordergrund und für die Informationsvermittlung gilt in der Regel: interne vor externe Kommunikation.

›) Die Kommunikationsverantwortlichen agieren nicht mehr nur als bloße Übermittler von Nachrichten, sondern zum einen als Community-Manager innerhalb der Belegschaft und zum anderen als strategische Berater und Impulsgeber für die Unternehmensleitung.

3. Kommunikation mit der Öffentlichkeit

Das Image und die Reputation eines Unternehmens sind ein Eckpfeiler wirtschaftlichen und gesellschaftlichen Erfolgs. Dementsprechend kommt dem Dialog mit der Öffentlichkeit eine besondere Rolle zu. Ob Bürger, Behörde, Kunde oder Geschäftspartner – der Aufbau und die Pflege von Kontakten zu den unternehmensrelevanten Stakeholdern zahlen maßgeblich auf die Unternehmensreputation ein, die letztendlich einen entscheidenden Unterschied im Wettbewerb ausmacht.

Für einen guten Ruf sind aber nicht nur die Darstellung des Unternehmens in der Öffentlichkeit, sondern auch Erfahrungen, die beispielsweise Kunden mit Produkten und Dienstleistungen machen, und die daraus resultierende Zufriedenheit entscheidend.

In allen Beziehungen ist eine offene, stringente und transparente Kommunikation mit der Öffentlichkeit unerlässlich. Gerade wenn das ethisch-moralische Verhalten öffentlich diskutiert wird, ist es umso wichtiger, dass sich das Unternehmen sozial, ökologisch und wirtschaftlich verantwortlich verhält.[30] Ansonsten ist das Scheitern im gesellschaftlichen Diskurs vorprogrammiert. Negativbeispiele hierfür sind unter anderem das unzureichende Kommunikations- und Krisenmanagement rund um die Infrastrukturprojekte Flughafen Berlin-Brandenburg, Stuttgart 21 oder Elbphilharmonie Hamburg.

3.1 Grundlagen der Externen Kommunikation

Die Aufgaben der Externen Kommunikation und ihre Zielgruppen sind vielfältig. Welche strategischen Schwerpunkte bei der Kommunikationsarbeit gesetzt werden, hängt im Wesentlichen von der Unternehmensstrategie ab. Damit geht eine kritische Selbstanalyse einher, indem Stärken und Schwächen des Unternehmens analysiert werden.

Als strategisches Instrument eignet sich hier die SWOT-Analyse. SWOT ist die englische Abkürzung für die Attribute Stärken (Strengths), Schwächen (Weaknesses), Chancen (Opportunities) und Risiken (Threats), die bei der Analyse in Form einer Vier-Felder-Matrix abgebildet werden. Im Fokus steht die Beantwortung unternehmensrelevanter Fragestellungen: Worin sind wir gut (Strengths)? Wo sind andere besser (Weaknesses)? Welche Trends können wir für uns nutzen (Opportunities)? Welche Entwicklungen können uns Probleme bereiten (Threats)?

---

30 Vgl. Mast (2013), S. 291.

Mit der SWOT-Analyse lässt sich einerseits eine Vielzahl von Detailinformationen zusammenführen, die mittels verschiedener Verfahren wie Szenario-Analysen zur Identifikation von zukunftsbezogenen Chancen und Risiken oder Produktpositionierungsanalysen ermittelt werden. Andererseits können die Kommunikationsverantwortlichen auf der Grundlage einer SWOT-Analyse auch Schlüsselfaktoren identifizieren, die mit zusätzlichen Informationen und ergänzenden Analysen vertiefend betrachtet werden, um darauf basierend Marketing- und Kommunikationsziele sowie Strategien ableiten zu können. Die SWOT-Analyse stellt somit eine Positionierungsanalyse für wettbewerbliche Aktivitäten dar.[31]

Hinsichtlich einer addressatengerechten Ansprache müssen die verschiedenen Stakeholder und ihre Bedürfnisse identifiziert, analysiert und in der Kommunikationsstrategie entsprechend berücksichtigt werden. Das Kommunikationsziel besteht darin, innerhalb dieser Dialoggruppen eine breite Akzeptanz für das Unternehmen und seine Aktivitäten zu erzielen und eine vertrauensvolle Beziehung zu pflegen, die sich gerade in Krisenzeiten bewährt. Im Mittelpunkt steht dabei auch die intensive Kontaktpflege zu den Medienvertretern, die in ihrer Rolle als Multiplikatoren die Öffentlichkeit mit Informationen versorgen und das öffentliche Meinungsbild entscheidend mitbestimmen.

3.2 Anforderungen an die Externe Kommunikation

Ob Bürger, Kunde, Lokalpolitiker oder Journalist – jeder erwartet, dass sich ein Unternehmen gesellschaftlich konform verhält, gute Arbeitsbedingungen bietet, in den Standort investiert und zur sozialen, ökologischen und kulturellen Entwicklung der Gesellschaft beiträgt. In diesem Zusammenhang wird auch häufig von Corporate Social Responsibility (CSR) gesprochen. Hierunter ist zu verstehen, dass das unternehmerische Handeln nicht nur an wirtschaftlichen, sondern auch und besonders an sozialen und ökologischen Aspekten strategisch ausgerichtet ist, um nachhaltigen Wert zu schaffen.[32]

Ein Vorreiter im Bereich der Nachhaltigkeit ist der Konsumgüterhersteller Henkel, der als eines der ersten deutschen Unternehmen eine Nachhaltigkeitsstrategie implementiert hat. Im Mittelpunkt der Aktivitäten steht die Ausrichtung des gesamten Geschäfts auf die Anforderungen nachhaltigen Wirtschaftens entlang der gesamten Wertschöpfungskette. Dazu betrachtet und bewertet das Unternehmen den Lebenszyklus seiner Produkte von den Rohstoffen über die Herstellung und Verpackung bis zur Anwendung und Entsorgung.Das nachhaltige Wirtschaften ist fester Bestandteil

---

31 Vgl. Meffert / Burmann / Kirchgeorg (2015), S. 224.
32 Vgl. Grupe (2011), S. 304.

der Kommunikationsarbeit gemäß dem beinahe in jedem PR-Lehrbuch zu findenden Grundsatz: Tue Gutes und sprich darüber. Dabei dürfen aber keine leeren Worthülsen kommuniziert werden, sondern nur das, was das Unternehmen tatsächlich leistet.

Grundsätzlich müssen alle Kommunikationsaktivitäten auf einer sogenannten One Voice Policy basieren, d.h., es wird nach innen und außen mit einer Stimme gesprochen. Transparenz, Authentizität und Konsistenz der Aussagen sind die Bausteine einer glaubwürdigen Kommunikation. Ob das Unternehmen bei den Stakeholdern tatsächlich als glaubwürdig gilt, entscheidet sich jedoch erst in der Wahrnehmung der Rezipienten. Deshalb müssen wesentliche Werte wie Offenheit, Vertrauen und Glaubwürdigkeit fest in der DNA des Unternehmens verankert sein. Dies ist eine Aufgabe, die nicht allein der Unternehmenskommunikation zugeschrieben werden kann. Der Aufbau eines guten Rufs ist ein komplexer, langfristig angelegter Prozess, der hohe Akzeptanz beim Top-Management erfordert.

3.3 Instrumente der Externen Kommunikation

Für den erfolgreichen Dialog mit der Öffentlichkeit ist ein auf die jeweiligen Zielgruppen abgestimmtes, schlüssiges Kommunikationskonzept erforderlich. Hinsichtlich der Umsetzung der daraus abgeleiteten Maßnahmen steht den Kommunikationsverantwortlichen eine Vielzahl von Instrumenten zur Verfügung: von der klassischen Unternehmenswebsite über Kundenzeitschrift, Nachbarschaftszeitung, Social Media und Newsletter bis hin zu speziellen Sponsoringmaßnahmen und Veranstaltungsformaten.

Im Folgenden werden ausgewählte Instrumente der Externen Kommunikation und deren Einsatzmöglichkeiten näher erläutert.

3.3.1 Kundenmagazin

Das Kundenmagazin ist ein geeignetes Instrument, um das Unternehmen und seine Angebote der Öffentlichkeit näherzubringen. Um eine stringente Wahrnehmung des Unternehmens zu erzielen und die Positionierung zu stärken, müssen der Inhalt und die Form auf die Unternehmensstrategie und -philosophie abgestimmt sein. Authentizität bei der Wahl und Aufbereitung der Themen ist ebenso entscheidend wie eine klare Übereinstimmung der Botschaften mit der Strategie des Absenders.

Für die Kommunikationsverantwortlichen gilt es, Information und Unterhaltung miteinander zu verbinden. Im Fokus stehen Geschichten, die Fakten über ein Unternehmen interessant und spannend erzählen. Ebenso wichtig sind Themen aus dem Umfeld, die nur indirekt im Zusammenhang mit dem Unternehmen und seiner Marke stehen, aber für die Leserschaft eine spannende neue Sichtweise oder einen zusätzlichen Nutzen bieten. Wer nur seine eigenen Geschichten erzählt, gefährdet die Glaubwürdigkeit und langweilt die Leser. Daher ist eine gekonnte Themendurchmischung von Eigen- und Fremdgeschichten notwendig: exklusiv, authentisch und auf die Interessen der Leser zugeschnitten.

Ein Beispiel hierfür ist das Kundenmagazin vigo der AOK Rheinland/Hamburg, das sich vielfältigen Themen widmet, die im losen Zusammenhang mit der Versicherung stehen. Dabei greift das Magazin jeweils ein Gesundheitsthema aus ungewöhnlichen journalistischen Blickwinkeln auf, verbunden mit verschiedenen Tellerrand-Geschichten aus dem Alltag der deutschen Bevölkerung: von der Vorstellung neuer Trendsportarten, Portraits von Ausnahmesportlern über Rücken-Fit-Programme, Kochrezepte und Lauftipps bis hin zur Aufklärung gesundheitlicher Mythen wie dem Schluckauf oder Jo-Jo-Effekt.

Der inhaltliche Bezug zur AOK ist auf unterhaltsame Art und Weise gegeben, da sich das Unternehmen in allen Lebensphasen mit seinen Kunden beschäftigt. Dennoch fehlen auch Hintergründe zu konkreten Leistungen der Gesundheitskasse nicht. Darüber hinaus zeichnet sich das Magazin durch eine crossmediale Verknüpfung aus, da es neben der Print-Fassung auch als E-Magazin mit interaktiven Zusatzangeboten für das iPad erhältlich ist. So erfährt der Nutzer zum Beispiel in Form von Videos und Animationen Wissenswertes über die Problemzonen des Rückens und erhält dabei Tipps für rückenschonendes Arbeiten. Für das Kundenmagazin wurden die Kommunikationsverantwortlichen mehrmals mit dem renommierten Best-of-Corporate-Publishing-Award ausgezeichnet.[33]

Für die crossmediale Umsetzung ist wie bei Audi (vgl. Fallbeispiel I in 2.4) ein Themenmanagement erforderlich, das eine sorgfältige, auf das Unternehmen und die Inhalte abgestimmte Auswahl von Medien trifft. Ein Mobile Device hat beispielsweise andere Anforderungen als die Umsetzung für einen Desktop-PC oder eine Facebook-Seite. Das Gleiche gilt für die Inhalte: Bestehende Informationen eins zu eins im Netz abzubilden oder dieselben statischen Bilder auf dem iPad zu zeigen, wird keine neuen Leser anlocken. Daher gilt es, wie beim Kundenmagazin der AOK, einen inhaltlichen Mehrwert durch die Einbindung von Videos, Bildergalerien und Animationen zu schaffen.

---

33 Vgl. URL: http://www.wdv.de/unternehmen/qualitaet.html (Letzter Zugriff: 21.12.2016).

3.3.2 Nachbarschaftszeitung

Das Umfeld eines Unternehmens umfasst wie eingangs erwähnt verschiedene Akteure. Neben den Journalisten, Geschäftspartnern und politischen Interessenvertretungen sind auch die Anwohner sowie Zulieferbetriebe wichtige Dialogpartner, da sie am Standort indirekt oder direkt davon abhängig sind, dass es dem Unternehmen wirtschaftlich gut geht und es gesellschaftlich verantwortlich handelt.

Sensible, krisenanfällige Produktionszweige wie Unternehmen der Chemie- oder Energiebranche können mit diesen Akteuren schnell in Konflikt geraten. Ein Auslöser kann zum Beispiel ein Schadensfall im Zuge eines betriebsbedingten Unfalles sein. Vor diesem Hintergrund ist eine regelmäßige, transparente Kommunikation mit den Anwohnern unerlässlich. Als Instrumente eignen sich Handzettel, Newsletter, Telefon-Hotline, Dialogveranstaltungen oder die Nachbarschaftszeitung, die sich als Instrument der Standort-PR fest etabliert hat.

Als eines der ersten deutschen Unternehmen hat der Konsumgüterhersteller Henkel bereits Anfang der 1990er Jahre eine Nachbarschaftszeitung herausgebracht. Die halbjährlich erscheinende Zeitung Seitenblicke informiert die Nachbarn rund um das Werksgelände in Düsseldorf-Holthausen über die standortbezogenen Aktivitäten von Henkel und BASF, die dort mit ihren Produktionsstätten ansässig sind.

Der inhaltliche Fokus der Nachbarschaftszeitung reicht von aktuellen Unternehmensnachrichten, der Vorstellung von Infrastrukturvorhaben und dem richtigen Verhalten bei Betriebsstörungen über Interviews mit den Standortleitern zum Thema Sicherheit und Krisenprävention bis hin zu Nachbarschaftsaktionen wie der Bepflanzung von Grünanlagen. Persönliche Gespräche mit Vertretern lokaler Institutionen und Organisationen gehören ebenso dazu wie größere Informationsveranstaltungen. So organisieren die Kommunikationsverantwortlichen einmal im Jahr einen Tag der offenen Tür, an dem die Öffentlichkeit einen Einblick in die Produktionsstätte und Produktwelt von Henkel und BASF erhält.

Ob Nachbarschaftszeitung, Newsletter, Besucherzentrum oder Informationsveranstaltung – der Aufbau einer aktiven Nachbarschaftskommunikation ist für sensible Unternehmen unabdingbar. Im direkten Gespräch mit den Anwohnern und anderen Interessengruppen erhalten die Kommunikationsverantwortlichen wertvolle Hinweise für ihre Arbeit: von Beschwerden und Verbesserungsvorschlägen über Fragen und Kontaktwünschen bis hin zu Kooperationsideen. Durch einen kontinuierlichen, direkten und offenen Dialog lassen sich auch in schwierigen Zeiten tragfähige Kompromisse finden und Interessengegensätze auflösen. Und tritt der Krisenfall ein, dann bewähren sich oftmals lange bestehende vertrauensvolle Beziehungen zu den unternehmensrelevanten Akteuren.

3.3.3 Unternehmenswebsite

In der digitalen Welt gibt es kaum noch ein Unternehmen, das nicht über eine eigene Internetpräsenz verfügt. Der Webauftritt ist nach außen hin die wichtigste Visitenkarte des Unternehmens. Dabei wird von einer Website mehr erwartet, als einfach nur da zu sein oder gut auszusehen. Sie muss funktional, sicher, leicht navigierbar und über Suchmaschinen gut zu finden sein. Für die Kommunikationsverantwortlichen gehört eine dialogfähige Unternehmenswebsite zum absoluten Pflichtprogramm.

Ob der Auftritt in der Online-Welt gelingt, hängt im Wesentlichen von der richtigen Konzeption ab. Denn was nützen viele Besucher, wenn diese die gesuchten Informationen nicht auf Anhieb finden und die Unternehmenswebsite gleich wieder verlassen? Da der Wettbewerber nur einen Mausklick entfernt ist, spielt es eine ganz entscheidende Rolle, ob die Website von den Besuchern als nutzerfreundlich, unterhaltsam und informativ empfunden wird.

Es gilt, eine gut strukturierte, nutzerfreundliche Homepage mit einer griffigen, einprägsamen Domain zu implementieren, die schnell auffindbar ist und die individuellen Informationsbedürfnisse aller Stakeholder gleichermaßen erfüllt. Mit möglichst wenigen Klicks müssen die Besucher schnell und direkt die für sie relevanten Informationen finden. Eine Unternehmenswebsite sollte dabei über folgende Mindeststandards verfügen.[34]

›) Die Website muss schnell auffindbar sein. Wer bei den relevanten Suchbegriffen nicht auf der ersten Seite bei Google & Co. auftaucht, der sollte Suchmaschinenoptimierung und aktives Suchmaschinenmarketing betreiben. Die Qualität des Inhaltes, Validität, Seitenstrukturierung und externe Verlinkung sind wesentliche Kriterien für ein gutes Suchmaschinenranking.

›) Die Navigationsstruktur muss übersichtlich, Inhalte mit wenigen Klicks erreichbar und der aktuelle Standort innerhalb der Website erkennbar sein. Damit gehen eine webgerechte Aufbereitung und eine lesefreundliche Formulierung der Inhalte einher.

›) Die Website muss über ein optisch ansprechendes Design verfügen, das die wesentlichen Inhalte prominent hervorhebt. Dazu gehört eine einheitliche Bildsprache, die der Website einen bestimmten Charakter verleiht, Emotionen weckt und einen Wiedererkennungseffekt schafft. Zu viele unterschiedliche Bildgrößen und Schriftarten sowie die übermäßige Mischung von Zeichnungen und Fotos oder farbigen und schwarz-weißen Aufnahmen sind tabu.

---

34 Vgl. Wenz / Hauser (2015), S. 217 ff.

- Die Website muss für mobile Endgeräte (Smartphone, Tablet etc.) optimiert sein, da die Mehrheit der Nutzer heutzutage von unterwegs aus darauf zugreift. Dabei müssen unterschiedliche Darstellungsgrößen berücksichtigt werden, zum Beispiel 320- oder 480-Pixel-Breite für Smartphones und 768- oder 1024-Pixel für Tablets.

- Die Website muss crossmedial konzipiert sein, indem Social-Media-Plattformen und Anwendungen wie Twitter, Facebook und Instagram in den Webauftritt prominent integriert und miteinander verbunden werden.

Eine besondere Bedeutung kommt der Startseite der Unternehmenswebsite zugute, da sie quasi das Eingangstor zum Unternehmen ist. Sie muss die wichtigsten Inhalte, Botschaften und Funktionen adressatengerecht, übersichtlich und optisch ansprechend abbilden und zugleich die Inhalte im Sinne der Crossmedialität verbinden. Hierbei kann auch eine Konkurrenzanalyse hilfreich sein, indem geprüft wird, wie sich der Wettbewerber im Internet präsentiert.

Nachfolgende visuelle Gestaltungselemente sollten auf einer Unternehmenswebsite grundsätzlich berücksichtigt werden:[35]

- Das Logo ist oftmals der Ausgangspunkt des Corporate Designs. Dabei gilt es zu prüfen, wie das Logo auf der Website wirkt und wo genau es abgebildet werden kann, zum Beispiel an der Standardposition links oben oder an anderen Stellen der Website.

- Die Farbgebung spielt bei der Gestaltung der Website eine entscheidende Rolle. Hierbei gilt es, mit Bedacht auf das bestehende Corporate Design zu reagieren. Wenn zum Beispiel die Markenoptik auf einen schwarzen Hintergrund setzt, dann verringert dies die Lesbarkeit auf dem Bildschirm.

- Die Bildwelt ist ebenfalls ein wesentliches Kriterium für den Erfolg einer Website. Bilder sagen bekanntlich mehr als 1.000 Worte und eignen sich daher insbesondere für die Vereinfachung und Emotionalisierung von Inhalten. Gerade bei komplexen, trockenen (Technik-)Themen bietet sich eine emotionale Bildsprache an, welche die Materie für die Nutzer greifbar und erlebbar macht.

- Die Typografie umfasst alle im Web eingesetzten Schriften. Dazu zählen Schriften für Navigation, Titel und Text sowie alle Effektschriften. Hierbei gilt es, die Frage zu klären, ob eine von allen Betriebssystemen und Browsern

---

35 Vgl. Wenz / Hauser (2015), S. 358.

unterstützte Systemschrift verwendet wird oder ob die Schrift mit Grafiken ersetzt wird bzw. Webfonts eingesetzt werden, die in den Stilvorlagen einer Website, den Cascading Style Sheets (CSS), festgelegt sind. Darüber hinaus sollten auch grafische Elemente, Icons und der generelle grafische Stil definiert werden. Ausgehend vom bestehenden Corporate Design gibt es beispielsweise einen festgelegten Stil für Icons und 3D-Effekte.

Grundsätzlich gilt, dass der schönste Internetauftritt keinen Nutzen bringt, wenn er im Web nicht direkt auffindbar ist. Daher ist die Positionierung der Internetpräsenz bei den gängigen Suchmaschinen ein ganz entscheidendes Erfolgskriterium, so dass der Suchmaschinenoptimierung (SEO) eine zentrale Rolle zukommt. Doch wie lässt sich der Auftritt im undurchsichtigen Web prominenter platzieren? Suchmaschinen wie Google oder Yahoo nutzen Werkzeuge, die auf bestimmte Merkmale einer Homepage anspringen. SEO berücksichtigt dabei die Vorgehensweise, nach der Webcrawler die Webseiten durchsuchen, deren Inhalte lesen und verarbeiten. Sie beinhaltet auch Kriterien, nach denen Treffer bewertet, sortiert und im Suchmaschinenranking ausgewiesen werden.

Das Ranking der Website hängt insbesondere von Schlüsselbegriffen, Linkpopularität und Platzierung der Suchbegriffe innerhalb der Seitenstruktur ab. Dabei wird die Positionierung durch technische und inhaltliche Merkmale der Webseite und durch die Qualität und Quantität der externen Links bestimmt: zum einen durch eine technisch saubere HTML-Programmierung und zum anderen durch eine präzise Verschlagwortung der Website mit relevanten Suchbegriffen.

Für jeden relevanten Suchbegriff muss eine eigene HTML-Seite mit eigenständigen Inhalten programmiert werden. Nur so weisen Suchmaschinen einer Seite für den optimierten Suchbegriff die maximale Relevanz zu. Wenn eine Seite für mehrere Begriffe optimiert wird, dann leidet die Relevanz der Seite und sie wird unter keinem Suchbegriff weit vorn gelistet. Darüber hinaus gibt es im HTML-Code wesentliche Stellen, die für eine gute Platzierung der Website ausschlaggebend sind. So ist der Titel die wichtigste Position innerhalb des HTML-Codes. Nur wenn der Suchbegriff hier auftaucht, wird die Seite eine gute Position erreichen. Ähnlich wichtig sind die (absolute) Anzahl und die (relative) Häufigkeit des gesuchten Begriffs auf den gefundenen Seiten. Je höher die jeweiligen Werte, umso weiter vorne wird die Seite zu finden sein. Ein Großteil der Suchmaschinen hat hier Grenzwerte festgelegt, da eine mehrfache Wiederholung desselben Begriffs zu den beliebtesten Tricks der Spammer gehört.[36]

Ein weiteres wesentliches Qualitätsmerkmal eines professionellen Webauftritts ist ein guter, ansprechender Content. Je höher die Qualität der Inhalte und je passender für die Zielgruppe, desto besser das Ranking.

---

36 Vgl. Fischerländer / Wenz (2015), S. 11 ff.

Der von Google benutzte Algorithmus berücksichtigt zudem nicht nur die Anzahl der Links, die auf eine Seite verweisen, sondern auch die Qualität und Vertraulichkeit der verweisenden Website. Zu den Vertrauensparametern gehört auch das Alter einer Website. Dahinter steckt die Erkenntnis, dass ältere Websites, die bisher nicht durch Spam-Maßnahmen aufgefallen sind, als besonders vertrauenswürdig einzustufen sind.[37] Darüber hinaus hat Google die Optimierung von Websites für mobile Endgeräte zum offiziellen Rankingfaktor erklärt. Ausschlaggebend hierfür ist die Tatsache, dass der Großteil der Suchanfragen inzwischen von solchen Endgeräten ausgeht. Das Unternehmen wird nach eigenen Angaben den Suchalgorithmus dahingehend regelmäßig verändern. Wer also seine Webseite nicht für mobile Geräte optimiert hat, der muss beim Google-Ranking mit hinteren Platzierungen rechnen.[38]

Aufgrund der Tatsache, dass Google immer wieder Algorithmus-Updates vornimmt, müssen die Kommunikationsverantwortlichen neben SEO auch das Thema Usability in den Fokus ihrer Online-Aktivitäten rücken. Eine gute Usability bedeutet aber nicht nur eine benutzerfreundliche Seitenstruktur, sondern auch eine gute Nutzbarkeit auf mobilen Endgeräten. Dabei sollte die Unternehmenswebsite nicht nur regelmäßig redaktionell aktualisiert, sondern auch mit Blick auf die aktuellen Google-Standards überprüft und optimiert werden. Hilfreich ist auch eine virtuelle Aufmerksamkeitsanalyse. Mittels spezieller Software lässt sich schnell ermitteln, welche Bereiche einer Website innerhalb der ersten Sekunden von den Besuchern gut erfasst werden können und wo etwaige Schwachstellen liegen. Mit dem sogenannten Mousetracking blickt man beispielsweise dem Besucher über die Schulter und kann mitverfolgen, wo er auf der Website innehält, welche Pfade er einschlägt und an welchen Stellen er wieder abspringt.

Neben der Unternehmenswebsite als digitalem Eingangstor bedarf es weiterer alternativer Zugänge, da sich die Stakeholder auch auf vielen anderen Plattformen wie Facebook, Twitter, Google+, Snapchat oder Instagram aufhalten. Auch auf diesen sogenannten Touchpoints müssen die Inhalte des Unternehmens adressatengerecht aufbereitet und mit den Inhalten der Unternehmenswebsite verknüpft sein.

3.3.4 Imagebroschüre

Die Imagebroschüre ist wie die Unternehmenswebsite im Digitalen die Visitenkarte des Unternehmens im Print-Bereich. Ob Messen, Kongresse oder Pressekonferenzen – sie kann jederzeit und überall eingesetzt werden. Der inhaltliche Fokus liegt auf der Vorstellung des Unternehmens, seiner Philosophie, Kompetenzen und Alleinstellungsmerkmalen gegenüber den Wettbewerbern.

---

37 Vgl. Fischerländer / Wenz (2015), S. 11 ff.
38 Vgl. URL: https://webmasters.googleblog.com/ (Letzter Zugriff: 11.01.2017).

Ihre Aufmachung muss auf die Tonalität des Unternehmens und der Marke abgestimmt sein und die Zielgruppen direkt ansprechen. Die Kernbotschaften und die damit verbundenen Ziele müssen auf den Punkt gebracht werden. Dazu dienen kurze, journalistische Sachtexte mit hohem, aber unterhaltsamem Informationsgehalt unter Berücksichtigung nachfolgender Fragestellungen:

- Wer sind wir?
- Woher kommen wir?
- Was machen wir?
- An wen richten wir uns?
- Welchen Nutzen können wir unseren Stakeholdern bieten?

Die Imagebroschüre muss neben den reinen Fakten auch die emotionale Komponente des Unternehmens abbilden, zum Beispiel durch die Darstellung der Unternehmenswerte in Kombination mit authentischen Mitarbeitergeschichten. Dafür empfiehlt sich eine emotionale Bildsprache, die sich realer Testimonials (Geschäftsführung, Mitarbeiter etc.) anstelle austauschbarer Stockbilder bedient.

Eine faktenverliebte Eigenpräsentation ist tabu, vielmehr geht es um eine Unternehmensdarstellung, die dem Leser mit prägnanten Texten und emotionalen Bildern einen authentischen, unterhaltsamen und spannenden Einblick in die Unternehmenswelt gibt.

3.3.5 Event

Außergewöhnliche Events erweisen sich in der emotionalen Ansprache der Stakeholder als eines der wichtigsten Kommunikationstools, um besonders anspruchsvolle Bezugsgruppen zu erreichen und Unternehmensthemen ins Gespräch zu bringen. Denn das Unternehmen und seine Marke lassen sich mittels bestimmter Inszenierungen auf emotionale Art und Weise erlebbar machen.

Ein Beispiel hierfür ist der Energy-Drink-Hersteller Red Bull. Statt Prominente für Millionen-Gagen als Testimonials zu verpflichten, geht Firmengründer Dietrich Mateschitz unkonventionelle Wege und sponsert Sportarten abseits des Mainstreams mit außergewöhnlichen Events. Ob Stockcar-Rennen in Sao Paulo, Kitesurfen in Hawaii, Ice-Skaten in München oder Klippenspringen in Bilbao – jedes Jahr werden hunderte Events unter dem Red Bull-Logo veranstaltet, die eng mit den Interessen junger Zielgruppen verknüpft sind. Inzwischen gehören auch kulturelle Formate wie die Red Bull Music Academy dazu, das Ganze ist verbunden mit der Zielsetzung, die Marke Red Bull mit dem bekannten Slogan „Red Bull verleiht Flügel" crossmedial über alle Medienkanäle hinweg zu kommunizieren.

Im Gegensatz zum klassischen Sportsponsoring wird bei Red Bull der Sportler oder das Team selbst zur Marke und am Ende zum Vehikel, das ein Produkt verkauft. So setzte das Unternehmen mit dem Stratosphärensprung des Extremsportlers Felix Baumgartner weltweit neue Maßstäbe im Bereich Eventmarketing. Millionen Menschen weltweit verfolgten Baumgartners Sprung durch die Schallmauer und Red Bull lieferte über den eigenen Fernsehsender Servus TV und eigene Social-Media-Plattformen (Twitter, Facebook, YouTube) über mehrere Wochen tagesaktuelle Neuigkeiten zu dem Projekt Red Bull Stratos. Das Projekt kostete das Unternehmen rund 50 Millionen Euro. Eine hohe Summe, die aber schon vor Abschluss des Events mit dem Werbewert um ein Vielfaches wieder reingeholt wurde.[39]

Das Beispiel Red Bull zeigt, dass sich mit zielgruppenspezifisch ausgerichteten und vorwiegend über Social Media kommunizierten Events eine deutlich höhere Kontaktintensität generieren lässt, als dies mit den klassischen Medien möglich ist. Es erfolgt der direkte Dialog mit der fokussierten Bezugsgruppe und die für Massenmedien bestehende Gefahr von Streuverlusten wird zugleich deutlich minimiert.

Abb. 5: Mit einem außergewöhnlichen Marketing- und Kommunikations-Mix aus konventionellen und unkonventionellen Sportarten ist es dem Energy-Drink-Hersteller Red Bull gelungen, zu einer der bekanntesten Marken der Welt zu avancieren (Quelle: Red Bull / Eigene Darstellung, 2017).

---

39 Vgl. Laudenbach (2014), S. 36–42.

Abseits dieses Benchmarks gibt es in der Unternehmenskommunikation eine Reihe weiterer Event-Formate, die es zu berücksichtigen gilt. Ein Klassiker ist der Tag der offenen Tür, der eine gute Gelegenheit bietet, der Öffentlichkeit die Produkte, Dienstleistungen und aktuelle Themen des Unternehmens zu präsentieren. Als Anlässe eignen sich Jubiläen, die Einweihung einer neuen Produktionsstätte oder gesellschaftliche Ereignisse, die thematisch gut zum Unternehmen passen. Im Jahr der Wissenschaft macht der Chemiekonzern beispielsweise sein Labor für die Öffentlichkeit zugänglich, am Tag der Technik öffnet der Maschinenhersteller seine Turbinenhalle und den politischen Bildungsgipfel nutzt das Energieunternehmen für eine Anlagenbesichtigung mit Schulklassen. Weitere Beispiele sind Mitarbeiterveranstaltungen mit der Unternehmensleitung oder Produkteinführungen mit Journalisten und Kunden.

Doch was macht ein erfolgreiches Event letztendlich aus? Am Anfang steht die Frage, wie sich die Zielgruppe am besten erreichen lässt. Soll eine persönliche Einladung auf postalischem oder digitalem Wege verschickt werden? Wird dazu eine Pressemitteilung oder eine Anzeige in den Online- und Printmedien geschaltet? Inhaltlich ist ein unverwechselbares, nicht alltägliches Programm erforderlich, das die Botschaften des Unternehmens auf besondere Art und Weise kommuniziert.

Wichtig ist eine besonders originelle Idee, aber sie muss auch zum gesamten Konzept und zu den ausgegebenen Zielen des Events passen. Es gilt, von der Terminwahl über die Form der Einladung, den Ort, das Programm bis zu den kleinen administrativen Dingen wie Technik und Catering einen Bogen zu spannen und eine Stimmigkeit zu erzeugen. Dabei ist die Auswahl der zu bespielenden Kommunikationskanäle von zentraler Bedeutung. Das Event kann zum einen mittels eigener Medien (Mitarbeiter-, Kundenzeitschrift, Website, Livestream) angekündigt und begleitet werden, zum anderen kann es durch eine strategische Pressearbeit Medienberichterstattungen in Online, Print, TV und Hörfunk nach sich ziehen.

Das Zusammenwirken mit anderen Kommunikationsinstrumenten dient dabei auch der Stabilisierung und Verstärkung bestehender Markenassoziationen. So zeigt das Beispiel Red Bull, wie durch den integrierten Einsatz von Werbung, Sponsoring und Events innerhalb von wenigen Jahren ein klares Markenimage aufgebaut werden konnte.

3.3.6 Sponsoring und Spenden

Weitere Felder der Externen Kommunikation sind Sponsoringmaßnahmen oder Spendenaktionen, die neben der Steigerung des Bekanntheitsgrades auch dem Aufbau eines Netzwerkes mit wichtigen Multiplikatoren aus Politik, Wirtschaft und Wissenschaft dienen. Dabei gilt es, zwischen Sponsoring und Spenden wie folgt zu differenzieren.

Nach der Abgabenverordnung des Bundesfinanzministeriums wird unter Sponsoring „(...) die Gewährung von Geld oder geldwerten Vorteilen durch Unternehmen zur Förderung von Personen, Gruppen und/oder Organisationen in sportlichen, kulturellen, kirchlichen, wissenschaftlichen, sozialen, ökologischen oder ähnlich bedeutsamen gesellschaftspolitischen Bereichen verstanden, mit der regelmäßig auch eigene unternehmensbezogene Ziele der Werbung oder Öffentlichkeitsarbeit verfolgt werden"[40]. Demnach steht der Leistung des Sponsors immer eine genau definierte, vertraglich vereinbarte Gegenleistung des Gesponserten gegenüber, zum Beispiel die klassische Nutzung der Namensrechte, Logopräsenz oder Bandenwerbung.

Bei Spenden handelt es sich hingegen um freiwillige oder unentgeltliche Leistungen, für die der Empfänger keine Gegenleistung erbringen muss. Daher werden Sponsoringleistungen und Spenden steuerlich unterschiedlich behandelt. Während Spenden von den Unternehmen nur bis zu einer bestimmten Höchstgrenze steuerlich abzugsfähig sind, können Sponsoringleistungen wie andere Betriebsausgaben vollumfänglich von der Steuer abgesetzt werden.

Bei beiden Maßnahmen kommt es darauf an, dass diese zur Unternehmensstrategie und -kultur passen und ein glaubwürdiger Bezug zwischen dem Gesponserten bzw. Spendenempfänger und dem Unternehmen besteht. Ein glaubwürdiger Bezug ist beispielsweise gegeben, wenn das Unternehmen eigene Projekte (Umweltschutz, Vereinbarkeit von Beruf und Familie) in die Sponsoringmaßnahmen einbringt. Mit Blick auf das passende Engagement stehen den Unternehmen verschiedene Formen des Sponsorings zur Verfügung:

Sportsponsoring

Sofern sich ein Unternehmen für das Sponsoring einer einzelnen Person, einer Mannschaft oder einer Veranstaltung entscheidet, dann sollten die damit verbundenen Werte wie beispielsweise jung, dynamisch, leistungsbezogen oder teamorientiert zum Unternehmensimage passen. Beispiele hierfür sind das Sponsorship zwischen Fußball-Nationalspieler Thomas Müller und dem namensgleichen Molkereihersteller, die Förderung des Behindertensports durch die Allianz Versicherung oder das Sponsoring des Biathlon-Weltcups durch den Energie-Konzern E.ON, das die Attribute „kalter Winter" und „wohltuende Wärme" miteinander verbindet.

Die Wahl des Sponsorings muss wohlüberlegt sein, da mit den gesponserten Organisationen und Sportlern auch Reputationsrisiken verbunden sind. Neben sportlichem Misserfolg kann insbesondere selbstverschuldetes Fehlverhalten negativ auf das Un-

---

40 Vgl. URL: http://www.bundesfinanzministerium.de/Content/DE/Downloads/BMF_Schreiben/Weitere_Steuerthemen/Abgabenordnung/AO-Anwendungserlass/2016-01-26-aenderung-anwendungserlass-abgabenordnung.html (Letzter Zugriff: 19.12.2016).

ternehmensimage abstrahlen. Beispiele hierfür sind die Vergaben der Fußball-Weltmeisterschaften 2006 nach Deutschland oder 2022 nach Katar, welche die Integrität der gesponserten Fußballverbände FIFA und DFB erschüttert haben, die Skandale um Uli Hoeneß oder Lionel Messi, die unlängst wegen Steuerhinterziehung verurteilt wurden, oder die Sex-Affäre um Golfprofi Tiger Woods. Im letztgenannten Fall hatten die amerikanischen Wissenschaftler Christopher R. Knittel und Victor Stango ermittelt, dass infolge der wochenlangen Negativ-Berichterstattungen über die Eskapaden des Golf-Stars der Unternehmenswert der Hauptsponsoren um zwei Prozent gesunken ist.[41]

Dementsprechend ist Sportsponsoring einerseits ein wichtiger Einflussfaktor für das Image und die Reputation eines Unternehmens. Der sportliche Erfolg ist andererseits für den Markenwert sowohl der Sponsoren als auch der Gesponserten ganz entscheidend, da die Aberkennung einer Medaille wegen Dopings oder die durch Korruption bedingte Misswirtschaft die Markenwerte vernichtet.

Kultursponsoring

Die Förderung von Kunst und Kultur ist ein ebenso wichtiges Instrument zur Imagebildung und -profilierung eines Unternehmens. Das Kultursponsoring bietet dem Unternehmen die Möglichkeit, sein gesellschaftliches Engagement in der Öffentlichkeit zu präsentieren und neue Stakeholder anzusprechen, zum Beispiel Meinungsbildner und Entscheidungsträger aus Politik, Wirtschaft und Wissenschaft.

Die Bereiche, in denen sich ein Unternehmen als Kultursponsor engagieren kann, sind breit gefächert: von Kunst und Musik über Literatur und Theater bis hin zur Bildung und Wissenschaft. Wichtigste Voraussetzung ist auch hier, dass das geförderte Projekt zum Unternehmen passt und mit seiner Kultur und seinen Werten vereinbar ist.

Ein erfolgreiches und authentisches Kultursponsoring betreibt unter anderem die PSD Bank Hannover, die für ihr Bildungsprojekt „Kestnerkids machen Kunst" mit dem Deutschen Kulturförderpreis ausgezeichnet wurde. Die Privatbank unterstützt seit 2010 den Kunstverein Kestnergesellschaft, der sich der Förderung der internationalen zeitgenössischen Kunst in der niedersächsischen Landeshauptstadt widmet. Mit dem Projekt „Kestnerkids machen Kunst" werden Kinder spielerisch an die Kunst herangeführt. Unter Anleitung einer Kunsttherapeutin inspirieren Filme und andere Kunstwerke die Kinder dazu, sich selbst als Bildhauer oder Maler zu versuchen. Dazu ermöglicht das Event „PSD FreiTag" jeden Freitag allen Kunstinteressierten freien Eintritt zu den Ausstellungen der Kestnergesellschaft.

---

41 Vgl. Knittel / Stango (2012), S. 7 ff.

Der Technologie-Konzern Siemens steht ebenfalls für ein erfolgreiches und glaubwürdiges Kultursponsoring. Bei dem Münchener Unternehmen erfreut sich die Förderung von Kunst und Kultur einer langen Tradition, die mit dem Engagement der Gründerfamilie ihren Anfang nahm. Neben einer breit gefächerten Stiftungstätigkeit tritt das Unternehmen im Rahmen des konzernweiten Siemens Arts Program bei zahlreichen Kulturveranstaltungen als Förderer und Sponsor in Erscheinung, zum Beispiel mit den Siemens Festspielnächten im Umfeld der Salzburger Festspiele. Das Siemens Arts Program widmet sich dazu der Vermittlung kultureller Inhalte an die eigenen Mitarbeiter. Für diese und weitere Förderprojekte wurde Siemens in den vergangenen Jahren ebenfalls mit dem Deutschen Kulturförderpreis ausgezeichnet.

Umweltsponsoring

Der Umweltbereich ist ein sehr heterogener Bereich, so dass die Formen des Umweltsponsorings ausgesprochen vielfältig sind. Klassische Bereiche sind der Natur- und Artenschutz. Dabei wird von der Öffentlichkeit stets erwartet, dass sich das Unternehmen auch in Sachen Umweltschutz jederzeit vorbildlich verhält. Auch hier gilt es zu prüfen, ob das Engagement mit der Unternehmensstrategie und -kultur im Einklang steht und von den Stakeholdern als authentisch empfunden wird.

Wie schnell sich ein Unternehmen dabei auf Glatteis begeben kann, hat das Regenwald-Projekt der Brauerei Krombacher gezeigt: Das Unternehmen engagiert sich seit 2002 gemeinsam mit der Umweltschutzorganisation World Wide Fund for Nature (WWF) für den Schutz des Regenwaldes in Zentralafrika. Mit Aktionsstart konnten die Verbraucher mit jedem gekauften Kasten Krombacher einen Quadratmeter Regenwald im südafrikanischen Nationalpark Dzanga Sangha nachhaltig schützen lassen.

Moderator Günther Jauch griff werbewirksam zur Flasche, doch wenig später kam heraus, dass keineswegs, wie die Werbung suggerierte, pro Kasten Krombacher ein zusätzlicher Quadratmeter Regenwald gekauft oder aufgeforstet wurde. Das Unternehmen steckte das Geld vielmehr in ein laufendes Projekt des WWF, der damit ein Reservat im afrikanischen Kongo-Becken unterstützte. Statt Bäumchen zu pflanzen, beteiligten sich die Verbraucher damit letztlich am Kauf von Außenbordmotoren, Funkgeräten und Jeeps. Die Wettbewerbsschützer gingen aufgrund dieser Unklarheiten gegen Krombacher vor und die damit verbundene negative Berichterstattung zwang das Unternehmen dazu, das Werbeversprechen zu entschärfen.

Besser machte es der Mineralwasserhersteller Volvic mit der Aktion „1 Liter für 10 Liter", UNICEF. Das Unternehmen ermöglichte nachweislich für einen Liter verkauftes Mineralwasser die Gewinnung von zehn Litern Trinkwasser in Äthiopien durch den Bau von Trinkwasserbrunnen.

Corporate Social Responsibility (CSR)

In Zeiten nachhaltiger Geschäftsmodelle geht die unternehmerische Verantwortung über die Steigerung des Unternehmensgewinns hinaus. So stehen heutzutage nicht mehr nur das Produkt an sich und sein Nutzen, sondern auch seine Herkunft und Produktion im Mittelpunkt der Kaufentscheidung.

Da die Unternehmen zunehmend im kritischen Blickfeld der Öffentlichkeit stehen, können sie sich der sozialen und gesellschaftlichen Verantwortung nicht mehr entziehen. Hinzu kommt, dass seit 2017 eine Berichterstattungspflicht gilt, die Unternehmen ab 500 Beschäftigte dazu verpflichtet, über die sozialen und ökologischen Folgewirkungen ihres Handelns in Form eines Nachhaltigkeitsberichts zu informieren. Dementsprechend wird die Bedeutung der CSR in den nächsten Jahren weiter steigen.

Grundsätzlich umfasst CSR sowohl interne Maßnahmen wie den fairen Umgang mit den eigenen Mitarbeitern als auch externe Maßnahmen wie die Vermeidung von negativen Auswirkungen der Geschäftstätigkeit durch innovative Umwelttechnologien oder die Unterstützung von Bildungsprojekten durch den Einsatz unternehmensspezifischen Know-hows.

Im Kontext des gesellschaftlichen Engagements ist häufig auch von Corporate Responsibility (CR) und Corporate Citizenship (CC) die Rede. Eine einheitliche Definition hat sich in der Praxis bislang nicht durchgesetzt. Corporate Citizenship bezieht sich in der Regel auf das Engagement des Unternehmens an seinem Standort und ist somit Bestandteil der CSR-Strategie.

Ein Pionier im Bereich CSR ist der Fast-Food-Konzern McDonald's. Bereits in den 1980er Jahren gründete das Unternehmen mit der Ronald McDonald Kinderstiftung ein eigenes, formell unabhängiges Unternehmen, das schwerkranke Kinder und ihre Eltern unterstützt. Die CSR-Strategie basiert auf den konzernweiten Standards des Programms 2020 CSR & Sustainability Framework, das sich auf die Themenfelder Sourcing (Lieferkette), Food (Essen), Planet (Umwelt), People (Mitarbeiter) und Community (Gesellschaft) konzentriert.

Das Thema Nachhaltigkeit findet sich hier in verschiedenen Projekten auf allen Stufen der Wertschöpfungskette wieder: von der Landwirtschaft über die Zubereitung der Produkte in den Restaurants bis zum Recycling der Abfälle. So werden inzwischen alle deutschen Restaurants mit Öko-Strom betrieben, das Rindfleisch stammt vorwiegend aus heimischen Produktionen und der Anteil an recycelten Verpackungsmaterialien wurde auf 70 Prozent erhöht. Darüber hinaus sind eine zügige Angleichung der Löhne in Ost und West sowie eine Anhebung der Ausbildungsvergütung erfolgt. Diese und weitere Maßnahmen werden für die Öffentlichkeit jedes Jahr im konzernweiten Nachhaltigkeitsreport dokumentiert.

Den strategischen Nutzen von CSR haben inzwischen auch kleine und mittelständische Unternehmen erkannt. Als Zulieferer sehen sie sich zunehmend mit der Forderung konfrontiert, ihre Lieferketten verantwortungsvoll zu managen und transparent über soziale und ökologische Aspekte zu berichten.

Ein Beispiel hierfür ist der Outdoor-Ausrüster VAUDE, der seit Jahren einen konsequenten Nachhaltigkeitskurs verfolgt und im Bereich CSR inzwischen eine Vorreiterrolle einnimmt. Das bayerische Familienunternehmen hat das Thema CSR in allen Bereichen strategisch fest verankert. Dies findet Ausdruck in einem bereichsübergreifenden CSR-Team, das eine Vielzahl an Projekten und die damit einhergehende kommunikative Begleitung plant und umsetzt.

Das Unternehmen hat ein umfassendes Programm verabschiedet, verbunden mit der Zielsetzung, Europas nachhaltigster Outdoor-Ausrüster zu werden. Unter dem Namen VAUDE ecosystem wird ein umfangreiches Umwelt-Engagement betrieben, das Maßnahmen von der Entwicklung und Produktion über den Gebrauch bis hin zur Verwertung der Produkte umfasst. So produziert VAUDE einen ganzen Produktbereich nach dem sogenannten Bluesign-Standard, der entlang der gesamten Wertschöpfungskette auf Umweltfreundlichkeit, Verträglichkeit und Ressourcenschonung setzt.

Für die Zusammenarbeit mit Lieferanten hat das Team einen Verhaltenskodex in Form von ethischen, sozialen und ökologischen Richtlinien verabschiedet. Darüber hinaus bestehen Kooperationen mit dem Deutschen Alpenverein (DAV) für Natur und Umweltschutz. Gemeinsam mit dem DAV haben die CSR-Verantwortlichen Projekte auf den Weg gebracht, die Bergsport und Natur in Einklang bringen.

Diese und weitere Maßnahmen haben dazu geführt, dass sich VAUDE als nachhaltigster Outdoor-Ausrüster bezeichnen darf. Bei der Verleihung des Deutschen Nachhaltigkeitspreises erhielt VAUDE von der Stiftung Deutscher Nachhaltigkeitspreis e.V. die höchste Auszeichnung: Deutschlands nachhaltigste Marke 2015. Dabei hat VAUDE bewiesen, dass sozial und ökologisch verantwortliches Wirtschaften auch ökonomisch erfolgreich sein kann. Die Umsatzentwicklung des bayerischen Familienunternehmens, die seit Jahren über dem Branchenschnitt liegt, ist der beste Beweis dafür, dass CSR ebenso ein wirtschaftlicher Erfolgsfaktor sein kann.

3.4 Fallbeispiel I: Integriertes Kommunikationskonzept „Energie verbindet Menschen" (GAZPROM Germania GmbH)

Bedingt durch das stete Aufkommen neuer Medien und die damit verbundenen Veränderungen im Verhalten der Mediennutzer haben die Kommunikationsverantwortlichen inzwischen erkannt, dass für eine erfolgreiche PR-Arbeit nicht der isolierte

Einsatz einzelner Instrumente, sondern eine konsequente inhaltliche, formale und zeitliche Abstimmung aller Instrumente und Maßnahmen notwendig ist.

Allerdings sind die Marketing- und Kommunikationsabteilungen oftmals organisatorisch voneinander getrennt, so dass die Organisationen im Silo-Denken verharren. Es findet keine interne Abstimmung statt, welche Information zu welcher Zeit über welchen Kanal zu kommunizieren ist. Die unangenehmen Folgen: Das Marketing führt Maßnahmen durch, die nicht auf die Unternehmens- und Kommunikationsstrategie einzahlen, und die Mitarbeiter erfahren aus den Medien über Veränderungen im Unternehmen.

Vor diesem Hintergrund hat das Energieunternehmen GAZPROM Germania die Bereiche PR und Kommunikation, Marketing, Sponsoring und Public Affairs organisatorisch unter dem Dach des Departments Unternehmenskommunikation angesiedelt. Dies hat den Vorteil, dass verschiedenste Themen und Projekte auf kurzem Wege abgestimmt und miteinander synchronisiert werden können. Dazu haben die Kommunikationsverantwortlichen ein umfassendes, integriertes Kommunikationskonzept umgesetzt, das auf die Erhöhung und Stärkung der Markenbekanntheit des weltgrößten Erdgasproduzenten einzahlt. Damit geht das Ziel einher, sich als Marke, die mit den Werten Zuverlässigkeit, Partnerschaft und Verantwortung assoziiert wird, positiv zu platzieren. Diese Werte sind fester Bestandteil der Unternehmenskultur, konkret:

Zuverlässigkeit

Dieser Wert steht für GAZPROM an oberster Stelle. Seit über 40 Jahren liefert das Unternehmen zuverlässig Erdgas nach Deutschland, dem größten ausländischen Abnehmer von russischem Erdgas. Mit langfristig angelegten Projekten wie der Erweiterung der Nord-Stream-Pipeline durch die Ostsee und dem Bau von Erdgasspeichern leistet das Unternehmen einen Beitrag zur europäischen Versorgungssicherheit. Auch im gesellschaftlichen Bereich wird Zuverlässigkeit mit der Förderung von vielfältigen Projekten in den Bereichen Sport, Kultur und Bildung durch langfristig angelegte Partnerschaften gelebt.

Partnerschaft

Dieser Wert wird durch das Verhalten gegenüber Kunden und Geschäftspartnern bestimmt. GAZPROM arbeitet europaweit mit einer ganzen Reihe von internationalen Energieunternehmen zusammen, um Projekte gemeinsam zu realisieren sowie Know-how zu bündeln. So bestehen langjährige verlässliche Partnerschaften mit der BASF-Tochter Wintershall, E.ON oder der Leipziger Verbundnetz Gas, die durch die Umsetzung einer Vielzahl gemeinsamer Projekte im Energiesektor geprägt sind. Auch innerhalb des Unternehmens bedeutet Partnerschaft für GAZPROM einen offenen und respektvollen Umgang miteinander. Damit verbunden ist ein direkter, offener Austausch im Sinne einer interkulturellen, vertrauensvollen Zusammenarbeit.

Verantwortung

Dieser Wert bezieht sich auf die drei Felder Ökonomie, Ökologie und soziales Engagement. Unternehmerische Verantwortung steht im Dreieck zwischen Wirtschaft, Umwelt und Gesellschaft. Als Hauptlieferant von Erdgas nach Europa trägt GAZPROM eine hohe Verantwortung für die europäische Versorgungssicherheit. Abseits dessen fühlt sich das Unternehmen auch seiner gesellschaftlichen Verantwortung verpflichtet, die unter anderem in der Förderung von zahlreichen sozialen Projekten in den Bereichen Sport, Kultur und Bildung Ausdruck findet.

Diese fest in der Unternehmenskultur verankerten Werte gehen mit einer Reihe an Kernbotschaften einher, die es für die Kommunikationsverantwortlichen vom Standort Berlin aus in die Öffentlichkeit zu transportieren gilt, zum Beispiel:

› Für GAZPROM ist Deutschland der größte ausländische Abnehmer und wichtigste Markt in Europa. Gemeinsam mit europäischen Partnern investiert das Unternehmen in die Erdgasinfrastruktur und leistet somit einen wichtigen Beitrag zur Versorgungssicherheit in Deutschland und Europa.

› GAZPROM liefert seit über 40 Jahren zuverlässig Erdgas nach Deutschland ohne eine einzige Lieferunterbrechung. An dieser verlässlichen Geschäftsbeziehung wird sich auch zukünftig nichts ändern.

› GAZPROM unterstützt die Energiewende nach besten Kräften. Das Unternehmen investiert in die umweltschonende Erdgasmobilität und leistet damit einen wichtigen Beitrag zur CO_2-Reduzierung im Verkehrssektor.

› GAZPROM fühlt sich seiner sozialen Verantwortung verpflichtet und fördert den interkulturellen Austausch zwischen Deutschland und Russland, indem es sich in den Bereichen Sport, Kultur und Bildung gesellschaftlich und sozial engagiert.

Zur Vermittlung dieser Kernbotschaften und Werte bedienen sich die Verantwortlichen der gesamten Klaviatur der Unternehmenskommunikation (Online, Print, Dialog), verbunden mit der Zielsetzung, ein positives, konsistentes Image zu verankern und damit die Geschäftstätigkeit nachhaltig zu unterstützen.

Unter der Leitidee „Energie verbindet Menschen" werden verschiedene Projekten initiiert, die insbesondere auf die Bewerbung von russischem Erdgas und GAZPROMs Beitrag zur Versorgungssicherheit in Deutschland, aber auch auf das gesellschaftliche Engagement des Unternehmens einzahlen. Allen Maßnahmen liegt der Grundsatz der integrierten Kommunikation „intern vor extern" zugrunde. Erst werden die Mitarbeiter informiert, dann die Öffentlichkeit.

Im Fokus der Aktivitäten steht unter anderem das Sponsoring des Fußball-Bundesligisten FC Schalke 04, das in den vergangenen Jahren maßgeblich zur Bekanntheit von GAZPROM in Deutschland beigetragen hat. Das Engagement beim Revierclub hat sich zu einer Erfolgsgeschichte entwickelt, doch das war nicht immer so. Mit der Bekanntgabe des Einstiegs 2007 wurde der Sponsoring-Deal von den Medienvertretern anfangs stark kritisiert. „Schalke hat seine Seele verkauft" (Express); „Deutsche EU-Abgeordnete sorgen sich um Gazprom-Einstieg auf Schalke" (dpa) oder „Den Teufel ins Haus geholt" (WAZ) lauteten die damaligen Schlagzeilen.

Angesichts dieser negativen Berichterstattung ging es den Kommunikationsverantwortlichen im ersten Schritt darum, den direkten, offenen Dialog mit der Öffentlichkeit zu suchen, um sich als Wirtschaftsunternehmen vorzustellen und etwaige Vorurteile abzubauen. Als erste vertrauensbildende Maßnahme lud GAZPROM kurz nach der Vertragsunterzeichnung 2007 das Schalker Präsidium mit dem damaligen Trainer Mirko Slomka und dem damaligen Spieler Lincoln Cássio de Souza Soares zu einer Reise in das sibirische Gasfeld Novy Urengoy ein. Wenig später folgte eine zweite Reise mit der Schalker Traditionsmannschaft, Vertretern der wichtigsten Faninstitutionen und ausgewählten Journalisten in die usbekischen Gasfelder. Das Ziel beider Reisen war es, einen Blick hinter die Kulissen von GAZPROM zu geben und das komplexe Geschäft der Erdgasförderung für die Teilnehmer greifbar und erlebbar zu machen.

Im Zuge dieser Exkursionen wurden auch die öffentlichen Vorbehalte gegenüber GAZPROM thematisiert. Mit Blick auf den von bestimmten Medien oftmals geäußerten Vorwurf, dass der Konzern Gas als politisches Instrument einsetze, hielten die Kommunikationsverantwortlichen den mitgereisten Journalisten die nüchternen Fakten entgegen. So liefert Russland seit über vier Jahrzehnten zuverlässig Erdgas nach Deutschland ohne einen einzigen Tag Lieferunterbrechung. Es sei eine gegenseitige Abhängigkeit, aber auch ein Nutzen für beide Seiten. Gerade Deutschland soll für das Unternehmen zur Erdgasdrehscheibe werden. Daher könne nicht die Rede davon sein, den Gashahn zuzudrehen.

Hinsichtlich der Kritik am Schalke-Sponsoring lautet die wichtigste Botschaft, dass sich GAZPROM keinesfalls in sportliche Belange bzw. in die Vereinspolitik einmischen möchte, sondern wie jedes andere Unternehmen auch die Möglichkeiten des Sportsponsorings nutzt, um sich der Öffentlichkeit bekannt zu machen. Dabei war den Verantwortlichen klar, dass das Sponsoring nicht nur im klassischen Trikot- und Bandensponsoring Ausdruck finden soll, sondern im Sinne der Fans aktiv gestaltet werden muss.

Gemeinsam mit dem Verein und den Fans hat GAZPROM bis heute eine Vielzahl fanorientierter Maßnahmen wie tägliche Ticket-Gewinnspiele und Fußball-Fanturniere sowie verschiedene soziale Projekte auf den Weg gebracht. Gleich zu Beginn der Partnerschaft wurden Benefizspiele gegen unterklassige Vereine organisiert, deren Erlöse sozialen Projekten zugutekamen. In den vergangenen Spielzeiten gastierte der FC Schalke 04 unter anderem bei Hannover 96, Hansa Rostock, Eintracht Braunschweig, Alemannia Aachen und Union Berlin. Darüber hinaus hat GAZPROM weitere Events mit karitativem Charakter unterstützt, dazu ist das Unternehmen Förderer der vereinseigenen Stiftung „Schalke hilft!", die sich sozialen Projekten im Ruhrgebiet widmet.

Für den Dialog mit den Schalke Fans haben die Kommunikationsverantwortlichen unter anderem die Facebook-Seite Königsblauer Planet und die Website www.gazprom-football.com eingerichtet. Über diese Kanäle erhalten Fans aktuelle Informationen rund um ihren Klub, dazu gibt es Gewinnspielaktionen und Ticketverlosungen. Gleichzeitig dienen diese Plattformen als Interaktionskanal mit den Fans und als Stimmungsbarometer und Gradmesser für die eigenen Kommunikationsaktivitäten.

All diese fanorientierten Maßnahmen waren so ausgestaltet, dass sie von den Fans als möglichst uneigennützig wahrgenommen wurden und einen erkennbaren fanseitigen Vorteil boten. Diesen Ansatz griffen auch die Medien positiv auf, zum Beispiel bei der Fan-Aktion GAZPROM Kumpelkarte. Bei diesem Schalke-Quiz konnten die Fans Eintrittskarten für alle Heim- und Auswärtsspiele der Königsblauen und damit einhergehend einzigartige Fanerlebnisse gewinnen, die es nirgendwo zu kaufen gibt: von exklusiven Stadionführungen über ein Kabinengespräch mit Kapitän Benedikt Höwedes bis zur Reise im Mannschaftsflieger zum Champions-League-Auswärtsspiel nach Madrid und Teilnahme am Mannschaftsbankett. Diese Aktion von GAZPROM erfüllt exakt die Kriterien einer sensiblen, fanorientierten Aktivierung, schrieb dazu unter anderem das Handelsblatt.[42]

Neben der sozialen und fanorientierten Komponente steht auch die Verknüpfung des Sponsorships mit den Kerngeschäftsaktivitäten des Unternehmens im Mittelpunkt. So werden mittels Medienkooperationen und Promotion-Aktionen die Vorteile des Produktes Erdgas und GAZPROMs Beitrag zur Versorgungssicherheit in Deutschland beworben. Darüber hinaus nutzen die Kommunikationsverantwortlichen das Sponsoring als Dialogplattform, um bei Heimspielen wichtige Entscheidungsträger und Meinungsführer aus Politik, Wirtschaft und Wissenschaft zusammenführen. So findet vor ausgewählten Heimspielen das Schalker Energiegespräch statt. Hierbei handelt es sich um ein Dialogformat mit Vorträgen zu energiewirtschaftlichen Themen und anschließender Diskussionsrunde.

Mit diesen und weiteren reputationsstiftenden Maßnahmen ist es den Kommunikationsverantwortlichen gelungen, dass das Unternehmen von den GAZPROM-relevanten Stakeholdern als vertrauensvoller und zuverlässiger Partner wahrgenommen wird, was sich besonders in Krisenzeiten bewährt hat.

---

42 Vgl. URL: http://www.handelsblatt.com/sport/fussball/sponsoren-in-der-bundesliga-mittlerweile-macht-die-paarung-schalke-gazprom-doch-sinn/10320638-5.html (Letzter Zugriff: 22.11.2016).

Ein Beleg hierfür ist die mediale Berichterstattung im Kontext der Ukraine-Krise. Bestimmte Medien forderten den Revierclub auf, das Sponsoring mit GAZPROM zu beenden. Dazu befragten die Journalisten die Schalker Anhängerschaft, doch die (erwarteten) kritischen Stimmen blieben aus. Im Gegenteil: Der Schalker Fan-Club Verband, in dem 1.000 eingetragene Fans mit 90.000 Fans organisiert sind, bestätigte unter anderem gegenüber der Wochenzeitung Die Zeit: „Gazprom als Sponsor ist bei unseren Fan-Clubs kein großes Thema, da sich Gazprom in all den Jahren als guter Partner für den S04 und die Fans dargestellt hat."[43] Dies entsprach auch der Stimmungslage in den sozialen Medien, wo es nur vereinzelt kritische Stimmen gab.

Neben der Trikotwerbung und vielfältigen Aktionen mit den Schalker Profis hat GAZPROM das mit der Partnerschaft verbundene Ziel, den eigenen Bekanntheitsgrad nachhaltig zu steigern, erreicht. So weist eine Untersuchung des Marktforschungsinstitutes Repucom GAZPROM als drittbekanntesten Trikotsponsoren nach T-Com (Bayern München) und VW (VfL Wolfsburg) aus.

In der Schalker Vereinshistorie ist GAZPROM inzwischen der Hauptsponsor, der dem Club am längsten die Treue hält. Dies ist ein weiterer Beleg für die seitens der Unternehmenskommunikation über verschiedene Medienkanäle hinweg vermittelten Werte Zuverlässigkeit, Partnerschaft und Verantwortung. Dabei wird der Fan weiterhin im Fokus aller Maßnahmen stehen, indem ein Schwerpunkt der Sponsoringaktivitäten auf dem Fandialog und der digitalen Kommunikation liegen wird.

Abseits des Schalke-Sponsorings ist GAZPROM auch Partner des Europa-Parks in Rust bei Freiburg und Förderer zahlreicher Kulturprojekte. Das Unternehmen fördert den interkulturellen Austausch zwischen Deutschland und Russland, indem Nachwuchskünstler beider Länder unterstützt werden. Im Europa-Park vermittelt die interaktive GAZPROM-Erlebniswelt „Abenteuer Energie" der Öffentlichkeit auf unterhaltsame Weise Wissenswertes zum Thema Erdgas.

All diese Maßnahmen werden in enger Abstimmung zwischen den Bereichen PR und Kommunikation, Marketing, Sponsoring und Public Affairs geplant, konzipiert und crossmedial umgesetzt. Im Sinne der integrierten Kommunikation ist auch die Interne Kommunikation ein wesentlicher Bestandteil der Aktivitäten, damit die Mitarbeiter Informationen direkt und zuerst aus dem Unternehmen erhalten und nicht aus den Medien erfahren.

In den vergangenen Jahren hat vor allem das gesellschaftliche Engagement von GAZPROM dazu beigetragen, dass sich die Reputation des Unternehmens in Deutschland schrittweise verbessert hat, negative Assoziationen abgebaut und positive Assoziati-

---

43 Vgl. URL: http://www.zeit.de/sport/2014-08/fc-schalke-04-gazprom-bundesliga (Letzter Zugriff: 15.12.2016).

onen ausgebaut werden konnten. Darüber hinaus ist die Markenbekanntheit des Unternehmens gestiegen: von 64 Prozent im Jahr 2013 auf 73 Prozent 2015.

Auch die Klarheit des Markenbildes ist deutlich. Die Marktforschung zeigt, dass fast 90 Prozent der Befragten ein eindeutiges Bild vom Unternehmen haben. Insgesamt wird GAZPROM vor allem als kompetentes, leistungsstarkes und internationales Unternehmen gesehen. Unter den Befragten zeigt sich ein großes Informationsbedürfnis. Dieses Potenzial soll weiter genutzt werden, um zu zeigen, was GAZPROM als zuverlässigen und sicheren Energiepartner auszeichnet.

Für die Kommunikationsverantwortlichen stellt die integrierte Kommunikation einen wichtigen strategischen Prozess dar, den es permanent an neue Gegebenheiten und Veränderungen anzupassen gilt. Dies entspricht auch dem allgemeinen Meinungsbild der Branche, was eine Online-Umfrage des Deutschen Kommunikationsverbands e.V., der Wirtz Partner Holding AG und der FH Wien unter 2.754 Unternehmen in Deutschland, Österreich und der Schweiz belegt. Die Mehrheit der befragten Kommunikationsverantwortlichen (59,4 Prozent) bewertet die integrierte Kommunikation als strategischen Erfolgsfaktor, dessen Bedeutung in den nächsten Jahren weiter zunehmen wird.[44]

Abb. 6: GAZPROM ist nicht nur der längste Hauptsponsor in der Schalker Vereinshistorie, sondern auch der drittbekannteste Trikotsponsor der Fußball-Bundesliga (Quelle: Valéry Kloubert, 2008).

---

44 Vgl. Bruhn / Martin / Schnebelen (2014), S. 116.

3.5 Fallbeispiel II: Mit einer innovativen Kommunikationskampagne zum erfolgreichen Bürgerentscheid (Initiative „Bewahrt Fehmarn!")

Lange Sandstrände, schroffe Steilküsten, hohe Wellen und frische Meeresluft – die drittgrößte deutsche Insel Fehmarn zählt zu Deutschlands beliebtesten Ferieninseln. Im August 2014 gaben Investoren vom Festland bekannt, dass sie auf der kleinen Ostseeinsel ein 15 Hektar großes Industrieareal zwischen den Ortschaften Puttgarden und Marienleuchte errichten wollen. Die Pläne sorgten unter den 12.000 Einwohnern für großen Aufruhr und lösten die größte Protestbewegung in der Inselgeschichte aus.

Das Industriegelände sollte im Zuge des Baus des rund 20 Kilometer langen Belt-Tunnels von Fehmarn nach Dänemark entstehen. Dabei war völlig offen, ob das Industrieareal wirklich gebraucht werden würde. Sicher waren für die Inselbewohner nur die Beeinträchtigungen und Schäden für die Urlaubsinsel: zusätzlich asphaltierte Fläche, imageschädigende Bilder, Staub, Lärm sowie Müllgestank ausgehend von einer ebenfalls geplanten Recyclinganlage.

Ungeachtet dieser Folgen unterstützte die Lokalpolitik das Projekt und ließ dabei außer Acht, dass dies zu Lasten von Fehmarns wichtigstem Wirtschaftszweig gehen könnte: des Tourismus. Für die Insulaner gab es nur eine Lösung: Das Industrieareal muss verhindert werden.

Die Inselbewohner wollten aber nicht wie der gemeine Wutbürger gegen etwas sein und in diesem Stil kommunizieren, sondern sich für etwas einsetzen: für Fehmarn und seine Zukunft als Urlaubsinsel. Sie gründeten die Initiative „Bewahrt Fehmarn!", die als nicht eingetragener Verein mit 15 Aktiven begann.

Für die Initiatoren bestand die Herausforderung darin, den Argumenten der Investoren und Lokalpolitikern zu entgegnen, die mit Versprechen wie zusätzliche Arbeitsplätze oder weitere Gewerbesteuereinnahmen lockten. Im Kern ging es den Initiatoren um die Schaffung einer gemeinsamen Plattform und den Aufbau der Initiative „Bewahrt Fehmarn!" als Marke, die immer mehr Menschen ermuntert und bewegt, sich einzubringen, selbst Aktionen zu initiieren, einfach selbst etwas zu machen. Entgegen der typischen Kommunikation einer Protestbewegung stand eine positive und bewegende Markenkommunikation im Mittelpunkt aller Aktivitäten.

Die Kommunikationsstrategie zielte darauf ab, mit überraschenden, kreativen und unterhaltsamen Aktionen immer wieder für Content und Medienberichterstattung zu sorgen und weitere Unterstützer zu mobilisieren.

Dazu verständigten sich die Initiatoren auf nachfolgende Kernbotschaften und Argumente:

- Fehmarn verliert: Das 13 Hektar große Industrieareal würde zusätzlich zur ohnehin belastenden Belt-Tunnel-Baustelle die verschandelte Fläche um weitere 20 Prozent vergrößern. Dies ist eine unzumutbare Zusatzbelastung für alle Inselbewohner.

- Image- und Wirtschaftsschaden: Die Großbaustelle würde das Image und die Reputation der Urlaubsinsel bundesweit prägen und nachhaltig schädigen, worunter insbesondere der Tourismus mittel- und langfristig leiden wird.

- Sicherung der Arbeitsplätze: Wir setzen uns für die Wirtschaft ein, allerdings nicht für eine Handvoll Unternehmer vom Festland, sondern für die fehmarnsche Wirtschaft mit Schwerpunkt auf dem Tourismus. Jeder Arbeitsplatz, der auf dem Industrieareal womöglich entsteht, könnte den Verlust zahlreicher Jobs im fehmarnschen Tourismus bedeuten.

- Dauerbaustelle ohne Rückbau: Das Industrieareal mag zwar nicht für die Ewigkeit geplant sein, aber es wird den Fehmaranern wie eine Ewigkeit vorkommen. Großbauprojekte dauern immer länger als geplant. Wir gehen von 15 Jahren aus, die eine große Belastung für alle Inselbewohner bedeuten würden. Der Verlust an Lebens- und Erholungsqualität, der Schaden an Image und Tourismus sowie starke Beeinträchtigungen über ein Jahrzehnt hinweg lassen sich nicht einfach zurückbauen.

Für die Vermittlung dieser Botschaften bediente sich die Initiative allen wesentlichen Maßnahmen, die eine erfolgreiche Kommunikationskampagne ausmachen.

Mit der Website www.bewahrt-fehmarn.de schufen die Initiatoren einen zentralen Anlaufpunkt für die Öffentlichkeit und richteten dazu einen YouTube-Kanal (https://www.youtube.com/-bewahrtfehmarn), eine Facebook-Seite (www.facebook.com/bewahrtfehmarn) und einen Newsletter-Versand ein, um die Bevölkerung und die Medienvertreter kurzfristig und crossmedial zu informieren. Dazu verteilte die Initiative Flyer an die Haushalte, machte Aushänge und schaltete Anzeigen in den regionalen Zeitungen. Die Lokalpolitik wurde via E-Mail über die Initiative informiert. Persönliche Gespräche brachten jedoch keinen Erfolg, die Politiker blieben bei ihrer Meinung und sprachen sich für die Errichtung des Industrieareals aus.

Im Dialog mit der Öffentlichkeit beantworteten die Initiatoren auf der Website die wichtigsten Fragen rund um das geplante Industrieareal (Was ist passiert? Welche Folgen hat das Projekt für die Bevölkerung? Was kann ich dagegen tun?) und informierten fortlaufend über die neuesten Entwicklungen und Aktionen. Die Besucher der Website hatten dazu die Möglichkeit, den beteiligten Lokalpolitikern direkt Beschwerdemails zu schreiben. Darüber hinaus starteten die Fehmaraner auf www.change.org eine Online-Petition und eröffneten einen Online-Shop für den Verkauf von Protest-Shirts und -fahnen.

Die Initiative, die inzwischen nicht mehr von 15, sondern einigen hundert Aktiven unterstützt wurde, machte mit kreativen öffentlichkeitswirksamen Aktionen auf das Bürgerbegehren aufmerksam. So widmete der Insulaner Frederic der kleinen Ostseeinsel ein Lied und landete mit dem Protestsong „Wir können was bewegen" einen lokalen YouTube-Hit, der Fehmaraner Oliver schwamm in sechs Etappen rund um die Insel und der einheimische Extremläufer Mike lief einen Ultramarathon von rund 60 Kilometern Länge um Fehmarn herum, der von zahlreichen Fehmaranern, Urlaubern und den Lokalmedien (Fehmarnsches Tageblatt, Lübecker Nachrichten, Radio Schleswig-Holstein) begleitet wurde.

Immer wieder entwickelten die Akteure der Initiative neue Ideen, um für Aufsehen zu sorgen, Medienberichterstattung zu initiieren, zu unterhalten, zu überraschen und zu informieren. Nie als Wutbürger, sondern stets als sympathische Marke und Bewegung, der man sich gerne anschließt.

Innerhalb kürzester Zeit konnten mit diesen Aktionen tausende Menschen mobilisiert werden, dazu erlebte die Ostseeinsel die reichweitenstärkste Berichterstattung ihrer Geschichte. Obwohl auf Fehmarn nur rund 12.000 Menschen leben, unterzeichneten mehr als 30.000 Menschen die Online-Petition gegen das Industrieareal. Neben den Lokalredaktionen berichteten auch zahlreiche überregionale Medien aus Print, Online, TV und Hörfunk (BILD, Morgenpost, RTL, SAT.1, NDR) über die Protestbewegung. Insgesamt erschienen über 300 Medienberichte.

Die Lokalpolitiker und Stadtvertreter der Insel zeigten sich von dieser Resonanz überrascht. Die Reaktion eines Mitglieds der Stadtvertretung nach Beginn der Kampagne und Petition war: Stellen Sie das ab! Andere Lokalpolitiker hingegen zeigten sich gesprächsbereit und signalisierten, das Vorhaben noch einmal zu überdenken. Der Bauausschuss hatte indes einen Aufstellungsbeschluss pro Industrieareal gefasst.

Die Kommunikationsstrategie der Initiative zeigte Wirkung und ging auf: Zur Bürgeranhörung kamen nicht wie sonst 30, sondern 800 Menschen. Die Veranstaltung wurde von drei Fernsehteams (NDR, SAT.1, RTL Nord) und mehreren Hörfunk-Journalisten (Radio Schleswig-Holstein, NDR 2, Deutschlandfunk) begleitet. Es kam zum Bürgerentscheid und eine klare Mehrheit von 64,5 Prozent der Stimmberechtigten entschied sich gegen die Errichtung des Industrieareals.

Die Kampagne zum Bürgerentscheid ist schlussendlich eine crossmediale Markenkommunikationskampagne gewesen: Imagefilm, Viralspots, Anzeigen, Medienarbeit, Aktionen, Infostände und Postwurfsendungen trugen zum erfolgreichen Bürgerentscheid bei. Die Initiatoren wurden für ihren Einfallsreichtum und ihre professionelle Kommunikation mit dem Preis für Online-Kommunikation der DPRG und dem PR Report Award des Fachmagazins PR Report ausgezeichnet.

Dieser Erfolg gibt der Initiative aber keinen Grund zum Ausruhen. 2016 hat sich „Bewahrt Fehmarn!" mit 15 anderen Initiativen zu den sogenannten Beltrettern zusammengeschlossen, die gegen den Bau des Fehmarnbelttunnels Widerstand leisten. Der Tunnel, der zwischen Fehmarn und der dänischen Insel Lolland bis 2028 gebaut werden soll, gehört zu den größten europäischen Verkehrsprojekten. Auch hier wollen die Insulaner mit einer innovativen Kommunikationskampagne bundesweit für mediale Aufmerksamkeit sorgen.

Abb. 7: Die Kommunikationskampagne der Initiative „Bewahrt Fehmarn!" führte zum erfolgreichen Bürgerentscheid (Quelle: Initiative „Bewahrt Fehmarn!", 2015).

Zusammenfassung

›) Eine erfolgreiche Kommunikation mit der Öffentlichkeit zahlt maßgeblich auf das Image und die Reputation ein, die wiederum einen Eckpfeiler des wirtschaftlichen und gesellschaftlichen Erfolges eines Unternehmens darstellen. Basierend auf den Ergebnissen einer SWOT-Analyse ist dafür ein integriertes Kommunikationskonzept erforderlich, das die individuellen Bedürfnisse der internen und externen Stakeholder entsprechend berücksichtigt.

›) Im Sinne einer One Voice Policy müssen die Botschaften inhaltlich konsistent und verständlich sein. Für deren Vermittlung steht den Kommunikationsverantwortlichen eine Vielzahl an Medien zur Verfügung, welche in der Regel crossmedial bespielt werden müssen.

›) Der Aufbau eines positiven Images ist ein komplexer, langfristig angelegter Prozess, der nicht allein von der Unternehmenskommunikation geführt werden kann. Für die Schaffung einer reputationsstiftenden Außendarstellung müssen wesentliche Werte wie Offenheit, Vertrauen und Glaubwürdigkeit fest in der DNA des Unternehmens verankert sein. Somit ist dies auch Aufgabe des Top-Managements.

4. Kommunikation mit Journalisten

Die Zusammenarbeit mit den Medienvertretern gehört zu den wichtigsten Aufgaben und zugleich größten Herausforderungen der Externen Kommunikation. Für 90 Prozent der Unternehmen ist die Kommunikation mit den Journalisten die wichtigste Aufgabe der Unternehmenskommunikation.[45] Ein Grund hierfür ist die Tatsache, dass über die mediale Berichterstattung wesentlich mehr Menschen erreicht werden als zum Beispiel durch die Veröffentlichung einer Imagebroschüre.

In der beruflichen Praxis sind Journalisten und Kommunikationsverantwortliche aufeinander angewiesen. Es gibt kein Unternehmen, das dauerhaft negative Schlagzeilen vertragen könnte, und kein Medium, das ohne offizielle Informationen aus den Unternehmen seine Leser fundiert informieren könnte. Gute Journalisten sind gute Geschichtenerzähler, gute Kommunikatoren auch. Ohne die gute Geschichte eines professionellen Sprachrohrs gäbe es weniger gute Geschichten in den Medien.

Da die Arbeitsbelastung in den Redaktionen stetig zunimmt, steigt auch der Wert professioneller Vorarbeit. Für die Hälfte der Journalisten hat die Bedeutung von Pressesprechern und PR-Agenturen stark zugenommen. Das ist das Ergebnis einer Umfrage, die das Agenturnetzwerk Ecco zusammen mit dem Journalistenportal newsroom.de unter 7.000 Journalisten in Deutschland durchgeführt hat.[46]

Die Arbeit der Kommunikationsverantwortlichen wird dadurch aber nicht leichter. Die Flut an Pressemitteilungen, die tagtäglich die Mailboxen der Redaktionen erreicht, wird zunehmend uninteressant. Während 2002 noch 88 Prozent der befragten Journalisten gut geschriebene Pressemitteilungen für hilfreich hielten, sieht heute die Hälfte die Bedeutung der Pressemitteilungen schwinden.[47] Ähnlich verhält es sich mit der Pressekonferenz. Für 66,3 Prozent der Befragten hat die Pressekonferenz in den letzten fünf Jahren an Bedeutung verloren. Für knapp elf Prozent ist sie sogar unbedeutend geworden. Einen Bedeutungszuwachs verzeichnen hingegen Vier-Augen-Gespräche (54 Prozent) und Unternehmenswebsites (65 Prozent).[48]

Was bedeuten diese Ergebnisse für die Arbeit der Kommunikationsverantwortlichen? Wer in den Redaktionen ankommen will, benötigt maßgeschneiderte Lösungen. Maßarbeit statt Konfektion, denn auch die Redaktionen können mit Standardware bei ihren Lesern nicht mehr punkten. Es geht um exklusive und außergewöhnliche (Unternehmens-)Geschichten, die den Medienvertretern einen Mehrwert bieten.

---

45 Vgl. Herbst (2015), S. 123.
46 Vgl. Ecco (2015), S. 3.
47 Vgl. ebd., S. 14.
48 Vgl. ebd., S. 3.

Die Kommunikationsverantwortlichen müssen den Journalisten exklusive Inhalte liefern und der Öffentlichkeit ein einzigartiges und nachhaltig positives Unternehmensbild vermitteln. Die Gestaltung des Images umfasst dabei den schriftlichen Bereich in Form von Pressemitteilungen, Ankündigungen, Einladungen, Pressemappe und Presseverteiler. Der persönliche Bereich wird durch Kontaktaufnahme und -pflege, Pressekonferenzen, Hintergrundgespräche und Interviews gestaltet. Gerade der persönliche Kontakt ist für die Journalisten extrem wichtig geworden (44 Prozent), weitere 43,5 Prozent attestieren ihm eine zunehmende Bedeutung.[49]

Für die Kommunikationsverantwortlichen bedeutet dies, dass sie immer und überall für die Medien ansprechbar sind und den Kontakt auch dann nicht abreißen lassen, wenn es mal keine Neuigkeiten zu verkünden gibt. Im direkten Umgang mit den Journalisten gilt es, ein paar grundsätzliche Dinge zu beachten, auf die ich nachfolgend näher eingehe. Hier finden Sie zunächst einen Überblick über die Medien der direkten und indirekten Kommunikation.

4.1 Instrumente der direkten Kommunikation

Instrumente, die den direkten Dialog mit den Medienvertretern betreffen, sind unter anderem die Pressekonferenz, gefolgt vom Pressegespräch, Journalistenseminar und Redaktionsbesuch.

4.1.1 Pressekonferenz

Die Pressekonferenz ist ein klassisches Dialog-Instrument, das den Medienvertretern Gelegenheit für individuelle Fragen und Statements bietet. Sie findet meist anlassbezogen zu Themen statt, die bereits im Fokus der öffentlichen Berichterstattung stehen und daher für die Journalisten von besonderer Relevanz sind, zum Beispiel die Präsentation der Unternehmensbilanz, die Vorstellung eines öffentlichkeitswirksamen Projekts, die Übernahme eines anderen Unternehmens oder die Stellungnahme nach einem Unglücksfall. Auch für mittlere und kleinere Unternehmen können Pressekonferenzen ein wichtiges Instrument für den Dialog mit den Journalisten sein.

Grundsätzlich ist die Pressekonferenz eine eher nach Ritual ablaufende Veranstaltung: Auf die Einführungsstatements des Pressesprechers folgt meist ein Frage-und-Antwort-Spiel. Die Tischanordnung, die Raumausstattung sowie der ganze Ablauf sind sachlich und formell.

---

49 Vgl. Ecco (2015), S. 14.

Die Pressekonferenz bietet gegenüber schriftlichen Mitteilungen den Vorteil, dass komplexe Sachverhalte gegenüber den Medienvertretern besser erklärt werden können. Der Journalist kann nachfragen und erhält direkte O-Töne sowie Hintergrundinformationen von den Verantwortlichen. Dadurch lassen sich auch etwaige Missverständnisse vermeiden, die sich unter Umständen negativ auf die Berichterstattung auswirken.

Die Pressekonferenz hat zwar ihren festen Platz in der Medienarbeit, doch bedingt durch unterbesetzte Redaktionen und weniger an Massenveranstaltungen als an Exklusivgeschichten interessierte Journalisten hat sie in den vergangenen Jahren an Bedeutung verloren. Die Digitalisierung trägt ebenso dazu bei: Mittlerweile können die Journalisten die Pressekonferenzen an ihren Schreibtischen live via Videostreaming verfolgen, so dass die Vor-Ort-Präsenz nicht zwingend erforderlich ist.

Zunehmend beliebte Kommunikationstools sind Streaming-Formate wie Hangout on Air, eine kostenlose Form der Videokonferenz, die zum Beispiel allen Nutzern von Google+ zur Verfügung steht. Bis zu zehn Personen können virtuell zeitgleich daran teilnehmen, Fragen stellen oder sich die Pressekonferenz später als YouTube-Video anschauen, wenn sie zu der Uhrzeit nicht live dabei sein können. Eine Teilnahme über mobile Endgeräte wie Smartphones oder Tablets ist ebenfalls möglich. Der Livestream kann auf drei Kanälen gleichzeitig erfolgen: auf der Google+-Seite, auf dem YouTube-Kanal des Unternehmens und auf der unternehmenseigenen Website. Im Hangout selbst ist es unter anderem auch möglich, Charts, Animationen oder Videos zu zeigen.

Diese Video-Realtime-Technik ist kostenlos und lässt sich ohne großes technisches Know-how realisieren. Neben der kostenlosen Verfügbarkeit besteht ein weiterer Vorteil darin, dass die Journalisten nicht extra anreisen müssen und sich somit in Zeiten knapper Budgets die Reisekosten sparen. Außerdem lässt sich mit der Übertragung und anschließenden Bereitstellung der Videoaufzeichnung im Internet eine wesentlich höhere Reichweite erzielen als mit einer klassischen Pressekonferenz vor Ort.

Grundsätzlich ist auch eine Kombination aus klassischer Pressekonferenz und Online-Pressekonferenz möglich. Inhaltlich unterscheiden sich beide Formen zwar nicht signifikant, aber die technische Qualität der Übertragung markiert einen wesentlichen Unterschied. Wie ist die Ton- und Bildqualität? Ist alles gut ausgeleuchtet? Kann die Ton- und Bildqualität zum Beispiel durch den Einsatz spezieller Mikrofone oder eine HD-Kamera verbessert werden? Diese und weitere Punkte sollten die Kommunikationsverantwortlichen vor der Live-Übertragung in Form eines technischen Checks klären. Dabei gilt es, auch die Regularien des Deutschen Rundfunkstaatsvertrages zu berücksichtigen. Wer beispielsweise mehr als 500 Zuschauer per Livestream erreicht, benötigt nach Paragraph 2, Abs. 3 Nr. 1 des Rundfunkstaatsvertrages eine Sendelizenz.[50]

---

50 Vgl. URL: http://www.dvtm.net/fileadmin/pdf/gesetze/13._RStV.pdf (Letzter Zugriff: 05.01.2017).

4.1.2 Pressegespräch

Das Pressegespräch dient im Gegensatz zur Pressekonferenz der informellen Information einzelner, ausgewählter Journalisten. Angestrebt wird nicht die unmittelbare und möglichst breite Berichterstattung, sondern der gezielte Aufbau und die Pflege von Medienkontakten. Dabei werden Themen besprochen, die weniger spektakulär sind, zu denen der Journalist aber dennoch Hintergrundinformationen benötigt.

Die Gesprächsrunde findet zumeist im vertrauten Kreis statt und wird deshalb auch als Hintergrundgespräch bezeichnet. Die Informationen dürfen seitens der Medienvertreter häufig entweder nicht zitiert werden oder nur ohne Quellenangabe. In den Medien heißt es dann häufig: „Wie aus gut informierten Kreisen verlautete ..."

Obwohl das Pressegespräch einen eher informellen Charakter besitzt, sollte es gut vorbereitet werden. Wer zu einem Pressegespräch einlädt, signalisiert zweierlei: zum einen seine Bereitschaft zur offenen und ehrlichen Kommunikation, zum anderen das Angebot einer für die Journalisten interessanten Information. Kritische Nachfragen sind mitunter zu erwarten und sollten ausreichend beantwortet werden. Daher sollten die Kommunikationsverantwortlichen genau überlegen, ob dieses Angebot beispielsweise zur Informationspolitik des Unternehmens passt.

4.1.3 Journalistenseminar

Ein weiteres Instrument zur Kontaktpflege sind Journalistenseminare, die auf die Schulung und Fortbildung von Journalisten abzielen. Sie dienen der Vertiefung von Themen, die bereits bekanntgegeben wurden. Ziel ist es, den Kenntnisstand von Journalisten aufzufrischen, zu erweitern und ihnen Zusammenhänge und Aufgabenstellungen des Unternehmens verständlich zu machen, um mögliche Wissenslücken zu schließen und Missverständnissen vorzubeugen.

Der Energie-Konzern E.ON organisiert beispielsweise regelmäßige Technik-Seminare, in denen Fachjournalisten unter anderem Verfahren und Prozesse der Erdgasförderung und -speicherung vorgestellt und aktuelle Themen der Energiewirtschaft diskutiert werden.

Mit Blick auf die Glaubwürdigkeit des Unternehmens empfiehlt sich dabei der Einsatz externer Referenten. Denn je objektiver solche Seminare ablaufen, desto größer ist ihre Wirkung bei den Medienvertretern. Neben der Informationsvermittlung dienen solche Veranstaltungsformate insbesondere der Intensivierung des Dialogs mit den Journalisten.

4.1.4 Redaktionsbesuch

Ein weiteres Dialog-Format ist der Redaktionsbesuch, der jedoch bei den Journalisten in Zeiten zunehmender Arbeitsbelastung bei gleichzeitigem Personalabbau häufig auf wenig Gegenliebe stößt. Die Kommunikationsverantwortlichen sollten vorab sorgfältig überlegen, ob ihr Besuch und das Thema dem Journalisten einen wirklichen redaktionellen Mehrwert bieten.

Sinnvoll ist der Redaktionsbesuch, wenn sich zum Beispiel der neue Geschäftsführer eines Unternehmens bei seinem Amtsantritt in Form eines Interviews mit einem öffentlichkeitswirksamen Thema positionieren möchte. Die Taktung der Redaktionsbesuche sollte dabei insgesamt ausgeglichen sein, denn in den meisten Fällen sieht man sich sowieso regelmäßig zu verschiedenen Anlässen wie Messen, Ausstellungen oder Branchentreffs.

4.2 Instrumente der indirekten Kommunikation

Instrumente, die sich auf die indirekte Kommunikation mit den Journalisten beziehen, sind unter anderem die Pressemitteilung, der Presseverteiler und das Pressecenter.

4.2.1 Pressemitteilung

Qualität kommt von Quälen, hieß es früher an der Georg-von-Holtzbrick-Schule für Wirschaftsjournalismus. Kein Geringerer als Deutschlands Vorzeige-Publizist und Sprachkritiker Wolf Schneider hat es so treffend formuliert. Denn Schreiben ist harte Arbeit. Doch was ist der richtige Schreibstil? Schreiben wie im Spiegel oder im Feuilleton-Teil der FAZ? Mitnichten, denn die Pressemitteilung richtet sich an die gesamte Presse und nicht an einzelne Medien.

Die Pressemitteilung soll die Aufmerksamkeit und das Interesse des Journalisten wecken und die Informationen möglichst breit streuen. Keine leichte Aufgabe, denn täglich erreicht eine Vielzahl von Pressemitteilungen die Redaktionen. Und den Journalisten bleibt bei zunehmender Arbeitsbelastung weniger Zeit, Pressemitteilungen auf ihre Relevanz zu überprüfen.

Vor diesem Hintergrund müssen sich die Kommunikationsverantwortlichen selbstkritisch hinterfragen, ob das Thema der Pressemitteilung dem Journalisten einen wirklichen Neuigkeitswert bietet. Ist dies gegeben, dann müssen sie den Text so aufbereiten, dass er von den Journalisten möglichst leicht wahrgenommen wird. Doch welche Inhalte sind für die Medienvertreter interessant? Wie kann ich möglichst viele Journalisten erreichen und eine reichweitenstarke Berichterstattung erzielen? Diese Fragen lassen sich nicht pauschal beantworten, da immer auch die aktuelle Nachrichtenlage und die wirtschaftliche Bedeutung des Unternehmens die Themenauswahl in den Redaktionen beeinflussen.

Grundsätzlich sind Nachrichtenlage, Neuigkeitswert und Aufmachung für die Medienvertreter entscheidend: sachliche Informationen mit einem aktuellen Aufhänger und Mehrwert für den Leser, keine Superlative, keine verschachtelten Sätze und keine übermäßige Werbung. Die Pressemitteilung muss journalistisch, aber insgesamt wertfrei geschrieben sein. Für eine Wertung bzw. Meinung empfiehlt es sich, diese in Form eines Zitates zu verwenden. Wichtig: Die Informationen müssen nach dem Prinzip „Keep it simple" allgemeinverständlich formuliert sein, so dass jeder Journalist bzw. Leser den Sachverhalt versteht.

Die Pressemitteilung sollte sich dabei auf ein einziges aktuelles Thema konzentrieren. Mehrere Themen anzuschneiden, wäre zu viel und zu unübersichtlich. Der Journalist muss schon am Betreff der E-Mail erkennen, worum es geht. Die Headline und der Texteinstieg sollten spannend formuliert sein und zum Weiterlesen anregen. „Hund beißt Mann" ist keine Nachricht, aber „Mann beißt Hund". Das Wichtigste der Mitteilung muss direkt in den ersten Zeilen stehen, und zwar nach dem Prinzip der W-Fragen: wer, was, wann, wie, wo und warum. Im hinteren Teil der Pressemitteilung ist der Informationsgehalt immer etwas geringer. Beim Verfassen des Textes sollte unter anderem Folgendes vermieden werden:

- ›) unverständliche Wortwahl (Fachchinesisch),

- ›) Füllwörter,

- ›) passiver Stil,

- ›) zu lange, verschachtelte Sätze,

- ›) beschönigende Selbstdarstellung durch den Einsatz von Adjektiven und Superlativen sowie

- ›) Mutmaßungen, Fehlinformationen und übertriebene Anzahl von Produkt- und Namensnennungen (keine Werbung).

Abgerundet wird die Pressemitteilung durch einen sogenannten Presseabbinder. Hierbei handelt es sich um einen fünf bis zehn Zeilen langen Text mit den wichtigsten Unternehmensinformationen (Gründungsjahr, Geschäftsfelder, Mitarbeiterzahl, Umsatz etc.), der als standardisierter Textblock am Ende jeder Pressemitteilung steht.

Nach Fertigstellung der Pressemitteilung gilt das Vier-Augen-Prinzip. Es ist ratsam, den Text vor der Veröffentlichung noch einmal von einem Kollegen oder einer Kollegin gegenlesen zu lassen. Ein besonderes Augenmerk liegt auf der korrekten Schreibweise von Namen, Titeln und Zahlen.

4.2.2 Pressefoto

Neben der Pressemitteilung kommt auch dem Pressefoto eine zentrale Rolle zu. Die Zahl der Unternehmen, die beim Versand von Mitteilungen auf visuellen Content wie Fotos oder Bewegtbild setzen, ist in den vergangenen Jahren kontinuierlich angestiegen.

Die Zeiten, in denen die Kommunikationsverantwortlichen ihre Themen mit den immer gleichen Portraits und Symbolfotos bebildert haben, sind längst vorbei. Nur ein authentisches, inhaltlich stimmiges und gut gemachtes Pressefoto wird von den Journalisten veröffentlicht – vorausgesetzt, dass die dazugehörige Pressemitteilung auch einen entsprechenden Neuigkeitswert bietet.

Sofern ausreichend Budget zur Verfügung steht, empfiehlt es sich, auf die Verwendung von austauschbaren Stock-Bildern der Fotoagenturen zu verzichten und ein eigenes Fotoshooting zu organisieren. Als Vorbereitung empfiehlt sich ein konkretes Bildkonzept, das unter anderem folgende Fragestellungen berücksichtigt:

- Was ist die Geschichte? Was macht Ihr Unternehmen aus?
- Wie will das Unternehmen wahrgenommen werden?
- Welche konkreten Motive sind gewünscht? Wie sollen diese gestaltet sein?
- Wer sind geeignete Protagonisten? Welche Locations bieten sich an?
- Existiert ein Corporate-Design-Manual? Gibt es Vorgaben für die Bildsprache?
- An wen richten sich die Fotos? Wo sollen die Fotos eingesetzt werden?
- Wie gestalten sich die rechtlichen Rahmenbedingungen für die Nutzung der Fotos? Für welche Medien sind welche Nutzungsrechte erforderlich? Liegt eine Einverständniserklärung des Fotomodels vor?

Das wichtigste Kriterium für ein stimmiges Pressefoto ist die Bildidee, die das Unternehmen individuell und authentisch präsentiert. Die Motive sind dabei vielfältig: von Mitarbeitern, Gebäuden oder Produktionsanlagen über verschiedene Herstellungs- und Produktionsverfahren bis hin zu anlassbezogenen Veranstaltungen wie Pressekonferenzen oder Hauptversammlungen. In diesem Zusammenhang spielt auch die Fotografenauswahl eine wichtige Rolle. Denn der Fotograf, der beispielsweise eindrucksvolle Portraitfotos liefert, ist nicht zwingend für die Aufnahme von Industrieanlagen geeignet.

Nachfolgend eine Auswahl an Kriterien, die ein gelungenes Pressefoto ausmachen:

›) Alleinstellungsmerkmal: Neben einer technisch einwandfreien, ansprechenden Qualität muss das Fotomotiv authentisch und einzigartig sein. Es ist ein Abbild der realen Unternehmenswelt und der visuelle Unterschied zur Konkurrenz.

›) Wiedererkennungseffekt: Das Motiv und die Aufmachung müssen einer einheitlichen Bildsprache entsprechen. Unterschiedliche Stilrichtungen und Inhalte tragen nicht zur Wiedererkennbarkeit des Unternehmens bei.

›) Crossmediale Verwendung: Eine Bildwelt, die gedruckt überzeugt, sollte auch digital funktionieren. Es bedarf einer stringenten Gestaltung und Autorisierung von Themen und Bildern in beiden Welten, so dass die Motive crossmedial in Online- und Print-Medien verwendet werden können.

Während in der einen Branche eine kreative Selbstdarstellung gefragt ist, verlangt die andere Branche etwas mehr Ernsthaftigkeit. Beliebte Motive wie die euphorisch in die Luft springenden Azubis oder das fingierte Mitarbeiter-Meeting wirken oftmals konstruiert. Es sind Allerweltsbilder, die jederzeit austauschbar sind. Es geht vielmehr um authentische, lebensnahe Aufnahmen, die eine Geschichte erzählen, oder wie Bernd von Jutrczenka, Chefkorrespondent Foto der Deutschen Presse-Agentur (dpa), konstatiert: „Ein gutes PR-Bild zeichnet sich vor allem dadurch aus, dass es nicht als solches erkennbar ist."[51]

4.2.3 Presseverteiler

Im digitalen Zeitalter müssen Pressemitteilungen schnell und direkt beim für das Thema zuständigen Journalisten ankommen. Voraussetzung dafür ist ein Verzeichnis des entsprechenden Personenkreises, der Presseverteiler. Dieser sollte laufend gepflegt und aktualisiert werden. Für jeden Eintrag sollten bestimmte Daten wie Medium, Ansprechpartner, Kontaktdaten, Ressort und Mediengruppe verfügbar sein.

---

51 Vgl. Paries (2016), S. 3.

Hierbei empfiehlt es sich, die Verteilerlisten und Kontaktdaten über professionelle Datenbanken wie Zimpel, DWPub oder Gorkana zu beziehen. Diese Dienste verfügen über tausende von Journalistenkontakten, die täglich aktualisiert werden, was für die Kommunikationsverantwortlichen eine erhebliche Zeitersparnis bedeutet. Anstatt die Pressemitteilungen als Unternehmen selbst zu verteilen, können für den Versand ebenfalls entsprechende Dienste wie news aktuell oder Pressebox beauftragt werden. Darüber hinaus eignen sich für die Weiterverbreitung auch kostenlose Onlineportale wie www.openpr.de oder www.presseecho.de. Vielversprechender ist allerdings der persönliche Kontakt zur Redaktion.

Passt das Thema nicht oder ist es schlichtweg nicht interessant genug, dann bringt selbst der größte Presseverteiler oder der persönliche Kontakt zum Redakteur nicht viel. Die Meldung muss so interessant sein, dass sie auch der persönlich unbekannte Journalist redaktionell berücksichtigt.

Nach dem erfolgten Versand sollten die Kommunikationsverantwortlichen nicht nachhaken, ob die Pressemitteilung angekommen ist oder warum sie nicht veröffentlicht wurde. Hier ist eine unaufdringliche Kontaktpflege auf Augenhöhe geboten.

4.2.4 Pressecenter

Die für die Journalisten relevanten Unternehmensnachrichten werden in Form von Pressemitteilungen, Fotos und Infografiken in der Regel auf der Unternehmenswebsite veröffentlicht. Meist gibt es dort für Journalisten einen eigenen Pressebereich, das Pressecenter.

Das Pressecenter ist ein sogenanntes Pull-Medium, d.h., die Journalisten müssen sich dort die Informationen aktiv holen, im Gegensatz zur Verbreitung über ein sogenanntes Push-Medium wie den Presseverteiler. Im Pressecenter können Journalisten in Datenbanken recherchieren, Text-, Foto- und Videomaterial herunterladen und an Video- und Telefonkonferenzen mit den Unternehmensverantwortlichen teilnehmen.

Ein gutes Pressecenter lebt stets von den Inhalten und einer einfachen Bedienbarkeit. Je breiter, umfassender und übersichtlicher das Informationsangebot gestaltet ist, desto mehr Zuspruch findet es bei den Journalisten. Ausgehend von der Kommunikationsstrategie und den zur Verfügung stehenden Ressourcen müssen die Inhalte selektiert und miteinander verknüpft werden.

Das Pressecenter sollte nachfolgende Informationsangebote enthalten:[52]

- Pressemitteilungen: Diese Mitteilungen sollten stets aktuell sein, zwei Monate alte Meldungen gehören ins Archiv. Die Pressemitteilung muss einen Ansprechpartner mit vollständigen Kontaktangaben beinhalten und in einem kompatiblen Format (HTML, Word, PDF) aufbereitet sein. Je mehr gängige Formate dem Journalisten zur Verfügung stehen, desto besser.

- Archiv: Alte Pressemitteilungen sollten chronologisch nach Erscheinungsdatum, Überschrift und Autor geordnet sein. Nützlich ist auch eine Volltextsuche, da dies die Recherche des Journalisten erheblich erleichtert.

- Bild-/Videomaterial: Für Fotos und Videos bietet sich die Implementierung einer Datenbank an, die neben Imagefilmen druckfähige Unternehmenslogos, Produktfotos sowie Portraitfotos und Gruppenaufnahmen des Top-Managements und vieles mehr in gängigen, kompatiblen Formaten (JPEG, TIF etc.) zum Download bereithält.

- Dokumente: Hierzu gehören unter anderem Publikationen wie der Geschäftsbericht, die Imagebroschüre, aber auch ein Verzeichnis des Top-Managements mit Angabe der Zuständigkeiten und Lebensläufe, Vorträge und Reden sowie PowerPoint-Präsentationen zu wichtigen Unternehmensthemen (Strategie, Kernkompetenzen, Umsätze).

- Veranstaltungskalender: In dieser Rubrik erfährt der Journalist, welche Events des Unternehmens (Bilanzpressekonferenz, Messeauftritte, Kongressveranstaltungen etc.) wann und wo stattfinden, so dass er seine eigenen Termine besser planen kann. Der Kalender lebt von der Aktualität, so dass hier keine Termine angekündigt werden sollten, die noch nicht final bestätigt sind oder die bereits stattgefunden haben.

- Livestream: Die Übertragung von Veranstaltungen im Internet wird gerade von den Medienvertretern gerne angenommen, da hiermit keine Vor-Ort-Präsenz und etwaige Reisekosten verbunden sind. Im Nachgang sollte eine Aufzeichnung der Veranstaltung im Internet bereitgestellt werden.

- Virtuelle Pressemappe: Im Vergleich zur klassischen Pressemappe hat die virtuelle Pressemappe den Vorteil, dass sie preisgünstiger zu produzieren sowie einfacher und individueller zu bestücken ist. Im Vorfeld einer Pressekonferenz bedarf es lediglich einer eigenen Rubrik im Pressecenter, einer speziellen

---

52 Vgl. Sauvant (2002), S. 51.

Leitseite sowie einer Verlinkung zu relevanten Inhalten wie Pressemitteilungen, Fotos, Grafiken und Unternehmensinformationen. Die Links sollten dabei logisch, eindeutig und trennscharf deklariert sein, so dass der Journalist die für ihn interessanten Fakten mit wenigen Klicks abrufen kann.

›) Call-Back-Button: Hierunter verbirgt sich ein Button, hinter dem sich ein vollständig adressiertes E-Mail-Formular öffnet. Der Journalist kann hier eine kurze Nachricht mit seinen Kontaktdaten eingeben und sich zu einem Telefongespräch mit den Kommunikationsverantwortlichen verabreden.

›) Kontaktsheet: Das Kontaktsheet ist die Schnittstelle zwischen dem Journalisten und der Pressestelle. Es enthält Angaben wie Titel, Vor- und Zuname, Zuständigkeiten, direkte Telefon- und Faxdurchwahl, Mobilfunknummer sowie ein Foto des Kommunikationsverantwortlichen. Idealerweise enthält das Sheet auch ein Formular zur Aufnahme in den Presseverteiler. Jede Seite und Rubrik des Pressecenters sollte mit einem direkten Link zum Kontaktsheet ausgestattet sein.

Die Inhalte des Pressecenters können den Journalisten exklusiv oder öffentlich zur Verfügung gestellt werden. Beides hat Vor- und Nachteile. Ohne Registrierung und Passwort lassen sich Informationen schnell und komfortabel finden, ein passwortgeschützter Raum kann hingegen einen Wissensvorsprung bieten. Denn Journalisten veröffentlichen nur ungern das, was ohnehin schon jeder im Internet nachlesen kann.

4.2.5 Pressespiegel

Mit allen Stakeholdern auf Augenhöhe sprechen und in Kommunikationsfragen fundiert und schnell entscheiden zu können, dies erfordert ein breit gefächertes Wissen über die relevanten, aktuellen Themen des Unternehmens und Branchenumfeldes sowie die damit verbundenen Fragestellungen. Die hierfür notwendigen Informationen liefert der Pressespiegel, der meist in digitaler Form tagesaktuell eine Zusammenfassung von unternehmensrelevanten Nachrichten bietet.

Professionelle Medienbeobachtungsdienste wie PMG Presse-Monitor oder Dow Jones Factiva werten dazu täglich bis zu 80.000 nationale und internationale Nachrichtenquellen nach den von den Kommunikationsverantwortlichen vorab definierten Suchparametern aus und liefern die unternehmensrelevanten Informationen aus Print- und Onlinemedien, Fernsehen, Hörfunk und Social Media in Form einer täglichen Presseschau zu.

4.3 PR vs. Journalismus: Der richtige Umgang miteinander

Jeder Kommunikationsverantwortliche ist an einer möglichst positiven Medienberichterstattung über sein Unternehmen interessiert. Dafür bedarf es der Einhaltung bestimmter Spielregeln im Umgang mit den Journalisten. Es ist wichtig zu verstehen, in welchem Umfeld sich die Medienvertreter heutzutage bewegen und was sie von der Zusammenarbeit mit den Kommunikationsverantwortlichen erwarten.

Grundsätzlich gilt es zu berücksichtigen, dass sich die Arbeitsbedingungen für Journalisten in den vergangenen Jahren deutlich verschlechtert haben, bedingt durch Stellenabbau, Zusammenlegungen von Redaktionen sowie massive Anzeigenrückgänge bei gleichzeitig steigendem Wettbewerbsdruck. Im täglichen Kampf um Einschaltquote und Auflage müssen sie zunehmend verkaufsgetrieben agieren. Gerade im Boulevardjournalismus geht es um spektakuläre, polarisierende Schlagzeilen, die mit möglichst geringem Aufwand erreicht werden sollen.

Abseits dessen hat der Einzug der sozialen Medien die Medienlandschaft grundlegend und nachhaltig verändert. Die klassischen Medien verlieren im Zuge der Digitalisierung zunehmend Zuschauer, Hörer und Leser. In der alten (Offline-)Welt hatten sie die Deutungs- und Interpretationshoheit, in der neuen (Online-)Welt kann jeder zum Publizisten und Videoproduzenten avancieren. Die großen Medien sind eine Stimme von vielen, hinzu gekommen sind die vielen Stimmen von Einzelnen, die sich in sozialen Netzwerken zu Wort melden, selbst Inhalte publizieren oder diese für Freunde und Verwandte filtern. Der Live-Berichterstatter vor Ort berichtet nicht mehr exklusiv, sondern er konkurriert mit live-berichtenden Bloggern oder Twitter-Usern.

Hinzu kommt, dass der Zeitdruck und die Arbeitsbelastung für die Journalisten enorm gestiegen sind. Der Journalist muss crossmedial denken und Inhalte gleichzeitig für verschiedene Medienkanäle produzieren, während die Zeit zum Wissenserwerb und zur Themenrecherche stetig abnimmt. Darüber hinaus werden die Journalisten tagtäglich mit einer regelrechten Flut an Nachrichten überschüttet, so dass es unter Zeitdruck zu selektieren und zu entscheiden gilt, welche Pressemitteilungen einen so großen Nachrichtenwert besitzen, um veröffentlicht zu werden.

Eine Studie des Verlags Rommerskirchen und der Hochschule Macromedia unter 2.300 Journalisten ergab, dass 85 Prozent der Befragten das Internet als wichtigste Recherchequelle sehen, gefolgt von persönlichen Gesprächen (77,1 Prozent).[53] Für die Kommunikationsverantwortlichen ist dementsprechend eine regelmäßig aktualisierte Unternehmenswebsite ein absolutes Pflichtprogramm. Mit Blick auf die zunehmende Informationsflut sind der persönliche Kontakt und das direkte Gespräch mit den

---

53 Vgl. Rommerskirchen (2016), S. 3.

Journalisten umso wichtiger. Ausgehend vom jeweiligen Nachrichtenwert wird der Journalist angesichts eines bereits bestehenden Vertrauensverhältnisses unter Umständen eher bereit sein, eine Pressemitteilung redaktionell zu verwerten.

Die Kommunikationsarbeit sollte grundsätzlich durch Fach- und Sachkompetenz gekennzeichnet sein und sich als Service für den Journalisten verstehen. Als direkter Kontakt zur Geschäftsführung sollte der Kommunikationsverantwortliche stets über alle Unternehmensgeschehnisse informiert sein, eine klare Sprache sprechen und die relevanten Journalisten und Aufgabengebiete kennen. Das A und O sind vor allem gute Ideen, interessante Themen und Inhalte. Erst so lassen sich Kontakte zu den Journalisten aufbauen und pflegen.

Folgende Grundregeln gilt es im Umgang mit den Journalisten zu beachten:

›) Glaubwürdigkeit: Der Kommunikationsverantwortliche sollte gegenüber den Medienvertretern nichts äußern, was er nicht genau weiß, bzw. nichts versprechen, was er nicht halten kann. Er sollte niemals mauern oder blocken, sondern auch mal offen zugeben, wenn er etwas nicht weiß bzw. nicht sagen darf.

›) Zuverlässigkeit: Fest vereinbarte Termine müssen unbedingt eingehalten werden, dazu gilt die 24-Stunden-Regelung: Jede Medienanfrage sollte in wenigen Stunden, spätestens innerhalb von 24 Stunden beantwortet werden. Dabei sollte dem Journalisten auch bei möglichst jeder Anfrage Hintergrundmaterial angeboten werden.

›) Erreichbarkeit: Ob Werktag oder Wochenende – der Kommunikationsverantwortliche sollte jederzeit schnell und unkompliziert via Handy, SMS oder E-Mail erreichbar sein; bei zeitlichen Engpässen muss ein kompetenter Stellvertreter mit gleichen Befugnissen den Medienvertretern als Ansprechpartner zur Verfügung stehen.

›) Grenzen kennen: Im Umgang mit den Journalisten sollte der Kommunikationsverantwortliche niemals aufdringlich sein. Wer eine Stunde nach dem Versand der Pressemitteilung beim Journalisten anruft, bringt sich schnell in Misskredit. Es spricht nichts dagegen, am Nachmittag nochmal nachzuhaken, wenn eine Information am Vormittag verschickt worden ist. Bei der Themenflut verlieren Redakteure oftmals den Überblick darüber, welches Thema noch in der Warteschlange steht. Dennoch: Ein Nein ist ein Nein, aufdringliches Nachverhandeln bringt nichts ein. Und hat der Journalist aus Sicht des Kommunikationsverantwortlichen etwas Falsches berichtet, dann sollte er seine Kritik sachlich äußern. Eine Todsünde ist die Beeinflussung von Journalisten, zum Beispiel durch teure Geschenke.

Im Berufsalltag bewegen sich die Kommunikationsverantwortlichen in einem stetigen Spannungsfeld. Einerseits müssen sie sich loyal gegenüber ihrem Arbeitgeber verhalten, andererseits müssen sie die Erwartungen der Öffentlichkeit erfüllen, zum Beispiel wenn es um die Wahrheitsfindung geht. Doch darf ich als Pressesprecher lügen? Ist es in Ordnung, Information zu verschweigen? Diese Frage muss jeder Kommunikationsverantwortliche für sich selbst beantworten. Professionelle Distanz ist o. k., aber lügen? Das kommt für mich persönlich nicht in infrage. Denn wer einmal lügt, dem glaubt man bekanntlich nicht. Und im schlimmsten Fall kann dies auch juristische Folgen nach sich ziehen, wie das Beispiel des ehemaligen Pressesprechers des Sportwagenherstellers Porsche SE zeigt.

Der Vorwurf: Der damalige Vorstand um den ehemaligen Vorsitzenden Wendelin Wiedeking habe die Anleger zwischen 2007 und 2009 nicht ausreichend über die Pläne zum Einstieg bei Volkswagen informiert. Porsche hatte die Übernahmepläne 2008 in mehreren Erklärungen öffentlich dementiert. Dabei ging die Staatsanwaltschaft Stuttgart davon aus, dass die Vorstände damals längst beabsichtigten, die Beteiligung von Porsche an Volkswagen zu erhöhen. Dem früheren Pressesprecher Anton Hunger wurde vorgeworfen, die falschen Dementis in Form von Pressemitteilungen vorbereitet und zur Veröffentlichung freigegeben zu haben, mit der Folge, dass er 2015 von der Staatsanwaltschaft Stuttgart wegen Beihilfe zur Marktmanipulation angeklagt wurde.[54]

Im März 2016 endete der Porsche-Prozess zwar mit einem Freispruch für alle Beteiligten, aber das Beispiel zeigt: Die Kommunikationsverantwortlichen müssen sich auch zum Eigenschutz genauestens überlegen, welche Informationen sie wann verbreiten und zu welcher Kommunikationsstrategie sie der Unternehmensleitung raten. Mit Blick auf die eingangs geschilderte Entwicklung der Medienlandschaft müssen sie stets auf Augenhöhe mit den Medienvertretern kommunizieren und verständnisvoll agieren: Kollaborieren statt rücksichtslos agieren lautet die Devise. Wer diese Grundregeln nicht beachtet, der hat meines Erachtens seinen Beruf verfehlt.

4.4 Fallbeispiel I: Ausgezeichnete Kommunikation mit den Journalisten (Kaspersky Lab GmbH)

Der Software-Anbieter Kaspersky Lab zählt weltweit zu den führenden Anbietern von IT-Sicherheitslösungen. Das Unternehmen wurde 1997 gegründet und ist in über 200 Ländern weltweit tätig. Dabei stand von Anfang die Kommunikation im Fokus aller Geschäftsaktivitäten. Mit der Firmengründung wurde der Bereich Unternehmenskommunikation als eigenständige Geschäftseinheit aufgebaut, die direkt dem Vorstand unterstellt ist.

---

54 Vgl. Zerfaß (2015b), S. 50.

Organisatorisch ist die Unternehmenskommunikation in die Bereiche PR, Social Media, Interne Kommunikation und Corporate Social Responsibility unterteilt. Seit 1997 wurde der Bereich auf über 80 Mitarbeiter aufgestockt. Hieran hatte der Einzug der digitalen Medien einen großen Anteil. So werden vom deutschen Standort in Ingolstadt acht Social-Media-Auftritte und fünf Corporate Blogs betreut.

Der Kommunikationsstrategie liegen eigens definierte Transparenzgrundsätze sowie die publizistischen Grundsätze des deutschen Pressekodex zugrunde. So zählen beispielsweise eine gründliche Recherche und wahrheitsgemäße Berichterstattung oder die klare Trennung von redaktionellen Inhalten und Werbung zu den Prinzipien der Unternehmenskommunikation. Besonders wichtig ist den Kommunikationsverantwortlichen ein Höchstmaß an Qualität, Reaktionszeit und Transparenz hinsichtlich der zu vermittelnden Inhalte und Formate. Jede Meldung über einen Cyber-Angriff, einen Virus oder eine Schadsoftware wird unabhängig von der Herkunft sofort veröffentlicht. Im Umgang mit den Medien gilt der Grundsatz: Alle Anfragen werden spätestens innerhalb von 24 Stunden beantwortet.

2015 wurde Kaspersky Lab für seine Kommunikationsarbeit ausgezeichnet. Der Bundesverband Deutscher Pressesprecher (BdP) zeichnete das Unternehmen als Pressestelle des Jahres aus. Damit wurden die Kommunikationsverantwortlichen für ihre Medienarbeit im Umgang mit dem Cyber-Angriff Duqu 2.0 belohnt.

Ein Rückblick: Für die Mitarbeiter von Kaspersky gehört es zum Alltag, Computerviren, Würmer und Trojaner aufzuspüren und sie unschädlich zu machen. Doch im Frühjahr 2015 entdeckten sie einen besonders ausgefeilten Cyber-Angriff nicht wie üblich bei ihren Kunden, sondern im eigenen Computernetzwerk. Kaspersky Lab wurde selbst das Ziel von Hackern.

Für ein IT-Sicherheitsunternehmen ist es zweifelsohne eine schwierige Situation, selbst einen erfolgreichen Angriff auf die eigenen Systeme einräumen zu müssen. Denn die Negativ-Schlagzeilen seitens der Medienvertreter waren vorprogrammiert, die Auswirkungen für die Unternehmensreputation könnten verheerend werden. Dennoch entschieden sich die Kommunikationsverantwortlichen aus zweierlei Gründen für eine offensive PR-Strategie. Zum einen sollten mit der Bekanntmachung des Cyber-Angriffes auf das eigene Unternehmensnetzwerk Transparenz und Verantwortung gegenüber der Öffentlichkeit demonstriert werden, zum anderen sollten die eigene Kompetenz und Technologie bei der Aufdeckung und Behebung von Cyber-Angriffen herausgestellt werden.

Das Unternehmen gab den Medienvertretern in Form eines 46-seitigen Berichts am 10. Juni 2015 die Details des Angriffs bekannt. Ein Kaspersky-Mitarbeiter bekam demnach eine unverdächtig erscheinende E-Mail, in deren Anhang sich das Schadprogramm Duqu 2.0 versteckte, welches sich in den Systemen der Firma einnistete und ausbreitete. Dem Bericht zufolge gab es auch Angriffe auf externe Ziele, unter anderem Veranstaltungsorte, in denen die 5+1-Staaten (China, Russland, Frankreich, England, USA und Deutschland) über das Nuklearprogramm mit dem Iran verhandelten. Somit hatte der Angriff eine politische Dimension, da er sich nicht nur gegen Kaspersky Lab, sondern auch gegen die internationale Politik richtete. Da nicht ausgeschlossen werden konnte, dass der Cyber-Angriff noch aktiv war, bereiteten die Kommunikationsverantwortlichen alle Maßnahmen im Geheimen vor. Die Korrespondenz innerhalb der Unternehmenskommunikation erfolgte abhörsicher, persönlich und verschlüsselt.

Die Bekanntmachung des Cyber-Angriffes erfolgte am 10. Juni 2015 weltweit und crossmedial mittels verschiedener Formate und Kanäle: von der klassischen Pressemitteilung über eine Video-Konferenz mit dem CEO Eugene Kaspersky, Posts auf allen Social-Media-Plattformen und Blogs bis hin zu Frage-und-Antwort-Katalogen für alle internen und externen Stakeholder. Hinsichtlich der Darstellung des Gesamtzusammenhangs und Einordnung des Cyber-Angriffs wurde dem Nachrichtenmagazin Spiegel vorab exklusiv ein ausführliches Briefing abhörsicher zur Verfügung gestellt.

Das mediale Interesse war nach der Erstveröffentlichung durch das Magazin Spiegel enorm. An den ersten beiden Tagen erschienen allein im deutschsprachigen Raum 1.200 Beiträge in Online- und Printmedien sowie TV und Hörfunk. Die politische Dimension mit dem digitalen Angriff auf die Atomverhandlungen hatte dabei einen noch höheren Nachrichtenwert als der Angriff auf Kaspersky Lab selbst.

Der Tenor der Berichterstattung war insgesamt sachlich und fair und die Resonanz auf die seitens Kaspersky Lab gezeigte Transparenz durchweg positiv. So schrieb der Tagesspiegel: „Dass Kaspersky Lab den Schädling gefunden hat, ist aussagekräftiger als der Umstand, dass auch eine Firma wie diese eine Zeitlang ausgespäht wurde."[55] Ab dem 12. Juni berichteten die Medien im Zusammenhang mit Duqu 2.0 kaum noch über den Sicherheitsvorfall bei Kaspersky Lab. Im Fokus der Berichterstattung standen die Spionage-Angriffe auf die Nuklearverhandlungen der 5+1-Staaten mit dem Iran. Kaspersky Lab wurde lediglich als das Unternehmen genannt, das den Cyber-Angriff enttarnt hat. Auch auf den Social-Media-Plattformen wurden die Angriffe kontrovers diskutiert, Schadenfreude oder Häme blieben aber aus.

Den Kommunikationsverantwortlichen ist es durch eine transparente und geschickte PR-Strategie gelungen, einen Imageschaden und Reputationsverlust vom Unterneh-

---

[55] Vgl. URL: http://www.tagesspiegel.de/medien/digitale-welt/angriff-auf-sicherheitsfirma-kaspersky-ein-computervirus-wie-alien-predator-und-terminator-zusammen/11904658.html (Letzter Zugriff: 17.08.2016).

men abzuwenden. Die Darstellung der eigenen Kompetenz im Umgang mit Cyber-Angriffen führte sogar zu einem Imagegewinn, da die Medien durchweg neutral bis positiv über Kaspersky Lab berichteten. Dieser Erfolg trug mit dazu bei, dass der BdP den Bereich Unternehmenskommunikation der Kaspersky Lab als Pressestelle des Jahres auszeichnete.

Abb. 8: Im abhörsicheren Newsroom der Kaspersky Lab koordinierten die Kommunikationsverantwortlichen die Medienarbeit im Umgang mit dem Cyber-Angriff Duqu 2.0 (Quelle: Kaspersky Lab, 2016).

4.5 Fallbeispiel II: Erfolgreicher Mediendialog im Ausnahmezustand (Polizeipräsidium Frankfurt am Main)

Ob Terroranschläge, Flüchtlingskrise, Pegida- oder NPD-Aufmärsche – die Arbeit der Polizei ist in den vergangenen Jahren verstärkt in den Fokus der Öffentlichkeit gerückt. In diesem Zusammenhang erwarten die Öffentlichkeit und die Medien dialogorientierte Behörden und Institutionen, die nichts verschleiern, sondern transparent informieren und kommunizieren. Sie sind mehr denn je gefordert, sich intensiv mit ihrer Kommunikation nach innen und außen zu beschäftigen. Nicht nur die bloße Informationsvermittlung, sondern die Imagepflege und die positive Wahrnehmung in der Öffentlichkeit spielen eine zunehmend wichtigere Rolle.

Vor dem Hintergrund, dass die polizeilichen Einsatzkräfte bei Fußballspielen oftmals das Ziel von Pöbeleien und Übergriffen randalierender Fußballfans sind, ist es beispielsweise der Dortmunder Polizei umso wichtiger, sich in der Öffentlichkeit als fannahe Behörde zu präsentieren. Die Pressestelle kommentiert die Spiele von Borussia Dortmund regelmäßig auf unterhaltsame Art und Weise via Twitter und gibt den BVB-Fans an Spieltagen nützliche Informationen wie Hinweise zur verkehrsgünstigen

An- und Abreise oder Verhaltensregeln bei Risikospielen. So twitterten die Kommunikationsverantwortlichen beim Pokalfinaleinzug der Borussia Lobeshymnen und ein Follower namens @Mıdnightman schrieb daraufhin: „Ich bin mir sicher, ihr seid der coolste Social Media Account auf staatlicher Seite."[56]

Noch größer fiel das Lob für die Münchener Polizei aus, die während des Amoklaufes von München am 22. Juli 2016 die Öffentlichkeit via Twitter über die laufenden Einsätze detailliert und mehrsprachig informierte. Das Social-Media-Team twitterte die ganze Nacht über die Einsätze und setzte innerhalb von 15 Stunden 81 Tweets in vier Sprachen ab. Darüber hinaus waren die Münchner Polizisten die Ersten, die via Twitter auf den Amoklauf hinwiesen, bevor Facebook seinen Safety-Check für München freischaltete. Für diese rasche, glaubwürdige und verlässliche Kommunikation erhielt die Behörde zahlreiche Danksagungen aus der ganzen Welt und der Bundesverband deutscher Pressesprecher honorierte diese Leistung mit einem Sonderpreis. Für die Beamten war dies auch der beste Beweis, sich mit Twitter für das richtige Kommunikationsinstrument entschieden zu haben.

Für die Kollegen der Frankfurter Polizei ist Twitter ebenfalls eines der zentralen Kommunikationsinstrumente. Das Polizeipräsidium Frankfurt am Main nutzt den Kurznachrichtendienst nicht nur für Fahndungsaufrufe, sondern auch als Dialoginstrument bei größeren Polizeieinsätzen. Dabei steht der direkte, offene Dialog mit den Medienvertretern und der Öffentlichkeit im Fokus der Behördenkommunikation, die größtenteils die gleichen Mechanismen wie die klassische Unternehmenskommunikation besitzt, sich aber aufgrund von gesetzlichen Bestimmungen zugleich grundlegend von ihr unterscheidet. Der Schutz der Persönlichkeitsrechte, Datenschutzbestimmungen oder ermittlungstaktische Gründe rechtfertigen beispielsweise eine eingeschränkte Kommunikation gegenüber der Öffentlichkeit.

Im Sinne einer professionellen Behördenkommunikation ist bei der Frankfurter Polizei die Funktion der Kommunikation als Stabsstelle bei der Behördenleitung angesiedelt. Der Fokus liegt auf der Internen und Externen Kommunikation, wobei die Zielsetzung auch hier im Vergleich zur Unternehmenskommunikation eine andere ist. Nicht die Steigerung des Bekanntheitsgrades und die Gewinnmaximierung stehen im Vordergrund, sondern die Umsetzung gesetzlicher Ansprüche und die Informationen über staatliches Handeln gegenüber den Bürgerinnen und Bürgern.

Für die behördlichen Kommunikationsverantwortlichen besteht ein weiterer Unterschied in der eingeschränkten Wahlmöglichkeit der Medien, da die Kommunikation mit den Journalisten dem sogenannten Gleichbehandlungsgrundsatz folgen muss. Dies stellt die Behörden vor große Probleme, wie unter anderem der NSU-Prozess um

---

56 Vgl. URL: https://mobile.twitter.com/polizeidortmund (Letzter Zugriff: 15.12.2016).

die Terroristin Beate Zschäpe gezeigt hat: Da im Münchener Gerichtssaal zu wenige Plätze für die Medienvertreter zur Verfügung standen, musste das Gericht die Plätze kurzerhand verlosen. Dies sorgte bei den nicht berücksichtigten Leitmedien für große Empörung und negative Schlagzeilen. Auch bei einer Vielzahl von Medienanfragen, die eine Behörde aus Kapazitätsgründen nicht alle zeitgleich bedienen kann, werden faktisch der Gleichbehandlung Grenzen gesetzt. So kann eine Polizeibehörde die Reportagenbegleitung einer Polizeistreife auch nicht dauerhaft für alle Medienvertreter anbieten, da dies den Dienstbetrieb und den gesetzlichen Auftrag gefährden würde.

Diese Punkte muss die Frankfurter Polizei bei ihrer Kommunikationsarbeit ebenso berücksichtigen wie Veränderungen im Mediennutzungsverhalten. So setzt das Polizeipräsidium Frankfurt seit 2015 verstärkt auf die Nutzung von Social Media, nicht zuletzt auch als Folge eines Großeinsatzes bei einer Demonstration gegen die Europäische Zentralbank (EZB).

Rückblick: Im Sommer 2013 setzte die Frankfurter Polizei bei einem Einsatz gegen protestierende Gegner der EZB Wasserwerfer ein. Es gab Verletzte und die Demonstranten dokumentierten das Geschehen in den sozialen Netzwerken, während die Behörde dort gar nicht in Erscheinung trat. Die Kommunikationsstrategie der Polizei beschränkte sich auf eine dezentrale Kommunikation über örtliche Pressesprecherteams. Da sich die Einsatzlage vor Ort allerdings sehr dynamisch entwickelte, konnten die lokalen Kommunikationsverantwortlichen die Sprachregelungen nicht aufeinander abstimmen, dazu äußerten sich verschiedene Pressesprecher in den Medien mit teils unterschiedlichen Botschaften. Bedingt durch diese inkonsistente Kommunikation und fehlende Social-Media-Aktivitäten lag die Meinungshoheit bei den twitternden Demonstranten. Die Journalisten berichteten einseitig über einen aus ihrer Sicht unverhältnismäßigen Polizeieinsatz und die Behörde hatte im Ergebnis Vertrauen in der Öffentlichkeit verspielt.

Diese negativen Erfahrungen nahm das Frankfurter Polizeipräsidium mit Blick auf die anstehende Eröffnung der EZB am 18. März 2015 zum Anlass, die Behördenkommunikation grundlegend neu auszurichten. Die Eröffnung, zu der sich hunderte gewaltbereite Demonstranten, sogenannte Blockupy-Aktivisten, aus ganz Europa ankündigten, stellte die Frankfurter Polizei vor große Herausforderungen. Es galt, nicht nur die Meinungs- und Versammlungsfreiheit zu schützen, sondern auch die Funktionsfähigkeit der EZB nach dem geltenden Schutzabkommen der Bundesregierung sowie die Freiheitsrechte der Frankfurter Bürger, die sich am Eröffnungstag im Stadtgebiet frei bewegen wollten.

Vor diesem Hintergrund berief die Behörde bereits Monate zuvor einen sogenannten Vorbereitungsstab ein, der sich ausschließlich mit dem anstehenden Großeinsatz befasste, indem unter anderem mögliche Einsatzszenarien und die dafür vorgesehenen Kommunikationsmaßnahmen realitätsnah durchgespielt wurden. Der Fokus der Einsatzstrategie lag auf einer breit angelegten transparenten Kommunikation, verbunden mit dem Ziel, das polizeiliche Handeln für jeden Demonstranten, Bürger und Medienvertreter vor Ort und auf den eigenen Social-Media-Plattformen nachvollziehbar zu machen.

Anders als bei vorherigen Einsätzen wurde ein zentrales Presseteam einberufen, das sich im Sinne einer One Voice Policy dem direkten Dialog mit den Medienvertretern und der Öffentlichkeit über alle Social-Media-Plattformen hinweg widmete. Die Kommunikationsverantwortlichen richteten Accounts bei Facebook (www.facebook.com/PolizeiFrankfurt) und Twitter (www.twitter.com/polizei_ffm) ein, dazu wurden zwei Beamte für die Online-Kommunikation abgestellt und für ihren Einsatz im Social Web geschult.

Für Interviews mit den Journalisten stand nur noch ein Ansprechpartner zur Verfügung, der sich als einziges Gesicht der Frankfurter Polizei der Öffentlichkeit präsentierte. Darüber hinaus wurde ein Informationskanal für die Kommunikation nach innen geschaffen, indem am Einsatzort via Funk halbstündige Info-Durchsagen zum Stand des Einsatzes vor Ort an die Einsatzkräfte durchgegeben und die internen und externen Sprachregelungen festgelegt wurden. Darüber hinaus wurde eine externe Telefon-Hotline geschaltet, die den Medienvertretern eine durchgängige Erreichbarkeit der Pressestelle des Frankfurter Polizeipräsidiums gewährleistete.

Wenige Wochen vor dem Eröffnungstag kontaktierten die Beamten auch das Blockupy-Bündnis, um im Sinne eines offenen Informationsaustausches die polizeilichen Maßnahmen vorzustellen. Die Protestbewegung zeigte jedoch keine Gesprächsbereitschaft. Mehr Akzeptanz fanden die Behörden bei den Journalisten, die bei einer Pressekonferenz vorab über den anstehenden Großeinsatz informiert wurden. Die Beamten stellten den Medienvertretern die Kommunikationsstrategie und die damit verbundenen Maßnahmen wie die zeitnahe Informationsvermittlung über den eigenen Twitter-Kanal vor.

Am Eröffnungstag der EZB, dem 18. März 2015, saßen die beiden Social-Media-Beauftragten der Frankfurter Polizei in der Koordinierungsstelle neben dem Einsatzleiter, um die Tweets vorzubereiten und direkt abzustimmen. Die Beamten griffen vom Bildschirm aus direkt kommunikativ in das Geschehen am Einsatzort ein. Anstelle dröger Verlautbarungsmitteilungen veröffentlichten sie auch humorvolle Tweets, denn gerade in der Ansprache der gewalttätigen Demonstranten kann Humor mitunter auch ein entwaffnendes Stilmittel sein.

Abb. 9: Mit unkonventionellen, teils humorvollen Tweets kommentierte die Frankfurter Polizei die Blockupy-Proteste am Eröffnungstag der EZB (Quelle: Twitter, 2015).

Hier ein Beispiel: Nachfolgend dokumentierten die beiden Social-Media-Beauftragen auch den Beginn der Eskalation. Hier ein Auszug mit entsprechenden Reaktionen der Netz-Gemeinde:

@Polizei_Ffm: „Massive Würfe mit Steinen auf Polizeibeamte in der Kaiserhofstraße in #Frankfurt #18M #18nulldrei #18null3 #blockupy".

Die Warnungen und Befriedungsversuche haben nicht geholfen.

Zustimmung von @JonasGermany: „Hab ich live mitbekommen müssen. Diese Idioten. Aber man seid ihr schnell... Tolle Arbeit von Euch heute!"

@Polizei_Ffm: 18:35 Uhr, 18. März 2015: „Jetzt #Vermummungen auf dem #Opernplatz in #Frankfurt „ Legt sie wieder ab! / #blockupy #18M #18null3 #EZB".

Mit diesem Tweet signalisierte die Frankfurter Polizei: „Achtung, wir haben euch im Auge." Und zum anderen: „Wir glauben aber auch daran, dass ihr doch friedlich sein könnt."

@Polizei_Ffm: 18:37 Uhr, 18. März 2015: "An alle anderen: Haltet bitte Abstand von möglichen Straftätern und Randalierern / #frankfurt #18m #18nulldrei #EZB".

Mit diesem Tweet forderte die Behörde eine klare Abgrenzung von gewalttätigen Demonstranten. Doch der friedliche Protest hielt nicht lange an.

Als wenig später Demonstranten in einer konzertierten Aktion eine Polizeiwache und Einsatzfahrzeuge in Brand steckten und die Feuerwehren bei der Brandbekämpfung behinderten, filmte ein Polizist mit seinem Smartphone das Geschehen und stellte das Video nach Genehmigung durch den Polizeiführer den beiden Social-Media-Beauftragen für die Veröffentlichung auf Twitter zur Verfügung. Innerhalb weniger Stunden wurde das Video tausendfach angeklickt, retweetet und auch von den klassischen Medien für die Berichterstattung genutzt. Insgesamt wurden über Facebook und Twitter mehr als zehn Millionen Seitenaufrufe erreicht.

Rückblickend hat dieses Video eine positive Signalwirkung auf die gesamte Kommunikation der Frankfurter Polizei gehabt. Denn hier wurde deutlich, dass die gewalttätige Protestbewegung eine Grenze überschritten hatte. Die Medien berichteten überwiegend positiv über den Großeinsatz und hoben die unkonventionelle Pressearbeit der Frankfurter Polizei hervor. So lobte die Tageszeitung Die Welt unter der Schlagzeile „Die entwaffnenden Tweets der Frankfurter Polizei" insbesondere die Kommunikation via Twitter.[57]

Im Nachgang zur Blockupy-Demonstration führten die Kommunikationsverantwortlichen ein Interview mit der Tageszeitung TAZ. Die Redaktion lobte ebenfalls den Twitter-Einsatz, da „(...) die hessischen Beamten mit ihrer Tastatur im tristen Alltag der bundesweiten Behördensprache neue Maßstäbe gesetzt haben"[58].

---

[57] Vgl. URL: http://www.welt.de/kultur/article138919274/Die-entwaffnenden-Tweets-der-Frankfurter-Polizei.html (Letzter Zugriff: 16.12.2016).
[58] Vgl. URL: http://www.taz.de/!5014204/ (Letzter Zugriff: 21.12.2016).

Fallbeispiel II (Polizeipräsidium Frankfurt am Main)

Abb. 10: Die Frankfurter Polizei nutzte während der Protestaktionen rund um die EZB erstmalig und erfolgreich den Kurznachrichtendienst Twitter als Dialoginstrument (Quelle: Polizeipräsidium Frankfurt am Main, 2015).

Zusammenfassung

›) Die Journalisten sind eine der wichtigsten Bezugsgruppen der Unternehmenskommunikation, da sie als Berichterstatter und Meinungsbildner direkten Einfluss auf das Image und die Reputation eines Unternehmens ausüben können.

›) Die Herausforderung der Externen Kommunikation besteht darin, sich im Zuge der allgegenwärtigen Informationsüberflutung bei den Journalisten Gehör zu verschaffen. Interessant sind für die Medienvertreter exklusive Inhalte mit einem Neuigkeitswert sowie die Aufmachung, d.h., sachliche Informationen mit einem aktuellen Aufhänger und Mehrwert für den Leser, keine Superlative und keine übermäßige Werbung.

›) Die Kommunikationsverantwortlichen müssen für die Journalisten dabei stets erreichbar sein und auf Augenhöhe mit ihnen kommunizieren. Ihre Arbeit muss durch Fach- und Sachkompetenz gekennzeichnet sein und sich als Service für den Journalisten verstehen. Medienanfragen sollten innerhalb von 24 Stunden beantwortet werden.

›) Mit einer transparenten, stringenten Kommunikation, die interessante Themen und Inhalte vermittelt, lassen sich Kontakte zu den Journalisten aufbauen und pflegen. Im Dialog mit den Journalisten sind Vertrauen und Glaubwürdigkeit stets die wichtigste Währung. Dazu gehört es, auch Fehler einzugestehen.

Teil C

Spezielle Felder der Unternehmenskommunikation

5. **Finanzkommunikation:**
   Auf Erfolgskurs
   im Kapitalmarkt

6. **Storytelling:**
   Mit Geschichten
   Unternehmen gestalten

7. **Social Media:**
   Pflicht oder Kür der Unternehmenskommunikation?

8. **Erfolgreiche Marken:**
   Die Rolle der Kommunikation

9. **Issues Management:**
   Risiken erkennen,
   Chancen nutzen

10. **Krisenkommunikation:**
    Nach der Krise ist vor der Krise

11. **Erfolgskontrolle:**
    Ist Kommunikation messbar?

5. Finanzkommunikation: Auf Erfolgskurs im Kapitalmarkt

In Zeiten von Korruption, Bilanzfälschungen, geplatzten Übernahmen und Insolvenzen möchten die Anleger und Investoren heutzutage genauer wissen, wem sie ihr Geld anvertrauen. Eine permanente, kontinuierliche und glaubwürdige Kommunikation mit dem Kapitalmarkt und seinen Akteuren ist aufgrund der vergangenen Finanzkrisen (Weltwirtschafts- und Eurokrise, Brexit) wichtiger denn je. Angesichts von Börsenboom und Crash hat sich die Finanzkommunikation als wichtiger Funktionsbereich der Unternehmenskommunikation in Deutschland etabliert.

Die Unternehmen haben erkannt, dass eine transparente und regelmäßige Kommunikation mit dem Kapitalmarkt die eigene Position im Wettbewerb um die Ressourcen Kapital und Reputation entscheidend verbessert. In Zahlen: Die Mitgliederzahl des Deutschen Investor Relations Verbandes (DIRK), der sich insbesondere der Kapitalmarktkommunikation widmet, ist seit der Gründung im Jahr 1994 von 28 auf über 300 Mitglieder gestiegen. Die Bandbreite der im DIRK organisierten Unternehmen umfasst sämtliche DAX-Werte sowie das Gros der im MDAX, SDAX und TecDAX gelisteten Aktiengesellschaften bis hin zu kleinen Unternehmen und solchen, die den Gang an die Börse noch vor sich haben.[59]

Hinter dieser Entwicklung steht auch die Erkenntnis, dass eine gute Transaktion durch schlechte Kommunikation an Wert verlieren kann. Beispiele hierfür sind die gescheiterte Fusion zwischen den Automobilherstellern Daimler und Chrysler oder der erfolglose Börsengang der Fluggesellschaft Air Berlin.

5.1 Begriffsbestimmung

In der Literatur existiert zu dem Begriff Investor Relations bzw. Finanzkommunikation eine Vielzahl an Definitionen. Wörtlich übersetzt bedeutet Investor Relations so viel wie Beziehungen zu den Anteilseignern.

Der Begriff Investor Relations wurde erstmals 1953 von Ralph J. Gordiner, damaliger Aufsichtsratsvorsitzender des US-amerikanischen Konzerns General Electric, eingeführt. Das Unternehmen verfügte bereits Anfang der 1950er Jahre über ein Kommunikationsprogramm für private Investoren mit dem Titel Investor Relations.[60]

---

59 Vgl. Köhler (2015), S. X (Geleitwort DIRK).
60 Vgl. ebd., S. 2.

Nach Rainer Kirchhoff und Manfred Piwinger fällt unter dem Begriff Investor Relations „die Gesamtheit aller pflichtgemäßen und freiwilligen Kommunikationsmaßnahmen von Unternehmen, die darauf abzielen, finanzwirtschaftliche Ziele zu realisieren und damit verbundene Marktwiderstände zu überwinden"[61]. Folgende Definition des DIRK bringt es meines Erachtens auf den Punkt:

„Investor Relations (IR) bezeichnet die strategische Managementaufgabe, Beziehungen des Unternehmens zu bestehenden und potenziellen Eigen- und Fremdkapitalgebern sowie zu Kapitalmarktintermediären zu etablieren und zu pflegen"[62].

Demnach repräsentiert Investor Relations das Unternehmen und die entsprechende Kapitalmarktstory bzw. Equity Story gegenüber dem Finanzmarkt und stellt damit einen wesentlichen Teil der strategischen Gesamtkommunikation des Unternehmens dar.

5.2 Historie

In den 1950er Jahren hat der US-amerikanische Konzern General Electric als weltweit erstes Unternehmen Investor Relations in die Praxis umgesetzt. In den 1960er- und 70er Jahren herrschte in den USA gegenüber dieser Managementdisziplin noch große Skepsis, so dass sich Investor Relations erst im Zuge der komplexer werdenden Finanzwelt Anfang der 1980er Jahre als Managementfunktion in den börsennotierten Unternehmen etabliert hat.

Die Herausbildung von Investor Relations als eigenständige unternehmerische Funktionseinheit begründete sich dabei nicht durch regulatorische Vorgaben und Gesetzgebungen, sondern auch durch die Einflussnahme von Akteuren des Finanzmarktes auf die Reputation der Unternehmen.

Es setzte sich die Erkenntnis durch, dass eine falsche Vorstellung von einem Unternehmen einen negativen Einfluss auf den Aktienkurs haben kann. Dies sind die Ergebnisse einer Langzeitstudie der Wissenschaftler Hayagreeva Rao und Kumar Sivakumar, die von 1984 bis 1995 die Etablierung von Investor-Relations-Abteilungen in den 500 umsatzstärksten Unternehmen weltweit untersucht haben. Als konkreten Auslöser nennen sie unter anderem das Auftreten der sogenannten Investor-Right-Movement-Bewegung, die sich in den USA Mitte der 1980er Jahre für Menschenrechte und Umweltschutz engagierte und nicht-konforme Unternehmen mit Protestaktionen an den öffentlichen Pranger stellte.[63]

---

61 Kirchhoff / Piwinger (2009), S. 16.
62 Vgl. URL: https://www.dirk.org/gremien/think-tank/berufsbild-ir (Letzter Zugriff: 03.12.2016).
63 Vgl. Rao / Kumar (1999), S. 27 ff.

In Deutschland hatten die Investor Relations enormen Nachholbedarf. Der Chemiekonzern BASF gründete 1988 als erstes deutsches Unternehmen eine Investor-Relations-Abteilung zur Betreuung von Investoren und Analysten. Durch die zunehmende Globalisierung der Finanzmärkte und die damit verbundenen strategischen Anforderungen haben sich die Investor Relations in den vergangenen Jahren weiter professionalisiert. Hierzu trug auch die Kapitalmarkteuphorie Ende der 1990er Jahre bei, die besonders durch Wachstumsunternehmen in den Bereichen Technologie und Telekommunikation beflügelt wurde. Diese Boomphase wurde unter anderem durch die Börsengänge von Infineon Technologies und der Deutschen Telekom eingeleitet, die aufgrund intensiver Marketingaktivitäten eine hohe mediale Aufmerksamkeit erzeugten und viele Privatanleger zum Aktienkauf bewegten.

Vor dem Hintergrund dieser Entwicklungen hat sich das Berufsbild des Investor-Relations-Managers herausgebildet, der inzwischen in allen börsennotierten Unternehmen sein Betätigungsfeld gefunden hat.

5.3 Zielgruppen

Im Gegensatz zum Bereich der Externen Kommunikation richtet sich die Finanzkommunikation ausschließlich an die Akteure des Finanzmarktes, konkret:

- private und institutionelle Investoren,
- Aktionäre,
- Analysten,
- Finanz- und Wirtschaftsjournalisten und
- Sonstige (Mitarbeiter, Rating-Agenturen, Bundesanstalt für Finanzdienstleistungsaufsicht BaFin).

Diese Stakeholder haben ein unterschiedlich hohes Informationsbedürfnis und müssen daher individuell über zielgruppenspezifische Kommunikationskanäle angesprochen werden. Eine besondere Bedeutung kommt dabei den Analysten zu, da viele Presseveröffentlichungen größtenteils auf bereits publizierten Hintergrundinformationen, Einschätzungen und Prognosen der Analysten basieren. Als Meinungsbildner haben sie unmittelbaren Einfluss auf die wirtschaftliche Entwicklung und die Reputation des Unternehmens.[64]

---

64 Vgl. Kirchhoff / Piwinger (2009), S. 245.

Mittel- bis langfristig muss die Finanzkommunikation ihren Radius ausweiten. So gilt es mit Blick auf anstehende, öffentlichkeitswirksame Vorhaben (Neubauprojekte, Fusionen, Standortschließungen etc.), auch andere Stakeholder wie zum Beispiel die politischen Akteure, Gewerkschaften und Verbraucherschutzorganisationen zu berücksichtigen, da diese ebenso das öffentliche Meinungsbild und Image der Unternehmen mitbestimmen.

5.4 Organisation der Finanzkommunikation

Die Kommunikation mit den Kapitalmarktteilnehmern sollte grundsätzlich Chefsache sein. Im Sinn einer effektiven Finanzkommunikation müssen die Investor-Relations-Manager wie ihre Kommunikationskollegen frühzeitig in die unternehmerischen Entscheidungs- und Informationsprozesse des Unternehmens eingebunden werden. Eine enge organisatorische Anbindung an die Unternehmensleitung ist unabdingbar.

Die Funktion der Investor Relations ist bei den meisten Aktiengesellschaften getrennt von der Funktion der Unternehmenskommunikation angesiedelt. Ein Großteil der Investor-Relations-Verantwortlichen berichtet direkt an den Finanzvorstand. Dies ist das Ergebnis einer Umfrage, die der DIRK gemeinsam mit der Wirtschaftsberatung Ernst & Young (EY) unter 125 börsennotierten Unternehmen in Deutschland, Österreich und der Schweiz durchgeführt hat. Demnach ist bei 61 Prozent der befragten Unternehmen der Finanzvorstand für die Kapitalmarktkommunikation zuständig. In Technologie-Konzernen obliegt die Verantwortung für die Finanzkommunikation mehrheitlich dem Vorstandsvorsitzenden. In diesen Unternehmen sind Themen wie Innovationen, Strategie und Unternehmensentwicklung, die in der Regel auch in seinem Zuständigkeitsbereich liegen, besonders wichtig.[65]

Die Investor Relations unterteilen sich in fünf Unterfunktionen, die für die organisatorische Zuordnung von Bedeutung sind:[66]

1. Kommunikationsfunktion: Investor Relations sind das Sprachrohr des Unternehmens in allen kapitalmarktrelevanten Themen und Finanzfragen.

2. Finanzfunktion: Investor Relations machen unter anderem das Investitionsrisiko transparent. Sinkt das Risiko, dann sind die Investoren mit geringerer Rendite zufrieden und das Unternehmen spart Geld.

3. Marketingfunktion: Investor Relations machen das Unternehmen, die Strategie und schlussendlich die Aktie bekannt.

---

65 Vgl. EY (2014), S. 4.
66 Vgl. Bommer (2016), S. 14 ff.

4. Rechtliche Funktion: Investor Relations müssen die gesetzlichen Vorgaben und Veröffentlichungspflichten erfüllen. So schreibt die Ad-hoc-Publizität vor, kursrelevante Tatsachen umgehend zu veröffentlichen.

5. Strategische Funktion: Investor Relations fungieren als strategischer Berater des Vorstandes, indem sie unter anderem die Bedürfnisse des Marktes identifizieren und in das Unternehmen tragen.

Je nachdem, welche dieser Funktionen für ein Unternehmen im Vordergrund steht, empfiehlt es sich, die Investor Relations dem Vorstandsvorsitzenden bzw. dem Finanzvorstand zuzuordnen. Da diese Funktionen einander ergänzen, gibt es aber keine allgemeingültige Empfehlung. Die Meinungen über die optimale strukturelle und personelle Zuordnung der Investor Relations gehen bei den DAX-30-Unternehmen auseinander.[67]

Sofern der Schwerpunkt eher auf einer beratenden Funktion liegt, ist es sinnvoller, die Investor Relations im Bereich des Vorstandsvorsitzenden anzusiedeln, Beispiel Siemens: Im Zuge der konzernweiten Neuausrichtung hat CEO Joe Kaeser die Investor Relations seinem Vorstandsbereich zugeordnet, da sie seiner Meinung nach zu den wichtigen strategischen Funktionen im Unternehmen gehören. Liegt der Fokus hingegen nur auf der Finanzfunktion, dann ist eine direkte Anbindung an den Finanzvorstand sinnvoller.

Fest steht: Die Rolle der Investor Relations lässt sich nicht allein auf die Kommunikationsfunktion reduzieren, so dass eine direkte organisatorische Ansiedlung der Investor Relations innerhalb des Bereichs Unternehmenskommunikation nicht zielführend ist. Die reine Finanzkommunikation ist hingegen in den meisten Fällen der Unternehmenskommunikation zugeordnet, während der Bereich Investor Relations im Finanzressort angesiedelt ist.

Unabhängig von der organisatorischen Zuordnung muss im Sinne einer One Voice Policy auf jeden Fall eine enge Abstimmung zwischen Investor Relations und Unternehmenskommunikation stattfinden. Denn letztendlich kommt es darauf an, dass ein Unternehmen mit einer Stimme spricht und die Botschaften Richtung Kapitalmarkt stringent sind.

5.5 Aufgaben der Finanzkommunikation

Die Hauptaufgabe der Investor Relations besteht darin, den Stakeholdern ein genaues Bild über die Leistung und die Erfolgsaussichten eines Unternehmens zu vermitteln, indem sie kontinuierlich über die wirtschaftliche Entwicklung und Aussichten des Unternehmens sowie über wesentliche Investitions- und Portfoliomaßnahmen in-

---

67 Vgl. Köhler (2015), S. 188.

formieren und dazu Hintergründe und strategische Zusammenhänge zu einzelnen Unternehmensentscheidungen erläutern.[68]

Wird zum Beispiel die Übernahme eines Unternehmens publik, dann sind Investoren, Analysten und Finanzjournalisten in der Regel verunsichert und das Informationsbedürfnis ist besonders hoch. Die Aufgabe der Finanzkommunikation besteht dann darin, den Zusammenschluss zu erklären, die Vorteile der Transaktion hervorzuheben und für einen Austausch auf dem Kapitalmarkt zu sorgen.

Die Kommunikation muss dabei den individuellen Bedürfnissen der Eigenkapital- und Fremdkapitalgeber gerecht werden sowie Akzeptanz und Vertrauen bei allen relevanten Akteuren des Finanzmarktes schaffen, um letztendlich eine positive Bewertung herbeizuführen. Deshalb müssen alle Kommunikationsmaßnahmen im Vorfeld umso sorgfältiger vorbereitet sein, d.h., die passenden Informationen müssen zum richtigen Zeitpunkt an die jeweiligen Zielgruppen des Kapitalmarktes kommuniziert werden.

Zu den weiteren wichtigen Aufgaben der Finanzkommunikation gehören die Ansprache und Pflege der Investoren, die Wahrnehmung als zentrale Schnittstelle der Aktionäre sowie die Einhaltung der Kapitalmarktregularien und die damit verbundene Einhaltung der Berichterstattungspflichten.

5.6 Anforderungen an eine Finanzkommunikation

Geopolitische Instabilitäten, demografische und gesellschaftliche Veränderungen und die fortschreitende Digitalisierung haben dazu geführt, dass sich die Rahmenbedingungen für Investor Relations in den vergangenen Jahren grundlegend verändert haben. Börsen- und Finanzportale stellen im Internet Informationen in Echtzeit bereit, Investoren können weltweit rund um die Uhr handeln und jedes börsennotierte Unternehmen ist quasi per Mausklick jederzeit vergleichbar.

Mit diesen Entwicklungen sind die täglichen Anforderungen an die Investor-Relations-Verantwortlichen wesentlich komplexer geworden. Da das Börsengeschäft rund um die Uhr über alle Kontinente hinweg stattfindet, stellen insbesondere die kurzen Reaktionszeiten an den Finanzmärkten eine zentrale Herausforderung dar. Wer zum Beispiel die Veröffentlichung des Jahresabschlussberichts verschiebt und die gesetzlichen Anforderungen an die Ad-hoc-Publizität verletzt, verspielt in der Öffentlichkeit ganz schnell sein Vertrauen.

---

68 Vgl. Kirchhoff / Piwinger (2009), S. 65.

Bedingt durch die kurzen Reaktionszeiten an den Finanzmärkten müssen die Investor-Relations-Verantwortlichen für alle Stakeholder mehr oder weniger durchweg erreichbar sein. In den meisten Unternehmen gilt auch hier der Grundsatz, dass Anfragen innerhalb von 24 Stunden beantwortet werden. Dabei gilt es, verschiedenste Interessenlagen zu berücksichtigen.

Im Falle einer Fusion haben zum Beispiel Investoren, Kreditgeber, Analysten, Arbeitnehmer und Gewerkschaften ein großes Interesse daran, ihren Zielen in der Öffentlichkeit verstärkt Nachdruck zu verleihen, konkret: Die einen wollen Arbeitsplätze sichern, die anderen wollen kostengünstig produzieren oder investieren.[69]

Grundsätzlich muss die Finanzkommunikation authentisch, professionell und nachhaltig gestaltet sein, damit die Anleger auch langfristig in das Unternehmen investieren. Eine professionelle und glaubwürdige Finanzkommunikation zeichnet sich besonders in Krisenzeiten aus. Aktionäre, die bisher von dem Unternehmen nicht enttäuscht wurden, werden auch bei einer Krise zum Unternehmen stehen und ihre Aktien halten.

5.7 Grundsätze der Finanzkommunikation

Die Deutsche Vereinigung für Finanzanalyse und Asset Management (DVFA) hat nachfolgende Leitlinien für eine effektive Finanzkommunikation ausgearbeitet, die hier in verkürzter Form aufgelistet sind:[70]

-) Sachlichkeit, Glaubwürdigkeit, Zeitnähe: Um das Vertrauen des Kapitalmarkts zu bewahren und zu stärken, müssen alle Informationen sachlich richtig, verlässlich, offen und zeitnah erfolgen.

-) Wesentlichkeit und Vollständigkeit: Es sind ausschließlich die mit der Geschäftstätigkeit oder dem Geschäftserfolg eines Unternehmens in Zusammenhang stehenden Informationen zu veröffentlichen.

-) Kontinuität, Stetigkeit, Vergleichbarkeit: Die Information des Kapitalmarkts sollte kontinuierlich erfolgen und dabei in besonderem Maße den bereits genannten Grundsatz der Wesentlichkeit beachten.

-) Zukunftsorientierung: Von besonderem Interesse für den Kapitalmarkt sind Aussagen, die Rückschlüsse über den zukünftigen Geschäftserfolg ermöglichen.

---

69 Vgl. Friedrich (2011), S. 36.
70 Vgl. URL: http://www.dvfa.de/verband/publikationen/effektive-finanzkommunikation/ (Letzter Zugriff: 26.08.2016).

›) Gleichbehandlung: Alle Teilnehmer des Kapitalmarkts werden zeitlich und inhaltlich gleich behandelt. Diese Gleichbehandlung ist aus insiderrechtlichen Regeln geboten und darüber hinaus die Voraussetzung zur Schaffung von Vertrauen im Kapitalmarkt.

›) Keine Weitergabe oder Ausnutzung von Insiderinformationen: Investor-Relations-Verantwortliche sind Insider und Insider-Informationen dürfen nicht an Dritte weitergegeben oder selbst genutzt werden.

Der Anspruch guter Investor-Relations-Arbeit besteht nicht nur darin, Aktien zu vermarkten, sondern auch darin, Anleger durch verlässlich kommunizierte Fakten und Argumente zu überzeugen. Dies ist in der Regel ein Produkt von bereichsübergreifenden Teams aus Finanz- und Rechnungswesen, Unternehmenskommunikation und Rechtsabteilung, wie unter anderem das Fallbeispiel der Bayer AG (siehe Kapitel 5.10) zeigt.

5.8 Instrumente der Finanzkommunikation

Die wesentlichen Teile der Finanzkommunikation sind durch Gesetze und Börsenverordnungen geregelt, weitere Teile richten sich nach den Bedürfnissen der Anspruchs- und Zielgruppen sowie nach den Kommunikationszielen des Unternehmens. Bedingt durch die zunehmende Komplexität und Dynamik des Kapitalmarktumfeldes ist eine strategisch abgestimmte Architektur der Finanzkommunikation unerlässlich.

Die Kommunikationsinstrumente müssen zielgruppenspezifisch aufeinander abgestimmt sein. Nachfolgend eine Übersicht des gängigen Medienportfolios, das in der Finanzkommunikation Anwendung findet:

›) Geschäftsbericht: Ob in gedruckter oder digitaler Form – der Geschäftsbericht ist das wichtigste Reporting- und Publizitätsinstrument der Investor Relations. Neben einer professionellen Gestaltung liegt der Fokus insbesondere auf einer glaubwürdigen und transparenten inhaltlichen Darstellung durch eine detaillierte Aufbereitung der Ertrags- und Vermögenslage und umfassende Darstellung im Risiko- und Prognosebericht.

›) Quartalsbericht: Der Quartalsbericht ist für die Analysten und Investoren gleichermaßen von Bedeutung, da er mitunter als Indikator für die fortlaufende Bewertung und den späteren Jahresabschluss gilt. Der Börsenrat der Frankfurter Wertpapierbörse hat dazu eine Neuregelung der Quartalsberichterstattung beschlossen. Seit 2016 reichen für die Finanzberichterstattung anstelle umfangreicher Quartalsfinanzberichte sogenannte Quartalsmitteilungen aus, die sich inhaltlich an den Zwischenmitteilungen der Geschäftsführung orientieren, welche für die Unternehmen im gesetzlich geregelten General Standard der Deutschen Börse festgelegt sind. Damit wird der Umfang der Quartalsberichte reduziert, eine zielgruppenspezifischere Gestaltung ermöglicht und letztendlich die Arbeit der Investor-Relations-Manager flexibler gestaltet, wobei dies nicht zu Lasten der Transparenz gehen darf.

›) Aktionärsbrief: Der Aktionärsbrief informiert die Anleger einerseits über die Aktienkursentwicklung, Kerngeschäftstätigkeiten sowie Finanztermine und gibt andererseits einen Ausblick auf die weitere wirtschaftliche Entwicklung des Unternehmens. Der Aktionärsbrief eignet sich auch bei außergewöhnlichen Ereignissen wie einer anstehenden Großakquisition, Änderung von Geschäftstätigkeiten oder einem Nicht-Erreichen der gesetzten Ziele.

›) Sonstige Publikationen: Hierunter fällt die klassische Imagebroschüre (Unternehmensportrait), aber auch Veröffentlichungen wie ein Nachhaltigkeitsbericht, der das soziale und gesellschaftliche Engagement des Unternehmens dokumentiert. Diese Aktivitäten sind ebenfalls ein wichtiger Werttreiber für eine reputationsstiftende, positive Außendarstellung.

›) Aktieninformationen: Bei der Aktieninformation steht die Analyse des Aktienkurses im Vordergrund. Hier empfiehlt sich die Darstellung von Vergleichswerten zum Aktienkurs durch Kursmonitore oder ein SMS-Service für Analysten und Aktionäre. So bietet sich ein Aktienkursvergleich mit anderen DAX-30-Unternehmen oder ausgewählten internationalen Unternehmen in Form eines Branchenindex an.

›) Finanzkalender: Der Finanzkalender enthält alle wichtigen Termine und Veröffentlichungsdaten. Hier bieten sich verschiedene Services wie die E-Mail-Benachrichtigung vor wichtigen Terminen oder die Bündelung und Bereitstellung von kapitalmarktrelevanten Informationen (Pressemitteilung, Vorstandsrede, Charts etc.) an.

›) Fact Sheet: Hierbei handelt es sich um eine komprimierte Zusammenstellung der wichtigsten Kennzahlen und wesentlichen Informationen eines Unternehmens, indem zum Beispiel ein kompakter Überblick über Historie, Management, Kerngeschäft, Strategie und Leitbild des Unternehmens gegeben wird.

›) Pressemitteilungen: Hierzu gehören alle für den Kapitalmarkt relevanten Mitteilungen zu finanzwirtschaftlichen Themen. Unternehmensnachrichten, die den Aktienkurs beeinflussen können, müssen in Form von Ad-hoc-Mitteilungen unverzüglich veröffentlicht werden.

›) Hauptversammlung: Die Hauptversammlung ist formell das höchste Organ der Aktiengesellschaft, da ihr alle Aktionäre und somit Eigentümer des Unternehmens angehören. Die Hauptversammlung bestimmt unter anderem über die Bestellung von Aufsichtsratsmitgliedern, die Verwendung des Bilanzgewinns, Satzungsänderungen oder die Entlastung von Vorstandsmitgliedern.

›) Bilanzpresse- und Analystenkonferenz: Die Bilanzpressekonferenz richtet sich an die Medienvertreter, während die Analystenkonferenz die Analysten anspricht. Bei beiden Veranstaltungen steht die wirtschaftliche Entwicklung des Unternehmens im Vordergrund. Die Unternehmensleitung gibt den geladenen Journalisten bzw. Analysten einen umfassenden Überblick über die Geschäftsentwicklung und einen Ausblick auf das kommende Finanzjahr. Darüber hinaus steht sie zu allen kapitalmarktrelevanten Fragestellungen Rede und Antwort. Beide Veranstaltungen sind die wichtigsten Dialogformate der Investor Relations, da alle relevanten Stakeholder des Unternehmens daran teilnehmen. Umso professioneller müssen beide Events organisiert sein.

›) Roadshow: Die Präsentation des Unternehmens an wichtigen Finanzplätzen im In- und Ausland ist ein fester Bestandteil der Investor Relations und dient dem Aufbau und der Pflege von Kontakten zu den wichtigsten Akteuren. Die Roadshow beinhaltet Einzelgespräche in kleinen Gruppen, aber auch Präsentationen mit dem Top-Management vor größerem Publikum. Der Vorstandsvorsitzende, Finanzvorstand oder die Investor-Relations-Verantwortlichen informieren über die Strategie, Finanzergebnisse, aktuelle Entwicklungen und Perspektiven des Unternehmens und beantworten individuelle Fragen der Analysten und Investoren, um somit auch möglichen Fehleinschätzungen vorzubeugen. Je nach Kommunikationsbedarf findet die Roadshow quartalsweise, mindestens aber ein- bis zweimal im Jahr statt.

›) Website: Inzwischen verfügt jedes DAX-30-Unternehmen über eine Webrubrik oder eine eigene Website zu Investor Relations bzw. Finanzkommunikation. Neben der Vorstellung des Investor-Relations-Teams bündelt der Auftritt alle kapitalmarktrelevanten Informationen zum Unternehmen: von den Aktieninformationen, Geschäfts- und Quartalsberichten über Investoren-Präsentationen, Kurscharts, Analystenbewertungen und Ad-hoc-Mitteilungen bis zu Finanzkalender, Livestream-Angeboten und Call-Back-Service des Investor-Relations-Teams. Umfangreiche, kontinuierlich gepflegte FAQs können dabei viele Fragen der Anleger, Analysten und Investoren bereits im Vorfeld beantworten.

Die Arbeitsschwerpunkte der Investor Relations-Verantwortlichen liegen auf der Investoren- und Analystenbetreuung sowie den Pflichtveröffentlichungen und Roadshows. Besonders die Roadshow ist eines der am meisten genutzten Instrumente der Investor Relations. Ein Grund hierfür sind die immer kürzer werdenden Haltefristen von Aktien.

Ob New York, Tokio, London oder Frankfurt – weltweit müssen stets neue Aktionäre für die Unternehmen gewonnen werden. So organisiert die Deutsche Telekom jedes Jahr rund 30 Roadshows auf den internationalen Finanzmärkten und nimmt an unzähligen Investorenmessen teil, dazu führen die Verantwortlichen über 400 Einzelgespräche mit Investoren und Analysten in Europa, den USA und Asien. Darüber hinaus wird jedes Jahr ein sogenannter Kapitalmarkttag veranstaltet. Im Rahmen dieser Veranstaltung erläutert der Vorstand unter anderem die strategische Ausrichtung des Unternehmens.

Unzählige Telefon- und Videokonferenzen runden das Portfolio ab, für das der Bereich Investor Relations bereits mehrfach Preise erhielt. 2015 wurde die Deutsche Telekom von der Nachrichtenagentur Thomson Reuters als bestes Investor-Relations-Team in Europa ausgezeichnet.[71] Und 2016 erhielt das Unternehmen zum wiederholten Mal den Deutschen Investor-Relations-Preis des DIRK für den vorbildlichen Dialog mit den Investoren.[72]

5.9 Handlungsempfehlungen

Im börslichen Alltag kommt es dann drauf an, dass die Investor-Relations-Verantwortlichen das Unternehmen im Gespräch halten sowie kontinuierlich und zeitnah informieren. Die Nennung von Unternehmenskennzahlen und die Dokumentation von Berichten und Mitteilungen entsprechen dabei der Pflicht, die Kür allerdings ist die Präsentation des Unternehmens.

Die Stakeholder wollen nicht mehr nur nüchterne Daten und Fakten geliefert bekommen, sondern auch Informationen über die Ziele und die Visionen des Unternehmens erhalten. Sie wollen wissen, warum sie gerade dessen Aktien kaufen bzw. empfehlen sollen. Insbesondere mit Blick auf die weltweiten Finanzkrisen sind nachhaltige Geschäftsmodelle und klare Kapitalmarkt-Storys gefragter denn je.

Mit der Kapitalmarkt-Story werden die Informationsbedürfnisse der Eigenkapitalgeber und der Finanz-Community (Analysten, Finanzjournalisten) angesprochen. In diesem Zusammenhang ist das Thema Nachhaltigkeit von besonderem Interesse. So hat ein Großteil der deutschen Unternehmen inzwischen erkannt, dass ein wirtschaftlicher

---

71 Vgl. Telekom (2016), S. 49.
72 Vgl. URL: https://www.telekom.com/medien/konzern/314910 (Letzter Zugriff: 02.12.2016).

Erfolg dauerhaft nur möglich ist, wenn dieser für Umwelt, Mensch und Gesellschaft insgesamt einen Mehrwert schafft. Das Thema Nachhaltigkeit stellt für die Hälfte der DAX-30-Konzerne die wichtigste Voraussetzung für eine langfristige Wertentwicklung dar. Das ist das Ergebnis einer Umfrage, die der DIRK gemeinsam mit der Gesellschaft für Konsumforschung (GfK) unter 840 Investor-Relations-Managern in Deutschland, Österreich, der Schweiz und Großbritannien durchgeführt hat.[73]

Ein Beispiel hierfür ist der Münchener Handels- und Dienstleistungskonzern BayWa AG. Das Unternehmen hat das Thema Nachhaltigkeit direkt im Bereich Investor Relations angesiedelt. Die Nachhaltigkeitsstrategie basiert auf den Unternehmenswerten Solidität, Vertrauen und Innovation und unterstützt die Strategie des nachhaltigen und verantwortungsvollen Wirtschaftens in den drei Geschäftsfeldern Energie, Agrar und Bau.

Die direkte Zuständigkeit für das Thema Nachhaltigkeit ermöglicht den Investor-Relations-Verantwortlichen der BayWa AG eine konzernweite, einheitliche Datenerhebung und Darstellung des gesellschaftlichen Engagements sowie die Identifizierung von Themen mit Zukunftspotenzial. Ein weiterer Vorteil besteht darin, dass sie die aus den Bereichen der Nachhaltigkeit gewonnenen Informationen für die in Richtung Kapitalmarkt kommunizierte Story nutzen können, wodurch die Positionierung am Kapitalmarkt und an den Absatz- und Beschaffungsmärkten unterstützt wird.[74]

Ob die Vermittlung von nüchternen Daten und Fakten oder weichen Unternehmensthemen – die Finanzkommunikation sollte stets kontinuierlich und zielgruppenorientiert erfolgen. Der renommierte US-Börsenguru und Großinvestor Warren Buffett, der mit seinem Finanzkonzern Berkshire Hathaway zum drittreichsten Mann der Welt avancierte, bringt es auf den Punkt: „Wir versetzen uns in die Rolle des Anlegers und überlegen uns, welche Fakten über unser Unternehmen uns interessieren würden. Genau diese Fakten veröffentlichen wir."[75]

Die reine Fokussierung auf finanzielle Kennzahlen ohne Berücksichtigung von aktuellen, strategischen produkt- und marktrelevanten Informationen ist genauso wenig vorteilhaft wie die rein oberflächliche Darstellung der wirtschaftlichen Entwicklung. Den Stakeholdern müssen die Strategie, Perspektive und Zukunftsfähigkeit des Unternehmens adressatengerecht aufbereitet, glaubhaft und nachhaltig vermittelt werden.

Für die Kommunikationsarbeit gilt, dass alle Aktivitäten der Investor Relations im Sinne einer One Voice Policy auf die gesamte Kommunikation des Unternehmens abgestimmt sein müssen. Bei einer mangelnden Abstimmung besteht oftmals die Gefahr,

---

[73] Vgl. Bergius (2010), S. 16.
[74] Vgl. Radeljic (2014), S. 2 ff.
[75] Di Piazza / Eccles (2003), S. 143.

dass Zahlen und Daten zu den gleichen Sachverhalten, die sich beispielsweise an den unterschiedlichen Stellen auf der Website finden, einander widersprechen. Darüber hinaus sollte auch der Auftritt vor der Finanzwelt nicht dem Zufall überlassen werden. Die Art und Weise der Präsentationen sollte analog zur Vorbereitung einer Pressekonferenz in professionellen Medientrainings regelmäßig geübt werden.

5.10 Fallbeispiel I: Erfolgreiche Kommunikation mit dem Kapitalmarkt (Bayer AG)

Bei der Bayer AG hat der intensive Dialog mit dem Kapitalmarkt traditionell einen hohen Stellenwert. Jedes Jahr sind die Investor-Relations-Verantwortlichen des Chemie- und Pharmakonzerns weltweit in rund 25 Finanzzentren unterwegs und führen über 400 Einzelgespräche mit Analysten und Investoren. Anlassbezogen sind auch der Vorstandsvorsitzende Werner Baumann und Finanzvorstand Johannes Dietsch mit von der Partie.

Neben den regelmäßigen Quartals-, Halbjahres- und Jahresberichterstattungen informiert der Bereich Investor Relations die Anteilseigner via Telefon- und Internetkonferenz über Produktentwicklungen, Kooperationen und Akquisitionen. Die weltweit rund 300.000 registrierten Bayer-Aktionäre werden laufend im Internet informiert und können im Rahmen der jährlich stattfinden Hauptversammlung ihre Stimme online abgeben.

Die Finanzkommunikation der Bayer AG fußt dabei auf einem interdisziplinären Zusammenspiel zwischen dem Bereich Finanz- und Rechnungswesen, den Kommunikationsabteilungen der Holding sowie den verschiedenen Teilkonzernen und der Rechtsabteilung, so dass eine professionelle, einheitliche und effiziente Finanzberichterstattung jederzeit gewährleistet ist.

Neben der Regelberichterstattung baut das Investor-Relations-Programm bei Bayer auf zwei Veranstaltungen auf: der Meet-Management-Konferenz und der Investorenkonferenz. Während die Investorenkonferenz mehrmals im Jahr rund um den Globus stattfindet, wird die Meet-Management-Konferenz zweimal im Jahr anlassbezogen als reine Diskussionsrunde veranstaltet. Bei der zweitägigen Konferenz diskutieren die Kapitalmarktteilnehmer mit Vertretern des Top-Managements über aktuelle Unternehmensthemen, ohne Moderator, Vortrag und Präsentation, ganz offen und direkt.

Die Arbeit des Investor-Relations-Teams hat sich in den vergangenen Jahren stark verändert. Durch kontinuierliches Portfolio-Management hat sich Bayer von einem Chemieunternehmen zu einem Konzern mit Kernkompetenzen auf den Gebieten Gesundheit, Ernährung und hochwertige Materialien entwickelt. Die wichtigsten Meilensteine der vergangenen Jahre waren die Ausgliederung von Lanxess, die Übernahmen von Schering und Monsanto sowie die strategische Neuausrichtung als Life-Science-Unternehmen. 2015 hat Bayer den früheren Teilkonzern Bayer MaterialScience unter dem neuen Namen Covestro an die Börse gebracht, 2016 folgte mit der Übernahme des US-amerikanischen Saatgutherstellers Monsanto die bislang größte Transaktion eines deutschen Unternehmens im Ausland.

In diesem Zusammenhang gab es für die Investor-Relations-Verantwortlichen eine Vielzahl von Anfragen, insbesondere von Privatinvestoren und Medienvertretern. Vor diesem Hintergrund erhöhten die Investor-Relations-Verantwortlichen die Taktung der Veranstaltungen. So fanden 2016 weltweit insgesamt 60 Investorenkonferenzen und Roadshows statt, unter anderem in New York, Berlin, Paris, Tokio und Hongkong. Darüber hinaus wurden für die Privatanleger verschiedene Aktionärsforen mit dem Top-Management veranstaltet.

Ausgehend von dem Selbstverständnis einer offenen und ehrlichen Kommunikation mit dem Kapitalmarkt wird über diese Veranstaltungsformate kontinuierlich das Leitbild „Bayer: Science For A Better Life" in Form der Kapitalmarkt-Story kommuniziert. Demnach ist Bayer das Erfinder-Unternehmen mit einer großen Vergangenheit, das auch in Zukunft in forschungsintensiven Bereichen Zeichen setzt. Diese Storyline wird stringent über alle Kanäle (Online, Print, Dialog) intern und extern kommuniziert.

Mit Blick auf die Kommunikation mit den Privatanlegern hat Bayer als eines der ersten deutschen Unternehmen ergänzend zum bestehenden Webauftritt ein Online-Aktionärsportal eingeführt. Neben dem Herunterladen der wichtigsten Finanzpublikationen und einer Übersicht der aktuellsten Analystenbewertungen können die Aktionäre ganzjährig ihren Eintrag im Aktienregister einsehen, Adressdaten ändern, sich zur Hauptversammlung anmelden, Eintrittskarten für sich oder einen Bevollmächtigten bestellen sowie Vollmacht und Weisung an die Stimmrechtsvertreter der Bayer AG erteilen. Die Stimmabgabe per Briefwahl ist ebenfalls über diese Plattform möglich.

Das Aktionärsportal und die beiden Veranstaltungsformate haben sich im Benchmark der börsennotierten Unternehmen als nachhaltige Erfolgsfaktoren erwiesen. In den vergangenen Jahren wurde Bayer vom DIRK mehrfach für die beste Investor-Relations-Arbeit aller DAX-Unternehmen ausgezeichnet. Kriterien für die Preisvergaben waren Transparenz, Kontinuität, Zielgruppenorientierung und die Finanzberichterstattung. Neben der guten Erreichbarkeit der stets top-informierten Investor-Relations-Verantwortlichen und der inhaltlichen Qualität der Finanzpublikationen wurde besonders die Meet-Management-Konferenz als positives Alleinstellungsmerkmal gegenüber den anderen börsennotierten Unternehmen hervorgehoben.

Dies haben auch die Investoren und Analysten entsprechend honoriert: Bei der Thomson Reuters Extel Survey wurde Bayer zum Unternehmen mit der besten Investor-Relations-Arbeit im Chemie-Sektor gewählt. Und bei einer gemeinsamen Studie des DIRK und der Wirtschaftswoche erreichte das Unternehmen im Vergleich der DAX-30-Unternehmen den zweiten Platz.

Darüber hinaus verfügt Bayer über die beste Medienreputation aller DAX-30-Unternehmen. 2015 haben sowohl das Unternehmen als auch der ehemalige Vorstandsvorsitzende Marijn Dekkers den ersten Platz im bundesweiten Ranking des Analysespezialisten Media Tenor belegt. Das Ranking basierte auf mehr als 45.000 Beiträgen, die in 32 Leitmedien (TV-Nachrichten, Publikums- und Wirtschaftspresse) erschienen sind. Dabei wurde fortlaufend die Tonalität der Berichterstattung zu allen DAX-Konzernen und ihren CEOs erfasst.

Abb. 11: Bei der Aktionärsversammlung 2016 wurde neben den wirtschaftlichen Ergebnissen auch der Wechsel an der Konzernspitze bekanntgegeben: Der langjährige Vorstandsvorsitzende Marijn Dekkers (links) übergab den Vorsitz an seinen Nachfolger Werner Baumann (Quelle: Bayer, 2016).

5.11 Fallbeispiel II: Gemeinsame Aktion für die Aktie (comdirekt bank AG, BNP Paribas S.A., ING-DiBa AG)

Im internationalen Vergleich ist Deutschland ein Entwicklungsland beim Aktienhandel. Während in den USA jeder zweite Bürger Aktien besitzt, so ist hierzulande nur jeder neunte Deutsche direkt oder indirekt Aktienbesitzer. Anfang des Jahrtausends gab es hierzulande noch mehr als 12,8 Millionen Aktionäre. 2015 waren es nach Angaben des Deutschen Aktieninstituts (DAI) trotz Anstieg nur noch 9,1 Millionen Aktionäre.[76]

Um diesen Negativtrend zu stoppen und einen Umdenkprozess herbeizuführen, haben die Direktbanken comdirekt bank, ING-DiBa sowie BNP Paribas mit den Marken Consorsbank und DAB Bank in 2015 die Aktion pro Aktie gestartet.

Oberstes Ziel der Aktion war es, einen vorurteilsfreien Umgang mit Aktien zu fördern und das Thema in den Fokus der Öffentlichkeit zu rücken, indem ihr ein einfacherer Zugang zu Finanzthemen ermöglicht wird. Denn das fehlende Wissen über Aktien ist ein wesentlicher Grund, warum viele Deutsche nicht in Wertpapiere investieren. Hinzu kamen die Börsen-Crashes nach der Jahrtausendwende (Platzen der Dotcom-Blase, Lehman Brothers etc.), welche die Abneigung der Öffentlichkeit gegenüber Aktien weiter verstärkten.

Für die Kommunikationsverantwortlichen der vier Direktbanken lag der Aktion pro Aktie die Überzeugung zugrunde, dass eine gute, sinnvolle Geldanlage im Kopf anfängt und die meisten Vorurteile gegenüber Aktien unberechtigt sind. Um einen Umdenkprozess in der Öffentlichkeit herbeizuführen, verständigten sich die Kommunikationsverantwortlichen auf eine offensive PR-Strategie unter Berücksichtigung eines breiten Medienmix: von Studien und Bildungsangeboten über gemeinsame Veranstaltungen wie den Tag der Aktie bis zur gemeinsamen Öffentlichkeits- und Pressearbeit.

Die Basis der Kampagne bildete eine von den Direktbanken in Auftrag gegebene Doppelstudie. Einerseits wurde eine bevölkerungsrepräsentative Umfrage durchgeführt, um die grundsätzliche Haltung der Bürger zur Aktie zu ermitteln. Andererseits wurden rund 1,6 Millionen Kundendepots anonymisiert ausgewertet, um herauszufinden, wie die Aktionäre sich im Börsenalltag verhalten.

Die Ergebnisse überraschten die Kommunikationsverantwortlichen nicht, da sich viele Annahmen bestätigten: Aktienhandel sei zu riskant, nur was für Zocker und letztendlich profitieren nur die Reichen davon, lautete das Meinungsbild der Befragten. Darüber hinaus stellte sich heraus, dass die Befragten wenig über Aktien wussten.

---

[76] Vgl. URL: https://www.dai.de/de/das-bieten-wir/studien-und-statistiken/studien.html (Letzter Zugriff: 18.09.2016).

Dass Aktien nicht nur etwas für Zocker und Reiche sind, zeigte sich bei der Analyse der Kundendepots. Die Mehrheit der Aktionäre investiert in der Regel eher kleine Summen und hält ihre Wertpapiere langfristig.

Basierend auf diesen Ergebnissen verständigten sich die Kommunikationsverantwortlichen auf nachfolgenden Kommunikationsplan:

- Bekanntmachung der Aktion: Die Aktion und die Studien wurden am 30. Januar 2015 bei einer Pressekonferenz mit den Vorständen der Direktbanken in der Frankfurter Börse vorgestellt.

- Durchführung eines Tags der Aktien durch die Gruppe Deutsche Börse, um Anleger zu aktivieren und zu mobilisieren. Die Kunden der fünf Direktbanken und von vier weiteren Instituten konnten am 16. März 2015 alle DAX-30-Aktien und ausgewählte Fonds ohne Gebühren handeln.

- Roadshow in drei deutschen Städten: In Hamburg, Nürnberg und München kamen vom 17. bis 25. November 2015 mehrere hundert Aktionäre und potenzielle Anleger zusammen, um sich über die Potenziale und Vorteile von Aktien und die Funktionsweise des Börsenhandels zu informieren.

- Umfangreiches Bildungsprogramm: Die Direktbanken haben Online-Seminare zum Thema Aktien und Wertpapierhandel angeboten, flankiert von der eigens eingerichteten Website www.aktion-pro-aktie.de und Webrubriken auf den Unternehmenswebsites der fünf Direktbanken, die umfassende Hintergrundinformationen für Einsteiger und Fortgeschrittene anbieten.

- Gemeinsame Öffentlichkeitsarbeit: Die Kommunikationsverantwortlichen platzierten mittels systematischer Pressearbeit verschiedene Fachbeiträge und Interviews in den führenden Wirtschaftsmedien, unter anderem Handelsblatt, Wirtschaftswoche, Capital und Börsenzeitung. Darüber hinaus wurden zwölf Pressemitteilungen zu den zentralen Ergebnissen der Studien und weiterführende Informationen an die deutschen Medien übermittelt.

All diese Maßnahmen wurden kontinuierlich über die bestehenden Social-Media-Plattformen der fünf Direktbanken kommuniziert. In einem ausgewogenen Mix aus überregionalen Leitmedien, Regionalpresse und Fachmedien wurden jeden Monat durchschnittlich 140 Veröffentlichungen generiert, hinzu kamen 200 Beiträge im Social Web. Damit wurde eine Nettoreichweite von rund 100 Millionen Lesern erzielt. Darüber hinaus beteiligten sich über 10.000 Anleger am Tag der Aktie und handelten gebührenfrei Wertpapiere. Darunter befanden sich auch Privatanleger, die bislang wenig oder gar nicht mit Aktien gehandelt haben.

Aufgrund dieser positiven Resonanz seitens der Öffentlichkeit und Medienvertreter wurde die Aktion pro Aktie von der DPRG mit dem Internationalen Deutschen PR-Preis in der Kategorie Finanzen, Geld und Marktwirtschaft ausgezeichnet. Dementsprechend haben die Kommunikationsverantwortlichen die Aktion auch in 2016 fortgesetzt, um den Dialog zwischen Unternehmen und Anlegern zu verbessern und die allgemeine Aktienkultur in Deutschland nachhaltig zu fördern.

Für den Tag der Aktie 2016 konnten die Verantwortlichen auch den DIRK als Unterstützer der Kampagne gewinnen. Dabei stellte der DIRK einen Animationsfilm zum Thema Aktie der Öffentlichkeit vor. In dem Kurzfilm erklärt der virtuelle Börsenprofi Dirk die grundlegenden Mechanismen des Aktienmarkts und verdeutlicht Chancen, aber auch potenzielle Risiken für Privatanleger. Mit klarer Sprache und moderner Grafik richtet sich die kompakte und zugleich unterhaltsame Darstellung vor allem an private Anleger mit geringem Finanzmarktwissen. Der Film ist auf der Homepage des DIRK abrufbar (https://www.dirk.org/mediathek/idx/279).

Abb. 12: Mehr als 10.000 Teilnehmer informierten sich am Tag der Aktie über die Mechanismen des Finanzmarktes und handelten mit Wertpapieren (Quelle: Geldanlagen-Nachrichten, 2016).

Zusammenfassung

›) Die Finanzkommunikation bzw. Investor Relations ist die strategische Managementaufgabe, Beziehungen zu bestehenden und potenziellen Akteuren des Finanzmarktes aufzubauen und zu pflegen: von privaten und institutionellen Investoren über Aktionäre und Analysten bis hin zu Finanz- und Wirtschaftsjournalisten sowie Rating-Agenturen.

›) Im Sinne einer One Voice Policy ist eine enge Abstimmung zwischen Investor Relations und Unternehmenskommunikation erforderlich, damit die Botschaften Richtung Kapitalmarkt stringent und verständlich sind. Angesichts des komplexen und dynamischen Kapitalmarktumfeldes ist eine strategisch abgestimmte Architektur der Finanzkommunikation unerlässlich. Es geht darum, die Anleger durch verlässlich kommunizierte Fakten und Argumente zu überzeugen.

›) Nachhaltige Geschäftsmodelle und klare Kapitalmarkt-Storys, die zum Beispiel Themen der Nachhaltigkeit aufgreifen, sind eine wichtige Voraussetzung für eine erfolgreiche Finanzkommunikation. Den Akteuren der Finanzwelt müssen in Form von Roadshows und Konferenzen die Strategie, Perspektive und Zukunftsfähigkeit des Unternehmens adressatengerecht aufbereitet, glaubhaft und nachhaltig vermittelt werden.

6. Storytelling: Mit Geschichten Unternehmen gestalten

Das Image und die Reputation eines Unternehmens beruhen nicht nur auf der Qualität ihrer Produkte und Dienstleistungen, sondern auch auf den Geschichten, die über sie erzählt werden. Aus diesem Grund sollten die Kommunikationsverantwortlichen weniger auf harte Fakten setzen, sondern vielmehr spannende Geschichten erzählen, nach der Devise: Nicht das Erreichte zählt, sondern das Erzählte reicht. Es geht darum, ergreifende Geschichten zu erzählen, die zum Denken und Handeln anregen. Das Unternehmen und die Marken rücken dabei in den Hintergrund.

Dieser Ansatz wird als Storytelling (deutsch: Geschichten erzählen) bezeichnet. Diese noch recht junge Disziplin der Unternehmenskommunikation dient dazu, Informationen und Wissen in Form von Geschichten zu verbreiten. Denn Geschichten sind unterhaltsam, machen abstrakte Informationen lebendig und werden besser aufgenommen, verstanden und behalten als trockene Fakten. Das belegen auch die Erkenntnisse der Gehirnforschung: Im Langzeitgedächtnis werden nur Informationen gespeichert, die in uns Emotionen auslösen. So erinnern wir uns 22-mal besser an Geschichten als an Fakten.[77] Dementsprechend werden plumpe Werbebotschaften bei einer immer geringeren Aufmerksamkeitsspanne nur noch selten wahrgenommen. Nach der Studie Attention Spans von Microsoft wird sich die Aufmerksamkeitsspanne angesichts der digitalen Informationsflut zukünftig weiter reduzieren.[78]

Vor diesem Hintergrund nutzen immer mehr Unternehmen das Storytelling für ihre Außendarstellung, aber auch, um den Wissens- und Erfahrungsaustausch innerhalb der Belegschaft zu fördern, Veränderungsprozesse zu begleiten, Mitarbeiter zu motivieren sowie die Kommunikationsarbeit zu unterstützen.

6.1 Begriffsbestimmung

In der Fachliteratur existiert zum Storytelling eine Vielzahl verschiedener Definitionen, vorwiegend aus betriebswirtschaftlicher und weniger aus kommunikativer Sicht betrachtet.

Für Florian Krüger ist Storytelling „(...) eine Kommunikationsoperation des Public Relations-Managements gewinnorientierter Organisationen des Wirtschaftssystems. Das Public Relations-Management operiert dabei in einem erzählenden Kommunikationsmodus und kommuniziert narrative Selbstdarstellungen in Form von Corporate Storys. Diese Corporate Storys weisen tradierte Elemente und Strukturen von Erzählungen wie Akteure, Ereignisse, Orte, zeitliche und logische Verläufe und Handlungsmuster auf, die

---

77 Vgl. Bruner (2003), S. 4.
78 Vgl. Microsoft (2015), S. 4.

das Identitäts-, Aufmerksamkeits- und Deutungsmanagement der Organisation unterstützen."[79] Seiner Ansicht nach beschreibt Storytelling „(...) den eigentlichen Kommunikationsvorgang, also das Erzählen der Geschichte bzw. das Ausspielen fertiger Storys in unterschiedlichen Kanälen an Stakeholder auf unterschiedlichen Meinungsmärkten"[80].

Nach Karin Thier ist unter Storytelling eine Methode zu verstehen, „(...) mit der Wissen von Mitarbeitern über einschneidende Ereignisse im Unternehmen (wie zum Beispiel ein Pilotprojekt, eine Fusion, Reorganisation oder eine Produkteinführung) aus unterschiedlichsten Perspektiven der Beteiligten erfasst, ausgewertet und in Form einer gemeinsamen Erfahrungsgeschichte aufbereitet wird (...)"[81].

Für Marc Mangold ist das Storytelling eine „(...) Verbindung von Handlung und Darstellung. Dabei gilt es, Geschichten durchdacht und auf eine bestimmte Art und Weise zu erzählen, um so gezielt beim Adressaten eine umfassende Wirkung hervorzurufen"[82].

Mit Blick auf den noch recht jungen Einsatz von Storytelling in der Unternehmenskommunikation bringt es meiner Meinung nach folgende Definition auf den Punkt: Storytelling ist eine Methode, die als Teil der Kommunikationsstrategie systematisch geplant und langfristig ausgelegt Fakten über ein Unternehmen in Form von authentischen, emotionalen Geschichten vermittelt, welche den Zuschauer vom Nachrichtenkonsumenten zum Handelnden bewegt. Dabei stehen aber nicht das Unternehmen und seine Produkte, sondern die Menschen und ihre Geschichten im Mittelpunkt der Kommunikation.

6.2 Historie

Der Einsatz von Storytelling in Unternehmen hat seine Wurzeln in den USA. Ein Team aus Wissenschaftlern des Massachusetts Institute of Technology (MIT) hat sich 1997 erstmals mit dem Konzept des Storytellings beschäftigt und die Methodik in der Praxis getestet, unter anderem bei Philips, Shell und Federal Express.

Ziel des Projektes war es, ein Instrument zu entwickeln, das Erfahrungen und Wissen über Ereignisse im Unternehmen erfasst und entsprechend aufbereitet. Im Projektverlauf stellten die Wissenschaftler fest, dass dies am besten über eine gemeinsam erzählte Geschichte funktioniert, die sogenannte Learning History (deutsch: Erfahrungsgeschichte). Bei der Entwicklung dieser Methode fanden verschiedene Parameter Berücksichtigung. So nutzten die Forscher journalistische Techniken, die darauf

---

79 Krüger (2015), S. 100.
80 Ebd., S. 199.
81 Thier (2010), S. 17.
82 Mangold (2002), S. 15.

abzielten, nüchterne Sachinformationen so aufzubereiten, dass sie den Leser oder Zuschauer in ihren Bann ziehen. Darüber hinaus holen sie sich Ideen und Anregungen bei der U.S. Army, die über eine hohe Expertise beim Fällen von Entscheidungen aufgrund von vergangenen Ereignissen verfügt.

Ausgehend von den Projektergebnissen am MIT setzten sich in Deutschland Anfang 2000 Wissenschaftler der Ludwig-Maximilians-Universität München in einem Kooperationsprojekt mit dem Fraunhofer Institut für Arbeitswirtschaft und Organisation und dem Lehrstuhl für Medienpädagogik der Universität Augsburg mit dem Prinzip des Storytellings auseinander. In gemeinsamen Forschungsprojekten wurde die Methode für den deutschsprachigen Raum angepasst und entsprechend erweitert.[83]

Wie und mit welcher Zielsetzung Storytelling in Unternehmen eingesetzt wird, kann ganz unterschiedlich aussehen. Der kleinste gemeinsame Nenner ist das gezielte Erzählen einer Geschichte. Und gezielt ist dabei der entscheidende Unterschied zum lockeren Stammtischgespräch.

6.3 Anforderungen an das Storytelling

Die Anforderungen an das Storytelling sind vielschichtig. Nach Florian Krüger muss es die Kommunikationsverantwortlichen beim Management der Unternehmensidentität, der Unternehmensthemen und den öffentlichen Deutungen und Interpretationen unterstützen.[84] Hierfür ist eine einzigartige, nicht austauschbare, emotionale Corporate Story erforderlich, die den Zuhörer einbezieht und intrinsisch motiviert.

Aus unternehmerischer Sicht muss die Corporate Story folgende Anforderungen erfüllen:

- ›) Sie fokussiert die Mitarbeiter auf den gemeinsamen Erfolg.

- ›) Sie stiftet Identität.

- ›) Sie spiegelt die DNA des Unternehmens wider.

- ›) Sie macht das Unternehmen und seine Leistungen greifbar und erlebbar.

- ›) Sie schafft eine aufmerksamkeitsstarke, trennscharfe Positionierung gegenüber dem Wettbewerber.

---

83 Vgl. Thier (2010), S. 23.
84 Vgl. Krüger (2015), S. 113.

›) Sie packt die Zuhörer, die im Idealfall eine positive Kaufentscheidung treffen.

Für die Kommunikationsverantwortlichen besteht gerade bei der Vermittlung von abstrakten Themen die Herausforderung darin, diese mit Leben zu füllen und nachhaltig bei den Stakeholdern zu verankern. Dies kann zum Beispiel durch eine dramaturgische Storyline mit speziellen Individuen (Held/Anti-Held) erreicht werden, die sich der Stilelemente der Boulevardmedien bedient: Liebe, Wut, Trauer, Spannung und Angst.[85]

6.4 Einsatz in der Praxis

Das Konzept des Storytellings wird inzwischen bei vielen großen und mittelständischen Unternehmen umgesetzt, zum Beispiel bei Siemens, Hornbach, Telekom, E.ON oder Liebherr. Diese Unternehmen setzen Geschichten zum Wissens- und Erfahrungsaustausch und zur Unterstützung von Veränderungsprozessen, aber auch zur indirekten Marken- und Produktkommunikation ein.

Bei der Telekom wird die Methode des Storytellings sowohl intern als auch extern eingesetzt. Im Intranet-Forum stories@t-mobile stellen sich verschiedene Mitarbeiter intern vor und geben einen Einblick in ihren Arbeitsalltag: vom Praktikanten und Sachbearbeiter über Callcenter-Mitarbeiter und Techniker bis zum Vorstandsmitglied. Sie erzählen, wie sich ihr Arbeitsalltag beim Bonner Telekommunikationsanbieter gestaltet und was sie bei ihrer täglichen Arbeit antreibt und begeistert. Positive Geschichten wie der Bericht über einen erfolgreichen Projektabschluss oder die Lösung eines Kundenproblems ermutigen die anderen Mitarbeiter und wirken sich positiv auf die Arbeitsmotivation innerhalb der Belegschaft aus.

Extern setzt die Telekom ebenfalls auf bewegende Geschichten aus dem wahren Leben. Entsprechend der Leitidee „Besondere Geschichten werden größer, wenn man sie teilt" machte das Unternehmen den Amerikaner Bob Carey zum Star seiner Kampagne „Erleben, was verbindet". Hintergrund: Als seine Frau Linda mit der Diagnose Brustkrebs im Krankenhaus lag, ließ sich Carey an verschiedensten Orten im rosafarbigen Tutu fotografieren, um seine Frau mit den schrägen Fotos aufzuheitern. Auch die anderen Patientinnen bekamen die Motive zu sehen und waren so begeistert, dass die Careys beschlossen, die Bilder über das Internet mit anderen Menschen zu teilen.

Die Resonanz war so groß, dass das Ehepaar die gemeinnützige Carey Foundation gründete, die sich weltweit für Frauen mit Brustkrebs einsetzt. Im selben Jahr erschien ein Bildband mit den gesammelten Tutu-Motiven. Da Telekommunikationstechnologie im Falle der Careys dabei geholfen hat, aus ein paar witzigen Fotos ein großes Projekt

---

85 Vgl. Etzold (2013), S. 122 ff.

Abb. 13: Die Foto-Aktion von Bob Carey hat bewiesen, dass aus kleinen Geschichten etwas Großes entstehen kann, das viele Menschen weltweit berührt (Quelle: Telekom, 2014).

mit einer weltweiten Fangemeinde zu machen, rückte die Telekom diese bewegende Geschichte in den Fokus der Kampagne „Erleben, was verbindet" und unterstützte dabei auch Careys erste Fotoausstellung in Berlin.

Der Automobilhersteller BMW präsentiert sich hingegen stets im Kontext beliebter Kinounterhaltung. Das Unternehmen produziert actionhaltige Kurzfilme mit renommierten Hollywood-Regisseuren wie John Frankenheimer, Ang Lee und Guy Ritchie sowie prominenten Schauspielern wie Clive Owen und Mickey Rourke. Selbst das Krümelmonster aus der Sesamstraße hat es im Zuge der Präsentation des 1er BMW auf die Leinwand geschafft. Gemeinsam mit DTM-Champion Marco Wittmann präsentierte es neue Funktionalitäten wie den Concierge-Service, den Fahrerlebnisschalter oder den integrierten Zugang zu Spotify im Fahrzeug. 2016 entdeckte auch Apple das zottelige blaue Wesen mit den Kulleraugen als Markenbotschafter für sich. Das Unternehmen setzte das Krümelmonster für die Präsentation des neuen iPhone 6S ein, indem es beim Keksebacken neue Funktionen wie den persönlichen Assistenten Siri nutzte.

Die Bedeutung von Storytelling wird sich durch die zunehmende Digitalisierung weiter erhöhen. Denn Menschen vertrauen in den sozialen Medien nicht mehr klassischen Autoritäten, sondern vor allem Familie und Freunden. Sie tauschen sich über Marken und Produkte aus und folgen zunehmend persönlichen Empfehlungen. Dies ist eines der zentralen Ergebnisse des Edelman Trust Barometers 2016, das mit über 33.000 Befragten in 28 Ländern die größte repräsentative Erhebung zum Vertrauen in Regierungen, Nichtregierungsinstitutionen (NGO), Unternehmen und Medien darstellt.[86]

---

86 Vgl. Edelman (2015), S. 5 ff.

Für die Unternehmen besteht die Herausforderung darin, Teil dieser Gespräche zu werden. Welche Rollen nehmen bestimmte Akteure in den Erzählungen der Unternehmenskommunikation ein? Wer sind die Helden, wer die Gegenspieler und wer tritt als Helfer auf? Antworten auf diese und weitere Fragen müssen die Kommunikationsverantwortlichen vor Erstellung der Corporate Story finden, verbunden mit der Zielsetzung, bestehende Stakeholderbeziehungen zu halten und neue Bezugsgruppen zu erschließen.

Grundsätzlich ist Storytelling überall einsetzbar, denn jedes Unternehmen hat unabhängig von seiner Größe eine Geschichte zu erzählen. So präsentiert sich der mittelständische Haushaltsgerätehersteller Liebherr im eigenen Hausgeräte-Blog nicht als Spezialist für Kühlschränke und Waschmaschinen, sondern gibt Ratschläge zur Einlagerung von Lebensmitteln (Wie lagere ich Brot richtig ein?), Ernährung (Welche Temperatur sollte ein Wein idealerweise haben?) und stellt Rezepte für verschiedenste kulinarische Spezialitäten zur Verfügung. Und nebenbei wird ein Einblick in die Produktwelt gegeben. Denn: Gebrauchsanleitungen gehören zu den viel gesuchten Inhalten im Internet und die Beiträge zu alltäglichen Fragen des Alltags werden oft via Social Media geteilt und über Suchmaschinen gefunden.

Storytelling findet häufig auch in projektgetriebenen Organisationen Anwendung, die unter einem großen Wettbewerbs- und Veränderungsdruck stehen. So lassen sich mit Geschichten beispielsweise Veränderungsprozesse gezielt steuern und beeinflussen. Sie verhelfen der Belegschaft zu einem Perspektivwechsel und dienen der positiven Beeinflussung ihrer Einstellungen und Verhaltensmuster.[87]

Wie Storytelling eingesetzt wird, hängt letztendlich von der Zielsetzung des Unternehmens ab. Menschen interessieren sich für Menschen und weniger für abstrakte Organisationen oder Produktdetails. Daher spricht nichts dagegen, Mitarbeiter oder Kunden zu Entdeckern oder Helden zu machen, die ihre ganz persönliche, mitreißende Geschichte erzählen, die indirekt auch die Geschäftsziele unterstützt. Dazu müssen die Geschichten, die extern kommuniziert werden, zu den innerhalb des Unternehmens erzählten Geschichten passen.

Das Storytelling findet sowohl auf der strategischen als auch auf der operativen Ebene statt, indem es sich neben der strategischen Planung auf die interne Suche nach Protagonisten, das Erstellen von Storyboards und die Produktion von Bewegtbild konzentriert. Es müssen thematisch passende Anlässe gefunden werden, durch die man mit Hilfe einer redaktionellen Planung auf sich aufmerksam macht. Die Umsetzung des Storytellings gliedert sich nach Karin Thier in sechs verschiedene Phasen: Planung, Befragung, Auswertung, Story-Erstellung, Validierung und Kommunikation.[88]

---

87 Vgl. Denning (2001), S. 26.
88 Vgl. Thier (2010), S. 19 ff.

6.4.1 Planung

In der Planungsphase müssen die Zielsetzung, die Zielgruppe und das Ereignis festgelegt werden. Dafür müssen folgende Fragestellungen beantwortet werden:

- ›) Was ist der Anlass für den Einsatz von Storytelling? Sind es anstehende Veränderungsprozesse oder der Launch eines neuen Produktes?
- ›) Was soll mit Storytelling erreicht werden?
- ›) Wer soll von der Geschichte profitieren? Ist es die Öffentlichkeit, die Gesamtbelegschaft oder ein spezielles Projektteam?
- ›) Gibt es herausragende Ereignisse im Unternehmen anhand dessen die Geschichte erzählt werden kann?
- ›) Welche Geschichten funktionieren im Unternehmen und welche sollten verstärkt werden?

Auch wenn nicht alle Fragen beantwortet werden können, muss ein einheitliches Verständnis über den Einsatz und die Ausrichtung des Storytellings gegeben sein.

6.4.2 Befragung

Der Entwicklungsprozess einer strategisch verankerten Corporate Story beginnt mit der Frage nach der Historie des Unternehmens. Es geht darum, sich der eigenen, einmaligen und einzigartigen Vergangenheit bewusst zu werden:

- ›) Woher kommt das Unternehmen? *[handschriftlich: Origin / Wurzel]*
- ›) Welche Werte vertritt es nach innen und außen?
- ›) Welche Höhe-, Tief- und Wendepunkte hat das Unternehmen erlebt?

Hierbei sollten die Kommunikationsverantwortlichen auch Ausschau nach vergangenen negativen Issues halten. Dies kann beispielsweise von der Zwangsarbeiterfrage während der NS-Zeit über Häftlingsarbeit westdeutscher Unternehmen bis hin zu inkorrektem Verhalten des eigenen Managements reichen, Stichwort: Wirtschaftskriminalität. Diese sogenannten Geschichtsfallen müssen durch eine sorgfältige, kritische Aufarbeitung der Unternehmenshistorie bereits im Vorfeld identifiziert werden.

Sofern keine historisch bedingten Reputationsrisiken bestehen, sollten die Kommunikationsverantwortlichen basierend auf den Informationen zur Gründungsgeschichte weitere für die Story-Erstellung relevante Fragestellungen betrachten:

-) Worin begründet sich die Daseinsberechtigung des Unternehmens?
-) Welchen Mehrwert leistet es für die verschiedenen Bezugsgruppen?
-) Wo will das Unternehmen mittel- und langfristig hin?
-) Worin unterscheidet sich das Unternehmen vom Wettbewerber?
-) Was macht es aus Sicht der Befragten einzigartig?

Die Befragung der an der Corporate Story beteiligten Personen ist das Fundament des Storytellings, denn die gesammelten Statements sind der Stoff, aus dem sich die Geschichte letztendlich zusammensetzt. Sie sind das Fundament, auf dem das Unternehmen seine Reputation begründet, Marken gestaltet werden und die Mitarbeiter ihre Loyalität zum Arbeitgeber entwickeln.

Vor diesem Hintergrund sollten in der Befragung möglichst viele Informationen für die Geschichte gesammelt und verschiedene Betrachtungsweisen für das zu untersuchende Ereignis herangezogen werden. Ob Praktikant, Azubi, Sachbearbeiter oder Top-Manager – es sollten Meinungsbilder von rund 15 bis 25 Personen aus der Breite des Unternehmens erfasst werden. Dabei sollte auch die Außenperspektive (Kunden, Journalisten) Berücksichtigung finden.

Die Befragung sollte in Form eines narrativen Interviews und halbstrukturierten Gesprächsleitfadens stattfinden, d.h., zum einen werden durch offene Fragen die individuellen Sichtweisen und Einstellungen der Befragten zu den eingangs genannten Fragestellungen aufgenommen, zum anderen werden vorab festgelegte Fragen gestellt, die für die Erstellung der Erfahrungsgeschichte von Bedeutung sind. Zum Abschluss sollte den Befragten noch Spielraum für weitere Statements gegeben werden (Haben Sie etwas vergessen oder möchten Sie noch etwas erzählen?).

Wichtig: Die Befragten sollten darauf hingewiesen werden, dass die Befragung vertraulich ist und im Falle einer Veröffentlichung alle Aussagen anonymisiert werden. Somit ist die Wahrscheinlichkeit größer, dass die Interviewpartner offen erzählen, was sie wirklich vom Unternehmen halten und wie sie das jeweilige Thema der Geschichte persönlich bewerten. Dieser unverfälschte Blick hilft beispielsweise dabei, das in der Öffentlichkeit vorherrschende Unternehmensbild geradezurücken.

6.4.3 Auswertung

Bei der Analyse der Befragung geht es darum, die gesammelten Informationen für die zu erstellende Geschichte auszuwerten und zu systematisieren. Aussagekräftige Zitate und einander widersprechende Aussagen müssen erkennbaren Themengruppen zugeordnet werden (Wo gibt es Übereinstimmungen zwischen den Interviewten? Wo gibt es Differenzen?). Als Themenschwerpunkte gelten Ereignisse und Erzählungen, die von den Befragten immer wieder aufgegriffen wurden und für die zu schreibende Geschichte eine zentrale Rolle spielen.

Oberstes Ziel muss es sein, den Anekdoten, Hindernissen, aber auch den Erfolgsfaktoren im Unternehmen auf die Spur zu kommen (Identifiziert sich die Belegschaft mit dem Unternehmen, seinen Produkten und Dienstleistungen? Was gilt es zu verbessern?). Diese Statements sollten vorab definierten Kategorien zugeordnet werden, zum Beispiel dem Punkt Kommunikation mit den Unterpunkten Meetingkultur, Flurfunk oder Korrespondenz zwischen verschiedenen Hierarchiestufen. Hieraus entsteht dann ein Erfahrungsdokument, eine neue emotionale, spannende, aber auch klar nachvollziehbare Geschichte, bei der unterschiedliche Darstellungsformen gemischt werden.

6.4.4 Story-Erstellung

In dieser Phase wird die Corporate Story verfasst, die sich aus verschiedenen Einzelgeschichten zusammensetzt und mit verschiedenen übergeordneten Themen lebendig gestaltet werden muss.

Ein übergeordnetes Thema kann zum Beispiel die Positionierung als führender IT-Dienstleister sein, womit strategische Themen wie Innovationen, Digitalisierung oder Kundenorientierung einhergehen. Das Thema Innovation wird dabei über den Alltag eines Projektverantwortlichen im Bereich Forschung und Entwicklung transportiert (Vor welchen Herausforderungen steht der Forscher? Was treibt ihn täglich an und inwiefern erleichtert seine Arbeit unseren Alltag?). Letztendlich leben Geschichten von spannenden Protagonisten, die im Mittelpunkt stehen und sich ausdrucksstark als (Alltags-)Helden inszenieren. Beispiele hierfür waren Felix Baumgartner (Red Bull), Bob Carey (Telekom) oder der verstorbene Steve Jobs (Apple).

Die Corporate Story unterliegt dabei einer klassischen Dreiteilung: Ereignis, Thema und Frame. Bei den Ereignissen handelt es sich um zeitlich und räumlich abgrenzbare Ausschnitte der Wirklichkeit. Sofern der Abstraktionsgrad erhöht und diese Sequenz von Ereignissen einem gemeinsamen Oberbegriff zugeordnet wird, erhält man ein Thema. Werden auch diese Themen abstrahiert, so erhält man einen themenunabhängigen Frame. Übersetzt könnte dies wie folgt aussehen: Eine Corporate Story handelt davon, dass ein Unternehmen in seinem Segment zum Weltmarktführer aufgestiegen ist. Dies ist das Ereignis. Das abstraktere Thema der Corporate Story ist der globale wirtschaftliche Wettbewerb. Das dahinterliegende Muster, also der Frame, lässt sich als Konkurrenz oder Konflikt bezeichnen.[89]

Grundsätzlich müssen die Inhalte authentisch, unterhaltsam und für die Empfänger in den Alltag übertragbar sein. Als Richtlinie dienen drei sogenannte Imperative des Storytelling-Prozesses:[90]

1. The research imperative: Fakten, Zitate, Thesen und Interpretationen müssen sauber voneinander getrennt und formuliert sein.

2. The pragmatic imperative: Die Geschichte muss so aufgebaut und geschrieben sein, dass sie von der internen und externen Bezugsgruppe akzeptiert wird und zum Denken und Handeln anregt.

3. The mythic imperative: Die Geschichte muss eingebettet im Unternehmenskontext der internen und externen Bezugsgruppe einen größtmöglichen Spannungsbogen bieten.

Ausgehend vom Unternehmensziel sollte die Corporate Story samt ihrer Kurzgeschichten chronologisch bzw. themenorientiert aufgebaut sein.

Ein themenorientierter Aufbau bietet sich an, wenn ein Unternehmen mit der Geschichte zum Beispiel sein Produktportfolio oder seine Unternehmenskultur verändern möchte. Hierbei drehen sich die Kurzgeschichten um die in der vorherigen Auswertung identifizierten Themengruppen (Dienstleistungen/Produkte, Selbstverständnis, Führungsverhalten, Teamarbeit etc.). Ausgehend von der inhaltlichen Substanz können zu jeder Themengruppe eine Kurzgeschichte verfasst bzw. mehrere Themen zu einer Kurzgeschichte zusammengefasst werden.[91]

Im Anschluss müssen die Inhalte der einzelnen Geschichten in eine für die Gesamtgeschichte sinnvolle Reihenfolge gebracht werden, um für den Leser einen Spannungsbogen zu erzeugen. Neben den Kurzgeschichten werden häufig auch Cartoons und Bilder eingesetzt, um besonders komplexe oder kritische Themen anschaulich zu kommunizieren.

---

89 Vgl. Krüger (2015), S. 90 ff.
90 Vgl. Roth / Kleiner (1997), S 28.
91 Vgl. Thier (2010), S. 23.

6.4.5 Validierung

Der erste Entwurf der Corporate Story geht zur Überprüfung und Korrektur an alle Befragten zurück. Dies ist entscheidend für die Akzeptanz der Geschichte bei den Mitarbeitern, da so gewährleistet ist, dass alle Beteiligten mit den zu vermittelnden Inhalten einverstanden sind. Denn oftmals erkennen die Interviewten erst in der Validierungsphase, welche Auswirkungen ihr Zitat im Zusammenhang mit anderen Statements hat. Dadurch lassen sich falsch interpretierte oder inhaltlich falsch zugeordnete Zitate vor Veröffentlichung noch korrigieren oder streichen. Kritische Zitate können auch anonymisiert werden, indem beispielsweise eine fiktive Person in die Geschichte eingeführt wird. Sofern alle inhaltlichen Unstimmigkeiten behoben sind, kann die Geschichte im Unternehmen kommuniziert werden.

6.4.6 Kommunikation

Nach der Vorstellung der Ergebnisse kann die finalisierte Corporate Story ausgehend von der Zielsetzung durch die in den vorherigen Kapiteln dieses Buches vorgestellten Instrumente der Internen und Externen Kommunikation verbreitet werden. Hier bieten sich kurze, emotionale Videos an, aber auch in Print-Form lassen sich spannende Geschichten erzählen. Großes Potenzial liegt hierbei in der crossmedialen Verzahnung der einzelnen Medien und Kanäle. So kann die Corporate Story beispielsweise über sogenannte Vines (kurze Videoclips) angeteasert, über Twitter verbreitet und am Ende über YouTube ausgespielt werden.

6.5 Evaluation

Den Erfolg von Storytelling kann nicht vollständig an Zahlen festgemacht oder gemessen werden, da der gesamte Prozess durch weiche Faktoren wie Gefühle, Emotionen und Erlebtes der handelnden Personen gekennzeichnet ist.

Bei der internen Anwendung von Storytelling sind es vor allem die durch das Erzählen der Geschichte gewonnenen Einsichten, die innerhalb eines Unternehmens zu positiven Verhaltensänderungen der Mitarbeiter führen. Diese treten meist erst viel später auf, wenn sich die Mitarbeiter in einer ähnlichen Situation befinden und sich in ihrem Verhalten an der erzählten Geschichte orientieren. Bei der externen Anwendung von Storytelling können die Kommunikationsverantwortlichen hingegen die gängigen Instrumente des Kommunikations-Controllings nutzen, die in Kapitel 11 näher erläutert werden.

Zusammenfassend zeichnet sich eine erfolgreiche Corporate Story durch folgende Merkmale aus:

1) Sie ist spannend, unterhaltsam, authentisch und nicht austauschbar.

2) Sie erzählt etwas über das Unternehmen aus der Sicht eines realen Protagonisten und lässt die Geschichte dadurch menschlich und persönlich erscheinen. Dabei halten verschiedene Rollen- und Handlungsmuster den Spannungsbogen aufrecht (die Heldin und der Antiheld, der abstürzende Mächtige und der aufsteigende Untertan, der Mutige und der Feige, vom Tellerwäscher zum Millionär etc.).

3) Sie hat eine einfache, verständliche, aber klare Sprache und beinhaltet nicht mehr Details als notwendig.

4) Sie ist auf keinen Fall werblich. Die Marke und das Produkt treten völlig in den Hintergrund.

5) Sie passt zum Unternehmen und seinen Produkten und bildet schlussendlich den Rahmen, um das Image zu verbessern und zu stärken.

6) Sie ist überzeugend und bindet die Zielgruppe an das Unternehmen und seine Marke.

Am Ende ist die Erfolgskontrolle von Storytelling ganz einfach: Wenn Sie im Abspann ihrer Corporate Story auch den Namen oder das Logo der Konkurrenz abbilden könnten, dann sollten sie die Geschichte besser neu schreiben.

6.6 Fallbeispiel I: Die Welt fragt, Siemens antwortet (Siemens AG)

Der Technologie-Konzern Siemens ist mit seinen Kerngeschäftsfeldern Energie, Medizintechnik, Industrie sowie Infrastruktur & Städte heute in über 190 Ländern vertreten und beschäftigt weltweit rund 348.000 Mitarbeiter. Dementsprechend ist das Informationsaufkommen innerhalb des Konzerns in den vergangenen Jahren enorm gestiegen. Vor diesem Hintergrund hat Siemens als eines der ersten deutschen Unternehmen einen konzernweiten Newsroom eingerichtet.

Im Sinne einer integrierten Kommunikation hat das Unternehmen dazu die Bereiche Interne und Externe Kommunikation zusammengelegt. Eine 50-köpfige Newsroom-Redaktion, bestehend aus den Teams Pressestelle, TV & Radio, Online und Themen, widmet sich täglich einer Vielzahl an Kommunikationsthemen: von längerfristig angelegten Kampagnen über klassische Pressearbeit bis hin zur kurzfristigen Identifizierung von Issues, die sich positiv oder negativ auf den Konzern auswirken können. Auf einer digitalen Monitorwand, dem sogenannten News Dashboard, laufen im Echtzeit-Ticker nationale und internationale Nachrichten zu Siemens sowie die wöchentlichen PR-relevanten Themen zusammen. Dies dient dazu, allen Beteiligten einen Überblick über die aktuellen Arbeitsthemen zu geben und klare Prioritäten zu setzen.

Mit Beginn des Geschäftsjahres verabschiedet Siemens eine Themenarchitektur, die den Rahmen für die weltweiten Kommunikationsaktivitäten und thematischen Schwerpunkte vorgibt.

Ein Großteil der Aktivitäten bezieht sich auf das Storytelling. Denn die Menschen vergleichen Produkte und Hersteller und suchen nach Alleinstellungsmerkmalen, die Produktportfolios immer seltener hergeben. Es bedarf eines emotionaleren Zugangs zu Menschen, das vielgepriesene Prinzip „The Product is the Hero" geht nicht mehr auf. Deshalb rückt Siemens die Helden des Alltags und deren Geschichten in den Mittelpunkt der Kommunikationsstrategie, wobei das Storytelling für die Kommunikationsverantwortlichen kein Selbstzweck ist. Der Fokus liegt auf einer glaubwürdigen und authentischen Darstellung real existierender Personen in kurzen Videofilmen, die davon handeln, wie Produkte des Unternehmens das Leben der Menschen beeinflussen, ohne diese Produkte zu zeigen.

2011 hat Siemens das Bewegtbild-Magazin /answers eingeführt. Mit dieser Kampagne gingen die Kommunikationsverantwortlichen neue Wege. Im Gegensatz zu herkömmlicher Produktkommunikation und klassischer Werbung, die meist die Vorzüge von Produkten in den Vordergrund stellt, stehen im Mittelpunkt aller Geschichten Menschen, die von Siemens-Produkten profitieren, wobei die Produkte auf den ersten Blick außen vor blieben.

Für die Umsetzung der Geschichten wurden internationale Filmemacher beauftragt, die ihre Geschichten selbst recherchierten und bei der Erstellung der Corporate Story weitestgehend freie Hand hatten. Von den Kommunikationsverantwortlichen bekamen sie lediglich ein technisches Briefing zu einzelnen Produkten, zum Beispiel:

Im Land A, in der Stadt X befindet sich eine Siemens-Referenz. Finde dort einen Helden für Deine Geschichte, der von dieser Referenz (Produkt, Anlage etc.) in einer spannenden Weise profitiert – und zwar gleichgültig, ob ihm/ihr das jetzt bewusst ist oder nicht.

Die Aufgabe der Filmemacher bestand also darin, keine Produktdetails aufzugreifen, sondern spannende Protagonisten mit spannenden Geschichten zu finden, die von diesen Produkten profitieren, ohne davon etwas zu wissen. Es ging darum, einen Spannungsbogen zu bilden, beim Betrachter eine Erwartungshaltung zu erzeugen und im klassischen Sinne eine Geschichte zu erzählen, der man gerne zuhört. Die Filmemacher mussten dabei zwar das Produkt verstehen, sich aber von ihm lösen, denn die Geschichte sollte vordergründig nichts mit dem Produkt zu tun haben. Es ging vielmehr darum zu zeigen, wo überall Siemens drin steckt und welchen Nutzen diese weniger alltäglichen Produkte nicht nur Geschäftskunden, sondern auch jedem einzelnen Menschen bringen. Jeder Filmemacher musste zwei bis drei Storylines vorlegen, aus denen die /answers-Redaktion in Abstimmung mit dem Filmemacher die passendste bzw. vielversprechendste Geschichte auswählte. Inhaltlich orientierten sich die Themen dabei an den nachfolgenden vier Themenfeldern:

1. Klimawandel & Energieeffizienz,
2. Urbanisierung & nachhaltige Stadtentwicklung,
3. Globalisierung & Wettbewerbsfähigkeit,
4. Demografischer Wandel & Gesundheitsversorgung.

In der Regel ließen die Kommunikationsverantwortlichen zwei Beiträge pro Monat produzieren. Die Umsetzung des Storytelling-Konzepts gestaltete sich anfangs nicht ganz so einfach. Ein Teil der Dokumentarfilmer lieferte zum Auftakt der /answers-Kampagne teils werbelastiges Corporate-Filmmaterial ab, so dass die Filmemacher die ungewohnten Freiheiten des Formats erst lernen mussten. Denn das üblicherweise im Vordergrund stehende Produkt wurde hier ausschließlich im sogenannten Endscreen, einer animierten Texttafel am Schluss des Films, fast beiläufig erwähnt. Diese Schlusstafel hatte einerseits den Zweck, die Geschichte des Helden fertig zu erzählen und ihn dabei in den Siemens-Kontext zu setzen und andererseits den Rezipienten via Weblink auf die entsprechenden Siemens-Produktseiten zu führen. Nachfolgend finden Sie vier filmische Beispiele aus der Kampagne:

Film: The last flower

Hierbei handelte es sich um das Portrait eines chinesischen Orchideenbauers. Sein Familienunternehmen stand kurz vor der Insolvenz, da es in seiner Region ständig Stromausfälle gab und die Generatoren in seinem Gewächshaus regelmäßig ausfielen. Vor dem chinesischen Neujahr, einem der wichtigsten Ereignisse im Jahr, ermöglichte Siemens eine verlässliche Stromübertragung. Der Dokumentarfilmer begleitete den Orchideenbauer während dieser schweren Zeit.

Film: Paper Dreams

In diesem Film ging es um einen Hobbybastler, der seit seiner Kindheit Rennwagen aus Papier anfertigte. Eines Tages wurde er vom Brausehersteller Red Bull als Praktikant beschäftigt und unterstützte dabei mittels Siemens-Software die Produktion realer Sportwagen, wodurch für ihn ein Kindheitstraum in Erfüllung ging.

Film: Helping Hand

Dieser Film handelte von zwei Informatikstudenten, die für einen Jungen mit Handicap eine Armprothese entwickelten. Aus unterschiedlichen Perspektiven wird erzählt, mit welchen Problemen der kleine Daniel zu kämpfen hatte und wie er mit seiner Behinderung umging. Während des gesamten Films wird der Firmenname kein einziges Mal erwähnt. Erst am Ende erfährt der Zuschauer, dass Siemens als Softwareexperte an der Lösung von Daniels Problem beteiligt war.

Film: A Hut Haven

Hierbei handelte es sich um einen Film über einen Schweizer Bergführer, der über sein Leben in den Bergen, die Gletscher und die Gefahren für diese Welt rund um die Monte-Rosa-Hütte im schweizerischen Tessin berichtete. Er machte neugierig auf die Hightech-Ausstattung, die der Bereich Siemens Gebäudetechnik gemeinsam mit der ETH Zürich auf der Berghütte installiert hat. Die Leistungen von Siemens wurden wie bei allen anderen Videos nicht genannt. Nur das letzte Wort der Geschichte, das der Zuschauer zu lesen bekommt, ist: Siemens.

Diese Filme sind einerseits ein Beleg dafür, dass PR auch ohne Werbebotschaften und direkten Bezug zum Unternehmen funktioniert, und andererseits dafür, dass Marken- und Produktkommunikation im B2B-Segment auch intelligenter und emotionaler gestaltet sein kann.

Insgesamt haben die Kommunikationsverantwortlichen im Zeitraum von 2011 bis 2016 über 70 Filme produziert. Die Filme sind weltweit auf über 80 Siemens-Webseiten sowie auf Facebook, YouTube und über einen Podcast-Service zu sehen, Twitter dient dabei der Ankündigung neuer Stories.

Zur Bewerbung der Videos werden regelmäßig Anzeigen auf YouTube, Facebook und Google geschaltet, die sich ebenfalls im Sinne eines stringenten Storytellings nicht auf die Produkte, sondern auf die einzelnen Geschichten fokussieren. Der Erfolg spricht für sich: Nach dem Live-Gang einer Geschichte hat sich die Besucherzahl auf den Produktwebsites im Durchschnitt verdoppelt und teilweise sogar verdreifacht. 60 Prozent aller Besucher haben die Filme zu Ende angeschaut und damit die Unternehmensbotschaft mitgenommen. Von diesen 60 Prozent haben elf Prozent den angebotenen Produktlink geklickt und sich bis zu 20 Minuten auf der jeweiligen Produktwebsite aufgehalten. Den Erfolg messen die Kommunikationsverantwortlichen in nachfolgender Matrix aus quantitativen und qualitativen Faktoren.

Quantitative Erfolge:

- 45.000 Abonnenten der /anwers-Stories,

- 34 Prozent der Betrachter sehen die Videos zu Ende,

- 3,9 Millionen Story Views,

- 55,7 Millionen Impressions mit einer Conversion Rate von 5 Prozent (Verhältnis zwischen Website-Besuchern und getätigten Transaktionen) sowie ein höheres User-Engagement (Klick- und Interaktionsraten) nach dem Link-Routing als mit vergleichbarem Invest in Search Engine Advertising.

Qualitative Erfolge:

- 13 Film- und Online-Awards für die /answers-Kampagne (unter anderem Digital Communications Award, European Excellence Award, Cannes Corporate Media & TV Awards),

- die Siemens-Website wurde von Financial Times als beste Corporate Website gekürt und

- zahlreiche Fach- und Publikumsmedien berichteten intensiv über die Kampagne (earned media).

Für die Kommunikationsverantwortlichen ist dieser Erfolg kein Grund zum Ausruhen, im Gegenteil: Anlässlich des 200. Geburtstags von Firmengründer Werner von Siemens am 13. Dezember 2016 hat das Unternehmen einen neuen Markenauftritt gelauncht, der unter dem Claim „Ingenuity for Life" auf die zentralen Unternehmenswerte Ingenieurskunst, Genius, Innovation sowie Verantwortungsbewusstsein einzahlt, verbunden mit dem Aspekt des „for Life", also für ein (besseres) Leben des Kunden.

Der Schwerpunkt der globalen Kommunikation lag auch hier auf Online, hinzu kamen neue Bewegtbildformate wie Siemens Stories. Neben der Vorstellung der Produktwelt wurden authentische Case-Filme mit Kunden gezeigt wie zum Beispiel ein Film über die Mitarbeiter der Stadtwerke Böblingen, die Verkehrsleitsysteme von Siemens nutzen, oder ein Film über den italienischen Sportwagenhersteller Maserati, der bei der Produktion ebenfalls auf Siemens-Technologie zurückgreift.

Die Kommunikationsverantwortlichen beschritten auch hier neue Wege, indem sie sich bei der Erzählung der Geschichten mehrerer Medienformate wie Video, Audio, Bild, Text und des Mediums Internet bedienten und somit crossmedial agierten. Die

Geschichten wurden mittels einer Kombination aus diesen Formaten aus unterschiedlichen Perspektiven erzählt.

Mit dem Einsatz von Bewegtbildformaten hat Siemens bewiesen, dass gute Corporate Storys buchstäblich auf der Straße liegen – folgend dem Grundsatz, dass hinter jedem Unternehmen ein Mensch steht, der eine interessante Geschichte zu erzählen hat, die sich andere Menschen gerne anschauen.

Abb. 14: Die Kommunikationsverantwortlichen haben auch beim Launch des Markenauftritts „Ingenuity for Life" Menschen in den Fokus gerückt, die im Alltag von der Ingenieurskunst des Unternehmens profitieren (Quelle: Siemens, 2016).

6.7 Fallbeispiel II: Die Legionäre – das Rückgrat des römischen Imperiums (E.ON SE)

Für den Energie-Konzern E.ON begann Ende 2005 durch die Übernahme anderer Energieanbieter in Deutschland, England, Schweden und USA eine Zeit wesentlicher Umstrukturierungen. Mit weiteren Akquisitionen und der Gründung neuer Konzerneinheiten hatte sich die Zahl der zum Konzern gehörenden Führungsgesellschaften in den Zielmärkten innerhalb eines knappen Jahres verdoppelt.

Die Neuorganisationen und die damit verbundenen Veränderungsprozesse stellten das Unternehmen vor große Herausforderungen. Hinsichtlich der Zusammenführung verschiedener Unternehmenskulturen mussten für alle Mitarbeiter verbindliche Leitsätze, Werte und Ziele entworfen und kommuniziert werden. Da Veränderungen oft Widerstände hervorrufen, stand für das bereichsübergreifende Projektteam, bestehend aus Vertretern der Unternehmenskommunikation und des Personalbereichs, der direkte Dialog mit der Belegschaft im Vordergrund. Die Herausforderung bestand darin, ein länderübergreifendes Kommunikationskonzept zu erstellen, das alle Mitarbeiter gleichermaßen anspricht, verbunden mit der Zielsetzung, einen kulturellen Wandel einzuläuten. Denn die zukünftige E.ON-Welt sollte geprägt sein von einer offenen, vertrauensvollen Zusammenarbeit und dem Willen, gemeinsamen Erfolg und persönlichen Nutzen miteinander zu verbinden. Jeder Mitarbeiter sollte sich unabhängig von seiner Herkunft als wichtiger Teil und Mitgestalter des Gesamtkonzerns verstehen.

Mit Blick auf die Vision, E.ON zum führenden Energieunternehmen zu machen, sollten konkret sechs Werte und sieben Verhaltensweisen den Arbeitsalltag und damit verbunden das Zusammenspiel über alle E.ON-Unternehmen und Hierarchien hinweg bestimmen:

) Die Werte sind Integrität, Offenheit, Vertrauen, gegenseitiger Respekt, Mut sowie gesellschaftliches Verantwortungsbewusstsein.

) Das Verhalten ist geprägt durch Kundenorientierung, Leistungsorientierung, Veränderungsbereitschaft, Teamarbeit, Führung und Aufgeschlossenheit sowie der Bereitschaft des Dazulernens.

Nach Gesprächen mit ausgewählten Führungskräften entschieden die Projektverantwortlichen, die Mitarbeiter unter anderem im Zuge des bereits bestehenden und etablierten Führungskräfteprogramm E.ON Emerging Leaders Program für die Bedeutung dieser kulturellen Werte und Leitsätze zu sensibilisieren. In Form eines internationalen Workshops sollten die Führungskräfte mittels Fachvorträgen und praktischen Aufgaben beim Überwinden von eigenen Vorbehalte, hierarchischen Hürden und kulturellen Gräben gegenüber den anderen Konzerngesellschaften unterstützt werden. Doch wie sollten die vielen Fakten, Informationen und teils sehr komplexen Inhalte der konzernweiten Neuausrichtung den Workshop-Teilnehmern vermittelt werden? In Zusammenarbeit mit dem externen Dienstleister Narrata Consult bedienten sich die Kommunikationsverantwortlichen einer beliebten narrativen Methode des Storytellings, des sogenannten Transfer-Comics.

Das Wort Transfer rührt daher, dass die Geschichten immer aus der Realität des Unternehmens erarbeitet werden. Das Comic bzw. die Geschichte erleichtert dabei den Transfer von zum Teil auch unerwünschten, tabuisierten und unangenehmen Wahrheiten. Es ermöglicht das Überbringen der Botschaften an die Empfänger in einer durch den Humor verträglichen und annehmbaren Form. So galt es mit Hilfe von Bildern und Analogien, den Wachstumsprozess des E.ON-Konzerns sowie das Zusammentreffen und die Integration verschiedenster Kulturen zu thematisieren.

In enger Abstimmung mit dem Projektteam verlegten die Berater von Narrata Consult die Unternehmensentwicklung in die Römerzeit. Hier ein Textauszug aus dem Comic „Die Legionäre – das Rückgrat des römischen Imperiums" zur Neuorganisation des E.ON-Konzerns, des fiktiven Castellum Energium:

„*Eine milde Frühlingssonne blickt herunter auf das römische Lager namens Castellum Energium, das still und friedlich in der Nähe des Flusses Rhenus (deutsch: Rhein) liegt. Die Vögel zwitschern, die Schafe blöken und im Castellum rührt sich kaum eine Römerseele – kein Wunder, denn die meisten Legionäre (Anm. des Autors: Mitarbeiter) helfen beim Bau des neuen Aquäduktes mit, das die Siedlung Dusseldorpium (Anm. des Autors: E.ON SE Düsseldorf) mit Trinkwasser aus den fruchtbaren Ebenen bei Mancarium (Anm. des Autors: ehem. E.ON Ruhrgas AG) versorgen soll. Doch die beschauliche Ruhe wird bald ein Ende haben, denn der Zenturio (deutsch: erfahrene Führungskraft) des Castellums, der Oberbefehlshaber Lupus Chairmanus (Anm. des Autors: ehem. Vorstandsvorsitzender Wulf Bernotat), hat weitere Hilfstruppen angefordert. Das neue Aquädukt erschließt eine strategisch wichtige Lücke der Wasserversorgung in Germanien (Anm. des Autors: Gasversorgung) und so richten sich aufmerksame Augen aus Rom (Anm. des Autors: E.ON Gesamtkonzern) auf die Baufortschritte. Nur mithilfe von einigen Hilfstruppen (Anm. des Autors: die neuen Mitarbeiter der übernommenen Energieanbieter) aus den weiten Gebieten des römischen Imperiums kann der ehrgeizige Zeitplan (Anm. des Autors: Mitarbeiter: One-E.ON-Prozess) für die Fertigstellung eingehalten werden (...).*"[92]

Die Workshop-Teilnehmer fanden sich im weiteren Verlauf dieser Römer-Geschichte unter anderem als Legionäre wieder, die gemeinsam ein Festmahl kochen sollten. Daran zu arbeiten, dass die vielen Köche nicht den Brei verderben, war dann ihre Aufgabe. Denn die Geschichte war nicht zu Ende erzählt. Die Mitarbeiter wurden aufgefordert, leere Sprechblasen auszufüllen und den Figuren Leben einzuhauchen. Dabei tauschten sie sich unter anderem über ihre positiven und negativen Projekterfahrungen aus und skizzierten ihre Erwartungen und Wünsche bzgl. der Neuausrichtung des E.ON-Konzerns.

Durch den Einsatz der Comics fanden die Teilnehmer einen anderen Zugang zu Problemstellungen und erarbeiteten dazu verschiedene Lösungsansätze, die in nachfolgenden Gesprächsrunden gemeinsam diskutiert und auf die bestehenden Leitsätze übertragen wurden.

Die Idee des Comics kam bei allen Beteiligten gut an. Das Projektteam hatte es geschafft, den Teilnehmern das ernste und komplexe Thema der Integration in Form einer unterhaltsamen Geschichte zu vermitteln und sie von der Notwendigkeit der Maßnahmen zu überzeugen.

---

92 Vgl. Feldhoff / Erlach / Herbert (2005), S. 3.

Im Anschluss an den Workshop wurden sowohl die positiven als auch die negativen Ergebnisse mit Unterstützung der Internen Kommunikation über verschiedene Kanäle (Mitarbeiterzeitung, Intranet, Newsletter) hinweg offen und direkt in die Breite des Unternehmens kommuniziert und zur Diskussion gestellt. Die Dialogbereitschaft und die Möglichkeit der Mitgestaltung aller Beteiligten erwiesen sich letztendlich als Erfolgsfaktoren bei der Entwicklung der konzernweiten One-E.ON-Philosophie.

Abb. 15: Eine beliebte Methode des Storytellings ist der sogenannte Transfer-Comic, den der Energie-Konzern E.ON in der Führungskräftekommunikation einsetzte (Quelle: Herbert, 2011).

Zusammenfassung

›) Das Storytelling ist eine noch recht junge Disziplin der Unternehmenskommunikation, die Informationen und Wissen in Form von authentischen, emotionalen und unterhaltsamen Geschichten vermittelt. Im Mittelpunkt der Kommunikation stehen aber nicht die Unternehmen, Marken und Produkte, sondern die Menschen und ihre Geschichten.

›) Das Storytelling ist überall einsetzbar, denn jedes Unternehmen hat unabhängig von seiner Größe eine Geschichte zu erzählen. Die sogenannte Corporate Story ist eine narrative Klammer, die umfasst, wer das Unternehmen eigentlich ist, woher es kommt und wohin es will. Intern fokussiert sie die Mitarbeiter auf den gemeinsamen Erfolg, stiftet Identität und spiegelt die DNA des Unternehmens wider. Extern macht sie das Unternehmen und seine Marken für die Öffentlichkeit indirekt greifbar und erlebbar.

›) Die Inhalte müssen nicht nur unterhaltsam und einzigartig sein, sondern sie müssen auch zum Unternehmen passen. Wenn die Kommunikationsverantwortlichen im Abspann ihrer Corporate Story auch den Namen oder das Logo der Konkurrenz abbilden könnten, dann sollten sie die Geschichte besser neu schreiben.

›) Die Bedeutung von Storytelling wird durch die Digitalisierung weiter steigen, denn die Menschen vertrauen im Social Web nicht mehr klassischen Autoritäten, sondern vor allem Familie und Freunden. Sie tauschen sich über Marken und Produkte aus und folgen zunehmend persönlichen Empfehlungen. Dementsprechend liegt der Fokus auf digitalem Storytelling in Form von visuellen Storys und interaktiven Inhalten, die von den Usern aktiv mitgestaltet werden können.

7. Social Media: Pflicht oder Kür der Unternehmenskommunikation?

Ob Facebook, Twitter, YouTube, Instagram, Snapchat oder WeChat – Social Media ist eines der am intensivsten diskutieren Themen der Unternehmenskommunikation. Noch nie gab es so viele Möglichkeiten, zum Meinungsmacher aufzusteigen. Die Digitalisierung ist gleichsam zum Buzzword geworden. Doch welche Möglichkeiten ergeben sich hieraus für die Unternehmenskommunikation? Welche Herausforderungen und Risiken sind mit dem Einsatz von Social Media verbunden?

Social Media bietet für die Unternehmen die Möglichkeit, mit neuen Stakeholdern zu interagieren und sich dementsprechend auch neu zu positionieren. Dabei haben sich Kommunikations- wie Rezeptionsgewohnheiten grundlegend geändert und der Gratzwischen Aktionismus und wirkungsvoller Kommunikation ist schmal. Hinzu kommt, dass die Kommunikation ihre Richtung geändert hat: Aus Nachrichten-Konsumenten werden Meinungsproduzenten sowie Stichwort- und Impulsgeber für die Unternehmen.

Nicht die Marken kommunizieren Richtung Verbraucher, sondern der Verbraucher sucht die für ihn relevanten Inhalte selbst aus. Wie eingangs erwähnt, sind persönliche Kommentare und Produktbewertungen von Freunden und Bekannten einfach authentischer und glaubwürdiger als klassische Pressemitteilungen oder Werbeanzeigen.

Thorsten Henning-Thurau von der Westfälischen Wilhelms-Universität Münster hat für diese Entwicklung eine passende Metapher gefunden: „Früher war Marketing Bowling, heute ist es Flipper."[93] Mit anderen Worten: Anstelle der massenmedial verbreiteten Werbung ist der Dialog auf Augenhöhe getreten. Die Verbraucher sind kritisch, hinterfragen vieles und fordern gerade im Social Web Partizipation ein.

An dieser Stelle möchte ich anmerken, dass die Aktualität beim Verfassen dieses Kapitels eine Herausforderung darstellte. Gerade bei Social Media besteht die Gefahr, dass es im gleichen Atemzug von der Realität überholt wird und diese wiederum neue Ansätze für die Kommunikation bietet. Dementsprechend bitte ich um Nachsicht, sofern die eine oder andere Passage nicht dem aktuellen Stand entspricht.

7.1 Begriffsbestimmung

Social Media wird im Deutschen noch am ehesten mit dem Begriff soziale Netzwerke umschrieben und zählt inzwischen zu den am meisten genutzten Begrifflichen im Marketing- und Kommunikationsalltag. Was genau darunter zu verstehen ist, bleibt oft unklar. In der Literatur existieren verschiedene Definitionen.

---

93 Vgl. Scharrer (2014), S. 28.

Die Fachgruppe Social Media des Bundesverbandes Digitale Wirtschaft (BVDW) hat den Begriff Social Media meines Erachtens am treffendsten definiert. Demnach sind unter Social Media gemeinschaftliche Netzwerke zu verstehen, konkret:

„Social Media sind eine Vielfalt digitaler Medien und Technologien, die es Nutzern ermöglichen, sich untereinander auszutauschen und mediale Inhalte einzeln oder in Gemeinschaft zu gestalten. Die Interaktion umfasst den gegenseitigen Austausch von Informationen, Meinungen, Eindrücken und Erfahrungen sowie das Mitwirken an der Erstellung von Inhalten. Die Nutzer nehmen durch Kommentare, Bewertungen und Empfehlungen aktiv auf die Inhalte Bezug und bauen auf diese Weise eine soziale Beziehung untereinander auf. Die Grenze zwischen Produzent und Konsument verschwimmt. Diese Faktoren unterscheiden Social Media von den traditionellen Massenmedien. Als Kommunikationsmittel setzt Social Media einzeln oder in Kombination auf Text, Bild, Audio oder Video und kann plattformunabhängig stattfinden."[94]

7.2 Historie

In den vergangenen zehn Jahren hat sich das Internet von einem digitalen Netzwerk zu einem weltverändernden Medium entwickelt, das die Lebensgewohnheiten einer ganzen Gesellschaft revolutioniert hat. Geistige Errungenschaften, Banalitäten des Alltages und menschliche Schicksale liegen nur einen Mausklick voneinander entfernt. Ein halbwegs relevantes Ereignis, ein Verbrechen, ein sportliches Großereignis ist heute in wenigen Minuten in den letzten Winkel der Welt vorgedrungen.

War das Internet anfangs vorwiegend ein textbasiertes Medium mit nachrichtlichem Charakter, so hat es sich Anfang 2004 mit der Geburtsstunde des Web 2.0, des sogenannten Mitmachwebs, in den Alltag integriert. Der Begriff Web 2.0 ist überholt und wurde inzwischen durch den Begriff Social Media ersetzt. Das belegen unter anderem auch die Suchtreffer bei Google: 41.100.000 (Web 2.0) vs. 1.250.000.000 (Social Media).[95]

Mit dem Aufstieg der sozialen Medien hat sich das Internet vom nachrichtlichen Medium zum interaktiven Meinungskanal entwickelt. Längst hat die Zahl der geposteten Kommentare die der publizierten Nachrichten übertroffen.

Innerhalb weniger Jahre ist aus der einfachen Idee, Videos ins Netz hochzuladen oder sich selbst im Internet zu präsentieren und Kontakte zu pflegen, ein mediales Massenphänomen geworden, dem sich weltweit inzwischen mehrere hundert Millionen Menschen angeschlossen haben. Jeder Einzelne kann, unabhängig von Technologie- und

---

94 BVDW Fachgruppe Social Media (2014), S. 4.
95 Vgl. www.google.de (Letzter Zugriff: 23.11.2016).

Software-Know-how, zum Autor werden und in einer großen Öffentlichkeit seine Meinung äußern und Informationen veröffentlichen. So werden jede Minute im Schnitt weltweit 2,8 Millionen Videos auf YouTube abgerufen, auf Twitter werden 347.000 Tweets abgesetzt und auf Instagram werden 38.000 Fotos geteilt.[96]

Dieser Entwicklung trägt auch die deutsche Wirtschaft Rechnung. Es gibt heutzutage kaum ein Unternehmen, das nicht Social Media einsetzt, wobei es hierbei einer weiteren Professionalisierung bedarf. Das zeigt der Social-Media-Trendmonitor 2016 von Faktenkontor und news aktuell, für den 640 Mitarbeiter aus PR-Agenturen und Pressestellen befragt wurden. Demnach kommunizieren 92 Prozent der befragten Unternehmen über eigene Social-Media-Plattformen. Allerdings erfolgt der Einsatz in den meisten Unternehmen planlos, denn nur eine Minderheit der befragten Kommunikationsverantwortlichen verfügt über eine Social-Media-Strategie (39 Prozent). Gleiches gilt für die Mitarbeiter von PR-Agenturen und ihre größten Kunden (41 Prozent).[97]

7.3 Entwicklung und Herausforderung

Gesamtgesellschaftlich betrachtet hat der Einzug der sozialen Medien tiefgreifende Veränderungen mit sich gebracht. Die klassischen Medien haben angesichts eines zunehmenden Verdrängungswettbewerbs Zuschauer, Hörer und Leser verloren. Sie sind nur noch eine Stimme von vielen, hinzugekommen sind die vielen Stimmen von Einzelnen, die in sozialen Netzwerken Inhalte selbst publizieren und als Live-Berichterstatter agieren.

Die damit verbundene Entwertung der klassischen Medien spiegelt sich auch in den Umfrage-Ergebnissen der ARD/ZDF-Onlinestudie 2016 wider. Im Frühjahr 2016 nutzten rund 84 Prozent aller Deutschen das Internet. Dies entspricht hochgerechnet 58 Millionen Menschen ab 14 Jahren und einem Zuwachs von 3,4 Prozent gegenüber 2015. Dabei greifen immer mehr Nutzer von unterwegs auf Content zu. Während die Gesamtbevölkerung dem Internet durchschnittlich 128 Minuten pro Tag widmet, sind es bei den Nutzern mobiler Endgeräte wie Smartphones und Tablets insgesamt 163 Minuten.[98]

Weltweit nutzen rund 1,5 Milliarden Menschen Social-Media-Plattformen wie Facebook und Foto-Communities wie Instagram werden aktiv von rund 400 Millionen Menschen genutzt.[99] Danach folgt Twitter mit 300 Millionen Usern, immer größerer

---

96 Vgl. URL: http://www.excelacom.com/resources/blog/2016-update-what-happens-in-one-internet-minute (Letzter Zugriff: 28.11.2016).
97 Vgl. Faktenkontor / news aktuell (2016), S. 22 ff.
98 Vgl. Koch / Frees (2016), S. 378 ff.
99 Vgl. URL: http://allfacebook.de/zahlen_fakten/q3-2015 (Letzter Zugriff: 18.11.2016).

Beliebtheit erfreuen sich Instant-Messaging-Dienste wie WhatsApp, der seit 2014 zu Facebook gehört und als einziger Dienst weltweit inzwischen eine Milliarde Nutzer zählt. Damit ist es dem Unternehmen gelungen, die Nutzerzahl innerhalb von zwei Jahren zu verdoppeln.[100]

Apropos Facebook: Nutzten 2004 noch eine Million Menschen weltweit Facebook, so waren es 2016 rund 1,5 Milliarden User.[101] Inzwischen ist Facebook mit täglich 350 Millionen hochgeladenen Fotos hinter Snapchat (394 Millionen Fotos) und vor den Fotoplattformen Instagram (80 Millionen Fotos) und Flickr (1,4 Millionen Fotos) zum zweitgrößten Fotoarchiv der Welt aufgestiegen.[102] Und nebenbei wird Facebook regelmäßig von der Polizei als offizielles Fahndungsinstrument genutzt, um zum Beispiel bei Zeugenaufrufen noch mehr Menschen zu erreichen.

Darüber hinaus entwickeln sich die sozialen Medien immer mehr zu Nachrichtenkanälen. 2016 nutzten zwei Drittel aller US-amerikanischen Facebook- und Twitter-Nutzer die Social-Media-Plattformen für das Lesen von Nachrichten. Ein deutlicher Anstieg im Vergleich zu 2013, als nur 52 Prozent die Frage im Zuge einer Studie des Pew Research Centers bejahten.[103]

Die Entwicklung in den USA spricht bereits heute für sich: Nachrichten werden mehr über soziale Netzwerke als über Google konsumiert. Eine Umfrage des US-amerikanischen Web-Analytics-Anbieters Parse.ly unter 400 Medienportalen, darunter Daily Telegraph, Business Insider und Wired, ergab, dass 43 Prozent der Zugriffe auf ihre Websites über Social-Media-Plattformen wie Facebook erfolgen, nur 38 Prozent über Google.[104] Es ist nur eine Frage der Zeit, bis diese Entwicklung auch in Deutschland greift, wo bereits ein zunehmender Verdrängungswettbewerb stattfindet. Um beim Beispiel Facebook zu bleiben: Hier hat ein Nutzer im Durchschnitt jeden Tag die Auswahl zwischen 2.000 Postings, wovon er aber maximal 150 Postings abruft.[105]

Abseits dessen werden Unternehmen wie Google, Facebook oder Twitter den digitalen Fortschritt weiter vorantreiben, wie unter anderem die Einführung von Facebook Live Video in 2016 gezeigt hat: Die Möglichkeit, Videos live via Smartphone zu filmen, zu teilen und zu kommentieren, lässt jeden Nutzer zum Live-Berichterstatter avancieren. Meines Erachtens werden Live-Videos zukünftig genauso fester Bestandteil der

---

100 Vgl. URL: http://de.statista.com/statistik/daten/studie/285230/umfrage/aktive-nutzer-von-whats-app-weltweit/ (Letzter Zugriff: 21.11.2016).
101 Vgl. Facebook (2015), S. 1.
102 Vgl. Rosenbach (2015), S. 73.
103 Vgl. Barthel / Shearer / Gottfried / Mitchell (2015), S. 2 ff.
104 Vgl. Authority Report Parse.ly (2015), S. 3.
105 Vgl. URL: http://www.thomashutter.com/index.php/2015/12/facebook-was-2016-rund-um-die-analyse-von-facebook-seiten-beachtet-werden-muss/ (Letzter Zugriff: 15.11.2016).

alltäglichen Kommunikation sein, wie es heute schon bei Emojis und Sprachnachrichten der Fall ist. Auch wenn es sich nicht um Hochglanz-Videos handelt, wird die zunehmende Nutzung und Verbreitung mobiler Livestreams durch private Nutzer die Medien vor neue Herausforderungen stellen, zum Beispiel die Journalisten in ihrer Funktion als Live-Berichterstatter.

Die Online-Video-Formate können es allerdings noch nicht mit dem Massenmedium Fernsehen aufnehmen. Eine Umfrage des Vermarkters SevenOne Media ergab, dass 93 Prozent der gesamten Bewegtbildnutzung in Deutschland auf das Fernsehen entfallen. Dies entspricht 254 Minuten pro Haushalt am Tag, wohingegen YouTube täglich nur knapp sieben Minuten konsumiert wird. Eine Kannibalisierung von Fernsehen durch Online-Angebote ist somit derzeit nicht erkennbar.[106]

Das TV wird meines Erachtens nicht sterben, es bekommt lediglich Nachwuchs, d.h., Videoinhalte werden auf allen Screens, linear (Fernseher) und nonlinear (Internet) abgerufen. Und die TV-Sender nutzen digitale und soziale Plattformen als zusätzliche Teaserflächen für das eigene Programm. So promotet die RTL-Mediengruppe ihr Programm auf Facebook und führt hierüber den Dialog mit den Zuschauern. Auf Twitter gibt es News, auf YouTube Videoinhalte und mit der App RTL Inside wird der mobile Zuschauer bedient, indem er von unterwegs exklusives Videomaterial abrufen oder sich mit Freunden über das aktuelle Programm austauschen kann.

Was allgemein für Social Media gilt, wird auch für das klassische TV immer wichtiger: Man muss den User dort abholen, wo er sich gerade befindet. Und das ist schon lange nicht mehr der traditionelle TV-Bildschirm. Deshalb wird sich Social Media meiner Ansicht nach als Mitglied der klassischen TV-Familie fest etablieren. Es wird das klassische TV nicht ersetzen, aber die Nutzung von Smart TV, Video on demand und mobilen Angeboten wird weiter steigen.

---

106 Vgl. URL: http://www.horizont.net/medien/nachrichten/Viewtime-Report-YouTube-wird-viel-gehoert-Facebook-kaum-gesehen-140154 (Letzter Zugriff: 15.11.2016).

Entwicklung und Herausforderung

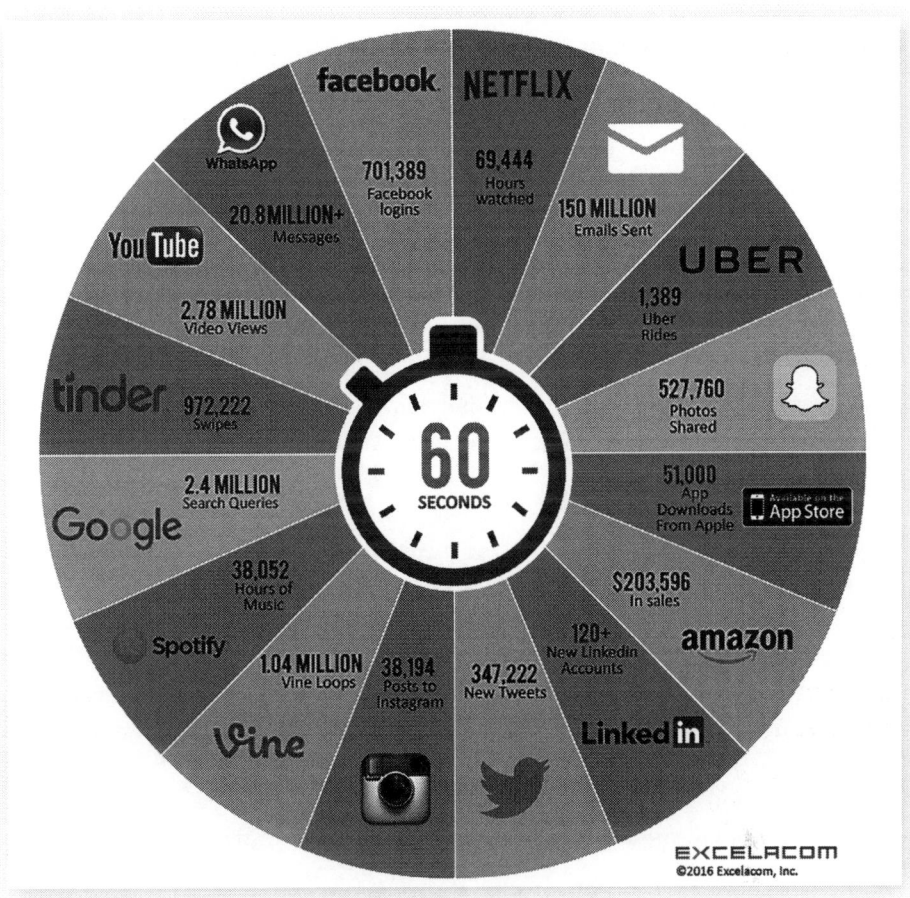

Abb. 16: Was in einer Minute im Internet passiert: Snapchat hat Instagram bei den Foto-Communities inzwischen abgelöst (Quelle: Excelacom, 2016).

7.4 Einsatz in der Praxis

Dem Thema Social Media kann sich heutzutage fast kein Unternehmen entziehen. Der Einsatz ist aber nur dann sinnvoll, wenn die sozialen Netzwerke strategisch in die Unternehmenskommunikation eingebettet sind. Unternehmen, die nicht diesen Weg gehen, müssen mit einem Bedeutungsverlust rechnen. Auch wenn Unternehmen nicht im Social Web aktiv sind, so wird dort über ihre Marke gesprochen. Und wenn sie dann bei negativen Kommentierungen nicht mit den Usern kommunizieren können, kann dies schnell zum Reputationsverlust führen.

Umgekehrt gilt: Je mehr positive Kundenreferenzen die Unternehmen erhalten, desto besser ist dies für die Unternehmensreputation. Aus diesem Grund haben beispielsweise die Telekom und Deutsche Bahn eigene Service-Communities im Social Web aufgebaut. Beide Unternehmen reagieren auf Twitter und Facebook zeitnah auf Kundenbeschwerden, indem sie unter anderem jederzeit, veränderbare Frage-Antwort-Kataloge kreieren, die genauestens auf die Kundenbedürfnisse zugeschnitten sind.

Darüber hinaus haben beide Unternehmen sogenannte Kunden-helfen-Kunden-Rubriken implementiert, über die Kunden Fragen stellen können, die dann zeitnah beantwortet werden. Richtige Antworten werden zum Beispiel von den Mitarbeitern des Telekomhilft-Teams markiert, so dass ein anderer Kunde sofort die Lösung erhält, wenn er nach einer bestimmten Lösung sucht. Die Einträge werden auf Facebook und Twitter verlinkt und die Kundenanfragen werden direkt vom Service-Team beantwortet.

Auch in vielen anderen Bereichen findet Social Media inzwischen Anwendung. Daimler kommuniziert mit Bewerbern inzwischen via WhatsApp, die Berliner Polizei nutzt Facebook und Twitter für Fahndungsaufrufe und der Sparkassenverband schult seine Mitarbeiter zu Online-Kampagnenmanagern um, die alle Social-Media-Plattformen des Verbandes mit zielgruppenspezifischen Inhalten bedienen müssen. Darüber hinaus dient Social Media selbstverständlich auch dem Imageaufbau. So wurde die in der Regel sehr konservativ auftretende Deutsche Bahn im Social Web für einen viralen Spot von der Netzgemeinde gefeiert, der ein Tabuthema behandelte: Homosexualität im Fußball.

Passend zu Beginn der Fußball-Europameisterschaft 2016 handelte der Film von einem jungen Mann, der im Stadion und am Trainingsplatz mit einem Fußballer mitfieberte und ihm hinterherreiste. Am Ende des Spots wird klar: Er ist nicht irgendein Fan des Spielers, sondern die beiden sind ein Paar. Am Bahnhof umarmen sie sich und spazieren händchenhaltend davon, dazu wird der Kampagnen-Slogan „Verbindet mehr als A und B" eingeblendet. Für den Tabubruch erntete die Deutsche Bahn viel Lob. Innerhalb von 24 Stunden wurde der Spot allein bei Facebook 680.000 Mal aufgerufen, bei YouTube waren es 445.000 Abrufe.[107]

Abb. 17: Die Deutsche Bahn landete mit einem Tabubruch einen viralen Hit im Social Web (Quelle: Facebook, 2016).

Auch in der Krise kann Social Media einen wertvollen Beitrag leisten, wie das Beispiel der Berliner Verkehrsbetriebe (BVG) zeigt. Die Kommunikationsverantwortlichen des Unternehmens haben im Umgang mit Social Media sowohl positive als auch negative Erfahrungen gesammelt. Rückblick: 2015 wollte die BVG von ihren Fahrgästen erfahren, was sie an dem öffentlichen Nahverkehr der Bundeshauptstadt schätzen. Die Social-Media-Kampagne ging gründlich daneben. Aus dem Hashtag #WeilWirDichLieben wurde ein Bashtag, ein Großteil der Fahrgäste nahm die digitale Charme-Offensive als Anlass zur Kritik an den Services der BVG.

---

107 Vgl. URL: http://www.wuv.de/specials/sportmarketing_im_digitalen_zeitalter/bahn_spot_mit_schwulem_fussballer_mausert_sich_zum_viral_hit (Letzter Zugriff: 23.11.2016).

Abb. 18: Die Berliner Verkehrsbetriebe (BVG) ernteten für ihre Kampagne „Weil wir Dich lieben" einen Shitstorm, den die Kommunikationsverantwortlichen wenig später in einen Candystorm verwandelten (Quelle: BVG, 2017).

Als Antwort auf diese Kritik produzierten die Kommunikationsverantwortlichen ein selbstironisches Musikvideo. Dafür nutzten sie den Song „Is mir egal" des verstorbenen YouTube-Stars Kazim Akboga und ließen den Songtext umschreiben. Akboga selbst durfte in dem Video einen BVG-Kontrolleur spielen. In schnoddrigem Tonfall gab er sein Standard-Statement ab: „Is mir egal, ob da gerade ein Pferd in der S-Bahn steht oder jemand Zwiebeln schneidet." Nur bei einem verstand Akboga keinen Spaß: bei Leuten ohne Ticket. Die Selbstironie, mit der die BVG auf die öffentliche Kritik reagierte, fand in der Öffentlichkeit großen Zuspruch. So lobte unter anderem das Wirtschaftsmagazin Impulse: „Es lohnt, die erste Welle an Häme auszuhalten – als Nahverkehrsunternehmen muss man damit wohl rechnen. Die Kunst liegt darin, auf die Kritik in liebenswerter Form zu antworten."[108]

7.5 Strategie und Handlungsempfehlungen

Die Einstiegshürde in Social Media ist denkbar niedrig, allerdings sollten sich die Kommunikationsverantwortlichen nur in so vielen Netzwerken präsentieren, wie sie auch pflegen können. Ausreichend Budget und personelle Kapazitäten sind die wichtigsten Voraussetzungen, um Social Media professionell betreiben zu können.

Wer dabei erfolgreich sein will, der muss vor allen Dingen über die richtige Strategie verfügen. Dabei dürfen die Kommunikationsverantwortlichen keine Plattform einzeln betrachten, da sich die Nutzer über verschiedene Kanäle hinweg bewegen. Neben der jeweiligen Reichweite geht es vor allen Dingen um Synergieeffekte, die sich im Zusammenspiel mit anderen Plattformen ergeben.

Möchten die Kommunikationsverantwortlichen beispielsweise Social Media zum Imageaufbau und zur Markenpositionierung nutzen, dann bedarf dies einer gewissen Entscheidungsschnelligkeit und der Bereitschaft, auch Dinge zu tun, die vorher keiner gewagt hat. Ein Beispiel hierfür ist die Autovermietung Sixt, die besonders schnell auf aktuelle gesellschaftliche Themen mit provokanten Social-Media-Kampagnen reagiert. So verhöhnte Sixt den Grünen-Politiker Volker Becker, der 2016 mit Drogen erwischt wurde. Auf einem Werbeplakat war Volker Beck neben einem Cabrio zu sehen. Darunter stand geschrieben: „Gönnen Sie sich zur Abwechslung mal eine Nase frischen Wind. (In einem günstigen Cabrio von Sixt)."

Großen Zuspruch im Netz fand auch eine Anspielung auf die rassistischen Äußerungen des AfD-Politikers Alexander Gauland über Fußball-Nationalspieler Jerome Boateng. Die Frankfurter Allgemeine Sonntagszeitung hatte Alexander Gauland mit den Sätzen zitiert: „Die Leute finden ihn als Fußballspieler gut. Aber sie wollen einen Boateng nicht als Nachbarn haben."[109] Sixt griff das Zitat des Rechtspopulisten auf und nutzte es ebenfalls für eigene Werbezwecke: „Für alle, die einen Gauland in der Nachbarschaft haben. (Jetzt einen günstigen Umzugs-Lkw mieten unter sixt.de)."

---

108 Vgl. URL: https://www.impulse.de/management/social-media-pannen/2056598.html (Letzter Zugriff: 01.12.2016).
109 Vgl. URL: http://www.faz.net/aktuell/politik/inland/afd-vize-gauland-beleidigt-jerome-boateng-14257743.html (Letzter Zugriff: 09.12.2016).

Abb. 19: Der Autovermieter Sixt wurde für seine humorvollen, mitunter provokanten Kampagnen bereits mehrfach ausgezeichnet (Quelle: Twitter, 2016).

Ein Jahr zuvor nutzte das Unternehmen den Streik der Deutschen Bahn, um den umstrittenen GDL-Chef Claus Weselsky in einer Online- und Print-Kampagne als Mitarbeiter des Monats zu küren, gepaart mit der Schlagzeile „Sixt gratuliert zur erfolgreichen Titelverteidigung mit günstigen Mietwagen an allen Bahnhöfen und unter Sixt.de". Und als der Schlagersänger Roberto Blanco mit seiner Privatinsolvenz in den Boulevardmedien für Schlagzeilen sorgte, da machte er aus seiner Not eine Tugend. Im viralen Spot rappte er zu Zeilen wie „Roberto ist blanco, nix mehr auf der Banko" oder „Ein bisschen spar'n muss sein" und machte damit auf die Cabrio-Angebote des Autovermieters aufmerksam. Für diese provokanten und aufmerksamkeitsstarken Kampagnen wurde Sixt mehrfach ausgezeichnet. Das Unternehmen erhielt unter anderem vom Magazin Pressesprecher den renommierten Deutschen Preis für Online-Kommunikation.[110] Vor der Umsetzung solcher kreativen Kampagnen gilt: Erst kommen die Analyse des Status quo sowie die Festlegung der Ziele und Zielgruppen, dann die Strategie und deren Umsetzung und zum Schluss die Auswahl und Nutzung der adressatengerechten und für die eigenen Bedürfnisse passenden Social-Media-Plattformen.

Für das eine Unternehmen ist die Nutzung bestimmter Plattformen als Vertriebskanal oder für Crowdfunding-Kampagnen sinnvoll, während bei einem anderen Unternehmen die Intensivierung der Mitarbeiterkommunikation oder der Markenaufbau und die Imagepflege über die dafür vorgesehenen Kanäle im Vordergrund stehen. Danach richtet sich der Ressourceneinsatz, der dafür benötigt wird, bzw. der Ressourceneinsatz, der von den Kommunikationsverantwortlichen tatsächlich erbracht werden kann.

---

110 Vgl. Pressesprecher (06/2015), S. 9.

7.5.1 Status quo

Im ersten Schritt bedarf es einer Erhebung des Ist-Zustandes: Wie hat das Unternehmen bisher kommuniziert? Wurden in der Vergangenheit bereits Social-Media-Plattformen genutzt? Wie hoch ist die Frequenz der zu veröffentlichenden Unternehmensnachrichten? Wo sind die unternehmensrelevanten Zielgruppen aktiv? Es gilt, hierbei insbesondere eigene Stärken und Schwächen zu eruieren, zum Beispiel ein Alleinstellungsmerkmal gegenüber der Konkurrenz oder die fehlende Expertise im Bereich der Online-Kommunikation.

7.5.2 Zielgruppe

Im zweiten Schritt müssen die Kommunikationsverantwortlichen herausfinden, wie sich die aversierte Zielgruppe im Social Web verhält. Darauf basierend muss ein auf die Bedürfnisse der Zielgruppe zugeschnittener Social-Media-Auftritt kreiert werden. Dabei geht es auch darum, weitere Stakeholder zu erschließen.

Die Wissenschaftler Charlene Li und Josh Bernoff vom US-amerikanischen Forrester Research Institute haben die Social-Media-Nutzer in sieben unterschiedliche Typen eingeteilt:[III]

1. Spectators (70 Prozent): Die größte Gruppe stellen die reinen Zuschauer unter den Usern dar, die in Blogs lesen, sich Videos anschauen oder sich über Produkte durch Kundenbewertungen, Rezensionen und Forenbeiträge informieren.

2. Joiners (59 Prozent): Die Teilnehmer pflegen ein eigenes Profil und besuchen auch die Profile anderer.

3. Critics (37 Prozent): Die Gruppe der Kritiker ist aktiver. Sie kommentieren auf anderen Blogs und in Foren, geben Produktbewertungen ab und schreiben selbst Rezensionen zu einzelnen Produkten und Dienstleistungen.

4. Conversationalists (33 Prozent): Hierunter sind sogenannte Protokollanten zu verstehen. Die Mitglieder dieser Gruppe veröffentlichen in ihren sozialen Netzwerken mindestens einmal wöchentlich ein Status-Update oder einen Beitrag auf Twitter und Facebook.

5. Creators (24 Prozent): Die Gruppe der Kreativen und Influencer erstellt eigenen Content wie zum Beispiel Blogbeiträge, Websites, Videos und Podcasts.

[III] Vgl. Li / Bernoff (2011), S. 41 ff.

6. Collectors (20 Prozent): Die Sammler interessieren sich oftmals für ein bestimmtes Thema und abonnieren dazu beispielsweise Newsletter und RSS-Feeds oder geben Online-Votings ab.

7. Inactives (17 Prozent): Inaktive lassen sich in keine der Gruppen einordnen, da sie, wie der Name schon sagt, nicht aktiv sind und somit weder in Netzwerken angemeldet sind, noch Beiträge anderer lesen.

Diese verschiedenen Social-Media-Nutzertypen bieten eine gute Richtschnur zur Analyse und Bewertung der eigenen bereits bestehenden oder neu zu erschließenden Stakeholdergruppen.

7.5.3 Wettbewerbsumfeld

Neben der Zielgruppendefinition ist die Analyse des Wettbewerberumfeldes von großer Bedeutung. Die Konkurrenten sind in der Regel bekannt, aber wie gestalten sich deren Social-Media-Aktivitäten? Welche Kanäle nutzen sie und wie stark sind diese frequentiert? Wie hoch ist die nachrichtliche Taktung? Handelt es sich eher um emotionale oder sachliche Beiträge? Wie aktiv sind die Nutzer auf diesen Plattformen?

Antworten auf diese und weitere Fragen helfen den Kommunikationsverantwortlichen, mögliche Schwachstellen der Konkurrenz zu identifizieren und diese zum eigenen Vorteil zu nutzen. Haben es die Wettbewerber zum Beispiel auf dem einen oder anderen Kanal schwer, die Zielgruppe zu erreichen, gilt es einerseits abzuwägen, ob hier eigene Social-Media-Aktivitäten zielführend sind. Andererseits kann auch eine Lücke genutzt werden, um die Personen zu erreichen, die von den Wettbewerbern nicht begeistert sind.

7.5.4 Zielsetzung

Ausgehend von den Unternehmens- und Kommunikationszielen müssen die Social-Media-Ziele definiert werden. Bei der Festlegung dieser Ziele sollte nicht primär der Verkaufsabsatz, sondern der Aufbau einer vertrauensvollen Beziehung zu internen und externen Bezugsgruppen (Mitarbeiter, Öffentlichkeit, Kunden, Geschäftspartner etc.) im Vordergrund stehen, die sich reputationsstiftend positiv auf das Image des Unternehmens auswirkt.

Kurzum: Es gilt, den Dialogcharakter von Social Media zu nutzen. Dabei empfiehlt sich mitunter die Festlegung von ein bis zwei Hauptzielen, zum Beispiel die Steigerung der Markenbekanntheit sowie die Erschließung neuer Zielgruppen oder die aktive Kommunikation mit der Community, die aufgrund ihrer positiven Einstellung zum Unternehmen im Idealfall eine Kaufempfehlung abgibt. Diese Hauptziele können mitunter auch mit Unterzielen verbunden werden, die sekundär erreicht werden sollen, zum Beispiel die Generierung von Traffic in anderen Unternehmensmedien (Besuch der Website, Abonnement von Newslettern etc.).

7.5.5 Strategie

Bei der Festlegung der Strategie geht es im ersten Schritt um die bestmögliche Erreichung der zuvor definierten Zielgruppe und die damit verbundenen Maßnahmen zur Zielerreichung.

Ein Beispiel: Möchte ein Ingenieurunternehmen global wachsen und international Fachkräfte rekrutieren, dann könnte die Strategie darin bestehen, mit interessantem Content, der auf die Attraktivität als Arbeitgeber einzahlt (Fortbildungsprogramme, flexible Arbeitszeitmodelle, Vereinbarkeit von Familie und Beruf etc.), in Jobbörsen und Foren präsent zu sein. In die Kommunikation sollten auch Influencer (Praktikanten, Azubis, Angestellte) mit eingebunden werden, die in ihren eigenen sozialen Netzwerken (Hochschul-Blogs, XING, LinkedIn) positiv über das Unternehmen berichten.

Im zweiten Schritt werden die Inhalte festgelegt, die adressatengerecht aufbereitet über verschiedene Social-Media-Plattformen kommuniziert werden. Dabei gilt es, drei Parameter zu beachten: die Form des Inhalts, den Zeitpunkt der Veröffentlichung und die Nachrichtenfrequenz.

Der Ausrichtung und dem Stil der eigenen Inhalte kommt eine besondere Bedeutung zu. Hierbei können sich die Kommunikationsverantwortlichen des in Kapitel 6 behandelten Prinzips des Storytellings bedienen, das im Social Web auch als Visual Storytelling bezeichnet wird.[112]

Beim Visual Storytelling steht das ergreifende Erzählen von Geschichten durch den kombinierten Einsatz visueller Medien wie Fotos, Bewegtbildern und Grafiken im Vordergrund. Ein Beispiel hierfür ist die multimediale Reportage Snow Fall der New York Times. Die Reportage erzählt von einer Gruppe von erfahrenen Skifahrern, die im Jahr 2012 eine riskante Ski-Abfahrt absolvierten. Ein Teil von ihnen wurde verschüttet, drei starben. Die Geschichte wird aus mehreren Perspektiven und mittels verschiedener Video-Sequenzen, Grafiken und Bildergalerien erzählt, dazu werden immer wieder Originalmitschnitte von Funksprüchen eingebettet. Die Reportage wurde mit dem renommierten Pulitzer-Preis ausgezeichnet und gilt als Vorreiter im Bereich des Visual Storytellings.

---

112 Vgl. URL: http://www.pulitzer.org/winners/john-branch (Letzter Zugriff: 23.01.2017).

Grundsätzlich müssen die Inhalte für jede Plattform anders aufbereitet sein, gepaart mit eigenen und fremden Artikeln. Postings sollten beispielsweise in verschiedenen Varianten verfasst sein, Inhalte im immer gleichen Wortlaut langweilen die Nutzer.

Ausgehend von der Zielgruppe sollten sich die Kommunikationsverantwortlichen auch unterschiedlicher Formate bedienen. 140 Zeichen und ein Foto auf Twitter, ein Foreneintrag und Fotos auf Instagram oder ein Hintergrundartikel im Corporate Blog dienen nicht nur der Pflege bestehender Communities, sondern müssen auch Interesse bei neuen Zielgruppen wecken. Wichtig: Social-Media-Aktivitäten werden nicht einmalig durchgeführt, sondern sie müssen mit entsprechendem Ressourcenaufwand kontinuierlich erfolgen. Werden eigene Profile erstellt, aber nicht gepflegt, hat dies in der Regel negative Auswirkungen auf die Unternehmensreputation.

Für den Zeitpunkt einer Veröffentlichung gibt es keine pauschal verbindliche Empfehlung. Manche Studien nennen zwar konkrete Zeiträume, in denen Inhalte verbreitet werden sollen, aber dies ist lediglich ein Richtwert, sofern nicht auf eigene Erfahrungswerte zurückgegriffen werden kann. Gleiches gilt für die Nachrichtenfrequenz. Auch hier geben zwar verschiedene Statistiken die angeblich richtige Taktung und Frequenz für Postings im Social Web vor, aber dies ist ein Trugschluss. Letztendlich entscheidet das Nutzungsverhalten der eigenen Zielgruppe über die Postingzeiten. Manche wünschen sich laufend Neuigkeiten über ihre Lieblingsmarke, andere bevorzugen mehr Inhalte ihrer Freunde und nur zwischendurch ein Posting ihrer Lieblingsmarke und wiederum andere abonnieren eine Seite, fühlen sich aber schon beim kleinsten Posting genervt.

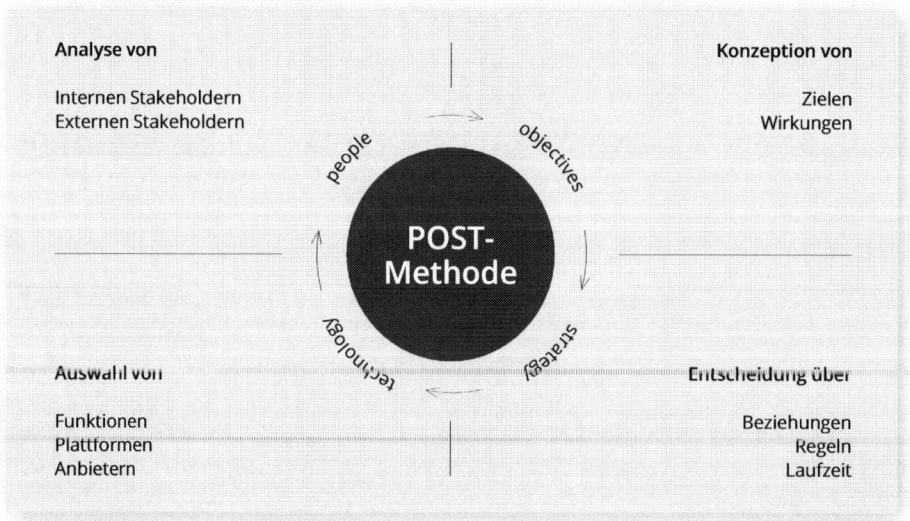

Abb. 20: Die POST-Strategie von Charlene Li und Josh Bernoff (Quelle: In Anlehnung an Li / Bernoff, 2016).

---

113 Vgl. Li / Bernoff (2011), S. 278 ff.

7.5.6 Umsetzung

Nach Abschluss der strategischen Überlegungen sollten mit Blick auf die ersten Gehversuche im Social Web die Verantwortlichkeiten klar geregelt sein, d.h., wer im Unternehmen mit welchen grundsätzlichen Botschaften in welchen sozialen Medien kommuniziert. Hierbei gilt es, zwischen der funktionalen und der disziplinarischen Verantwortlichkeit zu unterscheiden.

Es empfiehlt sich, einen sogenannten Social-Media-Council einzuberufen, der sich zum Beispiel aus Vertretern der Bereiche Unternehmenskommunikation, Marketing, Personal und IT zusammensetzt. Dieser fachübergreifende Arbeitskreis beschäftigt sich erfahrungsgemäß nicht nur mit der Konzeption und inhaltlichen Bespielung der Social-Media-Plattformen, sondern erstellt auch Guidelines für deren Nutzung.

Grundsätzlich sollten die Plattformen nur Schritt für Schritt bespielt werden. Es ist meist zielführender, nur auf einer Plattform präsent zu sein, die aber professionell gestaltet ist, als auf mehreren Kanälen, die mangels personeller Kapazitäten bereits im Vorfeld zum kommunikativen Scheitern verurteilt sind.

Hinsichtlich der inhaltlichen Gestaltung ist eine systematische Redaktionsplanung unerlässlich, zum Beispiel in Form eines wöchentlichen Themenplans. Hierbei gilt es, Themen zu finden und zu entwickeln, die zur Unternehmenswelt passen, aber auch davon abweichen und außergewöhnliche Geschichten in den Vordergrund rücken.

Erfolgreiches Storytelling im Social Web praktiziert das Unternehmen Bosch. Der schwäbische Technologie-Konzern gilt als innovativ, aber auch bodenständig und konservativ. Mit der Bosch-World-Experience-Tour präsentierte sich das Unternehmen in 2014 von einer anderen Seite. Für die Aktion bewarben sich rund 50.000 Menschen, um als einer von sechs sogenannten Bosch Explorern auf Weltreise zu gehen und passend zum Claim „Bosch is more than you think" einen Einblick in die Produktwelt zu bekommen: von der Londoner Tower Bridge und den Schleusen des Panamakanals, die sich mit Bosch-Technologie mehrmals täglich öffnen, über ein Forschungsprojekt zum automatisierten Fahren in San Francisco bis hin zum World Financial Center in Shanghai, in dem Bosch Sicherheitstechnik zum Einsatz kommt.

Die Bosch Explorer hielten ihre persönlichen Reiseeindrücke mittels Bewegtbild fest und teilten diese via Blog, Twitter und Facebook mit der Öffentlichkeit. Bei der anschließenden viralen Teilkampagne #lovemyfridge wurden die Nutzer ebenfalls zu Storytellern, indem sie erzählten, warum sie ihren Kühlschrank lieben. Das Teilen der

Fotos, Tweets oder Posts mit ihrer Liebeserklärung machte die Geschichte interaktiv und die Nutzer wurden von Zuhörern zu Hauptdarstellern.[114]

Wenn das Storytelling wie im Fall Bosch zu den Bedürfnissen der Zielgruppe passt, dann wird diese darauf reagieren und es weiterempfehlen. Und wer bereits vor der Umsetzung an die crossmediale Nutzung der Inhalte denkt, der kann seine Geschichten über alle Social-Media-Plattformen hinweg laufend bespielen, was sich ebenfalls positiv auf die Unternehmensreputation auswirkt.

7.5.7 Social-Media-Guideline

Eine weitere wesentliche Voraussetzung für die erfolgreiche Implementierung von Social Media ist wie eingangs erwähnt die Erstellung eines Leitfadens, der auf der Strategie aufbaut und verbindliche Spielregeln für den Umgang mit Social Media festlegt.

Hierbei sollten für alle Beteiligten (Mitarbeiter, Kommunikationsverantwortliche etc.) die zentralen Punkte und Ziele der Social-Media-Aktivitäten verständlich erklärt sein: Warum und in welchen Bereichen setzt das Unternehmen auf Social Media? Wer im Unternehmen entscheidet, ob ein neuer Kanal geöffnet wird? In welchem Umfang darf ich Social Media während der Arbeitszeit privat nutzen? An wen kann ich mich wenden, wenn ich unsicher bin, was ich als Mitarbeiter posten darf und was nicht?

Auch aus rechtlicher Sicht empfiehlt sich eine Social-Media-Guideline, da die Unternehmen als Arbeitgeber bestimmten Haftungsrisiken unterliegen und damit eine Informationspflicht gegenüber ihren Mitarbeitern haben. So hat der Konsumgüterhersteller Tchibo die Leitlinien für seine über 10.000 Mitarbeiter in einem Online-Video bei YouTube veröffentlicht. Die Zeichentrickfigur Herr Bohne verdeutlicht dabei mit Witz die wichtigste Regel im Umgang mit Social Media: Wer sich in sozialen Netzwerken über das eigene Unternehmen äußert, der sollte sich stets auch als Mitarbeiter dieses Unternehmens zu erkennen geben und nachdenken, bevor er etwas veröffentlicht.

Prinzipiell ist jeder Mitarbeiter für seine Äußerungen in den sozialen Netzwerken, egal ob beruflich oder privat, selbst verantwortlich. Die Guideline sollte den Mitarbeiter dafür sensibilisieren, jegliche Art von Meinungsäußerung vor Veröffentlichung sorgfältig abzuwägen. Denn das Internet vergisst nichts, jedes noch so peinliche Detail ist im Netz ewig gespeichert und kann nur schwer behoben bzw. gelöscht werden. Dementsprechend sind die Mitarbeiter auch zur Wahrung von Betriebs- und Geschäftsgeheimnissen verpflichtet. Eine Verschwiegenheitspflicht besteht immer

---

114 Vgl. Puscher (2015), S. 20 ff.

dann, wenn von einem berechtigten betrieblichen Interesse des Arbeitgebers an der Geheimhaltung ausgegangen werden kann.

Bei der Erstellung der Richtlinien sollten sowohl der arbeitsrechtliche Hintergrund als auch Aspekte zu Inhalt und Form der Kommunikation, abgestimmt auf die Unternehmenswerte und die Unternehmenskultur, berücksichtigt werden. Die Einführung und die Inhalte müssen mit dem Betriebsrat im Rahmen einer Betriebsvereinbarung abgestimmt und geregelt sein, da dieses Gremium ein Mitbestimmungsrecht besitzt.

Trotz entsprechender Hinweise auf webkonformes Nutzerverhalten können kritische Aussagen weder durch Social-Media-Leitfäden verhindert werden, noch kann das Unternehmen eine Abmahnung oder Kündigung aufgrund einer solchen Äußerung aussprechen. Die Guidelines sollten jedoch die Mitarbeiter explizit darauf hinweisen, was gesetzlich zulässig und was verboten ist, verbunden mit dem Hinweis, dass externe Kritik negative Folgen für das Unternehmen, seine Produkte und damit auch für die Mitarbeiter haben kann. Genauso sollte mit Äußerungen über Partner und Kunden verfahren werden, denn auch sie sind die Basis des Unternehmenserfolgs.

Nachfolgend eine Zusammenfassung aus der Social-Media-Guideline der Daimler AG, die als zentraler Bestandteil der konzernweiten Kommunikationsrichtlinie konkrete Handlungsempfehlungen für den Umgang mit Social Media gibt. Der Leitfaden wird

nach Bedarf aktualisiert und durch die Führungskräfte und Kommunikationsverantwortlichen weltweit via E-Mail und Intranet an alle Mitarbeiter verteilt:[115]

- ›) Seien Sie ehrlich. Informationen sind im Netz jederzeit überprüfbar. Falsche Aussagen werden umgehend aufgedeckt. Daher müssen die Quellen immer offen gelegt werden; das zeugt von Respekt dem Urheber gegenüber und Sie gewinnen an Glaubwürdigkeit.

- ›) Bleiben Sie höflich. Eine Kommunikation kann nur dann wertvoll sein, wenn sich alle Beteiligten respektvoll begegnen. Vermeiden Sie Provokationen und Beleidigungen und beenden Sie Gespräche, wenn der Gesprächspartner diffamierend wird.

- ›) Berichtigen Sie eigene Fehler. Geben Sie eigene Fehler oder Irrtümer zu und korrigieren Sie diese. Es empfiehlt sich, diese Änderungen zeitnah und nachvollziehbar vorzunehmen, um Missverständnisse oder Irritationen zu vermeiden. Weisen Sie auf Fehler in Beiträgen, die Ihr Arbeitsgebiet betreffen, sachlich und höflich hin.

---

115 Vgl. Howe (2012), S. 1 ff.

- Auch als Privatperson müssen Sie sich professionell verhalten. Wenn Sie Social Media privat nutzen, kann es vorkommen, dass Sie auf berufliche Kontakte stoßen oder mit Fragen zu Ihrem Beruf konfrontiert werden. Dann ist es gut, wenn Ihnen Privates nicht peinlich sein muss. Einmal Veröffentlichtes lässt sich nur schwer wieder aus dem Netz entfernen. Durch einfaches Suchen und Verknüpfen der Ergebnisse lassen sich zum Beispiel Rückschlüsse auf persönliche Beziehungen, berufliche Zuständigkeiten und Einstellungen zu bestimmten Themen ziehen.

- Trennen Sie Meinungen und Fakten. Um Missverständnisse zu vermeiden, sollten Sie deutlich machen, welche Teile Ihrer Aussagen Meinungen und welche Fakten darstellen. Zudem sollten Sie darauf hinweisen, ob Sie Ihre persönliche oder die Unternehmensmeinung vertreten.

- Behandeln Sie Vertrauliches vertraulich. Seien Sie sorgsam im Umgang mit Firmeninformationen. Vertrauliche Informationen, die Sie im Rahmen Ihrer Anstellung erhalten, dürfen Sie nicht verbreiten. Wenn Sie unsicher sind, ob Sie eine bestimmte Information veröffentlichen dürfen, dann fragen Sie bitte bei Ihrem Vorgesetzten, Informationssicherheitsbeauftragten (ISO) oder Kommunikationsverantwortlichen nach. Im Zweifelsfall verzichten Sie auf die Veröffentlichung. Wahren Sie auch den Datenschutz. Veröffentlichen Sie nichts über Dritte, ohne es vorher mit den betroffenen Personen abgesprochen zu haben.

- Achten Sie das Gesetz. Veröffentlichen Sie keine verleumderischen, beleidigenden oder anderweitig rechtswidrigen Inhalte. Stellen Sie keine Inhalte ohne entsprechende Urheberverweise ins Netz, beachten Sie die Copyrights und respektieren Sie das Recht am eigenen Bild. Halten Sie unternehmensbezogene Informationen geheim, die sich auf den Aktienkurs von Daimler-Wertpapieren auswirken könnten. Solange Sie Zugang zu solchen öffentlich nicht bekannten Informationen haben, dürfen Sie keinem anderen den Kauf oder Verkauf von Daimler-Wertpapieren empfehlen oder andere Personen in sonstiger Weise dazu verleiten.

Grundsätzlich empfiehlt es sich, die Social-Media-Guideline rechtskräftig in das Unternehmen einzubinden, um die Dos and Don'ts der Mitarbeiter juristisch zu reglementieren. Nur so kann gewährleistet werden, dass das Unternehmen auf der einen Seite das volle Potenzial seiner Mitarbeiter ausschöpft und auf der anderen Seite alle juristischen Hürden meistert. Deshalb müssen neben der Belegschaft auch die Juristen bei der Erstellung der Guideline mitwirken. Dabei ist es ratsam, das Regelwerk von der Unternehmensleitung und den Mitarbeitern unterschreiben zu lassen, um beide Vertragspartner abzusichern.

7.5.8 Erfolgsmessung

Hinsichtlich der Erfolgsmessung von Social Media wird zwischen dem Monitoring und der Analyse unterschieden.

Beim Monitoring handelt es sich um die Erkennung von Themen und Influencern unter Berücksichtigung der zentralen Fragestellung: Wie werden wir und unsere Themen in den sozialen Medien wahrgenommen? Im Sinne einer Frühwarnerkennung werden unter anderem Inhalte von Blogs, Foren und Social-Media-Plattformen mittels Tracking-Tools wie Google Alerts, Topsy oder Brandwatch gemonitort.

Die Analyse widmet sich hingegen schwerpunktmäßig der Konkurrenzbeobachtung (Was machen unsere Mitbewerber und wie erfolgreich sind unsere Aktivitäten im Vergleich zur Konkurrenz?). Im Fokus der Beobachtung stehen die eigenen Social-Media-Auftritte und die der Mitbewerber. Mit Blick auf die Auswertung der Auftritte bei Facebook, Twitter, Google & Co. und der Messung der Reichweite und Effizienz können die Kommunikationsverantwortlichen auf allgemeine Tracking-Tools wie SocialBench und Socialbakers oder plattformeigene Tools wie Twitter Analytics oder Facebook Insights zurückgreifen.

In der Praxis kommen erfahrungsgemäß verschiedene Tools zum Einsatz. Darüber hinaus können sich die Kommunikationsverantwortlichen auch der klassischen Medienbeobachtung bedienen. Dabei sollten nachfolgende Kriterien Berücksichtigung finden:

)   Aktualität: Eine negative Berichterstattung kann innerhalb von wenigen Stunden einen Proteststurm auslösen. Eine Berichterstattung, die erst am Folgetag oder am Ende der Woche Ergebnisse oder gar eine Zusammenfassung liefert, eignet sich indes nicht. Das Social-Media-Monitoring muss in der Lage sein, in Echtzeit auf relevante Ereignisse hinzuweisen, so dass für die Kommunikationsverantwortlichen eine Möglichkeit zur Reaktion besteht.

)   Relevanz: Ein gutes Monitoring weist darauf hin, von welcher Plattform ein Eintrag kommt und welche Relevanz er im negativen oder positiven Sinn haben kann. Wenn beispielsweise eine Regionalzeitung über ein Unternehmen negativ berichtet, dann hat dies zweifelsohne eine andere Relevanz, als wenn es im Handelsblatt steht. Genauso verhält es sich mit Social Media, nur mit der Einschränkung, dass sich die Landschaft hier noch unübersichtlicher gestaltet. Vor diesem Hintergrund sollte das Monitoring bei der Einschätzung von relevanten Themen unterstützen und auch einen Themenverlauf, der durch Verlinkung, Retweeten oder Teilen entsteht, aufzeigen.

Abseits der verschiedenen Parameter wie Google Ranking, Klickraten, Verweildauer oder Social Shares kommt es darauf an, die KPIs zu definieren, die für die eigenen Social-Media-Aktivitäten ausschlaggebend sind, um darauf basierend die Kommunikation auszurichten.

Ein Beispiel: Möchte der Reiseunternehmer seine Buchungen steigern, dann sollte er den Fokus seiner Aktivitäten auf das Suchmaschinenmarketing legen, indem er die Texte seiner Website auf die Auffindbarkeit in den Suchmaschinen ausrichtet und dazu sogenannte Landingpages erstellt, die direkt auf das Reiseangebot verweisen. Steigen dadurch die Buchungen, ist dies seinen Maßnahmen zu verdanken. Möchte der Reiseunternehmer hingegen das Unternehmensimage verbessern, dann sollte er auf eine spannende, unterhaltsame Content-Aufbereitung in Form von Bewegtbild setzen. Hier ist der Erfolg dann aber schwieriger zu messen, da andere Einflussgrößen als die reinen Zugriffs- und Absatzzahlen eine Rolle spielen.

Grundsätzlich kann ein Content erfolgreich sein, wenn er …

- von internen und externen Stakeholdern gelesen und weiterverbreitet wird,
- zur Diskussion anregt und neue Leser generiert,
- viele Likes erzeugt und ggf. auch Kritiker umstimmt,
- die Suchmaschinenplatzierung des Unternehmens verbessert,
- zu einem Vertriebserfolg führt und somit monetär messbar wird,
- in Fachkreisen als Best Practice gehandelt wird,
- potenzielle Bewerber auf das Unternehmen aufmerksam macht und
- zur Imageverbesserung beiträgt.

Letztendlich müssen die Kommunikationsverantwortlichen zum einen kontinuierlich die digitale Stimmung in Bezug auf ihr Unternehmen überprüfen, zum anderen sollten sie in der Lage sein, schnell dort einzugreifen, wo es notwendig ist.

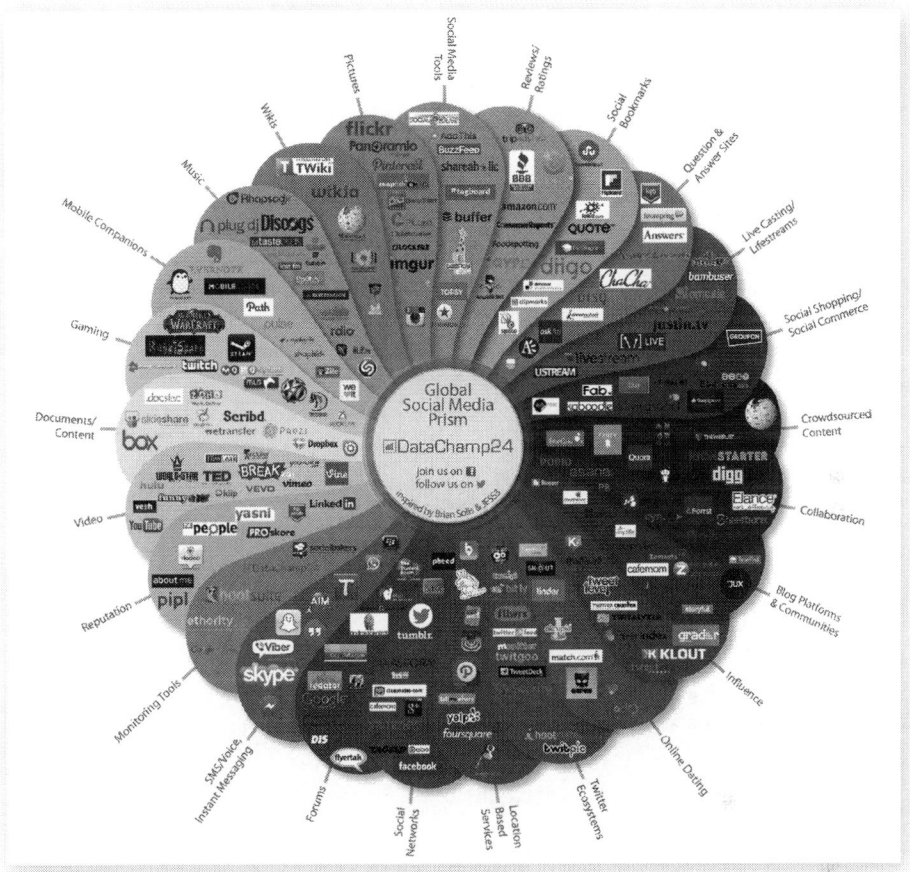

Abb. 21: Ein Überblick über die globale Social-Media-Landschaft (Quelle: Ethority, 2017).

7.6 Fallbeispiel I: Zentrale Kommunikation in einer dezentralen Organisation (Deutscher Sparkassen- und Giroverband e.V.)

Die Sparkassen-Finanzgruppe hat früh erkannt, welche Bedeutung Social Media für die Kommunikation mit ihren Kunden haben kann. Seit 2010 agiert der Finanzdienstleister im Social Web mit einem zentralen Markenauftritt, der einerseits das Markenbild und einen einheitlichen Service für die Kunden im Fokus hat, und andererseits mit dezentralen Fanpages, die vor allem die örtliche Verbundenheit der Institute in der Region in den Mittelpunkt stellen.

Um die Besonderheit der Social-Media-Kommunikation in der Sparkassen-Finanzgruppe nachzuvollziehen, muss man den Aufbau der Marke Sparkasse verstehen.

Die Sparkassen-Finanzgruppe versteht sich als eine Vielzahl von Unternehmen, die unter derselben Marke regional agieren. Die Souveränität der Institute ist das wesentliche Merkmal in der Sparkassen-Organisation. In der Praxis bedeutet dies, dass jedes Mitgliedsunternehmen eigenständig kommuniziert und dementsprechend auch die Entscheidungen der Kommunikationsabteilungen selbstständig erfolgen.

Als Eigentümer der Marke Sparkasse obliegen richtungsweisende Entscheidungen den Gremien des Deutschen Sparkassen- und Giroverbandes (DSGV) und des Dachverbandes der Sparkassen-Finanzgruppe. Deren Kommunikationsverantwortliche haben 2010 eine zentrale Social-Media-Strategie erarbeitet. Das Ergebnis sind nicht nur Hilfestellungen und Empfehlungen, die Orientierung bieten. Vielmehr wurde damit ein Grundstein für den Aufbau einer Social-Media-Kultur innerhalb der Sparkassen-Finanzgruppe gelegt. Die Social-Media-Strategie setzt sich dabei aus folgenden Bausteinen zusammen:

- Rechtliche Grundlage,
- Social-Media-Richtlinien für Mitarbeiter,
- Weiterbildungen von Mitarbeitern,
- Hilfestellungen beim Einstieg in Social Media und
- Aufbau eines zentralen Markenkanals (Facebook, Twitter und YouTube).

Für die Kommunikationsverantwortlichen galt es, auch regulatorische Vorgaben zu berücksichtigen. So unterliegt der Social-Media-Einsatz im Finanzsektor nicht nur dem Telemediengesetz und den darin enthaltenen Vorschriften für Online-Medien, sondern auch den besonderen gesetzlichen Bestimmungen für Finanzdienstleister. Analog zur Offline-Welt muss auch in sozialen Netzwerken das Bankgeheimnis gewahrt werden. Dies gilt vor allem dann, wenn eine Bank ihre Kundenservice- und Beratungsdienstleistungen auf Drittplattformen, wie zum Beispiel Facebook, anbietet. In diesen Fällen müssen sowohl die Allgemeinen Geschäftsbedingungen als auch die technischen Gegebenheiten der Plattform mit den vom Gesetzgeber auferlegten Pflichten abgeglichen werden. Hinzu kommen auch noch die eigenen, hausinternen Datenschutz- und Sicherheitsbestimmungen im IT-Bereich, die gerade bei Sparkassen-Instituten besonders streng sind.

Eine wichtige Voraussetzung für die erfolgreiche Implementierung einer zentralen Social-Media-Kultur war die Einführung von Social-Media-Guidelines in den einzelnen Häusern. Die Guidelines dienen nicht nur der arbeitsrechtlichen Information bezüglich der Nutzung von Social Media während der Arbeitszeit, sondern auch dem Schutz der Mitarbeiter vor rechtlichen Konsequenzen in ihrer Freizeit. Zu diesem Zweck wurden die Richtlinien auf die Bereiche Urheber- und Persönlichkeitsrecht ausgeweitet und in Zusammenarbeit mit spezialisierten Kanzleien ausgearbeitet. Zudem werden in den Richtlinien die Kommunikationsprozesse sowie das sogenannte Sprechrecht erläutert.

Anders als im Print-Zeitalter, als Mitarbeiter nur selten in Kontakt mit Medien kamen oder sich in Diskussionen über ihren Arbeitgeber wiederfanden, ist dies in Social Media häufiger und schneller der Fall. Sparkassen-Mitarbeitern wird beispielsweise geraten, dass sie bei der Veröffentlichung von Postings ihren Arbeitgeber transparent nennen sollen, um beispielsweise Missverständnissen vorzubeugen. Eine weitere Empfehlung ist die hausinterne Kommunikation von Informationsketten im Krisenfall und die Benennung von Social-Media-Verantwortlichen analog zu den Pressesprechern.

Darüber hinaus haben die Sparkassen-Akademien als zentrale Bildungseinrichtung des Bereichs Personalentwicklung Lehrgänge zur Aus- und Fortbildung von Social-Media-Managern eingeführt. Die Lehrgangsteilnehmer können sich dabei von der Prüfungs- und Zertifizierungsorganisation der deutschen Kommunikationswirtschaft (PZOK) zertifizieren lassen. Um den Social-Media-Managern und ihren Sparkassen-Instituten den Einstieg in das Social-Media-Zeitalter zu erleichtern, wurden Starter-Kits entwickelt, die unter anderem beim Strategiefindungsprozess, bei der Umsetzung der Social-Media-Präsenzen und bei der Schulung der Mitarbeiter helfen sollten.

Den Übergang des Projektes von der Theorie in die Praxis markierte der Launch der zentralen Sparkassen Facebook-Fanpage im April 2013, die mit ihren über 280.000 Fans mittlerweile die reichweitenstärkste Seite eines Finanzdienstleisters in der DACH-Region ist. Bereits im Vorfeld wurde ein Social-Media-Monitoring-System aufgebaut, das auf die jeweiligen Regionen zugeschnitten war.

Beim Aufbau des Monitoringsystems einigten sich die Kommunikationsverantwortlichen auf eine Arbeitsteilung. Während der Dachverband der Sparkassen-Finanzgruppe alle zentralen Marken- und Politikthemen beobachtet, konzentrieren sich die Regionalverbände und ihre Mitglieder auf das kommunikative Grundrauschen im Social Web. Sobald sich ein Shitstorm anbahnt, der von zentraler Relevanz ist, informieren sie den Dachverband, der dann die weiteren Handlungen koordiniert. Bei regionalen Themen bleibt die Kommunikationsarbeit bei den Instituten. Die Landesbanken und die restlichen Verbundpartner führen ebenfalls ein eigenes Social-Media-Monitoring durch.

Die Kommunikation der Marke Sparkasse konzentriert sich auf die Social-Media-Plattformen Facebook, Twitter und YouTube. Hinzu kommt die Service- und Dialogplattform „Geld einfach verstehen", die als Content-Hub auf der zentralen Unternehmenswebsite sparkasse.de integriert ist, während YouTube als Verlängerungskanal für bundesweite Werbemaßnahmen und reine Content-Formate dient.

Für das Community-Management haben die Kommunikationsverantwortlichen drei Ziele definiert:

1. Grundversorgung: Da nicht alle Sparkassen in Social Media aktiv sind, soll die zentrale Markenseite der Anlaufpunkt für den Kunden sein. Unabhängig von den lokalen Aktivitäten besteht somit eine Grundversorgung für alle Zielgruppen.

2. Ansprache aller Zielgruppen: Die jungen Leute von gestern sind erwachsen geworden. Vom Digital Native (Person, die in der digitalen Welt aufgewachsen ist) bis zum Silver Surfer (Internet-Nutzer ab 50 Jahren) soll sich jeder angesprochen fühlen. Daher ist es wichtig, dass sich alle Kunden in den Inhalten wiederfinden können.

3. Überleitungen generieren: Am Ende steht der Berater, d.h., die Social-Media-Präsenzen sollen nicht die Internet-Filiale der Sparkassen-Institute ersetzen. Nur dort können rechtsverbindliche Geschäfte beauftragt werden. Das Community-Management oder die Social Apps generieren daher eine Überleitung zum Berater oder zum Online-Banking.

Aus diesen drei Zielen wurde das Selbstverständnis für das Dialog-Management abgeleitet. So findet der Service-Dialog nicht nur auf der Facebook-Pinnwand, sondern auch via Direktnachricht statt. Einen wesentlichen Anteil macht das Beschwerdemanagement aus, das sich durch einen kontinuierlichen Kundendialog auszeichnet. Dabei wird auf eine zuverlässige Beantwortung der Kundenanfragen Wert gelegt.

Oberstes Ziel ist die Beantwortung von allen unternehmensrelevanten Kommentaren innerhalb von 24 Stunden. Um im Social Web schnell, fundiert und adressatengerecht kommunizieren zu können, ist das Community-Management in die Bereiche Social-Media-Monitoring und -Redaktion unterteilt. Das Monitoring-Team beobachtet das Grundrauschen und die Tonalitätsentwicklungen rund um die Marke Sparkasse. Dazu gehören auch die Entwicklungen in der medialen Berichterstattung, die direkt an die Redaktion weitergegeben werden, welche die Erstellung von Redaktionsplänen und Beiträgen verantwortet. Ein regelmäßiger Austausch zwischen Social-Media-Monitoring und -Redaktion ist somit essenziell für den erfolgreichen Betrieb der Plattformen und das von beiden Teams durchgeführte Community-Management.

Im Krisenfall gilt es analog zur klassischen Pressearbeit, schnell und transparent zu informieren. Als vorbereitende Maßnahme haben die Kommunikationsverantwortlichen für das zentrale Social-Media-Monitoring ein Eskalationssystem eingeführt, das kritische sparkassenbezogene Beiträge im Social Web entsprechend identifiziert und kategorisiert. Zudem sind die Pressesprecher des DSGVs von Anfang an in die

Kommunikationsprozesse involviert, um Verzögerungen durch ausstehende Freigaben von Sprachregelungen zu vermeiden. Empfehlungen für das Verhalten im Krisenfall und klar definierte Kommunikationsprozesse sind dabei fester Bestandteil der Social-Media-Guideline, dazu werden die Mitarbeiter regelmäßig geschult.

Hinsichtlich des Community-Managements haben die Kommunikationsverantwortlichen 2015 einen Strategiewechsel vollzogen. Spürbar wurde dieser Wechsel etwa bei einem Schlagabtausch mit dem YouTube-Star @Kuchngeschmack, der sich in herablassender Form an die Sparkasse gewandt hatte. Die Reaktion des Community-Managements, die in einer ähnlichen Tonalität erfolgt ist, wurde schließlich von der Social-Media-Community gelobt und hat für mehr als 220 Interaktionen gesorgt. Im Gegenzug hat @Kuchngeschmack eine Schelte von anderen Mitlesern für seinen Tonfall erhalten.[116]

Eine weitere Entwicklung in der Social-Media-Kommunikation sind schnelle, aktive Reaktionen auf neue Gegebenheiten, die primär nicht im Zusammenhang mit der Sparkasse stehen. So hat die Postbank einen englischsprachigen Kunden auf Twitter gebeten, seine Service-Anfrage in deutscher Sprache zu formulieren, und wurde in den darauffolgenden Tagen mit negativer Kritik überhäuft. Die Sparkasse hat, als einer der ersten Kanäle, ein Kaltakquise-Angebot gemacht und den Kunden auf ihr englischsprachiges Angebot hingewiesen. Die Folge war unter anderem die positive Hervorhebung der Sparkasse im Handelsblatt, ZDF Heute sowie Werben & Verkaufen (W&V).

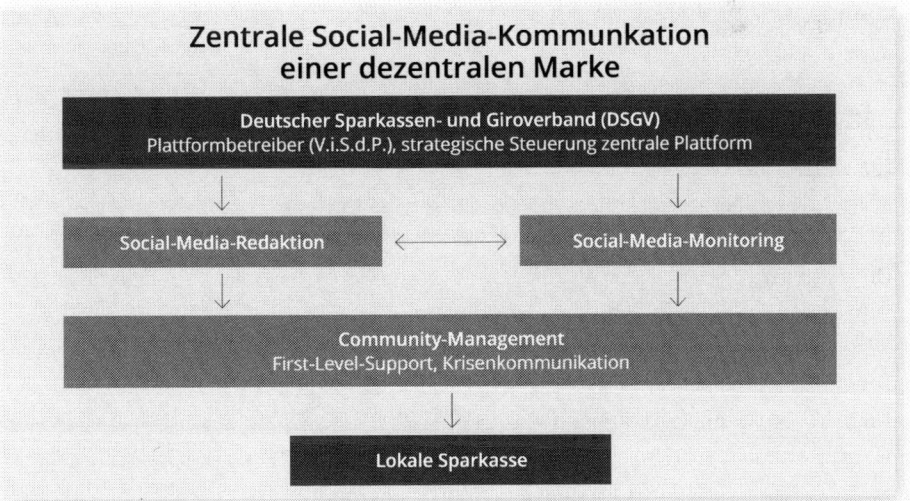

Abb. 22: Das Thema Social Media nimmt in der Organisation des Deutschen Sparkassen- und Giroverbandes einen zentralen Stellenwert ein (Quelle: In Anlehnung an Deutscher Sparkassen- und Giroverband, 2016).

---

116 Vgl. https://twitter.com/Kuchngeschmack/status/644226352435077120 (Letzter Zugriff: 25.11.2016)

7.7 Fallbeispiel II: Social Media im Wahlkampf
   (Thomas Geisel, Oberbürgermeister Stadt Düsseldorf)

Seit 15 Jahren standen in der nordrhein-westfälischen Landeshauptstadt Düsseldorf alle Zeichen auf Schwarz. 2008 stimmten bei der Oberbürgermeisterwahl fast 60 Prozent der Bevölkerung für den CDU-Amtsinhaber Dirk Elbers. 2014 ist die Stadt wirtschaftlich stark und schuldenfrei. Es gibt kaum einen Zweifel daran, dass der Rheinländer Dirk Elbers wiedergewählt wird. Sein Herausforderer Thomas Geisel (SPD) ist der Öffentlichkeit weitestgehend unbekannt.

Mit einer außergewöhnlichen Wahlkampfkampagne punktet der gebürtige Schwabe Geisel bei der Düsseldorfer Bevölkerung und zwingt den Oberbürgermeister bei der Kommunalwahl im Sommer 2014 in die Stichwahl. Dirk Elbers kommt bei der Stichwahl auf 40,8 Prozent der Stimmen, Thomas Geisel auf 59,2 Prozent. Mit der unerwarteten Abwahl von Elbers hat die CDU ihre letzte Bastion unter den zehn größten Städten Deutschlands verloren. Der überraschende Wahlsieg von Thomas Geisel war das Ergebnis harter Arbeit seines siebenköpfigen Wahlkampfteams und nicht zuletzt auf eine professionelle Social-Media-Strategie zurückzuführen.

Zu Beginn des Wahlkampfes Anfang 2013 hätte die Ausgangslage nicht unterschiedlicher sein können: Der unbekannte Thomas Geisel, Nicht-Düsseldorfer, Manager und politischer Newcomer ohne Wahlkampferfahrung stand dem stadtbekannten Düsseldorfer „Jong" Dirk Elbers, langjähriger Polit-Profi und bestens vernetzt in der nordrhein-westfälischen Wirtschaft und Landespolitik, gegenüber.

Das Wahlkampfteam von Thomas Geisel stand vor der Aufgabe, den bis dato unbekannten Schwaben in der Düsseldorfer Bevölkerung bekannt zu machen und ihn als adäquaten Nachfolger von Oberbürgermeister Dirk Elbers zu positionieren. Das Ziel bestand darin, die Wähler so zu erreichen, dass sie den Machtwechsel herbeiwünschen.

Die Wahlkämpfer konzipierten dazu eine crossmediale 360-Grad-Kampagne. Das Leitmedium war das Wahlplakat. Es wurden Bilder und Themen aufgegriffen, über die Bürger und Medien auf der Straße und in den sozialen Netzwerken diskutierten, zum Beispiel die Wohnungsnot in der Landeshauptstadt oder der marode Zustand der Düsseldorfer Schulen. Das Schlüsselbild war der Kandidat als Düsseldorfer Radschläger. Zur kurzen Erklärung: Der Radschläger ist ein traditioneller Brauch, der unter anderem an der Schlacht von Worringen festgemacht wird. Graf Adolf hatte in der Schlacht 1288 den Kölner Erzbischof geschlagen und die Leute sind vor Freude auf die Straße gelaufen und haben Räder geschlagen. Seitdem gilt der Radschläger als identitätsstiftendes Symbol und Wahrzeichen der Stadt Düsseldorf. Das Motiv mit Radschläger Geisel wurde von der Öffentlichkeit als besonders authentisch empfunden, zumal Geisel leidenschaftlicher Marathonläufer ist.

Mit der Website www.thomas-geisel-2014.de schufen Geisels Wahlkampfhelfer eine wichtige Dialog-Plattform, die sich während des Wahlkampfs als einer der Erfolgsfaktoren erwies. Während sich Elbers Wahlkampfteam bei der Realisierung seines Online-Auftrittes an die Corporate-Design-Vorgaben der Partei halten musste, war Geisels Wahlkampfteam frei in der Gestaltung.

Neben einer emotionalen Bildsprache und übersichtlichen Navigation lag der Fokus auf dem direkten Dialog mit der Bevölkerung. Auf der Website konnten die Bürgerinnen und Bürger direkten Kontakt mit dem Kandidaten aufnehmen. Thomas Geisel meldete sich in Form von Videobotschaften in regelmäßigen Abständen anlassbezogen zu Wort und bezog die Bürgerinnen und Bürger in seine Wahlkampfkampagne mit ein. Unter dem Motto „Düsseldorf für Thomas Geisel" konnten Interessierte unabhängig von ihrer parteipolitischen Zugehörigkeit mit ihrem Gesicht und ihrer Botschaft die Kampagne unterstützen. Dazu rief Geisel auf YouTube in 15 Sprachen zur Kommunalwahl auf.

Oberstes Ziel war es, den fünffachen Familienvater als so bürgernah wie möglich zu präsentieren. Dazu initiierten die Wahlkampfhelfer die Aktion „Sag's Geisel Tour", für die sich Interessierte mit ihrem Anliegen auf seiner Website bewerben konnten. Jeden Mittwoch war Thomas Geisel im Düsseldorfer Stadtgebiet unterwegs, um die Menschen vor Ort kennenzulernen und sich mit ihren Bedürfnissen und Forderungen direkt auseinanderzusetzen. Dabei wurden verschiedene Probleme wie das Fehlen von Kindertagesstätten, gefährliche Verkehrsbrennpunkte oder die Verwahrlosung öffentlicher Einrichtungen und Plätze thematisiert. Im roten Mini holte Geisel die Bewerber stets persönlich ab und brachte sie nach dem Vor-Ort-Termin wieder nach Hause.

Um die potenziellen Wähler zu Hause zu erreichen, veranlasste das Wahlkampfteam auch themenbezogene Postverteilaktionen. Gab es in Düsseldorf irgendwo ein drängendes Problem, dann wurden die Bewohner der betroffenen Stadtteile mittels Postwurfsendung zur Infoveranstaltung mit dem Oberbürgermeisterkandidaten eingeladen. So setzte sich Thomas Geisel für den Erhalt des Fortuna-Büdchens ein. Der Kiosk am Rheinufer ist seit über 25 Jahren ein beliebter Treffpunkt für Jung und Alt, besonders vor und nach den Heimspielen des heimischen Fußballklubs Fortuna Düsseldorf. Das Fortuna-Büdchen stand aufgrund von Plänen zum Ausbau des Rheinufers Anfang 2014 vor dem Abriss. Gemeinsam mit Fortunas Teambetreuer Aleks Spengler und Fußball-Reporter Manni Breuckmann traf sich Geisel mit besorgten Fußballfans vor Ort und unterstützte eine Petition für den Erhalt des Kult-Treffs. Innerhalb einer Woche kamen knapp 2.000 Stimmen zusammen, die Pläne zum Abriss wurden eingestellt.

Mit diesen auf die Düsseldorfer Stadtteile zugeschnittenen, anlassbezogenen Treffen punktete Geisel bei vielen Wählern, die sich von der Politik über Vorhaben vor ihrer Haustür nicht mitgenommen fühlten. Diese und weitere Aktivitäten wurden kontinuierlich über Geisels eigene Kanäle und Plattformen (Website, Twitter, Facebook,

YouTube) kommuniziert. Hinzu kamen öffentlichkeitswirksame Auftritte, wie zum Beispiel im Düsseldorfer Karneval: Thomas Geisel erschien Weiberfastnacht als Charlie Chaplin, seine Ehefrau Vera als Marlene Dietrich mit Hotpants und Netzstrümpfen. Die lokale Boulevardpresse fragte: „Wie sexy darf der Wahlkampf sein?"[117] Auch diese Aktion bescherte Thomas Geisel weitere Sympathiepunkte in der Bevölkerung.

Im Frühjahr 2014 war nach 15 Jahren CDU-Bürgermeisterschaft die Wechselstimmung in Düsseldorf spürbar. Dirk Elbers vergaloppierte sich verbal nicht nur auf dem Kreisparteitag („Im Ruhrgebiet möchte ich nicht überm Zaun hängen") und zog den Spott der Nachbarstädte auf sich, sondern auch im Social Web: Er suspendierte zehn Feuerwehrmänner, die sich via Facebook kritisch zu nicht gezahlten Überstunden äußerten. Mit der Freistellung erntete Elbers den Spot der Netzgemeinde, da ein Großteil der Bevölkerung seine Entscheidung für überzogen hielt. Angesichts des öffentlichen Druckes zog er die Suspendierung wenig später zurück, aber der dadurch erlittene Imageverlust blieb.

Die Geisel-Sympathisanten hingegen gründeten, bewegt von der Wechselstimmung in der rheinischen Landeshauptstadt, die Facebook-Gruppe „Unser Veedel für Düsseldorf". Die Bilanz: Fast 700 Facebook-Freunde, potenzielle Geisel-Wähler, haben in der heißen Endphase des Wahlkampfs mehrere tausend Mal die Seite geklickt und in der realen Welt ihr Kreuz beim SPD-Kandidaten gemacht. Zwischen der Oberbürgermeisterwahl am 25. Mai 2014 und der Stichwahl am 15. Juni 2014 hatte Geisel mehr als 30.000 Stimmen gutgemacht und mit knapp 60 Prozent und einem Vorsprung von 20 Prozent vor Elbers deutlich gewonnen.

Rückblickend waren die bürgernahe Ansprache und die offene, direkte Kommunikation mit der potenziellen Wählerschaft über die sozialen Medien ausschlaggebend für den Wahlerfolg. Geisel hat in einem Jahr fast 2.500 Termine absolviert, die er alle transparent auf seiner Website und über seinen eigenen Twitter-Kanal angekündigt hat und größtenteils crossmedial via Website und Facebook kommunikativ begleiten ließ. Geisel war immer ganz Ohr und bewegte sich stets auf Augenhöhe mit den Bürgerinnen und Bürgern. Mitentscheidend waren die breit angelegten Social-Media-Aktivitäten in der Endphase des Wahlkampfes, die auch Kurzentschlossene zur Stimmabgabe pro Geisel mobilisierten.

Geisel selbst legt den Fokus weiterhin auf eine transparente Kommunikation, indem er via Facebook und Twitter wöchentlich mit den Bürgern kommuniziert. Zudem hat er einen Blog („Was mich bewegt"), der auch als YouTube-Video veröffentlicht wird. Auf diesen Plattformen bezieht er regelmäßig Stellung zu einer Vielzahl von Themen,

---

117 Vgl. URL: http://www.express.de/duesseldorf/hotpants-diskussion--wie-sexy-darf-der-wahlkampf-sein-,2858,25877486.html (Letzter Zugriff: 04.12.2016).

welche die Bevölkerung bewegen: von der Diskussion um Flüchtlingsunterkünfte über anstehende Großveranstaltungen bis zur Debatte um politische Gehälter und Bezüge. Als erster Politiker in NRW veröffentlichte er nicht nur sein Monatsgehalt, sondern auch alle Nebeneinkünfte, was ein breites Medienecho hervorrief. So titelte unter anderem der Express: „Das verdient der Düsseldorfer OB wirklich."[118]

Im Sinne einer bürgernahen Politik steht Geisel der Düsseldorfer Bevölkerung auf seinen Social-Media-Plattformen und beim Stadtteilgespräch OB Dialog regelmäßig Rede und Antwort. All diese dialogorientierten Maßnahmen kommen in der Öffentlichkeit gut an. Nach einer Umfrage des Demoskopie-Institutes Mentefectum bewerteten 54 Prozent der Bevölkerung Geisels bisherige Arbeit mit eher gut bzw. sehr gut.[119]

Abb. 23: Im Dialog mit dem Bürger: Thomas Geisel, Oberbürgermeister der Stadt Düsseldorf, bei einer Bürgerversammlung im Düsseldorfer Stadtteil Reisholz (Quelle: Stadt Düsseldorf, 2017).

---

118 Vgl. URL: http://www.express.de/duesseldorf/gehaltszettel-veroeffentlicht-das-verdient-der-duesseldorfer-ob-wirklich-23505016-seite2 (Letzter Zugriff: 21.11.2016).
119 Vgl. URL: http://www.rp-online.de/nrw/staedte/duesseldorf/thomas-geisel-in-duesseldorf-beliebt-cdu-kompetent-aid-1.5712590 (Letzter Zugriff: 24.11.2016).

Zusammenfassung

›) Social Media ist längst nicht mehr ein Trendthema, sondern fester Bestandteil des Kommunikations- und Marketing-Mix vieler Unternehmen. Für die erfolgreiche Einführung sind folgende Schritte erforderlich: Analyse des Status quo, die Festlegung der Ziele, Zielgruppen und Verantwortlichkeiten sowie die Auswahl an zielgruppenspezifischen und adressatengerechten Themen und Social-Media-Plattformen.

›) Die Social-Media-Plattformen sollten nicht einzeln, sondern im Zusammenspiel miteinander betrachtet werden, da sich die Stakeholder über verschiedene Kanäle hinweg bewegen. Dies bedarf jedoch ausreichend personeller Kapazitäten. Ansonsten ist ein Auftritt auf einer Plattform zielführender als auf mehreren Kanälen, der mangels Ressourcen nicht professionell und kontinuierlich betrieben werden kann. Darüber hinaus empfiehlt sich die Erstellung einer Guideline, die verbindliche Spielregeln für den Umgang mit Social Media festlegt.

›) Alle Social-Media-Aktivitäten werden nicht einmalig durchgeführt, sondern sie müssen kontinuierlich erfolgen. Werden eigene Profile erstellt, aber nicht gepflegt, hat dies in der Regel negative Auswirkungen auf die Unternehmensreputation.

›) Der Erfolg von Social Media lässt sich in Form eines Monitorings (Früherkennung von Themen und Influencern) und einer Analyse (Auswertung und Konkurrenzbeobachtung) messen. In der Praxis gibt es (noch) kein einheitliches Controllingsystem, so dass derzeitig verschiedene Tools (Brandwatch, SocialBench, Twitter Analytics etc.) zum Einsatz kommen.

8. Erfolgreiche Marken: Die Rolle der Kommunikation

Weltweit gibt es inzwischen acht Millionen registrierte Marken, die sich in den Köpfen der Verbraucher verankern möchten. Allein in Deutschland kämpfen rund 69.000 Marken mit durchschnittlich 3.000 Botschaften täglich um entsprechende Aufmerksamkeit, aber nur 52 davon werden von den Bezugsgruppen wahrgenommen.[120]

Mit welchen Konzepten und Strategien lässt sich der Erfolg einer Marke sichern? Ist die Weiterempfehlungsbereitschaft der zentrale Indikator für die Kundenbindung? Trägt die fortlaufende Optimierung und Steigerung von Produktqualität und Kundenservices dazu bei? Oder gibt es eine andere Steuerungsgröße für eine effiziente, nachhaltige Markenkommunikation? Und welche Rolle spielt dabei die Kommunikation?

Angesichts der digitalen Informationsflut wird die Aufmerksamkeitsspanne der Verbraucher immer kürzer, dazu werden die Marken immer austauschbarer, so dass eine trennscharfe Positionierung zum Wettbewerber umso wichtiger ist. Nur wer sich mit seinen Kunden und deren Bedürfnissen intensiv auseinandersetzt und sein Angebot konsequent darauf ausrichtet, wird sich im Wettbewerb um die Gunst des Verbrauchers behaupten können. Die Stärkung und Profilierung der Marke bewährt sich insbesondere in wirtschaftlich schwierigen Zeiten. Besitzt die Marke ein nachhaltig positives Image, können Absatzprobleme einzelner Produkte leichter kompensiert werden. Ihre Wahrnehmung in der Öffentlichkeit zahlt maßgeblich auf den Unternehmenserfolg ein. Wie sagte Amazon-Boss Jeff Bezos einmal: „Eine Marke ist das, was andere über Sie sagen, wenn Sie nicht im Raum sind."[121]

Die Marketing- und Kommunikationsverantwortlichen sollten es aber nicht nur anderen überlassen, was über ihr Unternehmen und die Marke erzählt wird. Es bedarf einer strategischen Kommunikation, die einen emotionaleren Zugang zur Marke ermöglicht. Es gilt, die Kunden zu Fans des Unternehmens zu machen, indem das Unternehmen die zentralen Bedürfnisse seiner Kunden besser bedienen kann als jeder Wettbewerber und somit eine gefühlte Monopolstellung in ihren Köpfen einnimmt.[122]

8.1 Begriffsbestimmung

In der Marketing-Literatur findet sich eine Vielzahl an Definitionen, die sich je nach Sichtweise, Art und Umfang unterscheiden. Häufig vorzufinden sind insbesondere der juristische, der klassische merkmalsorientierte sowie der wirkungsbezogene definitorische Ansatz.

---

120 Vgl. Deutsches Patent- und Markenamt (2016), S. 17. ff.
121 Purkiss / Royston-Lee (2009), S. 2.
122 Becker / Daschmann (2015), S. 132.

Aus juristischer Sicht ist eine Marke ein rechtlich geschütztes Herkunftszeichen. Nach der klassischen merkmalsbezogenen Sicht kann eine Marke als Qualitätssiegel interpretiert werden. Demnach ist sie ein Kennzeichen, das dem Verbraucher eine gleichbleibende Produktqualität garantieren soll.

Eine Marke ist jedoch mehr als eine juristische Abgrenzung oder ein Qualitätssiegel. Im Marketing hat sich der wirkungsbezogene Ansatz etabliert. Grundgedanke dieses Markenverständnisses ist die subjektive Wahrnehmung einer Marke im Kopf des Konsumenten, die ein unverwechselbares Bild von einem Produkt oder einer Dienstleistung vermittelt. Dabei bietet eine starke Marke aber wesentlich mehr als eine reine Produktleistung. Sie strahlt Orientierung und Vertrauen aus und ermöglicht dem Unternehmen, sich von den Wettbewerbern zu differenzieren.[123]

In diesem Zusammenhang muss auch der Begriff der Marken-PR berücksichtigt werden, die neben der Produktpolitik, Kontrahierungspolitik und Distributionspolitik unter der Bezeichnung Kommunikationspolitik die vier Säulen der Marktbearbeitung abbildet. Unter der Kommunikationspolitik versteht Heribert Meffert „(...) die systematische Planung, Ausgestaltung, Abstimmung und Kontrolle aller Kommunikationsmaßnahmen des Unternehmens im Hinblick auf alle relevanten Zielgruppen, um die Kommunikationsziele und damit die nachgelagerten Marketing- und Unternehmensziele zu erreichen"[124]. Hiermit wird der Zugehörigkeitsbereich der Marken-PR deutlich, nämlich die Kommunikation mit Marktpartnern, die in der Regel das Marketing verantwortet.

Peter Szyska definiert die Marken-PR als „(...) Teil der Kommunikationsarbeit eines Unternehmens, der sich mit dessen Produkten und deren zentralen oder relevanten Leistungsmerkmalen beschäftigt, um diese im potenziellen Absatzmarkt und dessen Marktumfeld bekannt zu machen, um diese möglichst eigenständig und positiv besetzt zu profilieren und zu positionieren"[125]. Dies impliziert, dass sich die Kommunikation an der Marke auszurichten hat, zum Beispiel durch die Umsetzung einer Dachmarkenstrategie, indem das Unternehmen seine Produkte unter einem einheitlichen Markennamen verkauft, der in der Regel der Name des Unternehmens selbst ist.

8.2 Identität einer Marke

Unzählige Marken stehen heute für Qualität, Innovation und Kundenorientierung und damit nicht allein. Umso mehr kommt es auf Alleinstellungsmerkmale an, die den Verbraucher zum Fan einer Marke werden lassen und dem Unternehmen einen dauerhaften

---

123 Vgl. Meffert / Burmann / Kirchgeorg (2015), S. 325.
124 Ebd., S. 569.
125 Szyska (2001), S. 7.

Wettbewerbsvorteil gegenüber der Konkurrenz bescheren. Ist dieser Wettbewerbsvorteil so prägnant und unterscheidbar, dass er ein Unternehmen bzw. eine Marke unverwechselbar macht, spricht man im Marketing auch von Unique Selling Proposition (USP).

Doch was macht erfolgreiche Marken aus? Welche Vorteile bieten sie gegenüber der Konkurrenz? Und wie können sie sich auf dem hart umkämpften Markt langfristig behaupten? Gerade in gesättigten Märkten haben viele Unternehmen Schwierigkeiten, einen klaren Wettbewerbsvorteil zu erreichen. Umso wichtiger ist es, dass diese Unternehmen sich durch einen starken Kommunikationsvorteil, die sogenannte Unique Advertising Proposition (UAP), von der Konkurrenz unterscheiden. Der UAP ersetzt dabei niemals den USP, sondern dient als Alternative und gleichzeitige Unterstützung des USPs. Fehlt der USP, dann muss der UAP umso stärker sein.

Die UAP schafft dabei eine emotionale, aber keine reale Alleinstellung. Beispiele hierfür sind leicht wahrnehmbare Erkennungszeichen wie der Mercedes-Stern, die drei Streifen von Adidas, der Apfel von Apple oder einprägsame Markenclaims wie „Nichts ist unmöglich" (Toyota), „Vorsprung durch Technik" (Audi) oder „Haribo macht Kinder froh und Erwachsene ebenso" (Haribo).

Es geht darum, wie die Marke von den Verbrauchern wahrgenommen wird und wie nachhaltig sie sich in deren Bewusstsein manifestiert und zu einer Kaufentscheidung beiträgt. Hierfür ist es wichtig, die Identität der Marke zu definieren und die Merkmale herauszuarbeiten, die letztendlich ihren Charakter ausmachen sollen. Dabei gilt es, auch zu analysieren, wie gut die Markenidentität zur Zielgruppe passt. Denn selbst wenn die Marke die wesentlichen Bedürfnisse erfüllt, ist dies noch keine Garantie, dass sich die Verbraucher mit einer Marke identifizieren.

Auf der Grundlage der sozialwissenschaftlichen und psychologischen Identitätsforschung lassen sich sechs Komponenten identifizieren, die eine umfassende Beschreibung der Markenidentität ermöglichen:[126]

1. Markenherkunft: Sie bildet das Fundament der Markenidentität, indem sie die Frage „Woher kommen wir?" beantwortet. Für die Markenführung ist diese Frage von hoher Relevanz, da eine Marke von den Verbrauchern zunächst im Kontext ihres Ursprungs wahrgenommen und interpretiert wird. Sie ist eng mit der Historie einer Marke verbunden. Im Unterschied zur Markenhistorie greift die Markenherkunft einzelne Facetten der Markengeschichte heraus und betont diese mittels verschiedener Kommunikationsmaßnahmen in besonderer Weise. Sie basiert auf drei unterschiedlichen Facetten: der räumlichen Herkunft, der Unternehmensherkunft und der Branchenherkunft.

---

126 Vgl. Burmann / Halaszovich / Schade / Hemmann (2015), S. 41 ff.

2. Markenkompetenz: Sie repräsentiert das Leistungsspektrum und die Qualität der Produkte und Dienstleistungen (Was können wir?) sowie das Selbstverständnis des Unternehmens (Woran glauben wir?).

3. Art der Markenleistungen: Hierbei werden die grundsätzliche Form sowie der funktionale Nutzen festgelegt, den ein Produkt oder eine Dienstleistung dem Verbraucher gegenüber erbringen soll (Welche Vorteile bieten wir?).

4. Markenvision: Sie gibt die langfristige Positionierung einer Marke vor (Wohin wollen wir?). Hierfür sollte ein Zeithorizont von fünf bis zehn Jahren avisiert werden. Die Markenvision dient der Sicherstellung eines unternehmensweiten, mit den Markenzielen konformen Handelns. Sie bezieht sich dabei unter anderem auf die zu erschließende Zielgruppen, ihre Verhaltensweisen und die Differenzierungsmerkmale gegenüber dem Wettbewerber.

5. Markenwerte: Sie bilden die symbolische Essenz der Markenidentität und bringen wichtige emotionale Komponenten der Markenidentität zum Ausdruck. Fokussiert auf wenige Aussagen sollen sie einen Bezug zu dem durch die Marke versprochenen Nutzen aufweisen.

6. Markenpersönlichkeit: Hierbei wird die angestrebte Soll-Persönlichkeit der Marke definiert, die beschreibt, was der Verbraucher mit der Marke verbinden soll. Sie findet ihren Ausdruck im verbalen und nonverbalen Kommunikationsstil einer Marke (Wie kommunizieren wir?).

Mit Blick auf die Glaubwürdigkeit einer Marke ist ein hoher Fit zwischen den Markenleistungen und den übrigen Komponenten der Markenidentität wichtig, da eine Marke von den internen und externen Stakeholdern stets ganzheitlich wahrgenommen wird.

8.3 Image einer Marke

Unter dem Markenimage wird die Marke aus Sicht des Verbrauchers verstanden. Es ist das Ergebnis der individuellen Wahrnehmung der Marke durch die Stakeholder. Je stärker eine Marke bei ihnen verankert ist, umso mehr Attribute können sie von ihr benennen. Und wenn die Marke für einen gesamten Produkttyp steht, haben die Marketing- und Kommunikationsverantwortlichen das Optimum erreicht. Als Beispiele seien hier Synonyme wie Tempo für Taschentuch, googeln für die Internetsuche oder Tesa für Klebeband zu nennen.

Die Grundvoraussetzung für die Bildung eines Markenimages ist die Markenbekanntheit, welche die Fähigkeit potenzieller Nachfrager misst, sich an eine Marke zu erinnern

(Brand Recall) oder diese nach akustischer oder visueller Stützung wiederzuerkennen (Brand Recognition) und diese Kenntnisse einer Produktkategorie zuzuordnen. Synonym wird hier auch von einer gestützten Markenbekanntheit gesprochen.

Das Image einer Marke wird unter anderem durch nachfolgende Faktoren beeinflusst und geprägt:[127]

-) Kultur: Die Kultur zählt zu den wichtigsten Einflussgrößen für den Gesamtauftritt eines Unternehmens und seiner Marke, da sie in vielfältiger Weise in Einstellungen, Verhaltensmustern und Prozessabläufen Ausdruck findet. Ihre Bedeutung wird besonders deutlich, wenn beispielsweise im Zuge von Fusionen verschiedene Kulturen aufeinandertreffen und zusammengeführt werden müssen.

-) Verhalten: Damit ist das Handeln eines Unternehmens gemeint, zum Beispiel der Gesamtauftritt, Aktivitäten zum Thema Umweltschutz und zur Nachhaltigkeit, die soziale Verantwortung gegenüber den eigenen Mitarbeitern oder das individuelle Verhalten eines einzelnen Mitarbeiters in der Öffentlichkeit.

-) Produkte und Dienstleistungen: Sie sind sozusagen die physische Grundlage einer Marke, also der Gegenstand, der zum Verkauf ansteht und dem das Markenversprechen standhalten muss. Außerdem werden durch sie die Markenpositionierung und das Markenversprechen greifbar und erlebbar.

-) Märkte und Kunden: Sie umfassen alle Bedingungen, Zielsetzungen und Strategien, die sich auf den Markt beziehen oder aus ihm resultieren, zum Beispiel Kommunikations- und Marketingstrategien oder der Stand der technologischen Entwicklung. Nur Unternehmen, die ihre Kunden und Märkte wirklich kennen, werden nachhaltig erfolgreich sein.

-) Design: Das Design umfasst alle visuellen Erscheinungsformen eines Unternehmens oder einer Marke: von Logo, Schriftart und Schriftgröße über Produktgestaltung und Verpackung bis hin zu Webauftritt und Publikationen. Ein stringentes einheitliches Design als Wiedererkennungseffekt ist dabei unerlässlich.

-) Kommunikation: Hierunter ist die Vermittlung von Botschaften nach innen und nach außen zu verstehen, welche in sich stimmig, konsistent und eindeutig sein muss. Mit Blick auf den Aufbau eines stimmigen Unternehmens- und Markenbildes muss die Kommunikation mit den anderen Dimensionen vernetzt sein.

---

127 Vgl. Burmann / Halaszovich / Schade / Hemmann (2015), S. 41 ff.

Eine weitere wichtige Einflussgröße ist der Sound einer Marke: die Musik. Während ein Großteil der Marketing- und Kommunikationsverantwortlichen sich den Kopf über die Bedeutung von Content-Marketing zerbricht, wird mit Musik ein wesentlicher Content vernachlässigt. Bei Kampagnenbriefings erstellen Agenturen und Unternehmen Styleguides und definieren Markenkerne, aber eine Strategie für Audio und Musik wird in der Regel nicht festgelegt. Dabei ist Musik allgegenwärtig, gerade in der digitalen Welt. So binden 40 Prozent aller Social-Media-Nutzer Musik in ihre persönlichen Profile ein.[128]

Vor dem Hintergrund, dass Musik auf unvergleichbare Art zur Emotionalisierung einer Marke beiträgt, muss sie meines Erachtens ebenfalls als elementarer Bestandteil der Markenpositionierung begriffen werden. Denn sie zahlt auf die wesentlichen Erfolgsfaktoren des Storytellings ein: Emotion, Dialog, Exklusivität und Erlebnis. Ein Beispiel hierfür ist die Supergeil-Kampagne von Edeka. Der schräge Song des Berliner Künstlers Friedrich Liechtenstein hat die damals etwas eingestaubte Marke Edeka neu belebt. Die Musik bildete die Basis für ein unterhaltsames, digitales Storytelling über alle Kanäle hinweg und gab der Marke eine neue emotionale Identität. Der Beweis dafür waren Millionen Abrufe des YouTube-Videos und eine hohe mediale Resonanz über mehrere Wochen hinweg.

Es ist aber nicht allein damit getan, einen Song einzusetzen, der dem aktuellen Zeitgeist entspricht, sondern er muss in die langfristige Markenstrategie und -positionierung integriert werden. Die Musik muss auf authentische Art und Weise die Persönlichkeit und die Werte einer Marke vermitteln. Dazu müssen die Kommunikationsverantwortlichen den Eindruck vermitteln, dass ihr Unternehmen wie kein zweites die Bedürfnisse der Kunden erfüllt. Nur so wird eine Austauschbarkeit vermieden und eine wahrnehmbare Einzigartigkeit der Marke im Vergleich zur Konkurrenz geschaffen.

8.4 Positionierung einer Marke

Eine Markenpositionierung bedeutet mehr als die bloße Bekanntmachung einer Marke. Um beim Verbraucher das gewünschte Markenimage langfristig aufzubauen, sind Kenntnisse sowohl über die Markenidentität als auch über das vorhandene Markenimage von Bedeutung.

Man muss mit einem kurzen und prägnanten Satz sagen können, wofür eine Marke steht, was sie von Wettbewerbern abgrenzt und warum Kunden die eigene Marke präferieren sollen. Es geht wie eingangs erwähnt um die dauerhafte und profitable Alleinstellung der Marke im Wettbewerb durch die Schaffung eines einzigartigen USPs.

---

128 Vgl. Stickelbrucks (2016), S. 30 ff.

Hinsichtlich der Markenpositionierung müssen folgende Spielregeln Berücksichtigung finden:[129]

- Kenntnis: Es gilt, den Vorstellungen der Verbraucher zu folgen, indem ihre Wünsche für die Markenpositionierung genutzt werden. Dies setzt voraus, dass man seine Kunden wirklich kennt. Ermöglicht wird dies durch repräsentative Befragungen oder tiefenpsychologische Interviews.

- Klarheit: Die Markenpositionierung muss selbsterklärend sein und darf den Verbrauchern keine komplexen Denk- und Lernleistungen abverlangen. Positionierungen, die sich nicht in einen Satz fassen lassen, sind ungeeignet. Vielmehr geht es um kurze, prägnante Slogans, die den Kern der Positionierung auf den Punkt bringen, zum Beispiel „Apple – think different" oder „Lidl ist billig".

- Glaubwürdigkeit: Was für die Kommunikation gilt, hat auch für das Marketing Bestand: Positionierungen, die von den Verbrauchern als unglaubwürdig eingestuft werden, sind zum Scheitern verurteilt. Ein Beispiel hierfür ist die Marke Phaeton von VW. Die Produktion der Luxuskarosserie wurde 2016 eingestellt. Dabei war der Phaeton nicht schlechter als ein Mercedes oder Jaguar, sondern die Marke VW fand in einem Luxusauto einfach keine glaubwürdige Entsprechung.

- Relevanz: Bei den potenziellen Verbrauchern muss ein relevantes Kaufmotiv angesprochen werden. Im Fokus stehen dabei unter anderem folgende Fragestellungen: Was genau ist an dem Produkt bzw. an der Dienstleistung für die Verbraucher von Wichtigkeit und hohem Interesse? Ist es der geringe Preis oder der besondere Service und die einfache Anwendbarkeit? Oder vielleicht der hohe soziale Status, der mit dem Produkt verbunden ist? Nur wenn ein relevantes Kaufmotiv gegeben ist, werden die Verbraucher zugreifen.

- Einfallsreichtum: Eine gute Positionierung erfordert entsprechende Kreativität. Es gilt, maßgeschneiderte Lösungen zu finden und neu zu denken. Das Produkt bzw. die Dienstleistung muss einzigartig positioniert sein, zum Beispiel über neue Vertriebswege (DHL-Flugdrohne oder Media-Markt-Lieferroboter) und andere Produktkategorisierungen (Duplo – die längste Praline der Welt). Je austauschbarer und unspektakulärer das eigentliche Produkt bzw. die Dienstleistung ist, desto mehr Kreativität ist bei deren Positionierung gefragt.

---

129 Vgl. Trommsdorf (2011), S. 21 ff.

›) Beharrlichkeit: Die kommunikative Durchdringung von Zielgruppen, Meinungsbildung und Imageaufbau benötigt Zeit und Geduld. Es bedarf nicht nur der treffenden Positionierung, sondern vor allem auch des Muts und der Geduld, das Produkt bzw. die Dienstleistung im Markt zu etablieren.

›) Differenzierung: Schlussendlich lässt eine gute Positionierung insbesondere die Qualität des Produktes bzw. der Dienstleistung als klar unterscheidbare Alternative im Markt erkennen. Ein Beispiel und Klassiker zugleich ist die Einführung des Audi Quattro in den 1980er Jahren gewesen. Damals galt Audi als durchschnittliche, etwas profillose Automobilmarke. Dies änderte sich mit dem Werbespot zur Vorstellung des Audi Quattro. Der Fernsehzuschauer sah den Wagen dank seines Vierradantriebes eine Skisprungschanze hochfahren. Von nun an stand Audi für Sportlichkeit und „Vorsprung durch Technik".

In diesem Zusammenhang sind auch die Vision, Mission und Werte des Unternehmens entscheidende Differenzierungsmerkmale zum Wettbewerber:

›) Vision: Die Vision ist die zukunftsgerichtete Aussage zu den Zielen eines Unternehmens oder einer Marke. Sie muss prägnant, klar und deutlich, motivierend, aber auch realistisch sein.

›) Mission: Die Mission beschreibt die Wege und Maßnahmen zur Zielerreichung. Sie bildet die Basis für die operative Umsetzung, da sie auf anschauliche Art und Weise vermittelt, wie die in der Vision definierten Ziele erreicht werden können.

›) Werte: Die Werte orientieren sich an der Vision und unterstützen die in der Mission festgelegten Maßnahmen zur Zielerreichung. Sie bestimmen das operative Handeln des Unternehmens und seiner Marke.

Diese drei Differenzierungsfaktoren Vision, Mission und Werte bilden den Kern der Markenpositionierung. Die Bestimmung der richtigen Position ist essenziell für den Markenerfolg, da sich daran die Umsetzung in konkrete Marketing- und Kommunikationsmaßnahmen anschließt. Dafür müssen Themenschwerpunkte und Anlässe geschaffen werden, in deren Umfeld sich die Marke auf einzigartige und emotionale Art und Weise präsentieren kann. Im Fokus stehen die Entwicklung und Vermittlung eines glaubwürdigen, einheitlichen und stringenten Markenbildes, das den Stakeholdern einen emotionalen Zugang zur Marke ermöglicht und dem Unternehmen einen langfristigen Wettbewerbsvorteil bietet.

8.5 Markenstrategien

Für eine erfolgreiche Markenführung bedarf es einer umfassenden und langfristig ausgerichteten Markenstrategie, welche in der Praxis mit einem Zeitraum zwischen drei und fünf Jahren ausgelegt ist.

Oberstes Ziel ist der Aufbau und die Steigerung des Markenwertes. Dieser kann sich bei Erreichung unter anderem in Form von Imagegewinn, Umsatzsteigerung oder steigender Internationalität äußern. Grundsätzlich gilt es, zwischen nachfolgenden Markenstrategien zu unterscheiden:

8.5.1 Einzelmarkenstrategie

Die Führung von Einzelmarken ist eine Markenstrategie, bei der das Produkt bzw. die Dienstleistung unter einer eigenen Marke angeboten wird. Jede Marke bedient dabei ein abgrenzbares Marktsegment und ist unterschiedlich positioniert. Der Firmenname erscheint meist nur als Hersteller des Produkts. Beispiele hierfür sind Ferrero mit seinen Marken Nutella und Hanuta oder Procter & Gamble mit Ariel und Pampers.

Der Vorteil der Markenstrategie liegt in der zielgruppenkonformen Profilierung. Nachteile sind der hohe finanzielle und zeitliche Aufwand zum Aufbau der Markenidentität einzelner Produkte. Gerade bei der Einführung neuer Marken auf gesättigten Märkten müssen Unternehmen ausdauernd sein, bis sich erste Erfolge und Erträge abzeichnen. Die Einzelmarkenstrategie findet am häufigsten im Konsumgütermarkt Anwendung.

8.5.2 Dachmarkenstrategie

Für Unternehmen mit einem sehr umfangreichen Produktsortiment ist es nicht sinnvoll, eine Einzelmarkenstrategie zu verfolgen. Gerade wenn einzelne Produkte ähnlich positioniert sind und die gleiche Zielsetzung verfolgen, empfiehlt sich die Führung dieser Produkte unter einer Dachmarke. Beispiele hierfür sind Philips (Beleuchtung, Fernseher, Rasierer) und Yamaha (Motorräder und Pianos).

Der Vorteil einer Dachmarkenstrategie besteht darin, dass bei Neueinführungen von Produkten bereits ein Markenimage bei den Verbrauchern besteht, von dem die neue Marke pofitieren kann. Es wirkt sich zudem budgetschonend aus, da zum Beispiel Werbeaufwendungen auf alle Produkte des Unternehmens umgelegt werden können. Allerdings ist je nach Vielzahl und Unterschiedlichkeit der Produkte unter der Dachmarke eine klare Profilierung auf eine abgegrenzte Zielgruppe kaum möglich.

8.5.3 Familienmarkenstrategie

Die Familienmarkenstrategie umfasst bestimmte Produktgruppen unter einer einheitlichen Marke. Dabei ist es üblich, dass in einem Unternehmen mehrere Produktlinien nebeneinander mit unterschiedlichen Markennamen existieren. So können einzelne Produkte vom übergreifenden Markenimage profitieren, sofern sie ein einheitliches Markenversprechen kommunizieren. Ein Beispiel hierfür ist das Produktportfolio des Unternehmens Beiersdorf unter der Marke Nivea mit Körperpflegeprodukten wie Cremes, Duschgels oder Body Lotions.

Der Vorteil der Familienmarkenstrategie besteht darin, dass neue Produkte von dem bereits aufgebauten Markenbild und dem zentralen Image der Marke profitieren. Kannibalisierungseffekte werden abgefangen und Wechselabsichten zum Wettbewerber minimiert.

8.5.4 Strategien der Marken-PR

Mit Blick auf die kommunikative Positionierung einer Marke und Erreichung eines Kommunikationsvorteils (UAP) gegenüber den Wettbewerbern stehen den Unternehmen verschiedene Strategien zur Verfügung.

Hier eine Auswahl an strategischen Optionen für die Markenpositionierung:[130]

-) Relevanz-Strategie: Die Methoden, die sich auf eine dramatisierte Darstellung gewisser Produkteigenschaften stützen, die von den Verbrauchern vor der Neueinführung nur wenig wahrgenommen wurden, werden als Relevanz-Strategien bezeichnet. Ein Beispiel hierfür ist das Arzneimittel Granu Fink Femina, das durch Fernsehspots beworben wird. Ein bis dahin nur wenig wahrgenommenes Problem, die Blasenschwäche bei Frauen, wird in den medialen Fokus gerückt.

-) Inkonsistenz-Strategie: Diese Strategie basiert darauf, die Verbraucher auf ein mögliches Fehlverhalten hinzuweisen. So macht die Spee-Werbung vom Konsumgüterhersteller Henkel darauf aufmerksam, was passiert, wenn der Verbraucher nicht von Anfang an einen Fleckenreiniger für seine dreckige Wäsche benutzt. Dann lässt sich der Flecken nicht mehr entfernen.

---

130 Vgl. Dudenhöffer (1998), S. 56.

1) Konditionierungs-Strategie: Der Ansatz dieser Strategie vermittelt den Verbrauchern assoziativ, dass sie es in einer bestimmten Situation mit einem bestimmten Produkt zu tun haben. Eine Flasche Flensburger Pilsener in Verbindung mit dem typischen Plopp-Geräusch beim Öffnen der Flasche oder die bloße Form der Coca-Cola-Flasche, die in der Werbung inzwischen ohne Logo und Schriftzug auskommt, sind Beispiele für eine Konditionierungs-Strategie.

2) Affekt-Strategie: Das Ziel der Affekt-Strategie ist es, die Marke durch eine Emotionalisierung und Personalisierung zum Freund der Verbraucher zu machen. Klassische Beispiele hierfür sind der Marlboro-Mann, der Cowboy-Romantik, Abenteuer und Freiheit verkörpert, oder der Tech-Nick, der bei der Shoppingtour durch den Elektronikmarkt Saturn als kompetenter Kundenberater fungiert. Neben diesen Kunstfiguren stellen auch Prominente wie George Clooney (Nespresso), Dirk Nowitzki (ING-DiBa) oder Jürgen Klopp (Opel) wirksame Markenpersönlichkeiten dar, die zur Steigerung der Bekanntheit sowie zur Positionierung und emotionalen Aufladung der Produkte bzw. Dienstleistungen beitragen.

Wichtigste Voraussetzung für eine erfolgreiche Markenführung ist letztendlich die Akzeptanz der jeweiligen Strategie auf allen Unternehmensebenen. Dafür muss die Strategie immer wieder überprüft und an die aktuellen Bedürfnisse der Verbraucher angepasst werden.

Abb. 24: Ein klassisches Beispiel für die Konditionierungsstrategie ist das Fotomotiv Togetherness von Coca-Cola, das von der dpa-Tochter news aktuell als PR-Bild des Jahres ausgezeichnet wurde (Quelle: fischer Appelt, relations, 2015).

8.6 Instrumente der Marken-PR

Die Marken-PR umfasst neben den bereits vorgestellten Medien der Internen und Externen Kommunikation eine Vielzahl weiterer Instrumente, die der Marke eine Identität verleihen. Im Fokus stehen dabei eine klare Markenführung, Emotionalität und Content-Marketing auf allen relevanten Kanälen, die dazu beitragen, dass eine Marke verinnerlicht wird und die Verbraucher langfristig an sie gebunden werden.

In diesem Zusammenhang wird zwischen der sogenannten Above-the-Line-Kommunikation (deutsch: über der Linie) und Below-the-Line-Kommunikation (deutsch: unter der Linie) unterschieden. Die Below-the-Line-Kommunikation liegt zumeist unterhalb der Wahrnehmungsschwelle (Linie) und wird von der anvisierten Zielgruppe häufig nicht als Werbung erkannt, während die Above-the-Line-Kommunikation bewusst als Werbung empfunden wird.[131]

Die Above-the-Line-Kommunikation umfasst Kommunikationsmaßnahmen, die sich an eine schwer zu definierende Zielgruppe richtet, auf die nicht individuell eingegangen werden kann. Die Kommunikation erfolgt über die klassischen Massenmedien Zeitungen, Zeitschriften, TV, Hörfunk und Außenwerbung (Out-of-Home), die aufgrund ihrer großen Reichweite nach wie vor zu den bedeutendsten Instrumenten der Marken-PR gehören. Neue Medien wie Social Media verdrängen dabei nicht die klassischen Werbeträger, sondern werden zusätzlich genutzt, wie unter anderem die Umfrage von SevenOne Media (siehe Kapitel 7.3) belegt.

Die Below-the-Line-Kommunikation umfasst hingegen Kommunikationsmaßnahmen, die sich meist persönlich und direkt an eine bestimmte Zielgruppe richten. Die Kommunikation erfolgt unter anderem durch Verkaufsförderung (Sales Promotions am POS), Direktmarketing, Messen und Ausstellungen, Sponsoring, Eventmarketing, Product Placement und Guerilla-Marketing.[132]

Der Einsatz dieser beiden Kommunikationsformen ist abhängig von der jeweiligen Zielgruppe und bietet je nach Medium unterschiedliche Möglichkeiten der kommunikativen Ansprache. Nachfolgend eine Auswahl an Instrumenten aus beiden Kategorien, die auf die Markenpositionierung und Absatzförderung einzahlen.

---

131 Vgl. Meffert / Burmann / Kirchgeorg (2015), S. 586 ff.
132 Vgl. ebd.

8.6.1 Zeitungen und Zeitschriften

Die ältesten Werbeträger der Marken-PR lassen sich nach der Erscheinungshäufigkeit (Tages- oder Wochenzeitungen), nach ihrem regionalen Bezug (regional oder überregional) und nach ihrer Vertriebsart (Abonnement oder Kauf von Einzelexemplaren) differenzieren. Bei Zeitungen steht primär die Aktualität der Information im Vordergrund, so dass sich hier eine informierende und argumentierende Werbung anbietet.

Die Vorteile der Zeitungs-Werbung liegen in ihrer kurzfristigen Disponierbarkeit und der Möglichkeit einer exakten zeitlichen Taktung, wohingegen die begrenzten gestalterischen Möglichkeiten und die eingeschränkte Selektion von Zielgruppen als Nachteile zu nennen sind. Für einige Zeitungstitel lassen sich zwar grundsätzliche Lesertypen herausfiltern, eine genaue Zielgruppenansprache anhand demografischer und psychografischer Merkmale ist jedoch oft nur bedingt möglich. Zeitungen werden daher bei groß angelegten Marketing- und Kommunikationskampagnen seltener als Basismedium, sondern vielmehr als Zusatzmedium im Rahmen von kurzfristigen Schwerpunktaktionen (Ankündigungen von Events, Rabattaktionen etc.) genutzt. Darüber hinaus werden kostenlose Anzeigenblätter und Zeitungsbeilagen aufgrund ihrer im Vergleich zu Zeitungen oft erhöhten Reichweite und ihrer teilweise verbesserten Gestaltungsoptionen vermehrt als Werbeträger eingesetzt.

Die Publikumszeitschriften umfassen eine Vielzahl von Titeln, die in unterschiedlicher Aufmachung periodisch (wöchentlich oder monatlich) erscheinen und den Lesern ein spezifisches Informationsangebot unterbreiten, zum Beispiel in Form von Unterhaltung (Illustrierten), Information (Programmzeitschriften, Nachrichtenmagazinen) oder beidem. Der Großteil der Publikumszeitschriften richtet sich an eine relativ breit definierte Lesergruppe, was eine spezifische Zielgruppenansprache erschwert und zu Streuverlusten führen kann, da auch für das Unternehmen nicht relevante Personen mit der Werbebotschaft kontaktiert werden.

Neben den Publikumszeitschriften existieren sogenannte Special-Interest-Zeitschriften, die sich inhaltlich auf bestimmte Themenbereiche wie Mode, Sport und Essen konzentrieren. Dies ermöglicht eine zielgruppengenaue Werbeansprache und reduziert zugleich etwaige Streuverluste, die bei Zeitungen und Publikumszeitschriften gegeben sind.

8.6.2 Fernsehen und Hörfunk

Die TV-Werbung hat gegenüber den Printmedien den Vorteil, dass sie durch die Kombination mehrerer Sinneswahrnehmungen bei den Empfängern eine nachhaltigere Verankerung der Werbebotschaften erreicht.

Die Radio-Werbung ist hingegen dadurch gekennzeichnet, dass sie mit ungerichteter Aufmerksamkeit von den Empfängern eher beiläufig wahrgenommen wird. Dementsprechend dient das Medium primär der raschen Bekanntmachung von Werbe- und Produktbotschaften. Als Bestandteil einer Medienmixkampagne verfügt die Radio-Werbung über ein relativ hohes Aktivierungspotenzial, den Hörer zum Kauf zu bewegen.

Das Medium Fernsehen erfüllt hingegen sowohl die Unterhaltungs- als auch die Informationsbedürfnisse der Zuschauer. Die durchschnittliche Sehdauer pro Tag ist kontinuierlich von 183 Minuten im Jahr 1997 auf 223 Minuten im Jahr 2015 gestiegen. Damit besitzt das Fernsehen den größten Anteil am Medienzeitbudget.[133]

Die TV-Werbung ist insbesondere dazu geeignet, neben argumentierender Werbung vor allem die emotionalen Aspekte der Zuschaueransprache umzusetzen, beispielsweise um Erlebniswelten zu vermitteln und die Marke emotional aufzuladen. Dem stehen regulatorische Vorgaben gegenüber, die im Rundfunkstaatsvertrag (RStV) in den Paragraphen 15, 16, 44 und 45 festgelegt sind:[134]

- ›) Die Werbung muss zusammenhängend in einem Block gesendet werden. Einzelne TV-Spots sind eine Ausnahme (Blockwerbegebot).

- ›) Der zeitliche Abstand zwischen Werbeblöcken muss mindestens 20 Minuten betragen.

- ›) Die öffentlich-rechtlichen Sender dürfen täglich maximal 20 Minuten Werbung senden, nach 20 Uhr und an Sonn- und Feiertagen gar nicht. Private Fernsehsender dürfen höchstens 15 Prozent der täglichen Sendezeit mit reiner Werbung belegen.

Diese gesetzlichen Regelungen haben dazu geführt, dass sich in den vergangenen Jahren verschiedene Sonderwerbeformen entwickelt haben. Ihre Bandbreite ist besonders im Fernsehbereich groß, die Möglichkeiten der Umsetzung sind vielfältig. Hier eine Auswahl an Sonderwerbeformen:

- ›) Spotpremiere: Präsentation eines neuen Werbespots, der in das Programm eingebettet ist.

- ›) Cut In horizontal: Die Werbebotschaft wird als Rahmen parallel zum laufenden Programm eingeblendet.

---

133 Vgl. URL: https://de.statista.com/statistik/daten/studie/118/umfrage/fernsehkonsum-entwicklung-der-sehdauer-seit-1997/ (Letzter Zugriff: 14.11.2016).
134 Vgl. URL: http://www.dvtm.net/fileadmin/pdf/gesetze/13._RStV.pdf (Letzter Zugriff: 14.11.2016).

›) Cut In vertikal: Die Werbebotschaft wird als Werbesäule eingeblendet, die sich durch das gesendete Bild bewegt.

›) Pre/Abspann Split: Bei dem Pre Split handelt es sich um einen klassischen Werbespot, der im geteilten Bild zwischen dem Programm und der Werbung platziert wird. Der Abspann Split unterscheidet sich vom Pre Split dadurch, dass beim Abspann der redaktionelle Rahmen der Sendung (Darsteller, Regie, Produzenten etc.) gezeigt wird.

›) Countdown: Hierbei handelt es sich um den letzten Spot vor der Sendung im Voll- oder Teilbild mit digitalem Herunterzählen bis zum Beginn der Sendung.

›) Singlespot: Das Programm wird durch einen einzelnen Werbespot mit einem speziellen Trenner unterbrochen, beispielsweise im Vollbild, Teilbild oder in Kombination mit einem Countdown.

Darüber hinaus haben sich eigene TV-Formate wie Dauerwerbesendungen oder Teleshopping-Formate etabliert. Auch das sogenannte Programmsponsoring gehört zu den Sonderwerbeformen. Hierzu gehören unter anderem der Sponsortrailer zu Beginn (Opener), vor und nach den Werbeunterbrechungen (Reminder) und nach Abschluss (Closer) der Sendung sowie das Titelsponsoring, bei dem die Marke des Sponsors zugleich Teil des Namens der Sendung ist (Die SKL Millionen-Show oder der Volkswagen Doppelpass). Diese Sonderwerbeformen zur Steigerung der Markenbekanntheit werden genutzt, um die gesetzlichen Werberestriktionen zu umgehen.

8.6.3 Außenwerbung (Out-of-Home)

Die Out-of-Home-Medien haben in den vergangenen Jahren einen unübersehbaren Aufschwung erlebt. Ob LED-Boards, Citylights oder Multi-Screens an Flughäfen, Bahnhöfen oder Einkaufshäusern – die Digitalisierung schafft dabei ganz neue Formen der Markeninszenierung.

Mit Unterstützung von GPS und Apps ist es beispielsweise möglich, dass ein Junge auf einem bewegten Riesenplakat auf ein Flugzeug zeigt, das gerade über dem Werbeträger schwebt, und in die Reklamebotschaft des Reiseunternehmens gleich die Flugnummer eingearbeitet wird. Aufgrund solcher Konzepte werden personalisierte Erfahrungen zwischen der Marke und dem Konsumenten geschaffen. Dies zeigt, dass die Außenwerbung heute weitaus mehr ist als reine Plakatwerbung.

In der Werbeerinnerung belegen Out-of-Home-Medien aus Verbrauchersicht den zweiten Platz hinter der TV-Werbung, gefolgt von der Online-Kommunikation inklusive Social Media.[135]

Im Kontext von Out-of-Home-Medien wird zwischen Plakatwerbung, Digital Out-of-Home-Medien und Ambient-Medien unterschieden.

- ') Plakatwerbung: Die Plakatierung zählt zu den klassischen Standardwerbeformen der Out-of-Home-Medien. Zu den Plakatwerbeträgern gehören unter anderem Citylight-Poster und -Säulen, Panoramaflächen und Werbetürme. Inhaltlich stehen einfache und klare Botschaften und prägnante Bildinformationen im Vordergrund. Die Plakatwerbeträger eignen sich besonders zur direkten Unterstützung verkaufsbezogener Maßnahmen vor Ort.

- ') Digital Out-of-Home-Medien: Während die klassische Plakatwerbung nur Momentaufnahmen in Bildform vermittelt, erzielen die digitalen Out-of-Home-Medien durch den Einsatz von Bewegtbild eine emotionalere und aufmerksamkeitsstärkere Ansprache bei den Verbrauchern. Darüber hinaus ermöglichen sie eine größere Variabilität der zu vermittelnden Inhalte, indem beispielsweise Anzeigen, Videos und weitere Einspieler miteinander kombiniert werden. LED Großbildsysteme, Infoscreens, Videoboards und digitale Citylight-Poster stellen dabei die digitale Version der klassischen Plakate dar und sind auch deutlich kostenintensiver.

- ') Transport-Medien: Dieser Werbeträger kommt am häufigsten im öffentlichen Personennahverkehr (Straßenbahnen, Linienbusse, Fernzüge) sowie Lkws und Taxen zum Einsatz. Neben den direkt an den Verbrauchermärkten platzierten Plakat-Medien gehören die Transport-Medien zu den Werbeträgern, die unmittelbar vor dem PoS wahrgenommen werden, womit sie Produktinteresse und Kaufimpulse direkt auf dem Weg zur Verkaufsstelle auslösen können.

- ') Ambient Medien: Hierunter sind unkonventionelle Werbeträger zu verstehen, welche die Verbraucher mit außergewöhnlichen Werbeideen direkt in ihrem Lebens- und Freizeit-Umfeld ansprechen, wo in der Regel keine werbliche Ansprache zu erwarten ist. Beispiele hierfür sind Bodengrafiken (Straßen), Spiegel- und Spindwerbung (Fitness-Center), Gratispostkarten (Bistro) oder Toilettenwerbung (Raststätten).

---

135 Vgl. Meffert / Burmann / Kirchgeorg (2015), S. 597 ff.

8.6.4 Guerilla-Marketing

Der Begriff Guerilla-Marketing entstammt einer Wortschöpfung von Jay C. Levinson, der diese Werbeform Mitte der 1980er Jahre in den USA mitprägte. Angelehnt an die Guerilla-Kriegsführung werden überraschende und ungewöhnliche Marketing- und Kommunikationsmaßnahmen durchgeführt. Der Guerillakampf wird auch als „Waffe des Schwachen" bezeichnet, was ebenfalls zum Stil des Guerilla-Marketings passt. Denn die Maßnahmen eignen sich aufgrund der meist geringen Kosten auch für kleinere und mittelgroße Unternehmen.

Guerilla-Marketing gehört zur Below-the-line-Kommunikation, da sie eine direkte und persönliche Zielgruppenansprache ermöglicht. Im Fokus stehen unkonventionelle und ungewöhnliche Aktionen, um auf das Unternehmen und seine Marke aufmerksam zu machen.

Ein Beispiel hierfür ist der Jeanshersteller Diesel, der 2015 an stark frequentierten Einkaufsstraßen mehrere Diesel-Jeans in Eisblöcken platzieren ließ. Der moderne „Streetpunk" war aufgerufen, die Hosen aus dem Eisblock zu befreien und in den nächsten Diesel-Store zu bringen, um dort als Belohnung eine Jeans in der eigenen Größe als Geschenk zu erhalten.

Nur wer den Eisblock genauer unter die Lupe nahm, entdeckte in seinem Inneren die Jeans und einen Text mit dem Kampagnen-Slogan „Be Stupid to Get a Free Diesel Jeans". Die Passanten verwendeten verschiedene Methoden, um die Jeans aus dem Eisblock zu befreien: von heißem Wasser bis Hammer und Meißel. Das Publikum, das sich rundherum bildete, filmte und stellte die Videos ins Netz. Die Videos verbreiteten sich über verschiedene Social-Media-Plattformen und blieben über das Event hinaus einem breiten Publikum zugänglich.

Mit Blick auf eine wirkungsvolle Marken-PR kommt es letztendlich auf ein sorgfältig zusammengestelltes Medienportfolio an, das auf einer intelligenten Kombination aus klassischer Werbung und digitaler Kommunikation basiert. Die sinnvolle Vernetzung der hier beschriebenen Werbeträger bietet neue, vielversprechende Kommunikationsmöglichkeiten. Ergänzend dazu gibt es weitere Technologien mit hohem Potenzial für eine wirksame Marken-PR, die nachfolgend näher erläutert werden.

Abb. 25: Der Outdoor-Ausrüster Vaude setzt auf Ambient Medien und nutzt in Kooperation mit der Fluggesellschaft TUIfly die Tragfläche von Flugzeugen als Werbeträger (Quelle: Vaude/TUIfly, 2016).

8.7 Neue Potenziale für die Markenkommunikation

Angesichts des sich stetig wandelnden Marktumfelds, neuer Marken und Produkte und der stets gegebenen Informationsüberflutung spielen die Art der Informationsübermittlung und die Wahl der Kommunikationskanäle und Tools eine entscheidende Rolle. Insbesondere das Social Web bietet neue Interaktionsmöglichkeiten und Reichweiten, die sich insbesondere die Werbebranche zunutze macht, Stichwort: Influencer-Marketing.

Influencer sind in diesem Kontext Menschen, die ihre Fangemeinde über Social-Media-Plattformen für verschiedene Themen begeistern können. Ein Beispiel hierfür ist die YouTuberin Bianca Heinicke, die auf ihrem Kanal BibisBeautyPalace Styling- und Modetipps gibt und ihre Einkäufe präsentiert. Mit 3,2 Millionen Abonnenten ist sie einer der Stars der YouTube-Szene.[136] Der Reiseveranstalter Neckermann nutzte Bibis Prominenz im Social Web und schickte sie in die Türkei und auf die Malediven, wo sie die Vorzüge der Ferienanlagen präsentierte. Ihre sogenannten Follow-me-around-Videos brachten 8,3 Millionen Abrufe. Wenig später wurde sie im klassischen Neckermann-Katalog abgedruckt. Bibi postete ein Foto von sich im Bikini, verbunden mit dem Hinweis, dass sie nun im Katalog zu finden sei. Das Ergebnis: 6.000 Favoriten auf Twitter, 58.000 Likes auf Facebook und 100.000 auf Instagram.[137]

---

136 Vgl. URL: https://www.youtube.com/user/BibisBeautyPalace/about (Letzter Zugriff: 18.12.2016).
137 Vgl. URL: http://www.spiegel.de/netzwelt/web/youtube-star-bibi-wirbt-junge-menschen-das-neue-werbe-business-a-1066678.html (Letzter Zugriff: 18.12.2016).

Während traditionelle Bewegtbildmedien wie Film und Fernsehen nur sehr begrenzte Interaktionsmöglichkeiten bieten, ermöglicht beispielsweise YouTube einen unmittelbaren Austausch mit den Videomachern (YouTuber), die über die Kommentarfunktion die Fragen ihrer Community beantworten und zur weiteren Interaktion aufrufen können. Vor diesem Hintergrund wird sich auch die Aufgabe der Unternehmenskommunikation, Beziehungen zu relevanten Multiplikatoren und Meinungsbildnern aufzubauen und zu pflegen, weiter diversifizieren. Für die Kommunikationsverantwortlichen werden Beziehungen zu anderen Bloggern und YouTubern immer wichtiger.

Darüber hinaus gibt es weitere Technologien, die meiner Ansicht nach den Medienmarkt und die Mediennutzung in naher Zukunft revolutionieren werden: Virtual Reality (deutsch: virtuelle Realität) und Augmented Reality (deutsch: erweiterte Realität). Beide Formen bieten den Unternehmen grundlegend neue Möglichkeiten der Interaktion mit ihren Bezugsgruppen. Die erweiterte (augmented) und die virtuelle (virtual) Realität unterscheiden sich dabei hinsichtlich des Grads der Computerunterstützung. Dieser reicht von wenigen Informationen, die zum Bild der Wirklichkeit auf das Display von Smartphone, Tablet oder Datenbrille zugeschaltet werden, bis hin zu Livestreaming-Plattformen, auf denen die User in Phantasiewelten abtauchen und mit der Gemeinschaft in Echtzeit agieren können.

Augmented Reality bezeichnet eine computerunterstützte Wahrnehmung bzw. Darstellung, welche die reale Welt um virtuelle Aspekte erweitert. Der Fokus liegt hierbei auf der Verknüpfung von Offline- mit Online-Medien. So lassen sich beispielsweise Print-Kataloge mit mobilen Apps virtuell erweitern. Die Nutzer können einzelne Katalogseiten mit den Kameras ihrer Smartphones oder Tablets fotografieren, die App führt dann einen Bildabgleich durch, erkennt so das Produkt, für das sich der Nutzer interessiert, und bietet ihm weiterführende Informationen an, zum Beispiel Produktvideos, Empfehlungen für Zubehör oder die direkte Verlinkung mit dem gewünschten Produkt im Online-Shop.

Darüber hinaus kann Augmented Reality den Konsumenten das Ausprobieren von Produkten vor dem Kauf ermöglichen. Als eines der ersten Unternehmen hat das schwedische Einrichtungshaus Ikea die Technologie genutzt, um seine Kataloge für die Kunden erlebbarer zu machen, indem sie mittels einer App Möbelstücke direkt in ihren Wohnräumen virtuell platzieren können. Der Kunde sieht durch die Kamera seines Smartphones sein Zimmer und in dieses Bild blendet die App das ausgewählte Möbelstück ein. Es lässt sich verschieben und drehen, so dass sich der Nutzer davon überzeugen kann, ob das Möbelstück auch wirklich in seine Wohnung passt und die gewünschte Wirkung entfaltet oder nicht.

Bei Virtual Reality wird die reelle Welt hingegen komplett ausgeblendet, indem eine virtuelle Welt geschaffen wird, in der verschiedene Sinneseindrücke wie Sehen, Geräusche und Berührungen vermittelt werden. Der Nutzer taucht mittels einer interaktiven Brille in diese virtuelle Realität ein. Er schaut dabei nicht auf sie herab, wie dies bei einem Monitor der Fall ist, sondern er hat das Gefühl, tatsächlich in dieser Welt zu sein und sich in dieser bewegen zu können.

Mit den Brillen werden 3D-Umgebungen so lebensnah simuliert, dass sie echt wirken. Es ist ein wenig so, als erlebe man einen 3D-Kinofilm, in dem man die Hauptrolle spielt und die Handlung mitbestimmt. Der User wird dabei in andere Räume versetzt, zum Beispiel historische Orte oder Orte, die man sonst nicht besuchen kann (das Körperinnere, die Mars- oder Mondoberfläche etc.). Er bestimmt dabei selbst, welchen Blickwinkel er einnimmt. Damit ändern sich auch bisherige Sehgewohnheiten und die Art des Storytellings. Automobilhersteller können ihren Kunden virtuelle Probefahrten anbieten, Makler können damit Wohnungen und Häuser präsentieren und Reiseveranstalter können ihrer Kundschaft Hotels oder Kreuzfahrtschiffe in bisher nicht gekanntem Realismus vorführen.

Als erster Reisekonzern bot Thomas Cook virtuelle Urlaubstrips und Hotelrundgänge an. In ausgewählten Reisebüros können sich die Kunden mit der Thomas-Cook-Datenbrille unter anderem auf eine virtuelle Sightseeing-Tour durch New York inklusive Helikopterflug begeben. Der Potsdamer Immobilienvermarkter 45info bietet seinen Kunden die Besichtigung einer Bestandsimmobilie oder eines Neubauprojekts sowohl möbliert als auch unmöbliert mittels Virtual-Reality-Brille an. Ein Grundriss reicht aus, um Küchenprojekte oder komplette noch nicht existente Wohnungen und Häuser in 3D darstellen zu lassen und zu begehen. Die Anfertigung von Musterküchen oder Musterhäusern kann entfallen, denn interessierte Kunden können beides spielend leicht virtuell besichtigen.

Im Kontext der Informationsüberflutung besteht ein wesentlicher Vorteil von Virtual Reality und Augmented Reality darin, dass es für den Nutzer keine Ablenkung gibt. Denn wer eine Virtual-Reality-Brille aufsetzt, richtet seine komplette Aufmerksamkeit nur auf das, was er sieht: das Produkt und die Marke. Somit bieten beide Technologien vielfältige Möglichkeiten der Kundenansprache und ermöglichen einen emotionaleren Zugang zu Produkten und Marken als bisherige Instrumente.

Abb. 26: Bei Promotion-Aktionen zum Start der Tour de France 2017 in Düsseldorf setzte das Organisationsteam auf Virtual Reality. Interessierte Radsportfans konnten schon vorab die erste Etappe in 360-Grad-Sicht erleben (Quelle: Steffen Weigold, 2016).

Die Analysten der US-Investmentbank Goldman Sachs gehen indes davon aus, dass sich beide Technologien bis 2025 genauso etablieren werden wie Smartphones. Sie prognostizieren, dass der neue Markt bis 2025 rund 80 Milliarden US-Dollar wert sein könnte. Zum Vergleich: Der Smartphone-Markt hatte 2015 einen Wert von rund 270 Milliarden US-Dollar, der TV-Markt liegt bei rund 100 Milliarden US-Dollar.[138]

Die Unternehmen Samsung und Facebook haben mit den Modellen VR Gear bzw. Oculus Rift bereits erste interaktive Brillen auf den Markt gebracht. Auch andere Big Player wie Apple, Microsoft oder Sony arbeiten daran, dass es schon bald erschwingliche und marktreife Endgeräte gibt. In Deutschland kooperiert die Telekom mit Samsung und plant ebenfalls die Einführung erster Modelle.

Kritiker behaupten zwar, dass die Produkte noch nicht ausgereift seien und die Nutzer sozial isolieren würden. Doch neue Technologien werden häufig kritisch beäugt. Als 2007 das iPhone auf den Markt kam, hielten es verschiedene Medien für teuren, überflüssigen Schnickschnack. Die weitere Entwicklung ist bekannt. Dementsprechend halte ich es so: Erst kamen Bücher und Zeitungen, dann Radio und Fernsehen, danach das Internet. Ich bin mir sicher, dass Virtual Reality und Augmented Reality in dieser Chronologie in den nächsten Jahren ihren Platz finden und sich als Instrumente der Markenkommunikation etablieren werden.

---

138 Vgl. URL: http://www.businessinsider.de/goldman-sachs-vr-and-ar-market-size-and-segmentation-2016-4?r=US&IR=T (Letzter Zugriff: 23.11.2016).

8.8 Zusammenspiel von Kommunikation und Marketing

Der deutsche Kaufmann und ehemalige Präsident des Bundesverbandes deutscher Banken, Alwin Münchmeyer (1908–1990), hat die Abgrenzung von Kommunikation zu Marketing ganz trefflich wie folgt beschrieben:

„Wenn ein junger Mann ein Mädchen kennengelernt hat und ihr sagt, was für ein großartiger Kerl er ist, so ist das Reklame. Wenn er ihr sagt, wie reizend sie aussieht, so ist das Werbung. Aber wenn das Mädchen sich für ihn entscheidet, weil sie von anderen gehört hat, was für ein feiner Kerl er wäre, dann ist das Public Relations."[139]

Wie können Marketing und Kommunikation in der Praxis zusammenspielen? Welche Instrumente kommen zum Einsatz? Sollte sich die Kommunikation einer Marke nur auf die Verbraucher beschränken? Um zunächst einmal die letzte Frage zu beantworten: Im klassischen Sinne richtet sich die Marken-PR vor allem an den Absatzmarkt, den potenziellen Konsumenten. Darüber hinaus gibt es aber viele weitere Stakeholder, die für den Erfolg des Unternehmens und seiner Marke entscheidend sind.

Innerhalb des Unternehmens müssen die Mitarbeiter das Produkt- bzw. Dienstleistungsportfolio genauestens kennen (Welche Marken gibt es und wofür stehen sie? Worin unterscheiden sie sich im Vergleich zum Wettbewerber?) und sie müssen wissen, wie sie zum Markenerfolg beitragen können. Außerhalb des Unternehmens richtet sich die Marken-PR an verschiedene Stakeholder: zum einen an den Absatzmarkt (Kunden, Lieferanten, Geschäftspartner) sowie Beschaffungs-, Finanz- und Arbeitsmarkt, zum anderen an öffentliche Interessengruppen (Politik, Behörden, Vereine, Verbände, Journalisten).

All diese internen und externen Stakeholder müssen kommunikativ mitgenommen werden, da sie das Image eines Unternehmens und seiner Marke positiv oder negativ beeinflussen können. Oder metaphorisch ausgedrückt: Das Unternehmen agiert als Orchester und das Management muss nicht nur dafür sorgen, dass jeder die gleiche Musik spielt, sondern dass alle Musiker im Zusammenspiel ein perfektes, harmonisches Gesamtbild erzeugen. Es gilt, sämtliche Maßnahmen, die auf das Kundenbeziehungsmanagement einzahlen, perfekt aufeinander abzustimmen. Die Leistungserbringung in Form der Produktqualität und die damit einhergehende Kommunikation müssen dabei gleichermaßen auf die Bedürfnisse der Kunden zugeschnitten sein.[140]

In der Praxis werden Kommunikation und Marketing zwar abgestimmt, aber häufig abgegrenzt voneinander betrieben. Das wichtigste Differenzierungsmerkmal besteht im Verzicht auf die Werbung. Marketing weckt Emotion, Kommunikation liefert Fakten.

---

139 Pilsczek (2013), S. 113.
140 Vgl. Becker / Daschmann (2015), S. 150 ff.

Diese dürfen zwar auch emotional besetzt sein, sollten aber in erster Linie möglichst objektiv und glaubhaft vermittelt werden. Während es im Marketing vor allem darum geht, ein Produkt verkaufsfördernd zu bewerben, so dient die Kommunikation dem Aufbau und der Pflege des Unternehmensimages.

Die Kommunikation mit den Stakeholdern beschränkt sich nicht nur auf das Leistungsspektrum der Marke. Die Unternehmen müssen erklären können, was sie tun, wer sie sind und warum ihre Produkte gekauft werden sollten. Diese Inhalte sind das Kapital der Unternehmen und müssen adressatengerecht aufbereitet sein ohne verbindlich zu wirken.

Gutes Storytelling allein reicht jedoch nicht aus, Stichwort Content-Marketing: Hierunter sind Marketingmaßnahmen zu verstehen, die durch die Bereitstellung von qualitativ hochwertigen Content an sogenannten Touchpoints (deutsch: Kontaktpunkte) auf die Erschließung neuer Zielgruppen abzielen. Es geht um die Art und Weise, wie Inhalte taktisch genutzt werden, um ein Produkt oder einen Service bekannt zu machen, zum Beispiel durch die crossmediale Bespielung unterschiedlicher Kanäle in Online, TV und Print basierend auf einer umfassenden Content-Strategie, die im Vorfeld Zuständigkeiten und Redaktionspläne für die Vermittlung der Inhalte festlegt.[141]

Mit guten, zielgenauen Inhalten kann ein Unternehmen zur ersten Anlaufstation bei Fragen zu einem bestimmten Thema werden und sich damit entsprechend positionieren. Relevante und gute Inhalte stärken das Vertrauen der Bezugsgruppen. Dafür muss neben der Kommunikation auch die Leistungserbringung auf die zentralen Kundenbedürfnisse zugeschnitten sein. Ein Beispiel hierfür ist der Haushaltsgerätehersteller Miele, der seine Leistungserbringung konsequent auf das Qualitäts- und Innovationsbedürfnis seiner Kunden ausrichtet und durch die Orchestrierung von Leistung und Kommunikation eine emotionale Kundenbindung erreicht hat.[142]

Für das Gütersloher Unternehmen steht an erster Stelle das klare Bekenntnis zu dem Gütesiegel „Made in Germany". Das Unternehmen produziert größtenteils in Deutschland und setzt auf deutsche Wertarbeit. Als einziger Hersteller verwendet Miele bei der Herstellung seiner Waschmaschinen Laugenbehälter aus Edelstahl statt Kunststoff. Die Trommelkreuze und Ausgleichsgewichte sind von der werkseigenen Gießerei aus Gusseisen statt Beton gefertigt und die Frontseiten sind emailliert, wodurch besondere Härte und dauerhafter Glanz gewährleistet sind. Darüber hinaus werden alle Geräte auf 20 Jahre Haltbarkeit getestet. Diese Qualitätsmerkmale sind zugleich ein klares Ja zum Nein, nämlich eines Neins zu billigeren Produktionsmaterialien und -verfahren, die sich kurzfristig renditesteigernd, aber langfristig negativ auf das Markenimage auswirken würden.

---

141 Vgl. Eck / Eichmeier (2014), S. 39.
142 Vgl. Becker / Daschmann (2015), S. 174 ff.

In der Kommunikation konzentriert sich das Unternehmen allein auf die Dachmarke Miele und deren durchgängige Positionierung im Premiumsegment. Die Marketing- und Kommunikationsverantwortlichen transportieren das Qualitätsversprechen „Immer besser", das bereits die Firmengründer Carl Miele und Reinhard Zinkann auf ihre ersten Maschinen druckten, über alle Kommunikationskanäle hinweg in die Öffentlichkeit.

Das Leitmotto „Immer besser" wird auch durch unabhängige Testverfahren, Auszeichnungen und Qualitätssiegel positiv untermauert. So wurde Miele von der Gesellschaft für Konsumforschung (GfK) mit dem Marketing-Preis „best brands" als erfolgreichste Unternehmensmarke ausgezeichnet. Basierend auf umfangreichen repräsentativen Konsumentenbefragungen des Marktforschungsinstitutes wurde die Stärke der Marke Miele an zwei Kriterien gemessen: am tatsächlichen wirtschaftlichen Markterfolg (Share of Market) sowie an der Attraktivität der Marke in der Wahrnehmung der Verbraucher (Share of Soul). Dabei landete das ostwestfälische Familienunternehmen vor Weltkonzernen wie Daimler, Henkel, Porsche, Adidas oder Audi.[143]

Interbrand Top 10 Brands

Rang	Marke	Veränderung	Wert
1	Apple	+5 %	178.119 $m
2	Google	+11 %	133.252 $m
3	Coca-Cola	-7 %	73.102 $m
4	Microsoft	+8 %	72.795 $m
5	Toyota	+9 %	53.580 $m
6	IBM	-19 %	52.500 $m
7	Samsung	+14 %	51.808 $m
8	Amazon	+33 %	50.338 $m
9	Mercedes-Benz	+18 %	43.490 $m
10	GE	+2 %	43.130 $m

Abb. 27: Eine Übersicht über die wertvollsten Marken weltweit (Quelle: In Anlehnung an Interbrand, 2016).

Die Fokussierung der Kommunikations- und Marketingverantwortlichen auf die Markenbotschaft „Immer besser" hat der Positionierung von Miele als Qualitäts- und Innovationsführer ein Alleinstellungsmerkmal und einen Wettbewerbsvorteil gegenüber der Konkurrenz verschafft. Ausschlaggebend für den Erfolg von Miele ist insbesondere

---

143 Vgl. GfK (2015), S. 4 ff.

die enge Abstimmung zwischen Kommunikation und Marketing, die eine Konsistenz der Botschaften und verkaufsfördernden Maßnahmen jederzeit und überall garantiert.

Die enge Verzahnung zwischen Kommunikation und Marketing bietet Vorteile für beide Seiten: Die Unternehmenskommunikation kann die Marken für ihre Ziele nutzen und umgekehrt kann das Marketing vom Image des Unternehmens profitieren. Das Ziel beider Disziplinen muss es sein, positive Themen zu platzieren und ein einheitliches, konsistentes und widerspruchsfreies Bild vom Unternehmen und seinen Marken bei den Stakeholdern zu vermitteln.

8.9 Fallbeispiel I: 100 Jahre Persil (Henkel AG & Co. KGaA)

Das Wasch- und Reinigungsmittel Persil vom Düsseldorfer Konsumgüterhersteller Henkel zählt zu den populärsten Marken in Deutschland: 83 Prozent der Verbraucher nennen sie spontan, wenn sie allgemein nach Waschmitteln gefragt werden. Die gestützte Markenbekanntheit beträgt rund 100 Prozent.[144]

Das Unternehmen setzt dabei auf kombinierte Markenstrategien. Persil ist neben der Familienmarke Persil mit der Dachmarke Henkel gekennzeichnet und wird heute weltweit in über 60 Ländern vertrieben. Hinzu kommen weitere zehn Länder, in denen Persil unter lokalen Markennamen vermarktet wird, zum Beispiel „Le Chat" in Frankreich.

Tradition und Innovation sind dabei die wichtigsten Attribute der Marke, die 1907 gegründet wurde und sich seitdem in der Marken-PR häufig als Vorreiter positioniert hat. So machte Henkel mit einer Zeitungsanzeige 1907 darauf aufmerksam, dass in nächster Zeit das erste selbsttätige Waschmittel auf den Markt kommen wird. Firmengründer Fritz Henkel ließ Menschen mit Persil-Sonnenschirmen durch Berlin laufen; das war damals so spektakulär, dass die Presse darüber berichtete.

Eine weitere Idee waren die sogenannten Himmelsschreiber: Flugzeuge schrieben das Wort Persil in den Himmel und sorgten so für mediale Aufmerksamkeit. In den deutschen Großstädten waren auch Haushaltsschulen eine öffentlichkeitswirksame Maßnahme. Junge Damen lernten hier den richtigen Umgang mit der Wäsche, zur damaligen Zeit eine sehr wichtige Tugend. Auch im Fernsehbereich präsentierte sich Persil stets als Vorreiter: Der von Persil produzierte Kinofilm „Wäsche, Waschen, Wohlergehen" hatte in den 1930er Jahren mehr als 30 Millionen Zuschauer und der erste deutsche Werbespot überhaupt, der 1956 ausgestrahlt wurde, war wiederum ein Spot von Persil.

---

144 Vgl. URL: http://www.markenmuseum.com/marke_persil1.0.html (Letzter Zugriff: 26.08.2016).

2007 feierte die Marke ihren 100. Geburtstag. Das Jubiläum war ein ganz besonderer Beweis für den großen Erfolg von Persil. Für die Kommunikations- und Marketingverantwortlichen bestand die Aufgabe darin, Persil zum 100. Geburtstag im Spannungsfeld zwischen Tradition und Innovation als moderne Marke zu präsentieren, die trotz oder gerade aufgrund einer langen erfolgreichen Historie fit für die Zukunft ist und dabei auch neue, junge Zielgruppen anspricht. Dabei sollte nicht ausschließlich die Historie im Fokus stehen, sondern das Jubiläumsjahr sollte vielmehr dazu genutzt werden, die Einzigartigkeit und Zukunftsfähigkeit von Persil hervorzuheben.

Die Kommunikations- und Marketingverantwortlichen setzten sich bereits zwei Jahre im Voraus zusammen, um für das Jubiläumsjahr eine Markenstrategie mit einem umfangreichen, kombinierten Medienportfolio aus klassischen und neuen Werbeträgern zu entwickeln, das die Zukunftsorientierung der Marke unterstreichen sollte. Sämtliche Marketingmaßnahmen sollten in Form einer integrierten Kommunikation durch die Unternehmenskommunikation unterstützt werden, um die Erfolgsgeschichte von Persil deutschlandweit bekannt zu machen.

Die Zielgruppen aus Sicht der Externen Kommunikation waren Print- und Online-Medien, TV- und Radio-Sender. Mit Blick auf die Interne Kommunikation galt es, die Mitarbeiter durch unterschiedliche Aktionen wie Mitarbeiter-Events, Produkt- und Hintergrundberichte sowie Preisausschreiben zu überzeugten Marken-Botschaftern des Unternehmens zu machen.

Die Kommunikations- und Marketingverantwortlichen stellten das Jahr 2007 unter das Motto „100 Jahre Persil – Rein in die Zukunft". Dieses Motto sollte das Spannungsverhältnis von Persil zwischen Tradition und Moderne zum Ausdruck bringen. Dabei galt es, das Leistungsversprechen und die emotionalen Attribute der Marke wie Verlässlichkeit und Innovation überzeugend zu transportieren.

Die besondere Herausforderung bestand darin, einen kontinuierlichen Spannungsbogen über das ganze Jahr hinweg aufzubauen. Themen und Neuigkeiten der Marke Persil galt es, geschickt zeitlich über mehrere Monate hinweg crossmedial zu platzieren und so für eine kontinuierliche Präsenz des 100. Geburtstags von Persil in den bundesweiten Medien zu sorgen. Denn durch die Vielzahl der Themen, welche die Marketing- und Kommunikationsverantwortlichen im Jubiläumsjahr besetzen wollten, bestand die Gefahr, dass sich die Themen in der öffentlichen Wahrnehmung selbst kannibalisieren. Deshalb war es umso wichtiger, die einzelnen Kommunikationsmaßnahmen in Kombination mit klassischer Werbung, Out-of-Home-Medien und Social Media strategisch aufeinander abzustimmen.

In enger Zusammenarbeit mit Marketing und Vertrieb setzten die Kommunikationsverantwortlichen unter anderem folgende Maßnahmen um:

- ›) Dezember 2006: Die Medienvertreter wurden über die ab Januar 2007 erhältlichen Produktneuheiten Persil Gel und die extra für das Jubiläum neu entworfene Futurino-Flasche und Persil Design-Box informiert.

- ›) Januar 2007: Für die Medienvertreter in München und Hamburg wurden zwei Presseevents zur Ankündigung des Jubiläumsjahrs organisiert. Als innovative Einladung dienten eine Miniatur-Waschmaschine sowie ein Geburtstagskuchen. Unmittelbar nach diesen beiden Veranstaltungen wurde eine Jubiläums-Pressemappe mit umfangreichem Text- und Fotomaterial zur Geschichte von Persil und zu aktuellen Aktivitäten bundesweit an die Medien verschickt.

- ›) Februar 2007: Mit dem Projekt Futurino startete Persil eine Initiative zur Erhöhung der Entwicklungs- und Bildungschancen für Kinder und Jugendliche in Deutschland. Dabei konnte sich die Öffentlichkeit mit eigenen Bildungsprojekten bewerben. Von den 2.500 Anträgen wurden rund 200 Projekte ausgewählt, die mit einer Gesamtfördersumme von einer Million Euro unterstützt wurden. Mehr als 40.000 Kinder und Jugendliche konnten auf diese Weise von Persil gefördert werden. Flankierend dazu erfolgte die Platzierung von redaktionellen Beiträgen und Hintergrundartikeln in Tageszeitungen und Fachmedien.

- ›) April 2007: Im Düsseldorfer Filmmuseum wurde für ausgewählte Journalisten die eigens für das Jubiläum produzierte Dokumentation „Das Wunder vom Rhein" gezeigt. Der Film zeigte die Markengeschichte von Persil inklusive einer Vielzahl historischer TV-Spots. Anschließend wurden der Film und umfangreiches Footage-Material verschiedenen TV-Redaktionen für die Ausstrahlung zur Verfügung gestellt. Darüber hinaus wurde unter dem Leitmotiv „Persil 100 – Besser denn je" einer der umfangreichsten Markenrelaunches der Unternehmensgeschichte vollzogen. Neben einem neuen, emotionaleren kommunikativen Auftritt wurde die gesamte Produktpalette von Persil verbessert: von der Rezeptur über den Duft bis zur Verpackung. Mit dem Markenrelaunch erfolgte die Aussendung zahlreicher Pressematerialien an Frauen- und Publikumsmedien, Handelsfach- und Wirtschaftspresse.

- ›) Mai 2007: Am 1. Mai ging das Persil Erlebnisschiff auf Deutschland-Tour und machte bis Ende Juli in 17 deutschen Städten Halt. Das 65 Meter lange Schiff lockte auf seiner Fahrt von Düsseldorf nach Berlin mehr als 40.000 Besucher an Bord, darunter viele Familien und Schulklassen. Die Besucher erlebten in einer multimedialen Ausstellung die Geschichte des Waschens und erfuhren dabei Wissenswertes rund um die Marke Persil. In Bremen, Dresden und Berlin kamen auch die Gewinner vom Projekt Futurino an Bord, so dass den Journalisten gleich zwei Themen für die Berichterstattung angeboten werden konnten.

Abb. 28: Bei der zweimonatigen Deutschland-Tour gingen über 40.000 Besucher an Bord des Persil Erlebnisschiffs (Quelle: Henkel, 2007).

- Juni 2007. Um den Persil-Geburtstag am 6. Juni im Rahmen sämtlicher Jubiläumsaktivitäten hervorzuheben, initiierten die Marketing- und Kommunikationsverantwortlichen eine besondere PR-Aktion: Persil schenkte jedem Baby, das am 6. Juni 2007 geboren wurde, einen Jahresvorrat Persil. Als Nachweis diente die Geburtsurkunde des Babys. Mehr als 600 Familien sendeten Geburtsurkunden ihrer Kinder ein. Am Persil-Geburtstag wurden Henkel-Mitarbeiter eingeladen, sich im Rahmen eines eigens organisierten Kino-Events die TV-Dokumentation „Das Wunder vom Rhein" anzusehen.

- September 2007: Persil bedankte sich bei den Verbrauchern mit „Unser Bestes" (Packung mit roter Schleife und 15 Prozent mehr Inhalt) für ihre Treue. Zum Abschluss des Jubiläumsjahres erhielten ausgewählte Medienvertreter zur Pressemappe ein persönliches Anschreiben der Unternehmensleitung und das Persil-Jubiläumsbuch.

- Oktober 2007: Als besondere Aktion eröffnete Persil in der Geburtsstadt Düsseldorf zwei Persil-Service-Filialen, in denen sich die Öffentlichkeit über die verschiedenen Waschprozesse informieren und ihre Wäsche zu vergünstigten Konditionen reinigen lassen konnten. Zur Eröffnung fand vor jeder Filiale ein Straßenfest statt, zu dem die Lokalpresse eingeladen wurde.

›) November 2007: Unter dem Motto „Rein in die Zukunft des Waschens" fand auf dem Werksgelände im Düsseldorfer Süden eine Konferenz mit rund 200 Wissenschaftlern, Umwelt- und Verbraucherschützern, Produktentwicklern, Marketing- und Vertriebsexperten statt, bei der die technischen, chemischen, hygienischen sowie ökologischen und ökonomischen Anforderungen an die Waschprozesse der Zukunft diskutiert wurden.

Während des gesamten Jubiläumsjahres wurden im Rahmen von Medienkooperationen zahlreiche Gewinnspielaktionen in Fach- und Publikumsmedien geschaltet und Hintergrundgeschichten rund um „100 Jahre Persil" in TV und Hörfunk platziert. So stand im ersten Quartal der Marken-Geburtstag selbst im Mittelpunkt aller öffentlichkeitswirksamen Maßnahmen.

Im zweiten Quartal wurden neben dem Markenrelaunch das Projekt Futurino und das Persil Erlebnisschiff durch bundesweite und regionale Presseaktivitäten unterstützt, um so für eine kontinuierlich hohe Aufmerksamkeit der Medien zu sorgen. Im dritten Quartal erfolgten in den einzelnen Städten Berichterstattungen über die Unterstützung von Bildungsprojekten durch die Initiative Futurino. Kommunikativ abgerundet wurde das Jubiläumsjahr durch die Eröffnung der beiden Persil-Service-Filialen sowie die Konferenz „Zukunft des Waschens".

Die Gefahr, dass sich die Vielzahl der Themen rund um das Markenjubiläum kannibalisieren, ließ sich durch eine Aussteuerung der Zielgruppen vermeiden. Bei den Auftaktveranstaltungen in München, Hamburg und Düsseldorf wurden primär die Frauen- und Publikumspresse sowie die Lokalmedien vor Ort angesprochen, während sich die Pressearbeit hinsichtlich des Markenrelaunchs an die Fachmedien richtete. Durch diese Staffelung konnte über alle Medien hinweg eine breite Öffentlichkeit über das gesamte Jahr erreicht werden.

Im Sinne einer integrierten Kommunikation haben die Kommunikationsverantwortlichen die internen und externen Maßnahmen eng aufeinander abgestimmt, indem unter anderem die externen Maßnahmen von zahlreichen Aktionen der Internen Kommunikation flankiert wurden. Neben der kontinuierlichen Thematisierung des Geburtstags in den internen Medien (Intranet, Mitarbeiterzeitung, Sonderausgaben) wurden verschiedene Mitarbeiter-Events initiiert. So erhielt jeder Henkel-Mitarbeiter zum Geburtstag von Persil am 6. Juni ein Stück Geburtstagskuchen, dazu gab es Einkaufsgutscheine für die Produktneuheit Persil-Gel. Darüber hinaus nahmen ausgeloste Mitarbeiter an den Presse-Events wie der Filmpremiere oder der Taufe des Persil-Erlebnisschiffs teil.

Das Jubiläumsjahr war aus Sicht der Kommunikations- und Marketingverantwortlichen ein voller Erfolg. Die vorab definierten Ziele wie die Positionierung von Persil als Marke zwischen Innovation und Tradition oder die Ansprache jüngerer Zielgruppen wurden ebenso erreicht wie eine kontinuierliche, reichweitenstarke Berichterstattung in allen relevanten Fach- und Publikumsmedien. Mehr als 1.000 Veröffentlichungen in Print- und Onlinemedien sowie zahlreiche TV- und Radioberichte über den 100. Geburtstag von Persil verdeutlichen den Erfolg der Presse-Arbeit. Allein zum Themenbereich „100 Jahre Persil" wurden 581 Print- und Onlineartikel veröffentlicht. Der Werbeäquivalenzwert aller Veröffentlichungen in Online, Print, TV und Hörfunk lag bei rund drei Millionen Euro, was bei einem Projektbudget von einer halben Million Euro einen Überschuss von 2,5 Millionen Euro bedeutete.

Dieser Kampagnenerfolg war das Ergebnis einer frühzeitigen strategischen Planung und engen Zusammenarbeit und Abstimmung zwischen Marketing und Kommunikation. Vor dem Hintergrund, dass Persil einer der größten Henkel-Markenbotschafter ist, wenn es um das Unternehmen und seine Vision und Werte geht, wirkte sich die Stärkung der Marke Persil auch positiv auf das Image und die Absatzzahlen aus. Im Jubiläumsjahr verzeichnete das Unternehmen im Bereich Wasch- und Reinigungsmittel ein Umsatzplus von 9,5 Prozent.

Inzwischen gehört Persil neben Schwarzkopf und Loctite zu den drei Top-Marken des Konsumgüterherstellers. Ausschlaggebend für den Erfolg von Persil ist die Tatsache, dass die Marketing- und Kommunikationsverantwortlichen alle Maßnahmen zur Bewerbung der Marke immer an den jeweiligen Zeitgeist angepasst haben, ohne den Markenkern zu ignorieren. Sicherlich wird die Marke auch zukünftig zeitgemäß und öffentlichkeitswirksam ihren kommunikativen Weg gehen. Und das auch, weil sich die Marken-PR zusammen mit der Marke entwickelt und nicht so bleibt, wie sie ist.

Abb. 29: Unter dem Motto „100 Jahre – Rein in die Zukunft" initiierte Henkel die größte Markenkommunikationskampagne der Unternehmensgeschichte (Quelle: Henkel, 2007)

8.10 Fallbeispiel II: Eine crossmediale, wirkungsvolle Lifestyle-PR-Kampagne (eBay Corporate Services GmbH)

Im September 1995 als Hobby des Programmierers Pierre Omidyar in den USA gestartet, hat sich eBay inzwischen zu einem globalen Online-Marktplatz mit 157 Millionen aktiven Käufern und 25 Millionen Verkäufern weltweit entwickelt. Im globalen Wettbewerb gilt es für eBay, sich jeden Tag neu zu behaupten und entsprechende Alleinstellungsmerkmale zu kreieren, um sich von der Konkurrenz abzuheben.

Das Unternehmen hat die 2012 eingeführte Dachmarke eBay Inc. in eBay Marktplatz, PayPal und eBay Enterprise aufgesplittet. Anfang 2014 startete das Unternehmen die Lifestyle-Kampagne „Deutschlands Lieblingsstücke", mit der sich das Unternehmen von anderen Online-Versandhäusern wie Zalando oder Otto abgrenzen wollte.

Der eBay Marktplatz glich bis dahin einer Warensuchmaschine: suchen, finden, kaufen. Doch eBay wollte weg von dieser Produkt-Suchmaschine und die Menschen mit neuen Konzepten mehr inspirieren. Denn nach Auskunft von eBay möchten immer mehr Menschen lieber bummeln, sich inspirieren lassen und im sozialen Austausch und aufgrund der persönlichen Empfehlungen durch Freunde und Bekannte online shoppen. Dies geht einher mit den Erkenntnissen verschiedener Marktforschungsinstitute. Eine internationale Studie von Nielsen belegt, dass die Deutschen bei Werbung in erster Linie auf persönliche Empfehlungen vertrauen (78 Prozent). Den zweiten Platz belegen Verbrauchermeinungen im Internet (62 Prozent), gefolgt von Zeitungsartikeln auf Platz drei (61 Prozent).[145]

Dieser Entwicklung trug eBay Rechnung und launchte die Lifestyle-PR-Kampagne eBay-Kollektionen. Auf dieser neuen Plattform konnten die Kunden ihre persönlichen Themenkollektionen in einem digitalen Katalog zusammenstellen, eigene Stilwelten entwickeln und in ihrer Community promoten. Bilder zu Themen wie Mode, Wohnzimmer oder auch Star Wars wurden wie auf einer digitalen Bilder-Pinnwand kombiniert und mit dem Link zum jeweiligen Angebot versehen. So entstanden individuelle, persönlich gestaltete Seiten. Wer eine Kollektion erstellte, konnte sie anschließend in den sozialen Netzwerken (Facebook, Twitter, Instagram) unter Freunden teilen. Die wiederum teilten sie mit anderen und regten so zum Kauferlebnis an. Somit war das Verhalten der Kunden selbst bereits ein Großteil der Kommunikation.

Der strategische Ansatz der Kampagne bestand darin, dass eBay nicht selbst kommuniziert, sondern verschiedene Multiplikatoren und Meinungsbildner wie Lifestyle- und Fashion-Journalisten, Blogger, Models und Prominente. Diese Influencer

---

[145] Vgl. Nielsen (2015), S. 13 ff.

gestalteten die ersten Kollektionen mit ihren Lieblingsstücken und teilten sie nach dem Launch mit ihren Followern und Freunden, um die Öffentlichkeit zur Kreation eigener Kollektionen anzuregen.

Die Kampagne bedurfte einer intensiven Vorbereitungszeit: Sechs Monate vor dem Launch fanden Workshops mit den ausgewählten Meinungsbildnern statt, um das Projekt vorzustellen und sie von eBay-Kollektionen zu begeistern. Hierzu wurden rund 150 reichweitenstarke Lifestyle-, Fashion- und Techstyle-Blogger eingeladen. Darüber hinaus konnten prominente Testimonials wie der Sänger Samu Haber, Moderatorin Bonnie Strange oder die Models Johannes Huebl und Karlie Kloss sowie einflussreiche Fashion- und Lifestyle-Journalisten für das Projekt gewonnen werden.

In den nachfolgenden Wochen kreierten die Meinungsbildner über 2.000 Kollektionen. Für den Launch ließen die Marketing- und Kommunikationsverantwortlichen ein Einführungsvideo produzieren; dazu wurde eine Reihe von Veranstaltungen vorbereitet, zum Beispiel Journalistenrunden, Round Tables, VIP-Events und Exklusiv-Konzerte mit Samu Haber, Frontsänger der Rockband Sunrise Avenue.

Abb. 30: Samu Haber, Sänger und Frontmann der finnischen Rockband Sunrise Avenue, entwarf für eBay seine eigene Kollektion (Quelle: eBay, 2014).

Im Mai 2014 wurde eBay-Kollektionen der Öffentlichkeit vorgestellt. Die reichweitenstarken Meinungsbildner, die zu dem Zeitpunkt bereits tausende eBay-Kollektionen kreiert hatten, promoteten ihre Kollektionen innerhalb ihrer eigenen Fan-Communities.

Zu Beginn der Kampagne erwarteten die Marketing- und Kommunikationsverantwortlichen ein paar tausend Bilder-Pinnwände mit den Lieblingsstücken der Deutschen. Es wurden aber innerhalb kürzester Zeit mehr als 200.000. Und seitdem kamen jeden Monat 58.000 Kollektionen hinzu. Dazu erschienen zum Launch zahlreiche Beiträge in TV, Print- und Online-Medien. In den sozialen Netzwerken gab es eine immense Zahl an Posts und Tweets. Insgesamt wurde eine Reichweite von 600 Millionen Kontakten erreicht. Die Zahl der darüber ausgelösten Käufe stieg kontinuierlich. Die Produkte, die zu den Kollektionen der Celebrities gehörten, waren in kurzen Abständen immer wieder ausverkauft.

Für die Marketing- und Kommunikationsverantwortlichen war dies aber kein Grund zum Ausruhen. Zum 20. Geburtstag des Unternehmens startete eBay 2016 ein weiteres innovatives Programm: eBay PLUS. Für eine Jahresgebühr von 19,90 Euro konnten die Käufer für alle eBay-PLUS-Artikel kostenlosen und besonders schnellen Versand sowie einmonatigen kostenlosen Rückversand in Anspruch nehmen. Außerdem erhielten sie im Rahmen von eBay PLUS kostenlosen Zugang zu exklusiven Deals und Promotions sowie zu weiteren Vorteilen im Bereich „Verkaufen bei eBay".

8.11 Fallbeispiel III: Mit innovativer Eventkommunikation zum Markenerfolg (Brauerei C. & A. Veltins GmbH und Co. KG)

Nirgendwo sonst ist der Biermarkt so hart umkämpft wie in Deutschland. Der Preisdruck ist massiv, gleichzeitig schätzen Kunden immer mehr regionale Marken. Mehr als 1.300 Brauereien wetteifern um den Durst der Kunden. Schätzungen gehen von rund 5.000 verschiedenen Biermarken und rund 30 verschiedenen Biersorten aus.[146]

Der Verbraucher hat also nicht nur eine riesige Auswahl, er bekommt das Bier auch zu einem immer günstigeren Preis. Hinzu kommen sogenannte Mikro-Brauereien, die mit Craftbeer und ausgefallenen Geschmacksrichtungen die großen Brauereien unter Druck setzen. Umso mehr kommt es darauf an, sich mit außergewöhnlichen Kommunikations- und Marketingmaßnahmen von der Konkurrenz abzuheben.

Die Sauerländer Privatbrauerei C. & A. Veltins hat in den letzten Jahren mit einem innovativen Markenauftritt auf sich aufmerksam gemacht. Als eine der ersten deutschen Premiumbrauereien launchten die Kommunikationsverantwortlichen bereits Anfang 2002 einen Internetauftritt mit Plattformcharakter. Dort können die Besucher virtuelle Besichtigungstouren durch die Brauerei im sauerländischen Grevenstein und in der Veltins-Arena in Gelsenkirchen unternehmen oder sich im Online-Shop frisches Veltins nach Hause liefern lassen. Flankierend dazu werden die verschiedenen Zielgrup-

---

[146] Vgl. URL: http://www.brauer-bund.de/deutscher-brauer-bund.html (Letzter Zugriff: 07.12.2016).

pen auch über eigenständige Websites und Social-Media-Plattformen (Facebook, YouTube, Instagram etc.) angesprochen. So richtet sich beispielsweise der Website-Auftritt der Biermix-Sorte V+ bewusst an eine jüngere Zielgruppe.

Für Furore hat Veltins in den vergangenen Jahren mit der bundesweiten Kronkorken-Kampagne gesorgt, die aufgrund ihres Erfolges inzwischen auch von den Wettbewerbern Krombacher, Bitburger und Warsteiner adaptiert wurde. 2015 haben die Marketing- und Kommunikationsverantwortlichen der seit 2009 laufenden Kampagne mit der erweiterten Aktion „Veltins Brausparen" neue Impulse gesetzt.

Abb. 31: Das erfolgreiche Konzept der Kronkorken-Aktion wurde auch auf das Biermix-Getränk Veltins V+ ausgeweitet, das mit außergewöhnlichen Geschmacksvarianten eine jüngere Zielgruppe anspricht (Quelle: Brauerei C. & A. Veltins, 2016).

Bei diesem Gewinnspiel schüttete das Unternehmen 2015 und 2016 rund 16 Millionen Euro Sofortgewinne sowie einen Supergewinn in Höhe von 500.000 Euro aus, der von Fußball-Weltmeister Benedikt Höwedes ermittelt wurde. Die Einzelgewinne konnten die User auf der eigens eingerichteten Aktionswebsite www.veltins-brausparen.de in ihrem persönlichen virtuellen Brausparkonto einlösen. Die Ziehung des Supergewinns erfolgte via Livestream-Übertragung. Die gesamte Aktion wurde crossmedial über alle Kanäle (TV, Print, Radio, Plakat, Online) hinweg beworben. Hinzu kam die Kommunikation am Point of Sale in Form von verschiedenen Promotion-Aktionen, die für einen wirkungsvollen Kaufimpuls im Handel sorgten.

Fallbeispiel III (Brauerei C. & A. Veltins GmbH und Co. KG)

Darüber hinaus setzte Veltins in Kooperation mit der Musik-Plattform Ampya die Etikettenaktion „Musikstars hautnah erleben!" für die Biermix-Sorte V+ um, die unter dem Markenclaim „Mach hinter jeden Tag ein +" auf dem bewährten Konzept der Kronkorken-Aktion basierte. Die Kampagne nahm trendige Musik in den Fokus, den Gewinnern winkten einzigartige Erlebnisse mit angesagten Musikern aus den deutschen Charts: von einer Hamburger Hafenrundfahrt mit Revolverheld über Privatkonzerte mit Juli, Johannes Oerding oder Jupiter Jones bis hin zum Streetfood-Festival mit Culcha Candela oder einer Gokart-Verabredung mit Mark Forster. Diese einzigartigen Fanerlebnisse verbargen sich unter 30 Millionen V+-Etiketten, die Bewerbung erfolgte unter www.vplus.de.

Für die Bewerbung dieser Aktion nutzten die Marketing- und Kommunikationsverantwortlichen prominente Aktionsstörer auf den Verpackungen, Promotion-Aktionen im Handel sowie einen eigens produzierten TV-Spot, der die junge Zielgruppe (18 bis 29 Jahre) mit emotionalen, aufmerksamkeitsstarken Szenen dazu einlud, ein außergewöhnliches Event mit einem angesagten Musikstar zu erleben. Diese Events wurden ebenfalls crossmedial über ausgewählte TV-Formate (Pro7: Schlag den Raab, Joko gegen Klaas) und die Social-Media-Plattformen der Künstler kommuniziert. Ergänzend zu dieser aufmerksamkeitsstarken Live-Kommunikation hat Veltins deutschlandweit das beliebte Holi-Farbrausch-Festival mit verschiedenen V+-Promotion-Aktionen (Gewinnspiele) unterstützt und dabei die Marken Veltins und V+ aufmerksamkeitsstark in Szene gesetzt.

2016 gab das Unternehmen anlässlich des 500. Geburtstags des deutschen Reinheitsgebotes mit der Retro-Flasche Veltins-Steinie eine Special Edition heraus, die an den Original-Auftritt der Wirtschaftswunderjahre erinnerte. Das Editions-Package enthielt fünf historische Gebinde und ein Henkelglas mit dem legendären Veltins-Trommler, der einst die Kampagne „Wir führen Gutes im Schilde. Frisches Veltins" prägte.

Darüber hinaus gab die Privatbrauerei mit der TV-Kampagne „Pure Leidenschaft. Frisches Veltins" einen emotionalen Einblick in die Markenwelt: vom 24-Stunden-Rennen in Le Mans über die fesselnde Schalker-Fußball-Stimmung in der Veltins-Arena bis hin zur Brauereiführung am Unternehmenssitz Grevenstein. Dabei verzichteten die Marketing- und Kommunikationsverantwortlichen bewusst auf plakative Werbebotschaften und stellten den Mensch mit seinen Erlebnissen rund um die Marke Veltins in den Fokus der Kampagne.

Die individuelle Verbraucheransprache und der klare Markenfokus sorgten dafür, dass die Sauerländer Privatbrauerei entgegen der allgemeinen Marktentwicklung ihren Wachstumskurs fortsetzen konnte. Im ersten Halbjahr 2016 konnte das Unternehmen seinen Ausstoß um 4,2 Prozent deutlich über Marktniveau auf 1,48 Millionen Hektoliter erhöhen.

Zusammenfassung

- Eine erfolgreiche Marke zeichnet sich nicht nur durch die Qualität und Leistung aus, sondern auch durch Geschichten, welche die Marke emotional aufladen und den Verbraucher zum Fan des Unternehmens machen.

- Entscheidende Einflussgrößen einer Marke sind die Historie, Kultur, Vision, Mission und Werte eines Unternehmens. Diese Dimensionen bilden den Kern der Markenpositionierung, aus der sich der Kundennutzen und das Leistungsversprechen ableiten lassen.

- Die Markenpositionierung und Markenidentität bilden dabei das Fundament der Markenstrategie, die mit konkreten Marketing- und Kommunikationsmaßnahmen auf einen Zeitraum von drei bis fünf Jahren ausgelegt ist.

- Eine erfolgreiche Markenführung setzt ein enges Zusammenspiel zwischen Marketing und Kommunikation voraus. Die enge Verzahnung beider Disziplinen zahlt auf einen einheitlichen Unternehmens- und Markenauftritt ein und drückt sich in Form eines professionellen Content-Marketings und Storytellings aus, das die Verbraucher langfristig an das Unternehmen und seine Marke bindet.

- Neue Formen der Markenkommunikation sind Virtual Reality und Augmented Reality, die einen emotionaleren und konzentrierteren Zugang zu Marken und Produkten in Echtzeit ermöglichen. Beide Technologien haben großes Potenzial, den Medienmarkt in den nächsten Jahren zu revolutionieren und sich als Instrumente der Markenkommunikation zu etablieren.

9. Issues Management: Risiken erkennen, Chancen nutzen

Die enge Verflechtung der Volkswirtschaften, die Abhängigkeit vieler Sektoren vom globalen Finanzwesen und die sich mitunter verschiebenden Machtverhältnisse in der Wirtschaft und Politik sind heutzutage die ständigen Begleiter aller Unternehmen, die plötzlich und unerwartet im Fokus einer negativen Öffentlichkeit stehen können. Das Marktumfeld ist angesichts geopolitischer Entwicklungen immer schwerer kalkulierbar. Als Beispiele hierfür sind der Brexit in Großbritannien, die Finanzkrisen in Südeuropa, die Wirtschaftssanktionen im Kontext der Ukraine-Krise oder der oftmals durch Eigenverschulden verursachte Abstieg etablierter Marken wie Volkswagen, Schaeffler, Wiesenhof oder Deutsche Bank zu nennen, die mit Image- und Glaubwürdigkeitsproblemen zu kämpfen hatten.

Für die Kommunikationsverantwortlichen liegt eine wesentliche Herausforderung in der frühzeitigen Identifizierung, Beobachtung und Begleitung von Themen, die für ein Unternehmen, ein Produkt oder ein bestimmtes Vorhaben von Bedeutung sind. Es ist ein Frühwarnsystem mit präventiver Funktion erforderlich, das erkennt, ob, warum und mit welchen Folgen ein Thema das Potenzial hat, sich zu einem positiven oder negativen Issue zu entwickeln.

Vor diesem Hintergrund ist das Issues Management wichtiger Bestandteil einer modernen, strategischen Unternehmenssteuerung. Jede unternehmerische Phase, egal ob positiv oder negativ, besitzt ihren eigenen Verlauf, der mit Hilfe eines professionellen Frühwarnsystems rechtzeitig erkannt, analysiert und gesteuert werden kann. Dabei geht es darum, im Unternehmensumfeld aufkommende Themen zu erkennen und entsprechend darauf zu reagieren. Dies kann beispielsweise durch die Beteiligung am öffentlichen Meinungsbildungsprozess oder durch die Anpassung der Unternehmenspolitik geschehen.

Brodelt die Gerüchteküche erst einmal, dann ist es für die Kommunikationsverantwortlichen umso schwieriger, kritische Issues, die in der Öffentlichkeit bereits an Eigendynamik gewonnen haben, wieder zu kontrollieren bzw. zu steuern. Das Unternehmen gerät in die Defensive und der Imageschaden lässt sich häufig nur begrenzen. Oder wie der ehemalige US-Außenminister Henry Kissinger in den 1970er Jahren vorausschauend sagte: „An issue ignored is a crisis invited (deutsch: ein Thema zu ignorieren, ist die Einladung zu einer Krise.)."[147]

---

[147] Vgl. Roselieb (2002), S. 120.

9.1 Begriffsbestimmung

Mit Issues Management ist das Risiken- und Chancen-Management von Organisationen gemeint. Ein Issue bezeichnet dabei eine Entwicklung inner- oder außerhalb einer Organisation, die dazu geeignet ist, Einfluss auf die Handlungsfähigkeit einer Organisation zu nehmen oder sie darin einzuschränken ihre Ziele zu erreichen.[148]

Der Begriff wurde bereits 1976 von dem US-amerikanischen PR-Manager Howard W. Chase geprägt, der das Issues Management als eigenständiges Managementsystem in die PR-Literatur einführte. Er war fasziniert von dem Einfluss, den außenstehende Organisationen und Akteure auf ein Unternehmen ausüben können. Für ihn zielte Issues Management bereits früh auf die konsequente Beeinflussung der öffentlichen Agenda unter Einbezug und Koordination von strategischen und kommunikationspolitischen Planungsfunktionen ab.[149]

Weiter ausgeführt verbirgt sich hinter dem Begriff der Prozess von Monitoring und Früherkennung verschiedenster Themen mit Chancen- und Risikopotenzial und damit einhergehend die Szenario- und Agenda-Methodik, Intervention und Planung in der Krise sowie Aufarbeitung und Dokumentation.[150]

9.2 Aufgaben des Issues Managements

Einerseits fungiert das Issues Management durch die frühzeitige Identifizierung kritischer Issues als Kompass für die Unternehmenssteuerung durch die Krise oder besser gesagt um sie herum, bevor eine Krise überhaupt erst entsteht. Andererseits dient es der Identifizierung von positiven Issues, die dem Unternehmen beispielsweise Chancen zur erfolgreichen Marktpositionierung bieten, indem es sich an gesellschaftlichen Debatten beteiligt und diese mitgestaltet.

Der hinter diesem Prozess stehende Issues-Manager muss dem Unternehmen den Spiegel der externen Welt vor Augen halten. Er erfüllt nachfolgende Aufgaben:[151]

1) Früherkennung von Risiken und Chancen, die sich aus dem Umfeld des Unternehmens ergeben könnten.

---

148 Vgl. Winter / Springer Fachmedien (2014), S. 708.
149 Vgl. Chase (1984), S. 25.
150 Vgl. Kuhn / Kalt / Kinter (2009), S. 10 ff.
151 Vgl. ebd., S. 18.

)   Analyse und Bewertung von negativen und positiven Issues sowie die Entwicklung geeigneter Handlungsstrategien, zum Beispiel die rechtzeitige Vermittlung der eigenen Position an die internen und externen Stakeholder (Mitarbeiter, Journalisten, Wirtschaftsvertreter, Politiker etc.).

)   Teilnahme an öffentlichen, durchaus kritischen und kontroversen Debatten und Diskussionen über das jeweilige Issue.

Das Issues Management behandelt dabei den gesamten Prozess von Monitoring und Früherkennung über Planung, Aufarbeitung, Dokumentation und Training und zielt auf die kurz- und langfristige Sicherung, Stärkung und den Ausbau der Unternehmensreputation ab.[152]

9.3 Entwicklung eines Issues

Ein positives oder negatives Issue wird durch Meinungsbildner und Multiplikatoren bestimmt, die das Issue benennen, eine Meinung vorgeben und darauf basierend ein Anliegen formulieren. Das Anliegen kann unter Umständen zunächst wenigen Menschen vorgetragen werden. Es erhält dann Verstärkung, wenn es von anderen in der Öffentlichkeit bereits etablierten Gruppen aufgegriffen wird oder eine so starke Vorlage gibt, dass sich Akteure über dieses Thema in der Öffentlichkeit etablieren können. Beides kann dazu führen, dass das Thema als öffentliches Issue auf die Agenda der Medien rückt. Sofern das Issue dann vom Unternehmen ignoriert wird, kann es sich ganz schnell zu einem dauerhaften Konflikt entwickeln.

Die Umweltschutzorganisation Greenpeace versteht es bestens, Issues mit Krisenpotenzial zu identifizieren und nach allen Regeln der Kommunikationskunst in die Breite der Öffentlichkeit zu transportieren. Für die Umweltschützer bedeutet das Planen einer Kampagne das Planen einer öffentlichen Konfrontation. Es muss allerdings nicht zwingend zur Kampagne kommen. Allein die Fähigkeit dazu reicht Greenpeace schon als Druckmittel in Verhandlungen mit den aus Aktivistensicht kritischen Unternehmen. Zu diesen kritischen Unternehmen gehört unter anderem der Fast-Food-Konzern McDonald's, der sich mit der Greenpeace-Kampagne #MC Gen konfrontiert sah.[153]

Ein Rückblick: 2014 erklärte McDonald's auf Anfrage von Greenpeace, dass das Unternehmen auf Gentechnik in der Tierfütterung setzt. Dabei hatte McDonald's das Issue Gentechnik und die Kampagnenfähigkeit von Greenpeace unterschätzt. Denn mit #McGen brachten die Greenpeace-Aktivisten eine innovative Kampagne auf den Weg,

---

152 Vgl. Kuhn / Kalt / Kinter (2009), S. 131.
153 Vgl. Gaßner (2015), S. 132.

die auf eine direkte öffentliche Konfrontation abzielte und innerhalb kürzester Zeit viele Unterstützer rekrutierte. Greenpeace setzte bei der Kampagnenentwicklung auf die Einbindung der Öffentlichkeit und startete dazu einen Aufruf auf der Crowdsourcing-Plattform Jovoto. Die Aufgabe bestand darin, ein Kampagnenmotiv zu entwerfen, das McDonald's vom Gentechnik-Einsatz in der Tierfütterung abbringt. Dazu wurden Grafiker, Designer und andere Kreative auf der Website www.mcgen.de aufgerufen, ein zentrales Kampagnenmotiv zu entwerfen. Die Jury, bestehend aus Vertretern von Greenpeace und der Starköchin Sarah Wiener, begutachtete rund 400 Entwürfe, die Siegermotive wurden anschließend in der Online- und Print-Kommunikation sowie für Vor-Ort-Aktionen an den McDonald's-Restaurants eingesetzt.

Greenpeace gab allen Unterstützern gezielte Handlungsaufforderungen an die Hand und entwickelte verschiedene Mitmachaktionen zur Unterstützung der Kampagne. Dabei nutzten die Initiatoren nicht nur die eigenen Social-Media-Plattformen, sondern sie suchten auch den kritischen Dialog auf der Facebook-Seite von McDonald's. Durch die gezielte Kommunikation im Social Web in Kombination mit Protestaktionen vor den Filialen sollte auf McDonald's hoher Druck bzgl. der Veränderung von Produktionsbedingungen ausgeübt werden.

Abb. 32: Mit aufmerksamkeitsstarken Kampagnenmotiven sorgte Greenpeace dafür, dass sich das anfangs kleine Issue „Gentechnik" für McDonald's zum PR-Gau mit bundesweiter Relevanz entwickelte (Quelle: Greenpeace, 2014).

Die Beiträge im Social Web fanden schnell rege Zustimmung in dem anfangs noch überschaubaren Kreis der aktiven Facebook-Nutzer. Doch binnen weniger Tage entwickelte sich das Issue Gentechnik weiter und die Diskussion über den Einsatz von Gentechnik bei McDonald's dominierte bundesweit die Netzgemeinde.

Die Reaktion von McDonald's ließ jedoch lange auf sich warten. Das Unternehmen hatte anscheinend nicht mit dem Einfluss der Umweltschutzorganisation auf die öffentliche Meinungsbildung gerechnet. Erst nachdem sich rund 70 Verbraucher kritisch auf der Facebook-Seite von McDonald's äußerten und auch überregionale Medien über die Proteste berichteten, reagierten die Kommunikationsverantwortlichen mit einer knappen Stellungnahme: „Wir melden uns, sollte sich etwas an der Firmenpolitik ändern."[154]

Positiver reagierte die Lebensmittelbranche. Der Lebensmittelkonzern Edeka gab als Reaktion auf die Greenpeace-Proteste die Einführung des Siegels „Ohne Gentechnik" bei seinen Eigenmarken bekannt und der Geflügelfleischhersteller Wiesenhof kündigte an, wieder auf gentechnikfreies Tierfutter zu setzen. Nachdem weitere Protestaktionen erfolgten und der durch Greenpeace provozierte konfrontative Dialog den öffentlichen Druck auf McDonald's weiter erhöhte, lenkte das Unternehmen ein. Der Fast-Food-Konzern hatte begriffen, dass Greenpeace seine Kunden direkt und indirekt über die Medien erreicht. Als Folge gab McDonald's den Verzicht auf Gen-Futter bekannt.

9.4 Management eines Issues

Das Management eines Issues gliedert sich in die folgenden vier Prozessschritte, die ich nachfolgend näher erläutern werde: Identifizierung und Bewertung, Festlegung einer Handlungsstrategie, Maßnahmenplanung und Umsetzung sowie Evaluation.

9.4.1 Identifizierung und Bewertung

Von großer Bedeutung ist die frühzeitige Identifizierung eines Issues in einem Stadium, indem es noch keine mediale Aufmerksamkeit erreicht hat. Dies kann durch den Einbezug von internen und externen Experten oder auf Basis automatisiert generierter Medienanalysen durch Informations- und Kommunikationstechnologien wie zum Beispiel eines Social-Media-Monitorings erfolgen. In der Praxis wird die Früherkennung häufig durch eine Kombination beider Verfahren betrieben.

Der Versicherungskonzern Swiss Re nutzt beispielsweise interne und externe Quellen zur Identifizierung möglicher Issues. Intern leiten die Mitarbeiter aktuelle Entwicklungen aus ihren Fachbereichen an eine zentrale Koordinierungsstelle, die nach einer tiefergehenden Analyse festlegt, ob das Issue auf Konzernebene bearbeitet werden soll. Eine zentrale IT-Datenbank hilft dabei, die Vielfalt an Informationen zu erfassen und in konsolidierter Form für die verschiedenen Personenkreise zur Verfügung zu stellen.

---

154 Vgl. Gaßner (2015), S. 138.

Extern setzen die Kommunikationsverantwortlichen auf einen kontinuierlichen Dialog mit den unternehmensrelevanten Stakeholdern, indem sie regelmäßig zum Stakeholder-Dialog einladen. Bei dem Treffen werden neben aktuellen und zukünftigen Entwicklungen auch kritische Unternehmensthemen diskutiert und gemeinsam Lösungsansätze eruiert. Dadurch kann eine externe Perspektive in das Unternehmen hineingetragen und bei der Entwicklung von Kommunikationsstrategien frühzeitig berücksichtigt werden. Im Anschluss werden die einzelnen Issues klassifiziert und hinsichtlich ihrer Bedeutung für das Unternehmen in zeitlicher Hinsicht priorisiert und kategorisiert.[155]

Grundsätzlich stehen nachfolgende Bewertungskriterien zur Auswahl:

- das Aufmerksamkeitspotenzial (Nachrichtenwert) und die Anschlussfähigkeit des Issues,

- die Identifikation der unternehmensrelevanten und themenspezifischen Stakeholder,

- der Aktivierungsgrad und die Handlungsfähigkeit der involvierten Stakeholder und

- der potenzielle Einfluss auf das Image und die Reputation des Unternehmens.

Bei der Bewertung des Issues ist es besonders wichtig, die Verknüpfung zur Unternehmensstrategie herzustellen und die Entwicklungsmöglichkeiten und Auswirkungen des Issues auf die Unternehmenstätigkeit frühzeitig abzuschätzen. Dies kann unter anderem mittels verschiedener Prognosetechniken wie Szenario- oder Trendanalysen geschehen.

Ist ein Issue in den Medien bereits präsent und öffentlicher Druck aufgebaut, so können die Kommunikationsverantwortlichen nur noch reaktiv handeln. Aus diesem Grund müssen bereits im Vorfeld die wichtigsten unternehmensrelevanten Issues mit Krisenpotenzial identifiziert und damit einhergehend eine Handlungsempfehlung gegeben werden.

9.4.2 Festlegung einer Handlungsstrategie

Nach der Bewertung eines Issues müssen die Kommunikationsverantwortlichen in Abstimmung mit der Unternehmensleitung aufeinander abgestimmte Maßnahmen definieren, die das kritische Issue bzw. die davon ausgehende Gefahr neutralisieren

---

155 Vgl. Roselieb / Dreher (2008), S. 138 ff.

und im Idealfall das Issue aus der öffentlichen Aufmerksamkeit nehmen. Dies kann beispielsweise geschehen, indem das Unternehmen gezielt Informationen in die Öffentlichkeit trägt, welche die eigene Position stärken und gegenläufige Argumente der anderen Partei entkräften.

Es bedarf dafür eines etablierten internen Issues-Management-Prozesses, der für jedes Issue entsprechende Verantwortlichkeiten definiert. Innerhalb des Unternehmens muss klar geregelt sein, wer im Unternehmen die Verantwortung für ein Issue übernimmt, zum Beispiel das Produktmanagement bei der Rückholaktion eines Produktes oder die Finanzkommunikation bei einer kapitalmarktrelevanten Ad-hoc-Mitteilung.

Bei einem Issue, das noch kein großes öffentliches Interesse erlangt hat, steht die Planung mittelfristiger Strategien im Fokus, um die weitere Entwicklung des Issues entsprechend zu beeinflussen. Den Kommunikationsverantwortlichen stehen dabei unter anderem die folgenden drei Handlungsoptionen zur Auswahl:[156]

1. Sie überlassen es den anderen Beteiligten, das Issue voranzutreiben, und beschränken sich auf diese Reaktion.

2. Sie passen sich der fortlaufenden Entwicklung des Issues an und schreiten nur bei Bedarf ein.

3. Sie greifen dynamisch ein und übernehmen die aktive Steuerung des Issues.

Die erarbeitete Strategie muss dann in geeignete Aktionen umgesetzt werden, um die öffentliche Meinung zu beeinflussen und die Handlungshoheit für das Unternehmen zu wahren.

9.4.3 Maßnahmenplanung und Umsetzung

Nach der Festlegung der Handlungsstrategie beginnt die Umsetzung der ausgewählten Maßnahmen im Aktionsplan. Dabei wirken nicht nur Funktionen wie PR und Lobbying auf das Issue ein, sondern es können auch die Finanzplanung, das Setzen von Trends oder juristische Möglichkeiten wirksam sein. Entsprechende Datenbanksysteme, die das Issue erfassen und überwachen, sind als Planungs- und Steuerungstools ebenso eine gute Voraussetzung für ein strategisches Issues Management.

---

156 Vgl. Roselieb / Dreher (2008), S. 143.

9.4.4 Evaluation

In allen Phasen ist eine kontinuierliche Evaluation erforderlich, da ein effektives Issues Management eine fortlaufende Anpassung des Monitorings an Umwelt- und Organisationsveränderungen erfordert.

Eine große Herausforderung stellt die Erfolgskontrolle dar. Es gibt derzeit keine Modelle, welche die Ergebnisse des Issues Managements valide messen und evaluieren können. Die meisten Verfahren bzw. Indikatoren beschränken sich auf das Medienmonitoring und die damit einhergehenden veröffentlichten Meinungen. Ein möglicher Ansatz wäre aus meiner Sicht die Einbeziehung des Indikators Reputation durch das kontinuierliche Monitoren des Unternehmensimages in den Leitmedien. Dabei wird allerdings nur das Medienimage ermittelt, das von den Meinungen der Stakeholder in der Regel auch abweichen kann.

Die Reputation eines Unternehmens ist von vielen weiteren Einflussgrößen abhängig. Schlussendlich zeigt sich ein erfolgreiches Issues Management darin, dass ein Issue nicht eskaliert und somit als solches gar nicht messbar wahrgenommen wird.

9.5 Implementierung eines Issues-Management-Systems

Der Aufbau eines Issues-Management-Systems ist ein längerfristiger Prozess, der auf die Situation des Unternehmens und die Fähigkeiten der Mitarbeiter zugeschnitten sein muss. Dies erfordert ein hohes Maß an Offenheit und Durchlässigkeit auf allen Unternehmensebenen, damit es als Frühwarnsystem interne und externe Schwachstellen aufdecken kann.

Wichtigste Voraussetzung für die erfolgreiche Einführung eines Frühwarnsystems sind das Verständnis und die Unterstützung durch das Top-Management. Die Unternehmensleitung muss bereit sein, sich mit den von den Kommunikationsverantwortlichen übermittelten Issues kritisch auseinanderzusetzen. Ebenso wichtig ist eine gute Vernetzung im Unternehmen, da Issues Management nicht allein von der Unternehmenskommunikation betrieben werden kann, sondern ein interdisziplinäres Zusammenspiel aller Fachbereiche erfordert, um Issues frühzeitig erkennen und behandeln zu können. Reputationsmanagement und Issues Management sind somit zentrale Managementaufgaben.[157]

---

157 Vgl. Kuhn / Kalt / Kinter (2009), S. 14.

In der Praxis hat es sich bewährt, das Issues Management mit bestehenden Führungs-, Planungs- und Kontrollinstrumenten eng zu verzahnen. Nach Angaben des Arbeitskreises Krisenkommunikation/Issues Management der DPRG ist eine eindeutige Positionierung der Unternehmensführung für die Einführung eines Issues-Management-Systems zwingend erforderlich.

Laut DPRG erfordert ein funktionierendes Issues-Management-System die unternehmensweite transparente Darstellung von Informationen und einen offenen Zugang zu fortlaufend aktualisierten Projektdaten. Mangelnde Erfahrung darüber, welche Dynamik spezifische Issues annehmen und wie mit diesen umzugehen ist sowie der schwierig zu messende Erfolg führen nach Einschätzung des Fachverbandes oftmals dazu, dass Issues Management von der Unternehmensleitung als überflüssig betrachtet wird.

Vor diesem Hintergrund ist es umso wichtiger, dass die Kommunikationsverantwortlichen die Vorteile eines Issues-Management-Systems und seine Notwendigkeit auf allen Unternehmensebenen kommunizieren. Denn letztendlich profitieren alle davon, da es als Frühwarnsystem dazu beiträgt, einen Imageschaden vom Unternehmen fernzuhalten, oder Issues identifiziert, die dem Unternehmen die Chance bieten, sich erfolgreich auf dem Markt zu positionieren.

9.6 Fallbeispiel I: Aufbau eines globalen Issues-Management-Systems (Daimler AG)

Mit der Fusion von Daimler-Benz und der Chrysler Corporation entstand Ende 2008 der drittgrößte Automobilhersteller der Welt. Durch den Zusammenschluss war das Stuttgarter Unternehmen von einem Tag auf den anderen ein Global Player. Mit über 370.000 Mitarbeitern produzierte DaimlerChrysler weltweit in 37 Ländern. Diese globale Omnipräsenz erforderte ein System, das weltweit die Identifizierung und Bearbeitung von Wahrnehmungen und Erwartungen der Stakeholder (Mitarbeiter, Kunden, Journalisten etc.) ermöglichte.

Um weltweit schnell und umfassend zu informieren, hatte Daimler als eines der ersten deutschen Unternehmen bereits 1996 mit dem sogenannten Global News Bureau ein globales, intranetbasiertes Informationsportal eingeführt, das den gesamten Issues-Management-Prozess abbildet. Das Portal bietet weltweit allen Kommunikatoren und relevanten Fachbereichen Zugang zu aktuellen Sprachregelungen und einer Vielzahl von Pressematerialien. News können auf das Smartphone heruntergeladen werden und im Falle von Ad-hoc-News werden die Mitarbeiter per SMS benachrichtigt.

Abb. 33: Als eines der ersten deutschen Unternehmen hat Daimler ein globales Issues-Management-System eingeführt, das Themen mit Chancen- oder Risikopotenzial identifiziert, analysiert und bearbeitet (Quelle: Daimler, 2016).

Im Ressort Communications der Daimler AG existieren darüber hinaus benachbarte Prozesse, die sich gegenseitig unterstützen und deren Ergebnisse im Global News Bureau abgebildet werden. News-Management, Reputation Research und Global Issues Management.

Das Team News-Management hat den Auftrag, den Vorstand und vorstandsnahe Bereiche rund um die Uhr mit entscheidungsrelevanten Nachrichten zu versorgen. Hierzu werden täglich über 10.000 Meldungen und Beiträge aus TV, Online und Print sowie User Generated Content wie Blogs auf ihre Relevanz hin erfasst und analysiert.

Mitte 2015 hat das Team eine neue Portallösung implementiert, die Daimler-relevante Einträge und Postings schwerpunktmäßig auf den Social-Media-Plattformen Twitter, Facebook und YouTube monitort. Dafür haben die Kommunikationsverantwortlichen im Vorfeld analysiert, wer die unternehmensrelevanten Stakeholder sind, wo sie sich im Social Web aufhalten und welche Zielgruppen über welche Kanäle erreicht werden können. Der Fokus liegt auf Twitter, wo ein Großteil der Daimler-relevanten Journalisten Nachrichten veröffentlicht, teilt und kommentiert. Ein Alert-System benachrichtigt die Kommunikationsverantwortlichen in Echtzeit, sobald relevante positive oder negative Einträge veröffentlicht worden sind.

Das Team Reputation Research bündelt alle Analysen und Befragungen der Stakeholder zur medialen Reputation des Unternehmens. Hier wird die Beobachtung und Auswertung der unternehmensrelevanten Berichterstattung gesteuert. Die Kommunikationsverantwortlichen analysieren, wie die Medien über Daimler berichten und welche positiven oder negativen Entwicklungen sich in der Berichterstattung abzeichnen. Ziel ist es, die Auswirkungen der Kommunikationsaktivitäten bei den wichtigsten Zielgruppen zu analysieren und zu prüfen, inwieweit die in der jeweiligen Kommunikationsstrategie festgelegten Ziele erreicht worden sind.

Diese Analysen dienen dazu, die Kommunikationsaktivitäten besser zu planen und adressatengerecht auszurichten. Dabei gilt es auch herauszufinden, ob die Journalisten mit der Kommunikationsarbeit von Daimler zufrieden sind. So wurden in Kooperation mit dem Lehrstuhl für Kommunikationsmanagement in Politik und Wirtschaft der Universität Leipzig bundesweit rund 650 Journalisten befragt, wie sie die Arbeit der Daimler-Kommunikatoren bewerten. Erfreuliches Ergebnis: Insgesamt bewerteten sie die Kommunikationsarbeit von Daimler positiver als die der Konkurrenten BMW und Audi. Die Studie gab aber auch konkrete Hinweise für die Verbesserung der eigenen Medienarbeit, zum Beispiel hinsichtlich der Einführung neuer Medienformate.

All diese Aktivitäten zahlen auf das Hauptziel des Teams Global Issues Management ein, unternehmensrelevante Themen mit Chancen- oder Risikopotenzial zu identifizieren, zu bewerten und zu bearbeiten. Die Kommunikationsverantwortlichen unterscheiden dabei nachfolgende Issues und die damit verbundenen Verantwortlichkeiten:

› Media Issues: Themen, die bereits von den Medien aufgegriffen wurden (Testberichte zu Neufahrzeugen, Berichterstattungen über Managementveränderungen, Akquisitionen etc.).

› Corporate Issues: Themen, die innerhalb eines Unternehmens diskutiert werden (Unternehmensstrategie, Leitbild, Ideenmanagement, Veränderungsprozesse etc.).

› Business Environment Issues: Themen, die von externen Stakeholdern an das Unternehmen herangetragen werden oder in Expertenkreisen und Fachpublikationen zur Diskussion stehen (Diskussionsbeiträge zu alternativen Antrieben, Daimlers Beitrag zum Klimaschutz etc.).

Diese Themenfelder werden im Intranet-basierten Global News Bureau abgebildet: Wesentliche Dokumente werden zum Download angeboten, ergänzt um Hintergrundmaterial zu den einzelnen Issues. Aktuelle Sprachregelungen werden auf der Startseite des Issue Management Systems zur Verfügung gestellt und via E-Mail verteilt.

Darüber hinaus hat Daimler als erstes DAX30-Unternehmen 2007 einen Corporate Blog eingeführt, der noch heute als Best Case in der internationalen Blogger-Szene gilt. Mit rund 40 000 Besuchern im Monat und 400 Autoren hat sich der Blog als eines der erfolgreichste Instrumente des Stakeholder-Managements etabliert. Die Kommunikationsverantwortlichen haben die Influencer-Kommunikation in den Mittelpunkt ihrer Arbeit gestellt. So wird unter anderem der Instagram-Kanal der Marke Mercedes-Benz laufend mit hochwertigen und exklusiven Inhalten bespielt, die genau auf die Bedürfnisse der Community zugeschnitten sind. Auf dieser Plattform tummeln sich weltweit User, Influencer und Fotografen, die fast täglich hochwertige Automotive-Inhalte generieren und mit Hashtags wie #mbfanphoto weite Teile der Community erreichen. Dabei wird der Account mit nur rund 5 Prozent Marken-Content bespielt, 95 Prozent sind User-Generated-Content. Mit rund 5,5 Millionen Followern und mehr als 200 Millionen User-Interaktionen auf dem globalen Instagram-Kanal gehört Mercedes-Benz inzwischen branchenübergreifend zu den Best Cases und weltweit zu den Top 3 der Instagram-Brands.

Diese transparente, kontinuierliche Kommunikation mit allen digitalen Multiplikatoren über verschiedenste Kanäle hat dazu geführt, dass kritische Issues bisher stets in der Blogsphäre blieben und sich nicht auf die Massenmedien ausdehnten. All diese Maßnahmen dienen den Kommunikationsverantwortlichen gleichzeitig als Stimmungsbarometer und Gradmesser für die tägliche Arbeit.

9.7 Fallbeispiel II: Kommunikation mit dem Wutbürger (Edeka Handelsgesellschaft Nord mbH)

Seiner Werbung zufolge liebt Edeka Lebensmittel und wurde dafür prompt von den Konsumenten belohnt: Das Unternehmen ist der vertrauenswürdigste Lebensmittelhändler Deutschlands. Das geht aus einer Umfrage des PR-Agentur-Verbands GPRA und TNS Emnid für die Branchenzeitschrift Horizont hervor.[158] Doch abseits der mehrfach preisgekrönten Supergeil-Kampagne mit Testimonial Friedrich Liechtenstein sah sich Edeka von 2012 bis 2014 einem lokalen Bürgerprotest ausgesetzt, Stichwort: Gentrifizierung.

Für das Unternehmen entwickelte sich die Rindermarkthalle im Hamburger Stadtteil St. Pauli Anfang 2012 zu einem kritischen Issue, Hintergrund: Edeka hatte wenige Wochen zuvor verkündet, die 1951 errichtete Halle in unmittelbarer Nähe zum autonomen Kulturzentrum Rote Flora umzubauen und Ende 2014 als neues Einkaufszentrum zu eröffnen. Die Bürger sahen sich durch die Zustimmung der Politik für das Projekt übergangen und prägten seit Bekanntmachung des Großprojekts die negative Meinung in der Öffentlichkeit.

---

158 Vgl. URL: http://www.horizont.net/marketing/nachrichten/Exklusiv-Umfrage-Edeka-geniesst-unter-Lebensmittelhaendlern-das-groesste-Vertrauen-117625 (Letzter Zugriff: 15.10.2016).

Die Interessenkonflikte zwischen dem Investor Edeka und den Anwohnern im politisch kritischen Schanzenviertel stellte die größte Herausforderung für die Projektbeteiligten dar, als das Unternehmen 2012 die leerstehende Rindermarkthalle für zehn Jahre von der städtischen Grundstücksgesellschaft Sprinkenhof GmbH übernahm.

Der Kern der öffentlichen Kritik: Die neue Rindermarkthalle werde ein reines Einkaufszentrum, wie es sich in etlichen Städten findet, überdimensioniert und fast ausschließlich auf Konsum ausgerichtet, hieß es auf Seiten der Bürgerinitiative Wunschproduktion Rindermarkthalle, die unter dem Motto „Eine Halle für alle" einen großen Anteil des Areals für die Nutzung durch Stadtteilinitiativen forderte, zum Beispiel mit einem Stadtteilgarten und einem Indoor-Spielplatz für die Anwohner.[159]

Um den öffentlichen Protesten entgegenzuwirken, entwickelte Edeka ein über zwei Jahre angelegtes Kommunikationskonzept. Oberstes Ziel war es, das vielseitig kritisierte Projekt durch die direkte Einbeziehung der Anwohner in den Planungsprozess und eine an das Viertel angepasste Kommunikation zu entschärfen und öffentliche Akzeptanz für das Vorhaben zu schaffen. Dazu nutzten die Kommunikationsverantwortlichen ein Issues-Management-System, das der Identifizierung und Analyse von negativen und positiven Issues im Kontext der Rindermarkthalle diente.

Die Kommunikationsstrategie basierte auf den Pfeilern Information, Transparenz und einer zielgruppengerechten Wort- und Bild-Sprache auf Augenhöhe mit den Bürgern. Inhaltlich wurde die Kampagne unter dem Claim „Einkaufen statt Shoppen" positiv aufgeladen. Ein strategischer Ansatz bestand darin, durch persönliche Gespräche mit Multiplikatoren und Entscheidern sowie durch eine offene, glaubwürdige Projektkommunikation Akzeptanz und Vertrauen in der Öffentlichkeit zu schaffen und die Anwohner von dem Projekt zu überzeugen.

In regelmäßigen Abständen wurden öffentliche Fragerunden, Workshops sowie Baustellenbegehungen organisiert. Von 2012 bis 2014 gab es insgesamt zehn öffentliche Veranstaltungen unter der Beteiligung von durchschnittlich 50 Interessenvertretern aus Bürgerinitiativen und der umliegenden Nachbarschaft.

Die Ergebnisse der Gespräche wurden laufend in einem Blog auf der eigens eingerichteten Projektwebsite www.rindermarkthalle-stpauli.de und in Form von Pressemitteilungen kommuniziert. Des Weiteren wurde das Magazin Rindermarkthallen-Gazette ins Leben gerufen, das per Postwurf an 13.000 Haushalte in St. Pauli verteilt wurde. Darüber hinaus vereinbarten die Kommunikationsverantwortlichen mit einzelnen Interessengruppen wie zum Beispiel den Stadtteil-Bloggern separate Gesprächstermine, um fortlaufend über das Projekt und die Hintergründe des Vorhabens zu informieren.

---

159 Vgl. URL: http://www.wunschproduktion.rindermarkthalle.de (Letzter Zugriff: 21.10.2016).

Seinen Höhepunkt fand die Kampagne in der Eröffnung der Rindermarkthalle am 18. September 2014. Dazu realisierten die Kommunikationsverantwortlichen eine öffentlichkeitswirksame 360-Grad-Kampagne, die folgende Maßnahmen beinhaltete:

- Platzierung mehrseitiger Advertorials in Tageszeitungen,
- Erstellung und Distribuierung von Großplakaten,
- Schaltung von Print-Anzeigen sowie Radio- und Online-Spots und
- Initiierung von Guerilla-Aktionen wie Calcium Carbonat Stencils (StreetAds).

Neben diesen öffentlichkeitswirksamen Maßnahmen gestalteten die Kommunikationsverantwortlichen ein auf die Besonderheiten des Viertels zugeschnittenes Eröffnungsprogramm mit lokalen Musikern und DJs. Kommunikativ begleitet wurden die Maßnahmen durch regelmäßige Postings in den sozialen Medien (Twitter, Facebook, Instagram).

Während zu Beginn der Kampagne davon ausgegangen werden musste, dass zur Eröffnung der Rindermarkthalle ein linksautonomer schwarzer Block erscheinen würde, so hat sich die öffentliche Meinung über das Projekt während der Kampagne komplett gewandelt. Die Umgestaltung der Rindermarkthalle wurde von den Bürgern mehrheitlich als gelungen bezeichnet und intensiv frequentiert. Davon zeugte auch das mediale Echo zur Eröffnung des Einkaufszentrums. Im Eröffnungszeitraum erschienen 75 Print-, 50 Online-, 15 Radio- und zwölf TV-Beiträge. Von diesen waren bis auf drei Beiträge alle positiv bis neutral. Auch in den sozialen Medien fand sich so gut wie kein negativer Kommentar.

Im Ergebnis lässt sich festhalten, dass die 360-Grad-Kampagne nicht zuletzt die wirtschaftliche Bedeutung der Unternehmenskommunikation bei der Umsetzung von Großprojekten hervorhob. Denn das Gewinnen des öffentlichen Vertrauens kann über Erfolg oder Misserfolg millionenschwerer Investments entscheiden. Dafür ist nach der frühzeitigen Identifizierung der unternehmensrelevanten Stakeholder und Issues eine transparente, glaubwürdige und auf die Stakeholder abgestimmte Kommunikation auf Augenhöhe erforderlich.

Die Kommunikationsverantwortlichen konnten durch den professionellen Einsatz von Issues Management auf neue Entwicklungen rund um die Rindermarkthalle jederzeit rasch und adressatengerecht reagieren. Die Erfolgsfaktoren waren neben der Früherkennung Glaubwürdigkeit, Transparenz und eine den Dialoggruppen entsprechende individuelle Ansprache.

Schlussendlich ist die Arbeit der Kommunikationsverantwortlichen in Zeiten von Bürgerinitiativen und lokalem Aktivismus nur dann erfolgreich, wenn sie die Protestbewegungen frühzeitig ernst nimmt und mittels einer glaubwürdigen und kontinuierlichen Informationspolitik am Meinungsbildungsprozess partizipieren lässt anstatt verspätet einseitig Botschaften abzusetzen.

Abb. 34: Früher ein lokales Politikum, heute ein beliebter Kiez-Treffpunkt: Die Hamburger Rindermarkthalle im Stadtteil St. Pauli (Quelle: Eigenes Foto, 2016).

Zusammenfassung

›) Das Issues Management ist ein wichtiger Bestandteil einer modernen, strategischen Unternehmenssteuerung. Hierbei handelt es sich um eine Früherkennung von Risiken und Chancen, die sich aus dem Umfeld eines Unternehmens ergeben und sich positiv oder negativ auf das Image und die Reputation auswirken können.

›) Das Issues Management gliedert sich in vier Prozessschritte: Identifizierung und Bewertung von Issues, Festlegung einer Handlungsstrategie, Maßnahmenplanung und Umsetzung sowie Evaluation. Hierzu gehört unter anderem die Teilnahme an öffentlichen kritischen Debatten und Diskussionen über das jeweilige Issue.

›) Der Aufbau eines Issues Managements ist ein längerfristiger Prozess, der ein hohes Maß an Offenheit und Durchlässigkeit auf allen Unternehmensebenen erfordert, damit es als Frühwarnsystem interne und externe Schwachstellen aufdecken kann. Dies bedingt die Unterstützung durch die Unternehmensleitung, die bereit sein muss, sich mit Issues konfrontieren zu lassen, mit denen sie sich kritisch auseinandersetzen muss.

10. Krisenkommunikation: Nach der Krise ist vor der Krise

Konflikte, Krisen und Katastrophen sind der Stoff, aus dem Nachrichten sind. Das Interesse der Öffentlichkeit und der Konkurrenzkampf der Medien um Auflagen und Einschaltquoten verstärken die Suche nach spektakulären Themen und Meldungen. Die Liste an Skandalen, Krisen und Katastrophen ist lang und das Ausmaß an öffentlicher Empörung und damit einhergehender Negativ-Berichterstattung groß.

Ob Manipulation (Volkswagen), Korruption (FIFA), Streik (Lufthansa), Erpressung (Lidl) oder Terroranschlag (Deutsche Bahn) – kein Unternehmen kann sich vor Krisen und Katastrophen schützen. Wichtig ist es jedoch, für eine Krisensituation die richtige Kommunikationsstrategie und die richtigen Instrumente zur Verfügung zu haben. Denn eine mangelnde Vorbereitung und eine daraus resultierende ungeschickte Öffentlichkeitsarbeit verschlimmern die Situation. Sie können den Ruf des Unternehmens, das Betriebsklima, die Motivation und den Geschäftserfolg nachhaltig beeinträchtigen, ja sogar die Existenz gefährden.

Aus diesem Grund hängt es wesentlich von der Vorbereitung ab, ob in einem Krisenfall planlose kontraproduktive Kommunikation entsteht oder ein geordnetes Vorgehen, das einen Image- und Reputationsschaden vom Unternehmen weitestgehend fernhält.

10.1 Begriffsbestimmung

Der Begriff Krise scheint durch seinen alltäglichen, inflationären Gebrauch schon etwas Normales geworden zu sein. Dabei ist die Krise kein gesondertes Privileg der Gegenwart. Der Begriff leitet sich von dem lateinischen Wort crisis ab. Crisis bedeutet Scheidung, Streit, Entscheidung, Urteil und kann in unserem Sprachgebrauch durch einen Höhe- und Wendepunkt und Veränderung in Form einer Zuspitzung erweitert werden. Der Krisenbegriff wird je nach Kontext recht unterschiedlich ausgelegt.

Allgemein betrachtet ist eine Krise ein akuter, zeitlich begrenzter Zustand, der vom Betroffenen als bedrohlich wahrgenommen wird und häufig in Zusammenhang mit einem emotional bedeutsamen Ereignis oder mit einer bedeutsamen Veränderung der Lebensumstände steht.[160] Im unternehmerischen Sinne werden Krisen unklare, unstrukturierte und unvorhergesehene Situationen definiert, die sich negativ auf das Image und die Reputation eines Unternehmens auswirken und unter Umständen existenzbedrohende Auswirkungen haben können. Diese Existenzgefährdung ist an das Nicht-Erreichen bestimmter festgelegter Unternehmensziele gebunden.[161]

---

160 Vgl. Riecher-Rössler / Berger (2004), S. 19.
161 Vgl. Bergauer (2003), S. 4.

Ein Unternehmen kann diese Krisen, soweit sie kommunikativ lösbar sind, nur auf der Basis der kommunikativen Beziehungen lösen, die vorab etabliert und gelebt wurden.[162]

Der damit einhergehende Begriff der Krisenkommunikation bezieht sich auf alle für den Krisenfall relevanten kommunikativen Maßnahmen und Instrumente der Unternehmenskommunikation. Sie richtet sich an alle Stakeholder des Unternehmens und soll negative Auswirkungen der Krise, zum Beispiel einen Imageschaden und Vertrauensverlust, verhindern oder zumindest eindämmen und damit auch einen wirtschaftlichen Schaden vom Unternehmen abwenden.[163]

10.2 Arten von Krisen

Im Falle einer Krise können Unternehmen innerhalb kürzester Zeit ihren guten Ruf einbüßen, den sie sich über mehrere Jahre aufgebaut haben. Dabei gibt es eine Vielzahl von Krisen, die von den internen und externen Stakeholder unterschiedlich wahrgenommen werden. Nach Timothy Coombs werden drei Arten von Krisen unterschieden:[164]

1. Unfallkrise: Hier wird eine stärkere Krisenschuld attribuiert, zum Beispiel durch ungewolltes Fehlverhalten des Managements, Rückrufe durch technisches Versagen, Havarien, Großbrände etc., wodurch ein moderater Reputationsschaden für das Unternehmen entsteht.

2. Opferkrise: Hier wird nur eine geringe Krisenschuld attribuiert. Die Organisation ist selbst Opfer der Krise, zum Beispiel durch Naturkatastrophen, Erpressung, Hackerangriffen, Terroranschlägen etc., wodurch ein geringer Reputationsschaden für das Unternehmen entsteht.

3. Verantwortungskrise: Hier wird eine hohe Krisenschuld attribuiert, zum Beispiel durch bewusstes, selbstverschuldetes Fehlverhalten des Managements wie Verstöße gegen Compliance-Richtlinien etc., wodurch ein hoher Reputationsschaden für das Unternehmen entsteht.

Die Wahrnehmung der Krise hängt von der attribuierten Krisenschuld ab. Ist ein Muster schlechten Verhaltens erkennbar, dann weisen die Stakeholder dem Unternehmen grundsätzlich eine größere Schuld zu. Verfügt das Unternehmen vor der Krise über eine positive Reputation, dann kann dies eine präventive Wirkung entfalten.[165]

---

162 Vgl. Immerschitt (2015), S. 35.
163 Vgl. Drechsler (2012), S. 423.
164 Vgl. Coombs (2015), S. 3 ff.
165 Vgl. Schwarz (2010), S. 243.

10.3 Beispiele für Krisen

Einzelne Krisen lassen sich nicht immer eindeutig zuordnen, da interne und externe Krisen unter Umständen gemeinsam auftreten, indem zum Beispiel eine externe Krise durch das Fehlverhalten eines Mitarbeiters unterstützt bzw. verstärkt wird. Ebenso sind manche Krisen vorhersehbar, andere zum Beispiel bedingt durch einen plötzlichen Unfall wiederum nicht. Nachfolgend finden Sie eine Übersicht von bedeutsamen Krisenereignissen der vergangenen Jahre, die ich den von Timothy Coombs definierten Krisenarten zugeordnet habe.

Produktrückruf Mars (Unfallkrise)

Der Schokoriegel-Hersteller Mars musste 2016 den größten Produktrückruf seiner Firmengeschichte bekanntgeben. In einem Schokoriegel war ein Plastikteil gefunden worden. Ausgelöst wurde die Panne durch eine Verschlusskappe in einer niederländischen Fabrik: Sie soll abgefallen und in vielen scharfkantigen Einzelteilen in die verschiedenen Riegel verschmolzen worden sein. Nach der ersten Kundenbeschwerde verkündete Mars umgehend einen freiwilligen Produktrückruf, doch die Details der Panne kamen nur scheibchenweise und widersprüchlich ans Tageslicht.

Krisenexperten bemängelten das Fehlen einer einheitlichen Krisenkommunikationsstrategie. Richtigerweise sollten die lokalen Kommunikationsverantwortlichen die Medien über das Ausmaß der Panne und die Rückrufaktion informieren, aber diese hielten sich in der Kommunikation weitestgehend zurück. Das US-Management gab gar keine Stellungnahme ab, die Website und die Hotline waren zeitweise nicht erreichbar. Dazu fehlte auf der Website gänzlich der Hinweis, wo und wie die Riegel umgetauscht werden konnten.

Pannenserie Deutsche Bahn (Unfallkrise)

„Alle reden übers Wetter. Wir nicht. Wir fahren immer" – dieser Werbespruch der Deutschen Bahn rief bei den Reisenden 2010 höchstens ein müdes Lächeln hervor. Denn wenn es ein Top-Thema bei der Bahn gab, dann war es das Wetter. Im Sommer versagte die Technik, Züge fielen hitzebedingt aus, Reisende kollabierten wegen defekter Klimaanlagen, im Winter dann das ganz große Chaos: Fern- und Regionalzüge fielen reihenweise aus. Pendler saßen wegen vereister Oberleitungen oder technischer Probleme stundenlang in Waggons fest. Und während der Weihnachtsfeiertage forderte die Bahn die Reisenden sogar teilweise auf, die Züge wieder zu verlassen, Belohnung: 25 Euro.

Die Pannenserie zog eine wochenlange negative Berichterstattung nach sich, die durch das Nichtbeantworten von Kundenanfragen weiter verstärkt wurde. Aus diesen Fehlern scheint die Deutsche Bahn inzwischen gelernt zu haben. Mit einer umfassenden, konzernweiten Neustrukturierung hat das Unternehmen eine Service- und Qualitätsoffensive eingeläutet, durch die unter anderem das komplizierte Preistarifsystem reformiert und die Bahnhöfe und Züge bundesweit mit kostenlosem WLAN-Zugang ausgestattet wurden.

Flugzeugabsturz Germanwings (Opferkrise)

Am 24. März 2015 stürzte eine Passagiermaschine der Fluggesellschaft Germanwings (heute: Eurowings) auf dem Weg von Barcelona nach Düsseldorf über den französischen Alpen ab. Der psychisch kranke Co-Pilot Andreas Lubitz steuerte das Flugzeug gegen eine Felswand und riss 149 Menschen mit in den Tod. Die Fluggesellschaft und ihr Mutterkonzern Lufthansa Group reagierten schnell. Eine Stunde nach dem Absturz schalteten die Kommunikationsverantwortlichen eine Darksite mit ersten Informationen zum Unglück und richteten Notfall-Hotlines ein. Dazu wurden die Firmenlogos von Lufthansa und Germanwings in Trauerfarben gefärbt und mit dem Hashtag #indeepsorrow wurde eine erste Anteilnahme bekundet.

Die Kommunikationsverantwortlichen nahmen neben der zügigen Übermittlung der Sachinformation zum Flugzeugabsturz immer wieder Bezug auf die Opfer und Angehörigen, die eigenen Mitarbeiter, die Bergungskräfte und Experten an der Absturzstelle. Das zeigte sich vor allem auch in einer sehr direkten, persönlichen und authentischen Ansprache. Dabei präsentierte sich der Vorstandsvorsitzende Carsten Spohr als das Gesicht der Krise, indem er direkt nach der Unglücksnachricht medial präsent und ansprechbar war. Alle Interviews und Fernsehauftritte absolvierte Spohr selbst. Er sprach nicht nur als oberster Firmenvertreter, sondern auch als Mensch, der sich von dem Unglück tief betroffen zeigte.

Nicht jeder seiner Live-Auftritte war perfekt vorbereitet. Viele Informationen wie die Unglücksursache wurden erst Tage später bekannt. So hatte Spohr noch am 18. März 2015 über den Gesundheitszustand von Andreas Lubitz erklärt, dass er 100-prozentig flugtauglich gewesen sei. Einen Tag später musste Spohr, als die Ermittler erstmals die wirklichen Umstände der Katastrophe kannten, eingestehen, dass der Pilot schwer depressiv und in psychologischer Behandlung war. Nicht nur für die Öffentlichkeit war das ein Schock. Die Lufthansa stand plötzlich als ein Konzern da, der offenbar nichts über das Befinden ihrer Mitarbeiter wusste.

Spohr handelte dennoch richtig, indem er stets den Informationsstand an die Öffentlichkeit weitergab, den er zum jeweiligen Zeitpunkt hatte. Eine zögerliche Kommunikation oder gar ein Flüchten in Worthülsen hätte die Situation nur verschlimmert. Trotz mancher Kritik ist es Spohr durch seine kontinuierliche und transparente Kommunikation gelungen, Glaubwürdigkeit aufzubauen und die Reputation des Unternehmens zu schützen. So schrieb die Frankfurter Allgemeine Zeitung: „Schlafwandlerisch hat der Lufthansa-Chef nach der Katastrophe von Flug 4U9525 alles richtig gemacht."[166]

VW-Abgas-Skandal (Verantwortungskrise)

Mit der sogenannten Dieselgate-Affäre geriet Volkswagen im September 2015 in die größte Krise seiner Unternehmensgeschichte. Die Manipulation der Abgaswerte bei Diesel-Motoren durch eine eigens programmierte Software versetzte den Automobilkonzern operativ und kommunikativ in einen beispiellosen Ausnahmezustand. Der Vorstandsvorsitzende Martin Winterkorn trat zurück, weitere Vorstandsmitglieder mussten ebenfalls gehen und Winterkorns Nachfolger Matthias Müller erlaubte sich bei der Krisenbewältigung folgenreiche kommunikative Fehler.

Im Interview mit dem US-amerikanischen Radiosender NPR bezeichnete er die Affäre um die manipulierten Dieselmotoren als technisches Problem. Zum jahrelangen Betrug mit der illegalen Software sagte er lapidar, dass Volkswagen das US-amerikanische Recht nicht richtig interpretiert habe. Mit dieser Verharmlosung der Affäre produzierte der VW-Chef ebenso wie seine Vorstandskollegen weitere Negativ-Schlagzeilen.

In April 2016 kündigten die Top-Manager an, dass sie trotz dieser Krise nicht auf ihre Bonuszahlung verzichten möchten. Wenig später beugten sie sich dem Druck der Öffentlichkeit und erklärten sich dazu bereit, auf maximal die Hälfte ihrer Boni zu verzichten. Das Ergebnis waren zusätzliche negative Berichterstattungen und im Juni 2016 erhielt Volkswagen die Rechnung für die manipulierten Abgaswerte. In den USA musste der Konzern rund 16 Milliarden US-Dollar an Entschädigungen, Rückkauf- und Reparaturkosten, Strafen sowie Umweltinvestitionen zahlen.

Der Finanzvorstand Dietmar Pötsch, in dessen Verantwortung das Frühwarnsystem versagt und Kleinaktionäre getäuscht wurden, wurde indes zum Aufsichtsratvorsitzenden befördert. Während der Konzern den Abbau von rund 20.000 Arbeitsplätzen beschloss, erhielt Pötsch mit über 20 Millionen Euro das höchste Gehalt, das bis dato ein Aufsichtsrat in Deutschland erhalten hat. Wenn man das Vertrauen in wirtschaftliche Fairness und in die Transparenz von Vergütungssystemen vernichten will, dann hatte VW hier alles richtig gemacht.

---

166 Vgl. URL: http://www.faz.net/aktuell/wirtschaft/unternehmen/lufthansa-chef-carsten-spohr-aufrecht-im-mediengewitter-13511270.html (Letzter Zugriff: 21.12.2016).

ADAC-Skandal (Verantwortungskrise)

Der Automobilclub ADAC erlitt im Februar 2014 einen immensen Reputationsverlust, da er die Ergebnisse der renommierten Auto-Award-Verleihung Gelber Engel manipuliert hatte. Abseits des eigentlichen Skandals führte insbesondere das anschließende Krisenmanagement zu einem erheblichen Imageschaden. Die Geschäftsführung einschließlich der Kommunikationsverantwortlichen vernachlässigte alle Regeln der Krisenkommunikation. Der Verbandsvorsitzende Peter Meyer kritisierte nach ersten Enthüllungen durch die Süddeutsche Zeitung zuerst pauschal die Medien, anstatt sich mit den Fakten – der Fälschung von Stimmzahlen – auseinanderzusetzen. Er erklärte die Tricksereien als Fehlverhalten eines einzelnen Mitarbeiters und duckte sich weg. Er war für niemanden mehr zu erreichen.

Gänzliches Schweigen, halbgare Informationen, maßlose Selbstüberschätzung und weitere Skandale wie die private Nutzung von Rettungshubschraubern bestimmten das öffentliche Bild des ADAC. Dazu blieb der von der Öffentlichkeit erwartete Rücktritt der Verbandsspitze vorerst aus, lediglich Kommunikationschef Michael Ramstetter trat zurück. Die Negativschlagzeilen setzten sich fort, so dass aufgrund des öffentlichen Drucks Wochen später auch Präsident Peter Meyer und Geschäftsführer Karl Obermair ihren Hut nahmen. Als Folge des mangelhaften Krisenmanagements zeichnete die Journalistenorganisation Netzwerk Recherche den ADAC mit dem Negativpreis Verschlossene Auster für den Informationsblockierer des Jahres aus.

Eröffnung Flughafen Berlin Brandenburg (Verantwortungskrise)

Der Bau des Flughafens Berlin Brandenburg (BER) ist beispiellos für das Scheitern von Infrastruktur-Großprojekten. Der TÜV bescheinigte dem Flughafen über 100.000 Baumängel, die für 2012 vorgesehene Eröffnung verzögerte sich um sechs Jahre. Fehlplanungen, unkoordinierte Bauaktivitäten, Korruption und Streitigkeiten im Management bestimmten das öffentliche Bild des BER im In- und Ausland. Dies sollte sich mit einem Wechsel an der Kommunikationsspitze ändern.

Im Januar 2016 wurde der Kommunikationschef Ralf Kunkel durch den PR-Fachmann Daniel Abbou ersetzt, der in der Öffentlichkeit mit einer dialogorientierten, offenen Kommunikationsstrategie mehr Verständnis für die Dauerbaustelle BER erwecken sollte. Doch Abbou musste nach nur vier Monaten wieder gehen. Der Anlass für seine Kündigung war ein sehr freimütiges Interview mit der Fachzeitschrift PR Magazin, in dem er offen Probleme ansprach, sich kritisch über die Rolle von Politikern und früheren Managern äußerte und der Flughafengesellschaft mangelnde Transparenz in der Kommunikation bescheinigte. Insbesondere die Tatsache, dass das Interview nicht mit der Geschäftsführung abgestimmt war, führte zu seiner Entlassung, die wiederum weitere Negativ-Schlagzeilen rund um den BER produzierte.

Insolvenz Schlecker (Verantwortungskrise)

Die Insolvenz der Drogeriekette Schlecker markierte 2012 eine der größten Privatpleiten in der deutschen Wirtschaftsgeschichte. Die eklatanten Fehler des Firmengründers Anton Schlecker konnte der Insolvenzverwalter nicht mehr beheben. Rund 9.000 Filialen wurden geschlossen, 25.000 Mitarbeiter verloren ihren Job, die Gläubiger verlangten eine Milliarde Euro. Anton Schlecker hatte jahrelang ignoriert, dass sein Konzept mit niedrigen Durchschnittsumsätzen pro Filiale und vergleichsweise hohen Kosten und Preisen nicht mehr funktionierte. Während die Drogeriekette noch neue Läden in umsatzschwachen Gebieten eröffnete, setzte die Konkurrenz auf größere, attraktiv gestaltete Filialen.

Als Schlecker endlich umschwenken wollte, fehlte das Geld für den dringend nötigen Umbau. Hinzu kam, dass Schlecker mit Dumping-Löhnen und Schikanen von Mitarbeitern regelmäßig Negativ-Schlagzeilen produzierte, so dass das Unternehmen über keine reputationsstarke Außendarstellung verfügte, die sich in solchen Krisensituation hätte bewähren können. Eine offene, dialogorientierte Kommunikation fand sowohl intern als auch extern nicht statt. Erst als die Insolvenz bereits beantragt war, gab es die erste Pressekonferenz seit 1990.

Im Juni 2016 erhob die Staatsanwaltschaft Stuttgart Anklage gegen Anton Schlecker. Er soll sein Vermögen auf illegale Weise vor dem Zugriff der Gläubiger geschützt haben. Zudem soll Schlecker 2009 und 2010 den Zustand des Konzerns im Konzernabschluss falsch dargestellt und vor dem Insolvenzgericht unrichtige Angaben gemacht haben.

Abb. 35: Die Insolvenz der Drogeriekette Schlecker markierte eine der größten Unternehmenspleiten der deutschen Nachkriegsgeschichte (Quelle: Eigenes Foto, 2017).

10.4 Verlauf einer Krise

Die Beschreibung eines allgemeinen Krisenverlaufs gestaltet sich schwierig, da es die Standardkrise schlichtweg nicht gibt. Der Verlauf einer Krise hängt von verschiedenen Faktoren und Einflüssen wie der Art der Krise, der bisherigen Reputation des Unternehmens, dem Branchenumfeld oder geopolitischen Entwicklungen ab und ganz entscheidend vom Verhalten des betroffenen Unternehmens und seiner Akteure selbst.

Nach Simon Moore und Mike Seymour können zwei Krisenverläufe unterschieden werden: zum einen die plötzlich auftretende Krise (Cobra), welche das Unternehmen unvorbereitet und überraschend trifft, und zum anderen die schleichende Krise (Python), welche dem Unternehmen hingegen langsam und partiell schadet. Zwischen diesen beiden Formen lassen sich verschiedene Entwicklungsformen einbringen, welche „(...) sich durch Bedrohungsgrad, Entwicklungsgeschwindigkeit und Prozessdauer unterscheiden lassen"[167].

Nachfolgend finden Sie zu beiden Verläufen zwei Beispiele, die als Lehrstücke in die Geschichte der Krisenkommunikation eingegangen sind: der sogenannte Elchtest von Daimler und die Versenkung der Brent Spar von Shell.

Der Elchtest (Cobra)

Ein klassisches Beispiel für die Cobra ist der legendäre Elchtest der A-Klasse des Automobilherstellers Daimler.

Rückblick: Am 21. Oktober 1997 kippte die A-Klasse beim Fahrtest der schwedischen Automobil-Zeitschrift Teknikens Värld in einer Kurve plötzlich und unerwartet um. Bis zu diesem Tag hatte die A-Klasse in allen Tests eine sehr positive Bewertung erhalten. Dementsprechend traf der Vorfall das Unternehmen unvorbereitet, da mit solch einem Ausgang nicht zu rechnen war. Die Bilder der umgekippten A-Klasse gingen um die ganze Welt und das Unternehmen stand plötzlich im Fokus der öffentlichen Kritik.

Die Unternehmensleitung erfuhr von dem Vorfall auf der Tokyo Motor Show und verweigerte jegliche Dialogbereitschaft. Auf erste Medienanfragen erklärte ein Pressesprecher lapidar, dass es der Vorstand nicht für nötig halte, ein offizielles Statement abzugeben, nur weil irgendwo ein Auto umgekippt sei.

Erst zwei Tage später gab Daimler ein erstes Statement in Form einer Pressemitteilung ab. Doch statt konkrete, verbindliche Informationen zur Unfallursache zu geben, spekulierte das Unternehmen, dass eine extreme Fahrsituation provoziert worden sei und so-

---

167 Vgl. Moore / Seymour (2005), S. 63 ff.

mit zum Umkippen der A-Klasse geführt habe. Trotz der Ankündigung einer umfangreichen Untersuchung waren konkrete Maßnahmen für die Öffentlichkeit nicht erkennbar.

Die Dialogbereitschaft des Unternehmens ließ weiter auf sich warten. Erst zwei Wochen nach Eintritt der Krise fand eine erste Pressekonferenz statt, bei der konkrete Maßnahmen bekanntgegeben wurden, zum Beispiel die serienmäßige Ausstattung aller Fahrzeuge mit dem sogenannten Elektronischen Stabilitätsprogramm (ESP) zur Stabilisierung der Pkw in Kurvenlagen. Auf einer zweiten Pressekonferenz am 11. November 1997 verkündete der damalige Vorstandsvorsitzende Jürgen Schrempp die Behebung der technischen Probleme sowie einen Auslieferungsstopp in Verbindung mit der Wiederauslieferung der Fahrzeuge in zwölf Wochen.

Die Kommunikationsverantwortlichen hatten indes ihre Rückschlüsse aus der ersten Phase der Krise gezogen: Sie starteten eine umfangreiche, über mehrere Monate angelegte Kommunikationskampagne.

Nach dem Auslieferungsstopp wurden vier Anzeigenserien in allen großen deutschen Tageszeitungen und Wochenmagazinen geschaltet. Die erste Anzeige erschien am 12. November 1997 und hatte die Botschaft: „Wir wollen die Diskussion um die Sicherheit der A-Klasse beenden. Endgültig." Am 14. November 1997 folgte ein zweites Anzeigenmotiv zur Verleihung des Goldenen Lenkrads, mit dem die A-Klasse zwei Tage zuvor ausgezeichnet worden war. Diese Auszeichnung des Verlages Axel Springer war eine weitere wichtige Bestätigung für das Unternehmen und das neue Produkt. Der Slogan des Motivs lautete: „Der Weg zum Goldenen Lenkrad war für die A-Klasse kein Zuckerschlecken."[168]

In den darauffolgenden Wochen organisierten die Kommunikationsverantwortlichen mehrere Fahrtests mit Medienvertretern im In- und Ausland, um die Fahrsicherheit der verbesserten A-Klasse zu demonstrieren. Daraufhin folgte die dritte Anzeige am 10. Dezember 1997. Die Botschaft lautete: „A-Klasse hat Elch-Test sicher bestanden. Wir haben dazugelernt." Das vierte Motiv mit dem Titel „Das tut ESP" wurde am 15. Dezember 1997 geschaltet. Es beschrieb im Detail die Funktionsweise und Vorteile des ESP.[169]

Am 26. Februar 1998 begann die Wiederauslieferung der A-Klasse. Parallel dazu wurden weitere Anzeigen mit dem Tennis-Idol Boris Becker geschaltet. Die Botschaften lauteten: „Stark ist, wer keine Fehler macht. Stärker, wer aus seinen Fehlern lernt." Und: „Ich habe aus meinen Rückschlägen oft mehr gelernt als aus meinen Erfolgen – Die A-Klasse ist wieder da."[170]

---

168 Vgl. Groß (2009), S. 83 ff.
169 Vgl. ebd.
170 Vgl. ebd.

Der Verlauf dieser Krise verdeutlicht, dass eine Krise stets zweigleisig bewältigt werden muss: auf einer operativen und einer kommunikativen Ebene. Daimler hatte das Problem der umgekippten A-Klasse als ein fast ausschließlich technisches Problem angesehen. Erst mit Zunahme des öffentlichen Drucks erkannte das Unternehmen, dass der Kommunikation mit der Öffentlichkeit eine weitaus größere Bedeutung zukommen muss. Da dieser Krisenfall die Kommunikationsverantwortlichen unvorbereitet traf, war eine weitere Erkenntnis, dass die Krisenkommunikation im Vorfeld besonders sorgfältig vorbereitet und als routinierter Ablauf im Arbeitsalltag der Unternehmenskommunikation etabliert sein muss.

Brent Spar (Python)

Ein klassisches Beispiel für die Python, den schleichenden Krisenverlauf, ist die geplante Versenkung der Brent Spar durch den Ölkonzern Shell 1995 gewesen. Der Fall Brent Spar erhielt als eine der ersten medial aufgegriffenen Unternehmenskrisen Einzug in die PR-Lehrbücher. Der Fall wurde zum Symbol und zum Musterbeispiel für mangelhafte Krisenkommunikation, eine überhitzte Mediendebatte und die Macht der Fernsehbilder.

Ein Rückblick: Nachdem der Shell-Konzern ankündigte, den ausrangierten, maroden Öltank Brent Spar zu verschleppen und im Atlantik zu versenken, war das öffentliche Interesse mehrere Wochen lang sehr gering. Erst nachdem Aktivisten von Greenpeace am 30. April 1995 die Brent Spar besetzten, um die Versenkung des Tanks vor der schottischen Küste zu verhindern, nahm die öffentliche Aufmerksamkeit zu. Die Umweltschutzorganisation hatte ein eigenes Fernsehteam sowie einen NDR- und Focus-Redakteur mitgenommen, so dass durch eine kontinuierliche Berichterstattung ein öffentliches Interesse für die Protestaktion mobilisiert werden konnte.

In den darauffolgenden Tagen und Wochen unterbreitete Greenpeace der Unternehmensleitung von Shell mehrere Gesprächsangebote. Doch Shell lehnte im Zuge der Auseinandersetzung jegliche Kooperation ab und hielt an dem Versenkungsplan der Brent Spar fest. Das Unternehmen setzte auf Konfrontation und ließ die Brent Spar mit richterlichem Beschluss räumen. Wenig später folgte eine zweite Besetzung, der Shell sich mit Wasserwerfern widersetzte. Die Fernsehbilder von britischen Polizisten, die gemeinsam mit Shell-Mitarbeitern den Tank räumten, gingen um die Welt.

Shell versäumte jegliche Reaktion und setzte auf einen Konfrontationskurs, der einen großen Imageverlust in Form von öffentlichen Boykott-Aktionen zur Folge hatte. So wurden die Shell-Tankstellen über mehrere Wochen weltweit bestreikt. In Deutschland brachen die Umsätze um bis zu 50 Prozent ein. Allein bei der deutschen Shell-Niederlassung in Hamburg gingen über 45.000 Beschwerdebriefe, Anrufe und Faxe ein. Erst aufgrund des wirtschaftlichen Schadens lenkte das Unternehmen ein.

Am 20. Juni 1995, anderthalb Monate nach der ersten Besetzung, entschied sich Shell gegen die Versenkung der Brent Spar.

Im Zuge dieser wochenlangen Auseinandersetzung beging auch Greenpeace einen folgenschweren Fehler. Die Umweltschutzorganisation veröffentlichte eine neue Schätzung über die Giftfracht, die sich noch im Bauch der Brent Spar befinden sollte. Nicht 130 Tonnen öliger Schlämme, wie Shell das berechnet hatte, sondern 5.500 Tonnen Öl sollten sich dort befinden. Wenig später entschuldigte sich Greenpeace bei Shell für die falsche Zahl. Der Messfehler hatte ebenso die Glaubwürdigkeit von Greenpeace beeinträchtigt.

Den eigentlichen Sieg über Shell bekam die Öffentlichkeit am Ende nicht mehr richtig mit: 1998 beschloss die Oslo-Paris-Konferenz (Ospar) zum Schutz des Nordatlantiks ein generelles Verbot für die Versenkung von Bohrinseln.

Der Verlauf dieser Krise verdeutlicht, dass es Shell bereits im Vorfeld der Krise schlichtweg versäumt hat, sich mit den unternehmensrelevanten Stakeholdern auseinanderzusetzen und deren Bedürfnisse ernst zu nehmen. Das Unternehmen hatte die Konsequenzen dieser Auseinandersetzung unterschätzt und den Fall nicht mit der nötigen Aufmerksamkeit bedacht. In einem frühen Stadium dieser Krise hätte das Unternehmen mit einer entsprechenden Dialog- und Kooperationsbereitschaft gegenüber Greenpeace den weiteren Krisenverlauf sicherlich positiv beeinflussen können.

Beide Fälle zeigen, dass eine umfassende Vorbereitung auf verschiedene Krisenszenarien unerlässlich ist, um im Krisenverlauf souverän zu agieren statt unvorbereitet zu reagieren. Dafür sind die Untersuchung und Dokumentation verschiedener Krisenverläufe und das Durchspielen möglicher Krisenszenarien umso wichtiger.

10.5 Risiko-Analyse

Eine professionelle Krisenkommunikation beginnt schon lange vor einem Krisenereignis und endet nicht mit Ende der Krise. Im Vorfeld kommt es insbesondere darauf an, die richtigen Strukturen zu schaffen und Verantwortlichkeiten und Kompetenzen zu klären, um sich im Ernstfall vollständig auf den Sachverhalt konzentrieren zu können.

Die Unvorhersehbarkeit vieler Krisenszenarien, die mit Krisen häufig einhergehenden Widerstände interner und externer Stakeholder sowie das hohe mediale Interesse an Krisenthemen erfordert von allen Beteiligten ein hohes Maß an analytischen Fähigkeiten, Sensibilität und Professionalität. Damit geht eine selbstkritische Betrachtung der Stärken und Schwächen des Unternehmens im Hinblick auf mögliche Krisenszenarien einher, zum Beispiel mittels der in Kapitel 3.1 vorgestellten SWOT-Analyse.

Im Fokus steht dabei nicht nur die Betrachtung von Geschäftsprozessen aus Sicht des Unternehmens, sondern auch aus dem Blickwinkel der externen Stakeholder (Medien, Öffentlichkeit), die das Meinungsbild über das Unternehmen maßgeblich beeinflussen. Es geht um die Identifizierung von grundsätzlichen und aktuellen Risiken mit Krisenpotenzial, die sich aus dem eigenen Geschäft, den Kundenbeziehungen und dem wirtschaftlichem Umfeld ergeben, zum Beispiel:

- Ist das Unternehmen in einer Branche vertreten, die in der Öffentlichkeit ein negatives Image besitzt (zum Beispiel Bankensektor, Pharmaindustrie, Kernenergie, Rüstungsbranche etc.)?

- Stehen die eigenen Produkte für Nachhaltigkeit und Umweltverträglichkeit?

- Hält das Unternehmen die Umwelt-, Qualitäts- und Sozial-Standards ein?

- Hat das Unternehmen in der Vergangenheit bereits Negativ-Schlagzeilen produziert oder gab es bereits Krisen?

- Stehen im Unternehmen Veränderungen mit Konfliktpotenzial (Umstrukturierungen, Stellenabbau etc.) an?

- Gibt es interne und externe Stakeholder, die dem Unternehmen kritisch gegenüberstehen? Welche Beziehung pflegt das Unternehmen zu diesen Stakeholdern? Gibt es zum Beispiel Konkurrenten, mit denen gerade ein erbitterter Verdrängungswettbewerb läuft oder durch die eine feindliche Übernahme erfolgen könnte?

- Besteht bzgl. der strategischen Gesamtausrichtung des Unternehmens Konsens oder deuten sich innenpolitische Machtkämpfe an, die ggf. öffentlichkeitswirksam werden können?

- Stehen Veränderungen auf politischer Ebene (neue Gesetze, regulatorische Vorgaben etc.) an, die das Unternehmen betreffen und unter Umständen eine kontroverse öffentliche Debatte verursachen?

Aus der Beantwortung dieser Fragen lässt sich ableiten, zu welchen Themen eine Krisenprävention vorzubereiten ist. Dabei kommt dem in Kapitel 9 behandelten Issues Management eine wichtige Rolle zu, da es kritische Themen frühzeitig identifiziert, so dass die Kommunikationsverantwortlichen rechtzeitig darauf reagieren können. Sinnvoll kann auch die Einbeziehung externer Berater sein, da diese mit dem Blick von außen die Stärken und Schwächen eines Unternehmens besser erkennen und herausarbeiten können als die eigenen, unter Umständen „betriebsblinden" Mitarbeiter.

10.6 Krisenprävention

Die wichtigsten Ressourcen der Krisenkommunikation sind gut ausgebildete Führungskräfte und Mitarbeiter, die im akuten Krisenfall professionell agieren. Urteilsvermögen, rhetorische Fähigkeiten sowie die Koordination von kritischen Stakeholdern müssen gleichermaßen vor der Krise trainiert werden. Dazu muss eine geeignete Arbeitsumgebung mit entsprechender Infrastruktur zur Verfügung stehen.

Zu den Maßnahmen der Krisenprävention gehören unter anderem das Einrichten von Organisationsstrukturen (Krisenstab, Bereitschaftsdienste) und Instrumenten (Darksite, Hotline etc.), das Erstellen von Textbausteinen (Vorlagen für Pressemitteilungen und Mitarbeiterinformationen, Management-Briefings, FAQs), regelmäßige Krisenübungen und die permanente Pflege eines internen und externen Netzwerkes für den Ernstfall.

10.6.1 Krisenstab

Hinsichtlich der Einrichtung eines Krisenstabs gilt allgemein die Regel: Der Stab hat so viele Teilnehmer wie nötig und so wenige wie möglich. Basierend auf meinen Erfahrungen empfiehlt sich eine Größe von vier bis zwölf Teilnehmern, wobei die Anzahl letztendlich von der jeweiligen Organisationsstruktur des Unternehmens abhängt. Im Laufe der Krise kann sich die Teilnehmerzahl auch verändern, indem weitere Mitarbeiter einberufen werden. Dies birgt allerdings das Risiko, dass mitunter bereits eingespielte Abläufe im Krisenstab behindert werden.

In der Praxis gibt es verschiedene Modelle zum Aufbau eines Krisenstabs. Operativ tätige Behörden setzen für Notfallereignisse oft auf eine Zweiteilung der Aufgaben zwischen Krisenstab (organisatorische Ebene) und Einsatzleitung (taktisch-operativ). In den Unternehmen ist hingegen oftmals eine Unterteilung in Krisenstab und ein Expertenteam am Ort des Krisenereignisses gegeben. Der Krisenstab umfasst verschiedene Rollen, die durch Experten besetzt werden, zum Beispiel:

- Leiter des Krisenstabes (Mitglied der Unternehmensleitung)
- Stellvertretender Leiter des Krisenstabs (ausgebildeter Notfall-Manager)
- Unternehmenskommunikation
- Recht/Compliance
- Human Ressources (HR)

- Produktion/von der Krise betroffene Unternehmenseinheit
- Unternehmenssicherheit
- Informationstechnik (IT)
- Protokoll (Schriftführer)

Der Krisenstab trifft sich im sogenannten War Room, der als Lageraum im Krisenfall dient.

10.6.2 Lageraum (War Room)

Im War Room trifft sich der Krisenstab, um sich zu beraten und entsprechende Maßnahmen zur Bewältigung der Krise einzuleiten, zu koordinieren und zu überwachen. Neben dem bestehenden Lageraum empfiehlt sich die Einrichtung eines zweiten War Rooms außerhalb des Unternehmensgeländes, um bei einer Evakuierung entsprechend handlungsfähig zu sein. Der War Room verfügt in der Regel über folgende Infrastruktur:

- Telefone (Mobil-, Festnetz- und ggf. Satelliten-Telefon)
- Laptops und PCs mit Internet- und Intranetzugang über LTE/UMTS für den Fall, dass das Firmennetzwerk ausfällt
- Drucker
- Flipcharts
- Whiteboards
- Beamer
- Fernseher
- Radio
- Krisenhandbücher/Notfallpläne
- Lageplan (Werkgelände, Außenstellen etc.)
- Telefonverzeichnis mit allen relevanten Ansprechpartnern

Neben dem War Room müssen auch Einzelbüros vorhanden sein, in die sich die Mitglieder des Krisenstabes zurückziehen können, beispielsweise für Telefonate, Besprechungen in kleinen Gruppen oder um bei länger andauernden Krisen ein paar Stunden schlafen zu können. Darüber hinaus muss das Inventar bzw. Equipment regelmäßig auf seine Vollständigkeit hin überprüft werden. Dazu gilt es, die Krisenhandbücher, Notfallpläne und Kontaktlisten stets auf dem aktuellen Stand zu halten.

10.6.3 Krisenübung

Mit der Einrichtung des Krisenstabs ist die personelle Struktur für das Krisenmanagement geschaffen. Doch erst durch das Einstudieren möglicher Krisenszenarien mittels regelmäßiger Übungen gewinnt diese Struktur samt ihren Abläufen die notwendige Routine und Professionalität, um jederzeit schnell und effektiv handeln zu können. Dabei liefert die Krisenübung wichtige Rückschlüsse, welche Abläufe gut funktionieren und welche noch zu optimieren sind.

Das Ziel der Übung sollte es sein, ein realistisches Szenario zu simulieren, das die Schnittstellen und Prozesse auf ihre Performance im Ernstfall überprüft. Dazu sollte im Vorfeld ein Drehplan entworfen werden, der sich beispielhaft aus folgenden Eskalationsstufen zusammensetzt:

- ›) Stufe 1: Die erste Information über das Krisenereignis wird durch einen Augenzeugen am Ort des Geschehens in den sozialen Medien (Facebook, Twitter etc.) veröffentlicht. Der Krisenstab wird nach Alarmierung durch die Behörden einberufen.

- ›) Stufe 2: Die ersten Regionalmedien greifen das Posting in den sozialen Medien auf und stellen eine offizielle Anfrage an die Unternehmenskommunikation (mäßiger Druck via Social Media).

- ›) Stufe 3: Die überregionalen Medien werden auf den Krisenfall aufmerksam und stellen Interview-Anfragen. Neben den Medienvertretern melden sich Unternehmenskritiker (Bürgerinitiativen, Wettbewerber etc.) in der Öffentlichkeit zu Wort (steigender Druck via Social Media).

- ›) Stufe 4: Das Krisenereignis entpuppt sich als ein (ungewolltes) selbstverschuldetes Fehlverhalten des Managements (Unfallkrise). Das Unternehmen steht am öffentlichen Pranger (erhöhter Druck auf allen Social-Media-Plattformen).

Die Krisenübung kann selbst organisiert werden, wobei sich bei einer größer angelegten Übung die Unterstützung durch einen externen Dienstleister empfiehlt. So können beispielsweise Statisten Medienanfragen stellen und mittels spezieller Programme wie Social Simulator die Social-Media-Plattformen des Unternehmens simulieren. Dafür bildet das Tool die Kanäle 1:1 nach und in einem passwortgeschützten Bereich wird dann der Ernstfall geprobt. Die Statisten steuern das Tool und setzen in Echtzeit Tweets und Posts von besorgten Bürgern, interessierten Journalisten und anderen Stakeholdern ab.

Hinsichtlich der zeitlichen Taktung der Übung sollten sich die Mitglieder des Krisenstabs mindestens einmal jährlich, besser halbjährlich treffen, um verschiedene Krisenszenarien mit oder ohne externe Unterstützung realitätsnah durchzuspielen. Für jedes Szenario muss ein dezidierter Ablaufplan bestehen, zum Beispiel im Fall einer Explosion, eines Brandes oder wenn gefährliche Substanzen austreten, die für den Menschen eine Gefahr darstellen.

Am Ende der Übung steht ein De-Briefing mit allen Beteiligten, das der Identifizierung von Schwachstellen und der Festlegung von Optimierungsmaßnahmen dient. Dabei kommt der Optimierung des Informationsflusses innerhalb des Krisenstabs eine besondere Bedeutung zu. Nur wenn alle Beteiligten frühzeitig die Details der Krisen kennen, arbeiten sie motiviert und effizient bereichsübergreifend zusammen.

Schlussendlich muss im Berufsalltag eine Notfall-Routine entwickelt und implementiert werden. Je öfter verschiedene Krisenszenarien geübt werden, desto handlungssicherer sind alle Beteiligten im akuten Krisenfall.

10.6.4 Baukasten

Das Grundgerüst der Krisenkommunikation bildet ein für alle Beteiligten verfügbarer Baukasten, in dem alle Dokumente, Abläufe, Instrumente, Funktionen, Erreichbarkeiten und Verhaltensweisen in Form von Checklisten für den Krisenfall zusammengefasst sind.

Zentrale Themenpunkte sind zum Beispiel Alarmierung (Wer alarmiert in einer Krise? Wer informiert den Krisenstab und die Belegschaft?), organisatorische und logistische Aspekte (Welche technischen Möglichkeiten sind vorhanden? Hat jeder Zugriff auf alle relevanten Daten? Wie verläuft die Kommunikation bei Ausfall der Technik? Wo findet die Pressekonferenz statt?) sowie die Kommunikation mit den Bezugsgruppen (Wann, wie und durch wen werden die Mitarbeiter, Medien, Öffentlichkeit und sonstige Zielgruppen informiert?).[171]

---

[171] Vgl. Bundesministerium des Innern (2014), S. 41–49.

Zu einer guten Krisenprävention gehört ebenso die schriftliche Vorbereitung auf den Ernstfall. Sind die Krisenszenarien den Kommunikationsverantwortlichen bekannt, dann müssen für jedes Thema Textbausteine für Pressemitteilungen, Mitarbeiterinformationen, Sprachregelungen sowie Frage-und-Antwort-Kataloge erstellt werden. Neben Informationen zum Krisenfall bietet es sich beispielsweise an, ressortspezifische Maßnahmen für Sicherheit, Umwelt und Gesundheit darzustellen sowie auf Kontaktadressen, Hotline-Nummern und Ansprechpartner zu verweisen. Im akuten Krisenfall brauchen diese Textentwürfe dann nur noch mit den aktuellen, relevanten Fakten aktualisiert zu werden, was eine enorme Zeitersparnis bedeutet.

Mit Blick auf die anschließende Informationsübermittlung sind die eingangs im Teil B des Buches erläuterten Instrumente der Internen und Externen Kommunikation mit denen der Krisenkommunikation identisch, wobei die digitale Kommunikation in Form von Intranet, Internet und Social Media von besonderer Bedeutung ist, da sie im Krisenfall eine rasche Kommunikation in Echtzeit ermöglicht.

Bei Eintritt des akuten Krisenereignisses ist die Unternehmenswebsite meist der erste Anlaufpunkt für die Öffentlichkeit. Dementsprechend ist die sogenannte Darksite fester Bestandteil eines professionellen Webauftrittes. Dieser im Hintergrund vorbereitete Bereich einer Website ist von außerhalb nicht zu sehen und wird erst im akuten Krisenfall freigeschaltet. Die Darksite liefert wichtige Hintergrundinformationen zum Krisenereignis und verweist auf die relevanten Ansprechpartner.

Für die Gestaltung der Darksite empfiehlt sich dem Anlass entsprechend ein schlichtes Design. Blinkende Flash-Animationen, grelle Farben und Erfolgsmeldungen, zum Beispiel über gewonnene Preise oder Auszeichnungen, sind gänzlich tabu. Ebenso sollte mit Fotomaterial sparsam umgegangen werden. Kurzum: Was den Krisenfall nicht erläutert, hat dort nichts zu suchen.

10.7 Akute Krisenkommunikation

10.7.1 Eintritt einer Krise

Ist die Krise eingetreten, dann ist es am wichtigsten, überhaupt zu kommunizieren. Kein Kommentar ist der denkbar schlechteste Kommentar. Unternehmen, die nicht mit der Öffentlichkeit sprechen, nehmen sich die Chance, ihre Sicht der Dinge darzustellen und die Krise zu bewältigen. Es geht um die Schaffung von Transparenz, indem die internen und externen Stakeholder von der Krise und dem, was das Unternehmen dagegen unternimmt, in Kenntnis gesetzt und über die neuesten Entwicklungen auf dem Laufenden gehalten werden, denn: Je transparenter und offener die Kommunikation erfolgt, desto größer ist das Vertrauen.

Gleichzeitig beginnt mit Eintritt der Krise der Wettlauf gegen die Zeit, der durch Social Media als Treiber der Krise beschleunigt wird. Als beispielsweise der Investigativ-Journalist Günther Wallraff in seiner TV-Dokumentation Team Wallraff einen Lebensmittelskandal beim Fast-Food-Konzern Burger King öffentlich machte, erhielt das Unternehmen auf seinem eigenen Facebook-Auftritt innerhalb von zwei Tagen über 20.000 negative Kommentare verärgerter Kunden. Um diesen Shitstorm einzudämmen, setzten die Kommunikationsverantwortlichen auf eine offensive Kommunikationsstrategie.

Einen Tag nach Ausstrahlung nahm Burger King auf Facebook zu den Anschuldigungen Stellung, beantwortete fast jeden Kommentar und versprach eine sofortige lückenlose Aufklärung des Falls. Burger-King-Deutschland-Chef Andreas Bork entschuldigte sich persönlich in Form einer Videobotschaft und stand den Usern auf dem eigenen Facebook-Kanal bei einer sogenannten Bürgersprechstunde Rede und Antwort. Mit dieser raschen, dialogorientierten und authentischen Kommunikation gelang es dem Unternehmen innerhalb kürzester Zeit, die Kommunikationshoheit zurückzugewinnen.[172]

Das durch die sozialen Medien beschleunigte Informationsbedürfnis setzt die Unternehmenskommunikation zwar laufend unter Druck, aber gar nicht zu reagieren oder vorschnell halbgare Informationen zu liefern, die sich im Nachgang als falsch erweisen, ist fatal. Sofern noch keine genauen Informationen zum Krisenfall vorliegen, sollten die Kommunikationsverantwortlichen wie im Fall Burger King nicht spekulieren, sondern dies aktiv kommunizieren und zeigen, dass das Unternehmen die Krise erkannt hat und sich um Schadensbegrenzung bemüht. Als erste vertrauensbildende Maßnahme muss direkt nach Eintritt der Krise kommuniziert werden, dass das Unternehmen an einer lückenlosen Aufklärung des vorliegenden Sachverhaltes interessiert ist.

---

172 Vgl. Popp (20.07.2016).

10.7.2 Umgang mit der Krise

Professionelle Krisenkommunikationsstrategien sind besonders für krisenanfällige Branchen unerlässlich. So hat der krisenerprobte Chemiekonzern BASF SE weltweite Standards für die Krisenkommunikation definiert.

Bei einer Störung alarmieren die Feuerwehr und die Umweltzentrale des Werks direkt die Unternehmenskommunikation und übermitteln per standardisiertem Meldebogen entsprechende Informationen an die Behörden (Oberbürgermeister, städtische Feuerwehr, Polizei), während betroffene Mitarbeiter über Signale oder Durchsagen im Werk von der Störung in Kenntnis gesetzt werden. Die Behörden geben dann die erhaltenen Informationen schnellstmöglich über Sirenen, Handzettel, Radio oder per Internet an die Bevölkerung weiter.

Für jedes Szenario existiert ein dezidierter Ablaufplan, zum Beispiel im Fall einer Explosion, eines Brandes oder wenn gefährliche Substanzen austreten, die für den Menschen eine Gefahr darstellen. Nach Alarmierung der Einsatzkräfte wird umgehend die Unternehmenskommunikation informiert, die rund um die Uhr besetzt ist. Feste Regel für die Kommunikationsverantwortlichen: Innerhalb einer Stunde muss die erste Pressemitteilung an die Medien verschickt sein. In dieser Zeit müssen alle involvierten Personen die relevanten Informationen zusammengetragen haben: von der Werkfeuerwehr über den Betriebsleiter bis zu den Rettungskräften. Möglich ist diese zeitnahe Reaktion auch, weil die erste Pressemitteilung nicht mit der Unternehmensleitung abgestimmt werden muss. Mit dieser kurzen Reaktionszeit ist ein Grundsatz der Krisenkommunikation bei BASF verbunden: „Wenn wir etwas verursacht haben, dann wollen wir auch die Ersten sein, die darüber informieren."[173]

Wer in den ersten Stunden nicht agiert und kommuniziert, der verliert ganz schnell die Themen- und Deutungshoheit. Unternehmen sind glaubwürdiger, wenn sie schnell und umfassend über das Krisenereignis informieren. Wenn das Unternehmen beispielsweise einen Missstand selbst anspricht, dann verhindert es oft größeren Schaden, der durch eine exklusive Enthüllung seitens der Medienvertreter angerichtet würde.

Vor dem Hintergrund, dass Social Media Treiber und Beschleuniger der Krise zugleich ist, sollte die Kommunikation über die eigenen Social-Media-Plattformen stets an der Spitze der Kommunikationskaskade stehen. Dabei müssen die Kommunikationsverantwortlichen das Stimmungsbild im Social Web genauestens prüfen, bevor sie darauf reagieren. Die rasche, persönliche Interaktion, die Teilnahme an Debatten und das Liefern relevanter Informationen zum Krisenereignis können dabei einen Shitstorm schnell zum Erliegen bringen.

---

173 Ernst (2013), S. 23.

Im akuten Krisenfall sollte möglichst der Kommunikationsverantwortliche das erste Statement gegenüber der Öffentlichkeit abgeben. Erst wenn die Faktenlage klar und das weitere Vorgehen eindeutig ist, kann auch der Vorstandsvorsitzende bzw. Geschäftsführer ein Statement abgeben. Mit dieser Vorgehensweise wird vermieden, dass die Unternehmensleitung bei einer Veränderung der Faktenlage bzw. einer späteren Richtigstellung an Glaubwürdigkeit verliert.

Ein weiterer Vorteil besteht darin, dass der Auftritt des Vorstandsvorsitzenden bzw. Geschäftsführers bei einer Verschlimmerung der Krise als letzte Eskalationsschleife genutzt werden kann. Anders verhält es sich bei einem schweren Unglück, das gravierende Auswirkungen auf Mensch und Umwelt hat. Hier ist ein Zeichen des Mitgefühls erforderlich, das zur Unterstreichung der Botschaft durch die Unternehmensleitung persönlich kommuniziert werden muss. Gerade dem zwischenmenschlichen Umgang mit den Betroffenen kommt in der Krise eine besondere Bedeutung zu. Auf Gefühle etwaiger Opfer kann nicht mit rationalen Argumentationslinien reagiert werden. Das heißt, nicht nur technokratisch argumentieren, sondern mit Empathie kommunizieren.

10.7.3 Sprache in der Krise

In einer Krise kommt es insbesondere darauf an, sich sprachlich geschickt gegenüber seinen Stakeholdern zu äußern, um die eigene Sichtweise unmissverständlich darzustellen. Sprache und Stil sind die wichtigsten Elemente, um die Betroffenheit des Unternehmens zum Ausdruck zu bringen, insbesondere dann, wenn es sich im schlimmsten Fall um Krisen mit Todesfällen handelt.

In der Praxis bedienen sich die Krisenexperten häufig des Prinzips der Alterozentrierung, das dazu dient, sich in andere Menschen hineinzuversetzen. Verhandler ohne Alterozentrierung können sich schlecht in die Lage anderer versetzen und verhandeln so, als würden sie sich mit ihresgleichen auseinandersetzen. Das Ergebnis: Die erfolgreiche Bewältigung der Krise scheitert mangels Vertrauen und Akzeptanz.[174]

Aus sprachlicher Sicht sind die klassischen Konversationsmaximen von Paul Grice von Bedeutung. Beim Verfassen offizieller Statements sollten die Kommunikationsverantwortlichen nachfolgende Maximen berücksichtigen:[175]

> 1) Maxime der Quantität: Sage so viel wie nötig, aber nicht zu viel. Diese Maxime ist nur begrenzt zutreffend, da die Veröffentlichung von Informationen voll-

---

174 Vgl. Püttjer / Schnierda (2002), S. 98.
175 Vgl. Grice (1991), S. 26.

ständig sein sollte. Anderenfalls können selbst verschwiegene Kleinigkeiten als Verschleierung bewertet werden.

› Maxime der Qualität: Sage nichts, was Du nicht für wahr hältst, oder signalisiere dann, welchen Grad der Wahrscheinlichkeit das Gesagte hat. Die Maxime der Qualität besitzt innerhalb der Krise oberste Priorität, da sie die Grundlage einer offensiven Kommunikationsstrategie ist.

› Maxime der Relation: Sei relevant. Sage nichts, was nicht zum Thema gehört. Der Versuch einer Ablenkung geht in den meisten Fällen schief. Nur die Fokussierung auf das eigentliche Thema trägt zur Glaubwürdigkeit bei.

› Maxime der Modalität: Sage Deine Sache in angemessener Art und Weise und so klar wie nötig. Handelt es sich um ein sensibles Thema, muss auch die Sprache dementsprechend gewählt werden. Die Botschaften müssen auch hier möglichst klar und leicht verständlich formuliert sein.[176]

Ergänzend dazu gilt es, nachfolgende sprachliche Grundregeln zu beachten:[177]

› Fakten, Fakten, Fakten: Die Kommunikationsverantwortlichen sollten sich einer faktizierenden Sprache bedienen, die keinerlei Raum für Spekulationen zulässt.

› Keine Man-Botschaften: Die Sachverhalte müssen personalisiert und aktiv formuliert sein (statt: „Man arbeitet mit Hochdruck an einer Lösung.", nun: „Wir arbeiten mit Hochdruck an einer Lösung.").

› Keine relativierenden Verbalpölsterchen: Relativ-Aussagen wie „eigentlich", „wahrscheinlich" oder „vielleicht" und Konjunktiv-Aussagen wie „können", „wollen" und „möchten" sind nicht erlaubt, da sie Fakten infrage stellen und Aussagen relativieren (statt: „Wir wollen die Unglücksursache zeitnah untersuchen.", nun: „Wir untersuchen die Unglücksursache zeitnah."). Auch Formulierungen wie „Ich denke" oder „Wir vermuten" sind nicht überzeugend und geben Raum für Spekulationen. Stattdessen sind faktengestützte Einschübe hilfreich (statt: „Ich denke, wir müssen den Betroffenen schnelle, unbürokratische Hilfe anbieten.", nun: „Wir werden den Betroffenen schnelle, unbürokratische Hilfe anbieten.").

---

176 Vgl. ebd., S. 27
177 Vgl. Bredemeier (2007), S. 33. ff.

- Positive Formulierungen: Aus neuropsychologischer Sicht verarbeitet das Gehirn nur positive Botschaften eindeutig und direkt, so dass (auch negative) Aussagen eindeutig positiv formulieren sein müssen (statt: „Wir haben also keinen Hinderungsgrund für einen Markteintritt.", nun: „Der Markteintritt steht uns offen."). Negative Sachverhalte müssen zuerst genannt werden, um mit einer positiven Aussage abzuschließen (statt: „Das ist ein positives Zeichen, kein negatives.", nun: „Das ist kein negatives, sondern ein positives Signal.").

- Positionierende Bewertungen: Durch die Verwendung von Adjektiven und Adverbien kann die eigene Positionierung gefestigt und die Rezipienten können an die jeweilige Aussage gebunden werden (statt: „Wir sind bestrebt, eine Lösung zu finden.", nun: „Wir arbeiten mit Hochdruck an einer schnellstmöglichen Lösung.").

- Konsequente Einordnungen: Die Kommunikationsverantwortlichen können durch die richtige Einordnung mögliche kritische Fragen des Rezipienten vorwegnehmen (statt: „Wir haben eine Krisenmanagementstrategie.", provokative Frage des Rezipienten: „(...) und warum setzen Sie diese nicht um?", nun: „Wir haben eine erfolgreiche Krisenmanagementstrategie, die niedrigen Unfallzahlen belegen dies.").

- Gehirngerechte Anker: Die Anker sind beim Rezipienten im Bewusstsein oder Unterbewusstsein implementierte Erinnerungsstücke, die abrufbar sind. Durch die bewusste Wiederholung einer Information können beim Rezipienten zum Beispiel positive Botschaften länger im Gedächtnis bleiben als negative („Bevor wir über unsere Krisenmanagementstrategien sprechen, vergegenwärtigen Sie sich bitte, dass unser Unternehmen in den vergangenen 15 Jahren keinen Unfall zu verzeichnen hatte. Wir sind ein sicheres Unternehmen, dies belegt auch die Auszeichnung vom TÜV Nord, die uns im vergangenen Jahr verliehen wurde.").

Die hier erläuterten sprachlichen Spielregeln sollten bei jedem Krisenereignis berücksichtigt werden. Dies gilt sowohl für die Kommunikation nach innen als auch nach außen. Denn jede unbedachte, ungeschickte Äußerung kann sich direkt negativ auf das Image und die Reputation eines Unternehmens auswirken, wie unter anderem die Beispiele Volkswagen (Matthias Müller) und ADAC (Peter Meyer) gezeigt haben.

10.7.4 Information an die Mitarbeiter

Die Mitarbeiter stehen im Krisenfall häufig ganz oben in der Informationspyramide, da sie als Unternehmensangehörige direkt von der Krise betroffen sind und den Ausgang der Krise mitbestimmen. Als Botschafter des Unternehmens prägen sie das öffentliche Meinungsbild mit, da sich ihre Äußerungen positiv oder negativ auf die Unternehmensreputation auswirken können.

In der Kommunikation gilt es zu berücksichtigen, dass ein Mitarbeiter eine Krise anders wahrnimmt als Außenstehende. Sozialpsychologische Untersuchungen zur Wahrnehmung von Ursachen zeigen, dass beispielsweise Kunden dazu neigen, den Handelnden selbst verantwortlich zu machen, während bei den Mitarbeitern die Tendenz besteht, dass sie die Ursachen außerhalb des Unternehmens sehen.[178]

Abgesehen davon sind sie diejenigen, die von Außenstehenden zum Krisenereignis befragt werden. Daher gilt auch hier: Interne vor Externe Kommunikation. Erst erfolgt die Information über das Krisenereignis über die internen Kanäle (E-Mail, Intranet, Newsletter etc.) an die Belegschaft, danach wird die Öffentlichkeit informiert. Die Mitarbeiter müssen wissen, wie das Unternehmen mit der Krise umgeht. Nur dann können sie zu Multiplikatoren, Botschaftern und Trägern des Krisenmanagements avancieren.

10.7.5 Information an die Journalisten

Nach den Mitarbeitern sind die Journalisten die wichtigste Adressatengruppe der Krisenkommunikation. Sie sind die Multiplikatoren für die Öffentlichkeit, die durch ihre Berichterstattung den öffentlichen Diskurs und das Stimmungsbild in der Bevölkerung mitbestimmen.

Im Umgang mit den Journalisten geht es darum, die Kommunikationslage zu versachlichen sowie verlässlich, verantwortungsbewusst und kompetent im Umgang mit den Medienvertretern zu agieren. Die rasche Klärung der Fakten, die Erläuterung der getroffenen Maßnahmen zur Eindämmung der Krise und die Reaktionen gegenüber den Betroffenen sind dabei maßgeblich. Die Informationen können an die Medienvertreter über verschiedene Wege vermittelt werden, zum Beispiel:

-) Ad-hoc-Mitteilung: Ist eine Krise plötzlich aufgetreten und von großem öffentlichen Interesse, dann kann der Versand einer kurzen Ad-hoc-Mitteilung sinnvoll oder im Falle eines börsennotierten Unternehmens sogar rechtlich geboten sein. Darin gibt das Unternehmen in ein bis zwei Zeilen die Krise

---

178 Vgl. Nicolai (2016), S. 39.

bekannt und teilt den Medien mit, wann und in welcher Form sie weitere Informationen zum Krisenereignis erhalten werden.

- Pressekonferenz: Erst wenn das Unternehmen auf wesentliche Fragen der Öffentlichkeit Antworten gegeben kann, können die Kommunikationsverantwortlichen eine Pressekonferenz in Erwägung ziehen. Die Pressekonferenz dient dabei nicht nur der Vermittlung verlässlicher Informationen, sondern bietet dem Unternehmen auch Gelegenheit zur Einordnung der Krise. Hinsichtlich der Ausrichtung empfiehlt sich der Vormittag zwischen 10 und 12 Uhr im Anschluss an die tägliche Redaktionskonferenz, welche die Medienvertreter in der Regel davor abhalten. Dabei müssen die Kommunikationsverantwortlichen prüfen, ob keine andere wichtige Presseveranstaltung parallel stattfindet.

- Hintergrundgespräch: Bei Bedarf sollte ausgewählten Medienvertretern ein Hintergrundgespräch angeboten werden, das der umfassenderen Erläuterung und Einordnung von komplexen Krisenereignissen dient und den Journalisten auch vertrauliche Hintergrundinformationen gibt, die nicht für die Öffentlichkeit bestimmt sind. In der Praxis greifen Unternehmen häufig auf reichweitenstarke Leitmedien zurück, wobei die Auswahl immer auf Thema und Zielgruppe ausgerichtet sein sollte. Hat ein bestimmtes Medium die Krise ins Rollen gebracht, dann sollte dieses als Erstes Berücksichtigung finden. Feste Regel: Der Journalist darf nur die Informationen veröffentlichen, die seitens der Kommunikationsverantwortlichen autorisiert bzw. freigegeben worden sind.

- Exklusiv-Interview: Ebenso kann einem ausgewählten Medium auch ein Exklusiv-Interview mit der Unternehmensleitung angeboten werden, die dem Journalisten für ein längeres Gespräch zur Verfügung steht. Einerseits ermöglicht das Gespräch dem Unternehmen, die Krise einzuordnen und seine Sicht der Dinge zu erläutern. Andererseits erhält der Journalist exklusive Informationen und ein Gespräch mit dem Vorstandsvorsitzenden bzw. Geschäftsführer, der unter Umständen sonst nicht für ein Interview zur Verfügung steht. Auch hier sollte sich die Auswahl des Mediums nach Themenrelevanz und Zielgruppe richten. Hinsichtlich der Veröffentlichung gilt ebenfalls das Prinzip der Autorisierung.

Die Wahl der Kommunikationsstrategie hängt im Wesentlichen von der Krisensituation ab. Eine offensive, transparente und dialogorientierte Kommunikation bedient die Informationsbedürfnisse der Journalisten und minimiert das Risiko einer falschen oder fehlerhaften Berichterstattung. Hinzu kommt, dass der offensive Umgang mit der Krise die Glaubwürdigkeit des Unternehmens stärkt.

Es kann aber durchaus auch Gründe für eine defensive Kommunikation geben, zum Beispiel ermittlungstaktische Gründe der involvierten Behörden. In diesem Falle muss auch dies den Medienvertretern gegenüber klar kommuniziert werden. Hierbei ist aber zu berücksichtigen, dass eine defensive Informationspolitik unter Umständen dazu führt, dass die Medien auf eigene Faust recherchieren – mit der Folge, dass die Berichterstattung fremdbestimmt ist und die Krise länger anhält.

Für den Fall, dass offensichtlich und nachweislich falsch über den Krisenfall berichtet wird, sollten die Kommunikationsverantwortlichen den zuständigen Redakteur auf den Fehler in der Berichterstattung und die daraus resultierenden negativen Folgen für das Unternehmen hinweisen. Am Ende sollte die Vereinbarung stehen, dass der Fehler in der nächsten Ausgabe des Medium korrigiert wird. Führt das Gespräch nicht zu diesem Ziel, dann sollte in einem Gespräch mit Ressortleiter, Lokalchef oder Chefredakteur unter Verweis auf klar belegbare inhaltliche Fehler erneut die Korrektur des Fehlers in der Berichterstattung eingefordert werden. Sofern in beiden Gesprächen keine Einigung erzielt werden kann, können die Kommunikationsverantwortlichen den im Pressegesetz verankerten Anspruch auf Gegendarstellung geltend machen.

In Deutschland ist der Gegendarstellungsanspruch in den Pressegesetzen der Länder, den Rundfunk- und Mediengesetzen der Länder sowie im Rundfunkstaatsvertrag verankert. Die Zeitung, die Rundfunkanstalt oder der Internetanbieter ist verpflichtet, die Gegendarstellung unverzüglich in der nächsten Ausgabe des Mediums an derselben Stelle und in derselben Aufmachung zu veröffentlichen wie den beanstandeten Artikel, ggf. auch auf der Titelseite. Dabei ist es jedoch zulässig, einen sogenannten Redaktionsschwanz anzuhängen, in dem sich das Medium beispielsweise vom Inhalt der Gegendarstellung distanziert. Bei strittigen Fällen sollte ein Rechtsanwalt für Medienrecht konsultiert werden.

Bei einer Print-Berichterstattung können die Kommunikationsverantwortlichen außerdem eine Beschwerde beim Deutschen Presserat einlegen: Als Organ der freiwilligen Selbstkontrolle der Printmedien wacht der Presserat über die Einhaltung des Pressekodex. Eine aktuelle Version des Kodex ist unter www.presserat.info abrufbar. Für Beschwerden kommen besonders die Ziffern 2.4 (falsches Zitieren eines Wortlaut-Interviews), 3 (Richtigstellung) und 4 (Grenzen der Recherche), bei Gerichtsverfahren auch die Ziffern 8 (Schutz der Persönlichkeit) und 13 (Unschuldsvermutung) infrage. Wird eine Beschwerde vom Presserat akzeptiert, muss das entsprechende Medium die vom Presserat ausgesprochene Rüge veröffentlichen. Erfahrungsgemäß ist der Zeitraum zwischen dem Erscheinen des gerügten Artikels und der Veröffentlichung der Rüge sehr groß, so dass dies der akuten Krisenkommunikation wenig nutzt.

Bei öffentlich-rechtlichen Medien gibt es den Beschwerdeweg über den Rundfunk- und Fernsehrat. Dieses Gremium wacht über die Einhaltung der Programmgrundsätze, aber greift nicht in die eigentliche Programmgestaltung ein. Die Kompetenzen der einzelnen Rundfunkräte regeln die Landesgesetze. Auch hier ist der unmittelbare Nutzen einer solchen Beschwerde für die akute Krisenarbeit sehr gering.

Ist hingegen der Verstoß gegen geltende Gesetze seitens der Redaktion klar nachweisbar, kann auch der Rechtsweg beschritten werden, beispielsweise durch Aufforderung zur Abgabe einer strafbewehrten Unterlassungserklärung oder durch einen Antrag auf einstweilige Verfügung als Maßnahme des vorläufigen Rechtsschutzes. Manchmal reicht bereits die Androhung einer einstweiligen Verfügung, um mit Redaktionen ins Gespräch zu kommen. Andere Medien nehmen hingegen die Abgabe einer Unterlassungserklärung bewusst in Kauf, sofern sie ohnehin keine Folgeberichterstattung zu dem Thema planen.

Das juristische Vorgehen gegen Medien darf meines Erachtens nur als letzte Eskalationsschleife in Erwägung gezogen werden, vorausgesetzt, dass tatsächlich ein Regelverstoß und Belege für die Falschberichterstattung vorliegen. Anderenfalls besteht die Gefahr, dass die Beziehung zwischen der Unternehmenskommunikation und dem Medium nachhaltig beschädigt wird.

10.7.6 Information an weitere Bezugsgruppen

Neben den Mitarbeitern und Journalisten gilt es, in der Krisenkommunikation weitere Stakeholder zu berücksichtigen. Wirkt sich eine Krise beispielsweise auch unmittelbar auf die Bürger und Anwohner am Unternehmenssitz aus, dann sollte abseits der Erstinformation durch die involvierten Einsatzkräfte und Medien auch eine dialogorientierte Ansprache in Form von persönlichen Gesprächen und schriftlichen Informationen durch das Unternehmen erfolgen. Dies bezieht sich auch auf die Information von Kunden, die beispielsweise von Lieferverzögerungen oder anderen Beeinträchtigungen betroffen sind.

Erfordert die Krise ein hohes Informationsbedürfnis seitens der Bevölkerung, dann empfiehlt sich, wie im Falle des Leitungsbruches von Gräveneck (siehe Kapitel 10.10), auch die Organisation und Durchführung einer Bürgerversammlung, bei der sich das Unternehmen den durchaus kritischen Fragen der Öffentlichkeit stellt. Damit signalisiert das Unternehmen Dialogbereitschaft und Transparenz, was zugleich auf die Glaubwürdigkeit und Reputation des Unternehmens einzahlt. Denn nichts wird schlechter bewertet als das Leugnen oder die scheibchenweise Offenlegung der Wahrheit, Stichwort: Salami-Taktik. Beides kann einen großen Image- und Reputationsverlust zur Folge haben.

10.8 Aufarbeitung der Krise

Entsprechend dem Titel dieses Kapitels „Nach der Krise ist vor der Krise" endet die Krisenkommunikation nicht mit der Bewältigung des Krisenereignisses. Im Gegenteil: Auch wenn die Krise erfolgreich gemeistert wurde, sollten die Kommunikationsverantwortlichen unmittelbar nach der Krise jede Maßnahme und jeden Prozessschritt auf Optimierungspotenziale hin überprüfen, um auf den nächsten Krisenfall noch besser vorbereitet zu sein. Dazu gehört eine umfangreiche Sichtung und Analyse von internen und externen Dokumenten (Protokolle der Krisenstabssitzungen, Einsatzpläne, Presseveröffentlichungen).

Eine umfassende Dokumentation ist auch vor Hintergrund möglicher juristischer Auseinandersetzungen unerlässlich. Dabei müssen unter anderem nachfolgende Fragestellungen mitberücksichtigt werden:

- Wie konnte es zu dem Krisenereignis kommen?
- Haben die Frühwarnsysteme richtig funktioniert?
- War der Krisenstab organisatorisch richtig aufgestellt?
- Hat die interne Kommunikationskette funktioniert? Wo lagen die Stärken und Schwächen?
- Sind die Entscheidungen rechtzeitig getroffen worden? Gab es Verzögerungen?
- Wurde nach innen und außen professionell kommuniziert?

In diesem Zusammenhang sollte ein Schwerpunkt auf einer Medienresonanzanalyse liegen, welche die mediale Berichterstattung hinsichtlich ihrer Tonalität bewertet (Wo lag der Themenschwerpunkt? Welche Inhalte wurden positiv, neutral oder negativ dargestellt?) und den Kommunikationsverantwortlichen Aufschluss darüber gibt, ob sie die richtige Kommunikationsstrategie gewählt haben. Im Anschluss müssen die Kommunikationsverantwortlichen selbstkritisch unter anderem nachfolgende Aspekte überprüfen und hinterfragen:

- Mit welchen Medien hat die Zusammenarbeit in der Krise gut funktioniert?
- Welche Medien haben sich an die getroffenen Absprachen gehalten und welche Medien nicht?

- ›) Haben die Medien auch Dritte (Fachexperten, Politiker etc.) zur Krise befragt? Wer waren die Unterstützer und Kritiker des Unternehmens?

- ›) Mit welchen dieser Meinungsbildner muss der Dialog intensiviert werden?

- ›) Finden sich auch Zitate von Mitarbeitern in den Medien wieder? Waren diese positiv oder negativ?

- ›) Wie haben die Medien über den Auftritt der Unternehmensleitung berichtet?

- ›) Wer hat sich als besonders guter Unternehmensrepräsentant erwiesen?

- ›) Ist für den einen oder anderen Unternehmensvertreter ein Medientraining erforderlich? Wer muss zukünftig medial anders platziert werden?

Am Ende der Krisenkommunikation steht die Erkenntnis, dass jedes Krisenereignis zugleich eine Übung für die nächste Krise ist. Eine professionelle Unternehmenskommunikation macht daher vorherige Krisen auch immer zum Thema für zukünftige Kommunikationsübungen.

10.9 Fallbeispiel 1: Kommunikation im Tarifkonflikt (Lufthansa Group)

Die Lufthansa, größte Fluglinie der Lufthansa Group und Deutschlands größte Airline, befand sich seit 2014 mit der Pilotengewerkschaft Vereinigung Cockpit (VC) in einem ungelösten Tarifkonflikt, der sich in die Kategorie Verantwortungskrise mit Krisenverlauf Python einordnen lässt.

Im Mittelpunkt des Konfliktes standen neu zu verhandelnde Tarifverträge zum Gehalt, zur Übergangsversorgung und zu den Betriebsrenten der rund 5.400 Piloten der Gesellschaften Lufthansa, Lufthansa Cargo und Eurowings.

14 Streiks der Pilotengewerkschaft beeinträchtigten allein bis Ende 2016 den weltweiten Flugverkehr von und nach Deutschland und legten teils ganze Drehkreuze lahm. Die Lufthansa wurde insgesamt rund 40 Tage lang bestreikt, etwa 18.000 Flüge fielen aus und der wirtschaftliche Schaden lag im dreistelligen Millionenbereich. Schon die bloße Drohung reichte, um die Buchungszahlen der Lufthansa einbrechen zu lassen und weiteren Schaden zu verursachen.

Die Verantwortlichen standen bei der Lösung des Tarifkonflikts vor einer komplexen und vielschichtigen Aufgabe. Einerseits sorgten Streiks unmittelbar während des Ausstandes für Ausfälle. Dazu stieg mit jedem Streik das Risiko, dass Kunden dauerhaft zu

Abb. 36: Der Tarifkonflikt mit der Pilotengewerkschaft Vereinigung Cockpit markierte den härtesten Streik in der Geschichte der Lufthansa Group (Quelle: Frank Rumpenhorst, 2015).

anderen Fluggesellschaften abwanderten. Mit jedem weiteren Streik nahm auch der öffentliche Druck zu, die Verhandlungen rasch zu einem positiven Abschluss zu bringen. Andererseits stand das Management vor der Herausforderung, gewachsene Strukturen und Verträge anzupassen und das Unternehmen strukturell zukunftsfähig zu machen.

Diese Gesamtkonstellation verlangte nach einer Kommunikationsstrategie, die dem internen und externen Stakeholderkreis (Mitarbeiter, Pilotengewerkschaft, Kunden, Medien, Politik, Analysten, Öffentlichkeit) Rechnung trug. Nach einer detaillierten Bestandsaufnahme änderten die Kommunikationsverantwortlichen in enger Abstimmung mit dem Bereich Personal ihre Strategie grundlegend. Es galt, aus ritualisierten Reaktionsmustern auszubrechen und eine proaktive, zielgruppengerechte und empathische Kommunikation mit einem stärkeren Fokus auf den Kunden zu entwickeln.

Oberstes Ziel war die Positionierung der Lufthansa Group als langfristig orientiertes und verantwortungsbewusstes Unternehmen, dessen Position durch eine offene, transparente und faktenorientierte Kommunikation von den verschiedenen Stakeholdern verstanden und akzeptiert wird. Die Lösung des Konflikts sollte medial durch eine sachliche, transparente und stets empathische Kundenkommunikation unterstützt werden. Die Kommunikationsstrategie orientierte sich im Tarifkonflikt an nachfolgenden Themen bzw. Grundprinzipien:

)   zentrale Steuerung der Kommunikation durch die Unternehmenskommunikation im Sinne einer einheitlichen, stringenten Linie,

- empathische Kundenkommunikation mit Fokus auf die Anstrengungen des Unternehmens zur Abmilderung der Streikauswirkungen auf die Kunden,

- sachliche Kommunikation zum Tarifkonflikt und faktenbasierte Aussagen zur Notwendigkeit der Veränderungen mit Blick auf die Zukunftssicherung,

- frühzeitige Aufklärung zu Altersversorgung und Frührente bei Journalisten, Mitarbeitern und Politikern, damit potenzielle Verbündete die komplexe Thematik durchdringen,

- Gelassenheit zeigen und nicht sofort auf jede verbale Attacke der Gewerkschaft reagieren,

- klare Unterscheidung zwischen Interessenvertretung und betroffenen Mitarbeitern,

- Platzierung positiver und kundenorientierter Themen, um in der Öffentlichkeit nicht einseitig als sogenannte Streikhansa wahrgenommen zu werden

- sowie eine intensivere Nutzung von Social-Media-Plattformen.

Für die Kommunikation mit den Medienvertretern nutzten die Kommunikationsverantwortlichen verstärkt das Format des Hintergrundgesprächs. Diese Gespräche wurden von der Unternehmenskommunikation in Abstimmung mit Experten aus dem Personalbereich inhaltlich vorbereitet und in der Regel vor rund 40 Journalisten veranstaltet. Dabei wurde den Journalisten ein umfassender Überblick über Gehaltsstrukturen, Karriereverlauf und Altersvorsorgepakete der Mitarbeitergruppen (Kapitän, Co-Pilot, Kabinenpersonal) gegeben, wodurch sie tiefer in diese Materie hineinfanden.

Komplexe Sachverhalte im Kontext des Tarifkonfliktes wie die Übergangsversorgung und Frührente wurden für verschiedene Pilotengenerationen durch interne und externe Referenten veranschaulicht und im direkten Dialog erklärt. Jeder Journalist, der sich für das Thema interessierte, wurde so weit wie möglich mit kompetenten Interviewpartnern in Kontakt gebracht. Darüber hinaus erhielten die Journalisten regelmäßige Faktenchecks, in denen die Streitpunkte und Hintergründe des Streiks erläutert wurden.

Auch mit Blick auf die Kundenansprache verfolgte die Unternehmenskommunikation im Vorfeld eine aktive Kommunikation. Bei den Streiks wurden die Kunden per SMS, E-Mail und über die eigenen Social-Media-Plattformen Facebook und Twitter so schnell und so umfassend wie möglich informiert. Besonders positiv wurden dabei die Videobotschaften vom Vorstandsvorsitzenden Carsten Spohr aufgenommen. Während des bislang längsten Streiks im September 2014 entschuldigte sich Spohr in einem YouTube-Clip persönlich bei den Kunden für die Streikfolgen, erläuterte die Hintergründe des Streiks und bat um Verständnis.

Folgend dem Grundsatz „Interne Kommunikation vor Externe Kommunikation" bezogen die Kommunikationsverantwortlichen verstärkt die eigenen Mitarbeiter in die Kommunikation ein: zum einen die Gruppe der Piloten, zum anderen die Mitarbeiter jenseits des Cockpits. Auch hier verfolgte die Unternehmenskommunikation eine offene, transparente Kommunikation. In den Ausgaben der Mitarbeiterzeitung Lufthanseat wurden beide Seiten des Konflikts ausführlich dargestellt. So konnte auch die Vereinigung Cockpit ihre Position darstellen. Darüber hinaus wurde im Intranet eine neue Dialogplattform implementiert, die es den Mitarbeitern ermöglichte, fachübergreifend in Interaktion zu treten und sich zum Thema Streik auszutauschen.

In der Außenkommunikation bedienten sich die Kommunikationsverantwortlichen einmal mehr des in diesem Buch beschriebenen Prinzips des Storytellings, verbunden mit der Zielsetzung einer weniger einseitig durch das Streikthema dominierten Berichterstattung. Dazu wurden, wo möglich und sinnvoll, punktuell alternative Themen gesetzt.

So hatte die Lufthansa den Gästen des Fluges LH 435 von Chicago nach München anlässlich der Euphorie um die totale Sonnenfinsternis ein besonderes Erlebnis ermöglicht: Am 20. März 2015 war der Airbus über Island durch eine geringfügige Kursanpassung in den Kernschatten der Sonnenfinsternis eingeflogen. Die Passagiere konnten das Naturereignis fast vier Minuten beobachten, eine Minute länger als am Boden. Der Flug wurde crossmedial über die eigenen Social-Media-Plattformen verbreitet und entwickelte sich für die Lufthansa zum erfolgreichsten Facebook-Posting seit Bestehen des Kanals. Ergänzend dazu wurden die Redaktionen mit einer Pressemitteilung und Fotomaterial informiert.

Darüber hinaus verbreiteten die Kommunikationsverantwortlichen kontinuierlich weitere positive, kundenorientierte Themen wie die Einführung der neuen Premium Economy, die kundenfreundlichere Neugestaltung der Preistarife Light, Classic und Flex im Economy-Bereich oder die Modernisierung der Flugzeug-Flotte.

Trotz der vielen Auseinandersetzungen gelang es den Kommunikationsverantwortlichen, ein überwiegend neutrales bis positives Echo auf ihre Haltung gegenüber den tariflichen Forderungen der Gewerkschaft Vereinigung Cockpit zu erhalten. Die Medienanalysen für 2015 und 2016 zeigten, dass in der breiten Öffentlichkeit Verständnis für die Position der Lufthansa vorherrschte. Oder wie das Wall Street Journal schrieb: „They finally get it."[179]

---

179 Vgl. Forthmann / Heintze (2015), S. 88.

10.10 Fallbeispiel II: Kommunikation eines Leitungsbruches (Open Grid Europe GmbH)

Deutschlands größter Ferngasleitungsnetzbetreiber Open Grid Europe hat einen umfassenden Kommunikationsplan entworfen, mit dessen Hilfe bei einer Krise schnell und effizient Maßnahmen eingeleitet werden können, die einen möglichen Imageschaden vom Unternehmen fernhalten. Dabei spielt die Festlegung von Sprechern, Ansprechpartnern für verschiedene Öffentlichkeiten wie Journalisten, Wissenschaftler, externe Fachexperten und juristische Berater eine zentrale Rolle.

Im Falle eines Krisenereignisses obliegt die Einsatzleitung dem Leiter des Krisenstabs, so geschehen auch bei einem Schadensfall an einer von der damaligen E.ON Gastransport (heute: Open Grid Europe) betriebenen Erdgastransportleitung in Mittelhessen, der sich in die Kategorie Unfallkrise mit Krisenverlauf Cobra einordnen lässt.

Am 28. August 2007 war nahe der hessischen Ortschaft Gräveneck Erdgas aus einer Transportleitung ausgetreten und in Brand geraten. Die Ursache war ein Hangrutsch in Folge von starken Regenfällen, der eine hohe Erdlast auf der Leitung verursachte. Dazu sorgte ein offener Rohrgraben für eine neue, parallel verlaufende Leitung für eine zusätzliche Belastung durch Bodenaushub, der am Hang gelagert wurde. Hierdurch riss die Schweißnaht der Leitung und eine rund 50 Meter hohe Feuersäule setzte die Umgebung im Umkreis von rund 300 Metern in Brand. Durch die Druckwelle wurden in der Umgebung Fensterscheiben, Garagentore und Rollläden beschädigt, die Anwohner waren stark verängstigt.

Abb. 37: Bundesweit berichteten zahlreiche Medien über den Leitungsbruch in der hessischen Ortschaft Gräveneck (Quelle: Welt Online, 2017)

Nach der Alarmierung rückten Feuerwehren aus der ganzen Umgebung, Technisches Hilfswerk, Notärzte, DRK und Malteser, DLRG und Notfallseelsorge an, die Polizei orderte Beamte der Bereitschaftspolizei Wiesbaden nach Gräveneck, vom Hubschrauber aus wurde die Einsatzstelle begutachtet.

Unmittelbar nach dem Unglück wurde am Unternehmensstandort der E.ON Gastransport in Essen ein Krisenstab einberufen. Das Team, bestehend aus Vertretern verschiedener Fachbereiche (Technik, Unternehmenskommunikation, Personal, Recht), tauschte erste Informationen aus und ermittelte fünf sogenannte Schlüsselempfänger der Krisenkommunikation: die Anwohner, die Mitarbeiter, die Behörden und Verbände sowie die Lokaljournalisten in Gräveneck und Umgebung. Jede dieser Gruppen wurde über alle Entwicklungen hinsichtlich des Schadenfalls fortlaufend informiert, zum Beispiel durch persönliche Vor-Ort-Gespräche, über eine eigens eingerichtete Telefon-Hotline und Pressemitteilungen.

Ein Fokus lag auf der Präsenz am Unglücksort. So reisten unmittelbar nach dem Unglück die Kommunikationsverantwortlichen gemeinsam mit Jürgen Lenz, damaliger Technik-Vorstand der Muttergesellschaft E.ON Ruhrgas, nach Gräveneck und boten den besorgten Anwohnern im Beisein von Hessens damaligem Innenminister Volker Bouffier eine schnelle und unbürokratische Schadensregulierung an.

Die Kommunikationsverantwortlichen informierten die Bevölkerung über den aktuellen Ermittlungsstand und nahmen die Schadensfälle der Betroffenen auf. Dazu wurden an alle Grävenecker Haushalte Handzettel mit ersten Informationen und Ansprechpartnern verteilt sowie persönliche Gespräche mit den Betroffenen geführt. Auch Notfallseelsorger standen als Gesprächspartner zur Verfügung. Parallel dazu wurden auf der Unternehmenswebsite fortlaufend Meldungen mit den wichtigsten Informationen zum Unglücksfall veröffentlicht. Die von den Anwohnern gemeldeten Sachschäden konnten durch eine eigens eingerichtete Arbeitsgruppe schnell und unbürokratisch dokumentiert und zur Regulierung an den Versicherer weitergeleitet werden.

Die Ermittlungsarbeiten zur Schadensursache und die damit einhergehenden Ergebnisse wurden der Öffentlichkeit wenige Tage nach dem Unglück auf einer von der E.ON Ruhrgas und E.ON Gastransport organisierten Bürgerversammlung im Dorfgemeinschaftshaus Gräveneck präsentiert.

Die Bürgerversammlung wurde von einem externen, neutralen Moderator begleitet, der auf die Beantwortung aller an die E.ON-Vertreter gerichteten Fragen achtete. Die Projektverantwortlichen erläuterten die bereits getroffenen sowie die anstehenden Arbeiten zur Schadensbehebung und kündigten die größtmöglichen Sicherheitsvorkehrungen bei der Reparatur der Leitung sowie weitere Schutzmaßnahmen an. So ist wenige Wochen nach dem Unglück eine zusätzliche Stützmauer hochgezogen worden,

Erdreich wurde ausgetauscht, in Gefällstücken sind sogenannte Dehnstreifen angebracht worden, die Verwerfungen an der Gasleitung registrieren, und da, wo verbrannte Erde war, wurde neu begrünt. Den Kommunikationsverantwortlichen ist es durch die Beachtung und Umsetzung folgender Bausteine der Krisenkommunikation schlussendlich gelungen, einen nachhaltigen Schaden vom Unternehmen abzuwenden:

- Bestimmung von Schlüsselempfängern (zum Beispiel Bürger, Lokaljournalisten etc.) und damit verbunden eine zielgruppenspezifische Ansprache,

- Transparenz gegenüber den internen und externen Stakeholdern (Mitarbeiter, Öffentlichkeit, Medien),

- Identifikation der lokalen Stimmungslage (zum Beispiel durch den Besuch beliebter Treffpunkte der Anwohner: Dorfbäckerei, Gaststätte, Marktplatz etc.) und darauf ausgerichtete Kommunikationsmaßnahmen,

- regelmäßige Veröffentlichung und Aktualisierung von Pressemitteilungen und Sprachregelungen im Internet sowie

- kurze, unbürokratische Abstimmungswege zwischen dem Bereich Unternehmenskommunikation und der Geschäftsführung.

Nach dem Leitungsbruch von Gräveneck haben die Beteiligten das Krisenmanagement auf Optimierungspotenziale hin analysiert und entsprechend angepasst. Dazu gehörte unter anderem die Anschaffung eines mit Satellitentelefon, Laptop und Drucker ausgestatteten Fahrzeuges, das im Fall einer Krise direkt vor Ort als Kommunikationszentrale genutzt werden kann. Darüber hinaus wird heute zum einen die Krisenvorsorge mit Unterstützung durch einen externen Coach laufend überprüft und an die aktuellen Entwicklungen angepasst und zum anderen finden regelmäßige Schulungen und Übungen in der Unternehmenszentrale in Essen und an den bundesweiten Betriebsstellenstandorten statt.

Zusammenfassung

- Die Krisenkommunikation umfasst alle für den Krisenfall relevanten kommunikativen Maßnahmen, verbunden mit der Zielsetzung, einen Imageschaden vom Unternehmen fernzuhalten oder zu minimieren.

- Das Gesamtspektrum an Krisen reicht von Naturereignissen über technisches und menschliches Versagen bis hin zu (Wirtschafts-)Kriminalität, Terrorismus und Krieg. In der Regel treten die Krisen plötzlich auf, so dass eine gute Vorbereitung auf den Krisenfall das A und O ist. Dafür bedarf es einer detaillierten Planung, klarer Verantwortlichkeiten und regelmäßiger realitätsnaher Schulungen, die bereits vor der Krise fester Bestandteil des Kommunikationsalltages sein müssen.

- Grundsätzlich empfiehlt sich eine transparente, dialog- sowie faktenorientierte Kommunikationsstrategie, welche die individuellen Bedürfnisse der internen und externen Stakeholder bedient. Ein Erststatement sollte innerhalb der ersten Stunde erfolgen. Dabei gilt es, den Sachverhalt nicht zu beschönigen, sondern bei eigenem Verschulden offen Fehler einzuräumen und Mitgefühl mit dem Betroffenen zu zeigen.

- Da sich die Krise im Social Web am schnellsten verbreitet, muss der kommunikative Schwerpunkt neben der Pressearbeit auf der Kommunikation über die eigenen Social-Media-Plattformen liegen. Die Informationen müssen sachlich richtig und konsistent sein und dürfen keinen Raum für Spekulationen geben. Eine Todsünde ist die sogenannte Salami-Taktik, die verzögerte, stückweise Offenlegung der Wahrheit.

11. Erfolgskontrolle: Ist Kommunikation messbar?

Das Umfeld der Unternehmen ist heute von einem beständigen Wandel gekennzeichnet. Wirtschaftskrisen, turbulenter werdende Märkte und Kosteneinsparungen schaffen Rahmenbedingungen, welche die Unternehmenskommunikation vor immer neue Herausforderungen stellen. Mit der Verschärfung des Wettbewerbs in einem zunehmend dynamischeren Umfeld findet eine Verlagerung von einem Produkt- zu einem Aufmerksamkeitswettbewerb statt: Nicht die Information, sondern die Aufmerksamkeit ist das Problem.

Die Wettbewerbsposition im Markt der Produkte und insbesondere im Markt der Meinungen entscheidet letztendlich über die Nachhaltigkeit des Unternehmenserfolgs, den Erhalt von Wettbewerbsvorteilen und die Bewertung von Unternehmen.

Mit Blick auf die Reputation und den Markenwert eines Unternehmens hat sich die Kommunikation inzwischen zu einem wichtigen Werttreiber entwickelt. In Zeiten von Budgetkürzungen und zunehmendem Wettbewerbsdruck gewinnt die Erfolgskontrolle von Kommunikation bzw. deren Nachweis eine immer größere Bedeutung. Das Controlling ist die Grundvoraussetzung, um Kommunikation erfolgsorientiert planen und budgetieren zu können. Nur wer nachweisen kann, wann und in welchem Ausmaß die Kommunikationsmaßnahmen zum Unternehmenserfolg beitragen, kann sich langfristig erfolgreich behaupten.

Wann ist Kommunikation tatsächlich erfolgreich? Was genau macht sie zum Erfolgsfaktor und wie lässt sich ihr Wertbeitrag exakt bestimmen? Gerade im Zeitalter der 140-Zeichen-Kommunikation ist es nicht leicht, Monate nach einer PR-Kampagne die Zusammenhänge zwischen Aktion und Erfolg auf einen Blick nachvollziehbar zu machen. Durch eine konsequente, strategisch ausgerichtete Kommunikation und eine professionelle, crossmediale Vernetzung der Medienkanäle können die Kommunikationsverantwortlichen dazu beitragen, dass eine Kampagne eine hohe Viralität erreicht und letztlich ein Erfolg wird.[180]

Diese Erfolge sind aber letztendlich ebenso wenig aussagekräftige Parameter für ein Kommunikations-Controlling wie der Nachweis der medialen Resonanz auf die Veröffentlichung von Pressemitteilungen oder die Durchführung von Pressekonferenzen. Mit diesen Nachweisen lässt sich der komplexe Wertschöpfungsprozess der Unternehmenskommunikation nicht plausibel darstellen. Insbesondere sind sie nicht geeignet, um den sogenannten Return on Investment im betriebswirtschaftlichen Sinn zu belegen. Erschwerend kommt hinzu, dass die finanziellen Aufwendungen für Kommunikation aufgrund der weltweit geltenden Rechnungslegungsvorschriften im Un-

---

180 Vgl. Gaßner (2015), S. 136.

terschied zu den Aufwendungen in anderen Unternehmensbereichen wie Produktion oder Forschung und Entwicklung mit wenigen Ausnahmen nicht als Investitionen in Reputation, Marke oder Unternehmenskultur, sondern nur als Kosten im laufenden Geschäftsbetrieb verbucht werden.

11.1 Begriffsbestimmung

Im Allgemeinen bezeichnet Controlling entsprechend der DIN Spec 1086 des Deutschen Instituts für Normung (DIN) „(...) den auf die Sicherstellung nachhaltiger Wirtschaftlichkeit ausgerichteten Management-Prozess der betriebswirtschaftlichen Zielfindung, Planung und Steuerung eines Unternehmens. In diesem Führungsprozess sind die Controllerinnen und Controller Partner des Managements und nehmen in diesem Sinne eine Dienstleistungs-Funktion wahr."[181]

Getragen vom Interesse des Internationalen Controller Vereins (ICV), der Deutschen Gesellschaft für Qualität (DGQ) und der International Group of Controlling (IGC) konnte mit dieser Norm ein breiter Konsens zum Grundkonzept des Controllings und der Rolle der Controller geschaffen werden.

Ergänzend dazu definiert der ICV das Kommunikations-Controlling als einen unternehmerischen Prozess, der „(...) parallel zum Kommunikationsmanagement verläuft und mit diesem im regelmäßigen Austausch steht. Leistungen und Abweichungen in den Bereichen Strategie, Prozesse, Ergebnisse und Kosten werden berichtet und können durch Maßnahmen des Kommunikationsmanagers angepasst werden."[182]

In der Praxis wird das Kommunikations-Controlling irrtümlicherweise oftmals mit Kontrolle oder Evaluation gleichgesetzt, wobei dies schlichtweg falsch ist. Die Evaluation ist nur ein Teilaspekt des Kommunikations-Controllings und muss neben der Planung und Steuerung auf operativer und strategischer Ebene erfolgen.

11.2 Historie

In der Praxis wurde das Thema Kommunikations-Controlling bis in die 1990er Jahre nicht thematisiert, da unter anderem die strategische Bedeutung der Kommunikation für den Unternehmenserfolg bei vielen Kommunikationsverantwortlichen nicht auf der Agenda stand. Dies hat sich inzwischen grundlegend geändert.

---

[181] Vgl. DIN SPEC 1086 (2009), S. 5.
[182] Buchele / Pollmann / Schmidt (2016), S. 13.

Erste Impulse gingen vom US-amerikanischen Institute for Public Relations sowie der schwedischen Public Relations Association aus, die sich Ende der 1990er Jahre mit einer wertorientierten Unternehmenskommunikation auseinandersetzten. In den von Wissenschaft und Verbänden geführten Diskussionen wurden zunächst verschiedene Ansätze wie zum Beispiel die Medienresonanzanalyse oder Werbeäquivalenzwert-Modelle thematisiert, die sich jedoch für die Darstellung des Beitrages der Kommunikation am Unternehmenserfolg im Nachhinein als wenig geeignet erwiesen haben.

Anfang 2000 konzentrierte sich die Diskussion zunehmend auf die Unterstützung von Leistungserstellungsprozessen und auf weiche Faktoren wie Reputation oder Image, die maßgeblich durch Kommunikation beeinflusst werden können.

International einheitliche Standards für das Kommunikations-Controlling wurden erstmals 2010 eingeführt. Bei einem Branchentreffen der AMEC (Association for the Measurement and Evaluation of Communication), die als weltweiter Branchenverband Evaluationsexperten aus Wirtschaft und Wissenschaft vereint, verabschiedeten Kommunikationsverantwortliche aus 33 Ländern mit den sogenannten Barcelona Principles erstmals einheitliche Standards für das Kommunikations-Controlling. So wurde unter anderem das Valid-Metrics-Modell vorgestellt, das den Wertbeitrag der Kommunikation transparent darstellen und Kennzahlen für verschiedene Wirkungsstufen aufzeigen sollte.[183]

Die auf internationaler Ebene seitens AMEC und anderen Organisationen diskutierten Modelle und Methoden der Erfolgsmessung (Valid-Metrics-Modell etc.) bildeten zunächst nicht alle Schritte des Kommunikations-Controllings ab, so dass sich die nachfolgenden Ausführungen vorwiegend auf die Diskussionen und den Einsatz des Kommunikations-Controllings im deutschsprachigen Raum beziehen.

In Deutschland hatten die unterschiedlichen Anforderungen an die Messungen von Kommunikationsmaßnahmen und die Vielfalt an Kommunikationsinstrumenten seit 2000 zu einer unübersichtlichen Menge von Messgrößen und -verfahren geführt. Vor diesem Hintergrund haben sich der ICV und die DPRG erstmals 2008 damit beschäftigt, die Wirkungen von Unternehmenskommunikation zu sortieren, auf Ursache-Wirkungs-Beziehungen zu untersuchen und im Hinblick darauf zu verorten.[184]

An der Diskussion beteiligten sich Kommunikationsverantwortliche und Controlling-Experten aus Unternehmen und Agenturen gemeinsam mit Wissenschaftlern, Beratern und Research-Dienstleistern.

---

183 Buchele / Pollmann / Schmidt (2016), S. 4.
184 Vgl. Storck (2015), S. 1 ff.

Mit der Veröffentlichung des gemeinsamen DPRG/ICV-Bezugsrahmens für Wirkungen von Kommunikation verabschiedeten die Kooperationspartner gemeinsam mit dem Kommunikationsverband und Public Relations Verband Austria in 2009 eine einheitliche Basis für das Kommunikations-Controlling, ein Jahr später folgte die Vorstellung eines ersten Grundmodells, das die Prozessebene ergänzte. Diese Maßnahmen wurden von mehreren DAX-30- und Mittelstands-Unternehmen inzwischen in die Praxis umgesetzt.

Im Sinne eines branchenübergreifenden Austausches haben die Universität Leipzig und der DPRG-Arbeitskreis „Wertschöpfung durch Kommunikation" ein umfangreiches Wissensportal gelauncht, das sich inzwischen als führende Plattform rund um das Kommunikations-Controlling etabliert hat (www.communicationcontrolling.de). Dort bündeln und kommentieren die Kommunikationsverantwortlichen Fachveröffentlichungen, beleuchten Umsetzungen in der Praxis und verfolgen aktuelle Entwicklungen des Themenbereichs.[185]

Aufgrund einer Neuausrichtung des DPRG-Arbeitskreises konzentriert sich die Weiterentwicklung des Kommunikations-Controllings seit 2013 auf den ICV, der unter anderem gemeinsam mit Mitgliedern des Institute for Public Relations (IPR) an der Erstellung eines internationalen Rahmenwerks arbeitet.

Während die DPRG vorwiegend operativen Fragen des Kommunikationsmanagements nachgeht, beschäftigt sich der ICV neben der Suche nach Lösungen für Probleme bei der praktischen Umsetzung auf Anwenderebene mit der zentralen Fragestellung der Integration des Kommunikationsmanagements in den Strategieprozess von Unternehmen.

In diesem Kontext hat der ICV 2013 die Wirkungsstufen in ein Steuerungsmodell umgesetzt und 2016 ein Starter-Kit veröffentlicht, das Kommunikationsverantwortliche in die Lage versetzen soll, ein Controllingsystem zu konzipieren und zu implementieren, das zu den Zielen und Bedürfnissen ihres Unternehmens passt. Schließlich ist Kommunikations-Controlling kein Selbstzweck und erfordert einen hohen personellen und zeitlichen Aufwand.

11.3 Zielsetzung

Das Kommunikations-Controlling hat das Ziel, die Wirksamkeit und die Effizienz der Unternehmenskommunikation zu erhöhen und die Integration der Kommunikation im Unternehmen zu verbessern, indem mittels verschiedener Methoden und Instrumente der Wertschöpfungsbeitrag der Kommunikation zum Unternehmenserfolg systema-

---

185 Vgl. Zerfaß (2015a), S. 718 ff.

tisch geplant, verfolgt, bewertet und erhöht wird. Oberstes Ziel ist es, den Wertschöpfungsbeitrag der einzelnen Kommunikationsmaßnahmen mess- und steuerbar zu machen und die gesamte Kommunikation auf die Unternehmensstrategie auszurichten. Gerade die Verknüpfung von Kommunikation und Unternehmensstrategie ist eine wesentliche Voraussetzung für ein erfolgreiches Kommunikations-Controlling. Dass diese Aufgabe für die Kommunikationsverantwortlichen von großer Bedeutung ist, belegt der European Communication Monitor 2016. In der Studie wurden über 2.700 Kommunikationsmanager aus 43 Ländern befragt. 42 Prozent bezeichneten die Verzahnung der Kommunikation mit der Unternehmensstrategie als eine der wichtigsten Aufgaben der Unternehmenskommunikation in den nächsten drei Jahren.[186]

Dies hängt auch mit der Erkenntnis zusammen, dass die Kommunikationsverantwortlichen von einem professionellen Kommunikations-Controlling letztendlich nur profitieren können. Denn der Nachweis des Wertschöpfungsbeitrages gibt ihnen eine sichere Argumentationsgrundlage, wenn es beispielsweise unternehmensintern um die angemessene Verteilung von Budgets geht. Außerdem können sie positive und negative Entwicklungen nachvollziehbarer begründen und damit auch eigene Kommunikationserfolge besser unterstreichen.

11.4 Aufgaben des Kommunikations-Controllings

Mit Blick auf die Analyse und Bewertung des Beitrages der Kommunikation am Unternehmenserfolg überprüft das Kommunikations-Controlling einerseits die Kommunikationsarbeit im Kontext der Unternehmensstrategie, andererseits setzt es bei der Steuerung und Bewertung der einzelnen Kommunikationsmaßnahmen selbst an. Es umfasst sowohl die strategische als auch die operative Ebene der Unternehmenskommunikation.[187]

Das strategische Kommunikations-Controlling übernimmt eine Planungs-, Kontroll- und Steuerungsfunktion hinsichtlich der Verzahnung von Unternehmens- und Kommunikationsstrategie. Im Fokus steht der Beitrag, den die Kommunikation zur Erreichung der strategischen Ziele der Gesamtorganisation leistet. Hierbei müssen unter anderem Methoden zur Verfügung gestellt werden, die eine konsequente Verknüpfung der Kommunikation mit den Unternehmenszielen sowie die Bestimmung kommunikativ geschaffener Werte ermöglichen.[188]

Das operative Kommunikations-Controlling bewertet hingegen die Arbeitsqualität der Unternehmenskommunikation, indem zum Beispiel geprüft wird, ob die zu vermitteln-

---

186 Vgl. EACD / EUPRERA (2016), S. 39.
187 Vgl. Storck / Stobbe (2011), S. 11 ff.
188 Vgl. Zerfaß (2015a), S. 724.

den Botschaften stringent und widerspruchsfrei aufgebaut und die Finanzmittel optimal verteilt sind. Dabei gilt es auch, die Performance von bestehenden Verfahren und Programmen zu überprüfen und zu steuern. Darüber hinaus geht es um die klassische Ergebnismessung und Wirkungskontrolle mit vorab definierten KPIs, mittels derer unter anderem geprüft wird, welche Effekte die einzelnen Maßnahmen bei den internen und externen Stakeholdern des Unternehmens erzielt haben.[189]

Im Fokus des strategischen bzw. operativen Kommunikations-Controllings steht die grundlegende Fragestellung, inwiefern die Kommunikation die übergeordneten Unternehmensziele unterstützen kann bzw. dies tatsächlich tut. Aus organisatorischer Sicht ist das Kommunikations-Controlling eine Führungsaufgabe, die von der Unternehmens- und Kommunikationsleitung wahrgenommen werden muss. Die Aufgabe kann nicht extern delegiert werden, wobei sich bei der Umsetzung eine Unterstützung durch einen Evaluations-Dienstleister empfiehlt.

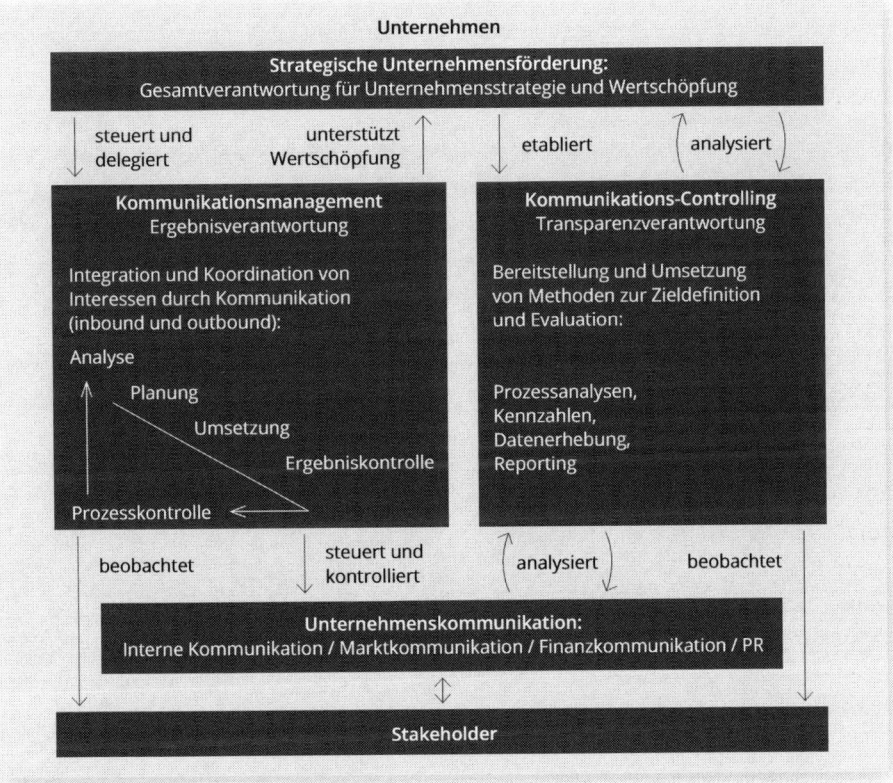

Abb. 38: Das Kommunikations-Controlling ist eine recht junge Managementdisziplin, die als Bindeglied zwischen der Steuerung der Gesamtorganisation und dem Kommunikationsmanagement fungiert (Quelle: In Anlehnung an Zerfaß, 2015a).

---

189 Vgl. Watson / Noble (2014), S. 61 ff.

11.5 Wirkungsstufen der Kommunikation – DPRG/ICV-Bezugsrahmen

Der von den vier Brancheninitiativen DPRG, ICV, Kommunikationsverband und Public Relations Verband Austria 2009 verabschiedete DPRG/ICV-Bezugsrahmen hat sich in den vergangenen Jahren in der Praxis etabliert und gilt inzwischen für Unternehmen und Agenturen als Branchenstandard. Der Bezugsrahmen zeigt die stufenweise Wirkung der Kommunikation bei den Stakeholdern auf und veranschaulicht den tatsächlichen Wertschöpfungsbeitrag für das Unternehmen.

Bei dem Bezugsrahmen handelt es sich um ein komplexes Input-Output-Schema, das die Kommunikationsprozesse aus der Perspektive der Kommunikationsverantwortlichen abbildet und zwischen der Initiierung von Kommunikation (in der Verantwortung des Unternehmens und der involvierten Dienstleister), der eigentlichen Kommunikation (die maßgeblich von den Stakeholdern mitgestaltet wird) und ihrer Wirkung auf Wissen, Emotionen, Einstellungen und Verhalten der Stakeholder sowie den Rückwirkungen dieser Prozesse auf die Kommunikationsverantwortlichen und deren Ziele unterscheidet.[190]

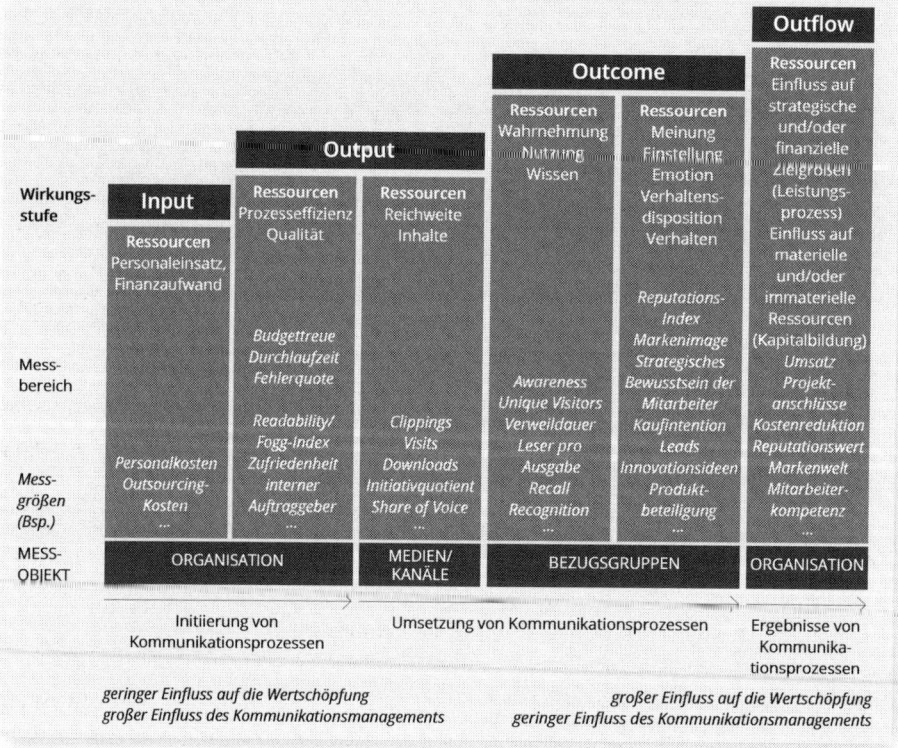

Abb. 39: Der DPRG/ICV-Bezugsrahmen ist bei vielen Unternehmen die Basis für das Kommunikations-Controlling (Quelle: In Anlehnung an Rolke / Zerfaß, 2014).

---

190 Vgl. DPRG (2011), S. 12 ff.

Der Bezugsrahmen ermöglicht die systematische Entwicklung strategischer Wertschöpfungsketten von den Unternehmenszielen bis zu den Kommunikationsmaßnahmen, wodurch der gesamte Wertschöpfungsprozess der Kommunikation transparent dargestellt werden kann. Der Bezugsrahmen ist in sechs Wirkungsstufen unterteilt:[191]

1. Input (Ressourcen),

2. interner Output (Produktion),

3. externer Output (Vermittlung),

4. direkter Outcome (Wahrnehmung),

5. indirekter Outcome (Verhalten und Einstellung) und

6. Outflow (Reputationsergebnis).

Um den Prozess des strategischen Kommunikationsmanagements vollständig abbilden zu können, müssen die sechs Stufen zweimal durchlaufen werden: beginnend in der Planung von der zu erzielenden Wertschöpfung und den dafür erforderlichen Mitteln, dann in der Umsetzung in umgekehrter Richtung von den eingesetzten Mitteln bis hin zu den wirtschaftlich relevanten Ergebnissen der Kommunikationsarbeit.[192]

Die Input-Ebene stellt die finanziellen und personellen Ressourcen dar, die für die Erbringung der Kommunikationsleistungen erforderlich sind. Beides lässt sich mit klassischen betriebswirtschaftlichen Methoden der Aufwandserfassung und Kostenrechnung messen, wie zum Beispiel mit der Prozesskostenrechnung.

Die Output-Ebene ist in internen und externen Output unterteilt. Bei dem internen Output geht es um die Effizienz und Qualität der Kommunikationsangebote (Pressemitteilungen, Websites, Newsletter etc.). Relevant sind hier unter anderem Budgettreue und Fehlerquoten. Der externe Output beschreibt die Reichweite und die Verfügbarkeit der Kommunikationsangebote für die Stakeholder. Dafür werden die Instrumente der Medienbeobachtung wie zum Beispiel die Medienresonanzanalyse genutzt, die in Kapitel 11.6.3 näher vorgestellt werden.

Auf der Outcome-Ebene wird die tatsächliche Wirkung der Kommunikationsmaßnahmen bei den Stakeholdern analysiert. Der direkte Outcome bezieht sich auf die Wirkung der kommunizierten Inhalte im Hinblick auf Wahrnehmung, Nutzung und Wis-

---

191 Vgl. DPRG (2011), S. 12 ff.
192 Vgl. Storck (2015), S. 10.

sen bei den Stakeholdern. Hierbei gilt es zu prüfen, ob die vermittelten Inhalte stimmig und widerspruchsfrei sind. Beispielhafte Messgrößen sind hier Awareness, Recall oder Recognition bei den Stakeholdern. Methodisch setzt dies eine Befragung der Stakeholder voraus. In bestimmten Fällen können die Aktivitäten der Kommunikationspartner auch beobachtet und Rückschlüsse auf Wahrnehmung und Wissen gezogen werden.[193]

Der indirekte Outcome bezieht sich hingegen auf die Einflussnahme als das eigentliche Ziel aller Kommunikationsprozesse. Meinungen, Einstellungen, Emotionen sowie Verhaltensdispositionen und das Verhalten von Stakeholdern können durch Indikatoren wie Markenimage und Reputationsindizes (jeweils aus Perspektive der Stakeholder) oder das strategische Bewusstsein von Mitarbeitern erhoben werden. Hinsichtlich des Reputationsmanagements gilt es festzulegen, wer in der Kommunikation mit den relevanten Stakeholdern welche Rollen wahrnehmen und die damit verbundenen Aufgaben erfüllen soll. Der Kreis der einzubeziehenden Personen beschränkt sich dabei nicht nur auf die Kommunikationsverantwortlichen, sondern auch auf die Geschäftsführung, Führungskräfte, Mitarbeiter und externe Partner. Methodisch werden ebenfalls Befragungen und in Einzelfällen Beobachtungen durchgeführt.[194]

Die Outflow-Ebene bildet die betriebswirtschaftliche Wirkung der Unternehmenskommunikation ab, welche durch die Beeinflussung der Stakeholder-Beziehungen hervorgerufen wird.

Im Mittelpunkt steht der Beitrag der Kommunikation zur Erreichung finanzieller und strategischer Unternehmensziele. Die Wertschöpfung kann entweder über die Unterstützung laufender Leistungserstellungen oder durch den Aufbau immaterieller Werte erfolgen. Mögliche Messgrößen müssen unternehmensspezifisch identifiziert werden und können beispielsweise den Umsatz, Marken- und Reputationswerte oder auch die Anzahl von Projektabschlüssen umfassen. Mit der Unterstützung von Steuerungsinstrumenten wie Balanced Scorecards können die unternehmensspezifischen Ziele, Kennzahlen, Messgrößen und Aktionen für die Unternehmenskommunikation abgeleitet und dokumentiert werden. Durch einen solchen Ableitungsprozess ist eine höchsteffektive Kommunikation gewährleistet und der gesamte Wertschöpfungsprozess der Funktion kann bewertet und gesteuert werden.

Für jede dieser Stufen werden aufeinander aufbauende Kommunikationsziele definiert, die mit entsprechenden Kennzahlen und Messgrößen ergänzt werden. Solche Value Links verbinden die verschiedenen Ebenen kommunikativer Wirkungen und ermöglichen so die Verknüpfung von Zielen und Kennzahlen auf allen Wirkungsstufen.[195]

---

193 Vgl. Storck (2015), S. 10.
194 Vgl. ebd., S. 11.
195 Vgl. Pfannenberg / Sass (2007), S. 5 ff.

Der hier beschriebenen Bezugsrahmen lässt sich anhand des fiktiven Fallbeispiels Absolventenkongress wie folgt veranschaulichen:[196]

Bei einem Absolventenkongress präsentieren sich verschiedene Unternehmen mit ihren Einstiegs- und Karrieremöglichkeiten: von Praktikum über Traineeeinstieg bis zum Direkteinstieg. Auch das Unternehmen Däumler AG ist beim Kongress mit einem Messestand vertreten. Das Ziel ist die Rekrutierung von zehn Studenten im Zuge des Absolventenkongresses.

Input: Welche Ressourcen werden investiert und eingesetzt?
Budget (50.000 EUR), Zeit (20 Personentage), Personal (10 Mitarbeiter aus der Unternehmenskommunikation, HR und Event-Management)

Output (interner): Welche Kommunikationsmittel werden produziert?
Für einen professionellen Auftritt beim Absolventenkongress bedarf es entsprechender Messestandmaterialien wie zum Beispiel Imagebroschüren, Produktflyer und Giveaways. Für die Durchführung der Gespräche muss qualifiziertes Personal am Messestand verfügbar sein, um den Studenten ein positives Unternehmensimage zu vermitteln. Das Personal muss hinsichtlich der Kernbotschaften gebrieft sein und alle erforderlichen Fachkompetenzen beherrschen.

Output (externer): Welches Kontaktangebot kann den Studenten gemacht werden, um die Botschaften zu platzieren?
Dazu muss das Kontaktangebot wahr- und angenommen werden und eine bestimmte Anzahl von Studenten sollte den Messestand aufsuchen.

Outcome (direkt): Welche Informationen und Botschaften werden von den Studenten wahrgenommen und was bleibt davon in Erinnerung?
Die Studenten sollen das Unternehmen während des Messestandbesuchs als interessanten Arbeitgeber wahrnehmen und die vermittelten Botschaften mitnehmen. Es ist eine Besuchsdauer von mindestens 15 Minuten erforderlich, damit durch die Mitarbeiter und Kommunikationsmitteln alle relevanten Informationen vermittelt werden können.

Outcome (indirekt): Werden die Meinungen und Einstellungen der Studenten beeinflusst? Lassen sich Verhaltensänderungen feststellen? Um die Rekrutierung von zehn Studenten zu erreichen, muss eine bestimmte Anzahl an Bewerbern zu Gesprächen und einer Bewerbung bereit sein. Dies soll anhand spontaner Bewerbungen und der Anzahl der Vorgespräche noch auf dem Messestand festgestellt werden.

---

196 Vgl. Buchele / Pollmann / Schmidt (2016), S. 66.

Outflow: Welche strategischen und finanziellen Auswirkungen hat die Kommunikation? Noch auf dem Absolventenkongress sollen zehn profilgerechte Mitarbeiter eingestellt werden. Als finanzieller Outflow kann unter anderem der Umsatz ermittelt werden, der durch die Nichtbesetzung von Stellen verloren gehen würde, bzw. das Potenzial, das aufgrund fehlender Mitarbeiterqualifikation nicht ausgeschöpft werden kann.

Zieldimension		Ziel	Nachjustieren	Ist	Messdimension
Outflow	Welcher Beitrag für das Unternehmen?	10 profilgerechte Key Employees einstellen	Einsparung bei Personalentwicklungskosten / Vermeidung von Umsatzverlusten wegen fehlender Mitarbeiter	10 Einstellungen	Beitrag für das Unternehmen
Indirekter Outcome	Welches Verhalten?	50 Bewerbungen von Key Employees	Absolventen bewerben sich	40 Bewerbungen	Verhalten
	Welche Einstellung?	100 Auswahlgespräche führen	Absolventen wollen gerne für die Däumler AG arbeiten	100 Gespräche	Einstellung
Direkter Outcome	Welches Wissen? Welche Wahrnehmung?	Besucher halten sich mind. 15 Minuten auf dem Stand auf	Däumler AG ist ein interessanter Arbeitgeber / Es gibt ein Unternehmen mit Namen Däumler AG	75% sind berufliche Chancen bekannt / 90% Besucher kennen DB AG	Wissen / Wahrnehmung
Externer Output	Welche Reichweite?	500 Besucher suchen Stand gezielt auf	1000 Imagebroschüren ausgelegt / Standmitarbeiter bereit / Stand fertig eingerichtet / 5000 Einladungen versendet	500 Besucher	Reichweite
Interner Output	Welche Produkte?	Info-Material steht bereit; kompetente Standbesetzung (Personal)	Imagebroschüre + Flyer / Infogespräche entwickeln / professionelles Stand-Design / Einladungsschreiben erstellen	100% im Zeitplan 100% geforderte Qualität 0% Budgetabweichung	Termintreue Qualität Budgettreue
Input	Welche Ressourcen?	50.000 € 10 MA 20 Personentage			Budget Personal Zeit
			Überprüfen		

Abb. 40: Beispielhafte Wirkungskette für die Rekrutierung von Hochschulabsolventen (Quelle: In Anlehnung an ICV, 2016)

Der Bezugsrahmen kann auch als Ausgangspunkt für die Analyse von Kommunikationskampagnen herangezogen werden. Da hierbei in der Regel verschiedene Maßnahmen wie Pressearbeit oder Online-Kommunikation gleichzeitig zum Einsatz kommen, ist unter Umständen eine situationsspezifische Anpassung notwendig. So muss der Bezugsrahmen bei der Medienarbeit erweitert werden, da der Output des Unternehmens zunächst Kommunikationsangebote für Journalisten (zum Beispiel in Form von Pressemitteilungen) sind, die von diesen wahrgenommen und verstanden werden müssen und im Idealfall handlungsleitend wirken (zum Beispiel in Form einer Berichterstattung). Erst daraus resultiert ein Output, der von der eigentlich adressierten Bezugsgruppe (zum Beispiel Verbraucher, Bürger) wahrgenommen wird und dort zu Wissens- und Einstellungsänderungen führen kann.[197]

Dementsprechend müssen die Kommunikationsprozesse ganzheitlich evaluiert und gesteuert werden. Dies findet in der Praxis allerdings bisher kaum Anwendung. Die Kommunikationsverantwortlichen legen den Schwerpunkt bei der PR-Evaluation häu-

---

197 Vgl. Zerfaß (2015a), S. 734.

fig auf die Outcome-Ebene. Für den Input und den internen Output, der deutlich besser beeinflusst werden kann, sowie für den aus Sicht der Gesamtorganisation bedeutsamen Outflow liegen dagegen deutlich seltener Kennzahlen und Methoden vor. Demgegenüber hilft der Bezugsrahmen, die Evaluationsmaßnahmen gezielt einzusetzen und die Ergebnisse für die Steuerung der Unternehmenskommunikation effizient zu nutzen.[198]

11.6 Instrumente des Kommunikations-Controllings

Die Ausgestaltung des Kommunikations-Controllings und der damit verbundene Einsatz der Methoden und Instrumente hängen in der Praxis von verschiedenen Rahmenbedingungen ab. Grundsätzlich folgt das Kommunikations-Controlling in der Umsetzung zwar der Logik des Wirkungsstufenmodells, aber eine einheitliche (Controlling-)Lösung gibt es in der Praxis derzeit nicht, da jedes Unternehmen andere Ziele und Strategien verfolgt, die es zu unterstützen gilt. Der Konsumgüterhersteller Henkel konzentrierte sich beispielsweise bei der Einführung seines weltweiten Kommunikations-Controllings in erster Linie auf die internationale Steuerung der Dachmarkenkommunikation basierend auf der Methode der Balanced Scorecard. Der Fokus lag darauf, die Kommunikationsziele mit den strategischen Unternehmenszielen zu verzahnen, die relevanten Budgetentscheidungen daran auszurichten und intern einen nachvollziehbaren Nachweis des Wertschöpfungsbeitrags der Kommunikation zu liefern.

Im Folgenden werden unter anderem die Balanced Scorecard und Strategy Map als Teil des Kommunikations-Controllings und die Medienresonanzanalyse als Teil der Evaluation näher erläutert.

11.6.1 Balanced Scorecard und Strategy Map

Haben die internen und externen Stakeholder die Botschaft des Unternehmens wahrgenommen? Wenn ja, konnten sie diese entschlüsseln und in den richtigen Kontext bringen? Inwiefern hat die Botschaft die Meinungen, Emotionen und Verhaltensweisen der Bezugsgruppe verändert? Hat der Empfänger positiv reagiert, indem er zum Beispiel weitere Informationen angefordert oder bestenfalls etwas gekauft hat? Antworten auf diese und weitere Fragen geben die Strategy Map und die Balanced Scorecard, die Anfang der 1990er Jahre von Robert S. Kaplan und David P. Norton als Modell für das Management von Unternehmen und das damit verbundene Kommunikations-Controlling entwickelt wurden.

---

198 Vgl. Pfannenberg / Zerfaß (2010), S. 97 ff.

Die Strategy Map beschreibt, wie eine Organisation Wert schaffen kann, und bietet eine Übersicht über die langfristigen strategischen Ziele eines Unternehmens oder einer einzelnen Organisationseinheit, während die Balanced Scorecard vorwiegend kurz- und mittelfristige Ziele abbildet und die Ziele der Strategy Map in konkrete Vorgaben und Messgrößen übersetzt.

Die Balanced Scorecard betrachtet dabei einzelne Kommunikationsaktivitäten nicht isoliert, sondern in den Wechselbeziehungen zueinander und je nach Konstruktion auch mit Blick auf nichtkommunikative Einflussgrößen. Durch die unterschiedlichen Kennzahlen können sowohl quantitative als auch qualitative Ziele und Wirkungen erfasst werden. Es geht somit nicht zwangsläufig um ökonomische Kriterien, sondern auch um eine problemadäquate Erfassung von Veränderungen von Prozessabläufen und kommunikativen Wirkungen.[199]

Die Balanced Scorecard ermöglicht dem Unternehmen als Steuerungs- und Controlling-Instrument die strategische und operative Kontrolle aller wesentlichen Prozesse aus einer einheitlichen Unternehmensstrategie heraus. Dabei sind die Ziele (Scorecards) in vier Dimensionen untergliedert:[200]

1. Finanzperspektive,

2. Kunden- und Marktperspektive,

3. interne Prozessperspektive und

4. Potenzialperspektive.

Der Zusatz Balanced bedeutet, dass entsprechend dem Modell der Strategy Map die Werttreiber aller vier Perspektiven in einem ausgewogenen Verhältnis behandelt werden müssen, damit der Unternehmenswert nachhaltig gesteigert werden kann. Um das Konzept der Balanced Scorecard auf das Kommunikations-Controlling anzuwenden, werden die vier Perspektiven in drei Ebenen unterteilt. Jede Ebene ist dabei Voraussetzung für das Erreichen der nächsten Ebene:[201]

1. Output-Ebene (Wissen und Wahrnehmung): Hier werden die Prozesse und erbrachten Kommunikationsleistungen bewertet (Sind die Erstellungsprozesse der Maßnahmen effizient? In welcher Menge, Frequenz und Qualität wurden die Kommunikationsmaßnahmen umgesetzt?).

---

199 Vgl. Zerfaß (2015b), S. 729. ff.
200 Vgl. Kaplan / Norton (2004), S. 26.
201 Vgl. Pfannenberg (2009), S. 6.

2. Outcome-Ebene (Verhalten und Einstellungen): Im Fokus steht die Auswirkung der Maßnahmen auf die Stakeholder (Inwiefern beeinflussen die vermittelten Botschaften die Meinungsbilder, Einstellungen und das Verhalten des Adressaten?).

3. Outflow-Ebene (betriebswirtschaftliche Wirkung): Hier bezieht sich das Controlling auf die betriebswirtschaftlichen Auswirkungen (Welchen Beitrag leistet die Kommunikation zur Erreichung der strategischen Unternehmensziele? Inwiefern trägt die Kommunikation zur Wertsteigerung des Unternehmens bei?).

In diesen drei Ebenen werden die Werttreiber und ihre Beziehungen zueinander identifiziert, von der Output- über die Outcome- bis zur Outflow-Ebene.

Der Idealfall aus Kommunikationssicht: Eine Kommunikationskampagne macht das Unternehmen, seine Ziele und Strategien beim Stakeholder bekannt (Output). Der Stakeholder bekennt sich durch einen Produktkauf zum Unternehmen (Outcome). Dies hat zur Folge, dass der Umsatz und die Reputation des Unternehmens steigen (Outflow).

Im nächsten Schritt erfolgt die Übertragung der identifizierten Werttreiber als Zielsetzungen in die Balanced Scorecard, danach werden für die Werttreiber KPIs festgelegt und Erhebungs- bzw. Messverfahren für diese Kennzahlen definiert.

KPIs der Kommunikation sind Kennzahlen, die den Kommunikationserfolg anzeigen und somit als Indikatoren für Kommunikationswirkungen genutzt werden können. Die KPIs reichen von rein quantitativen, einfach messbaren Größen wie der Anzahl der Pressemeldungen oder Presse-Events über komplexere KPIs wie qualitative Inhaltsanalysen, Bekanntheitsgrad des Unternehmens oder Ergebnisse aus Mitarbeiterbefragungen hinsichtlich des Wissens über die vermittelte Kultur und Strategie des Unternehmens.[202]

Die KPIs dienen der Entscheidungsfindung und Steuerung des Tagesgeschäfts in der Unternehmenskommunikation. Sie müssen daher verständlich, bedeutsam, handhabbar und nachvollziehbar sein. Um aussagefähig zu sein, sollten die KPIs der Kommunikation durch die Kommunikationsverantwortlichen unmittelbar oder mittelbar steuerbar sowie kompatibel mit bestehenden Instrumenten bzw. Prozessen des allgemeinen Unternehmenscontrollings sein.

Sofern möglich, sollte die Festlegung der Zielwerte auf Basis der Vorjahreswerte erfolgen. Um das Management auf einen mittelfristigen Zeithorizont auszurichten, müssen gleichzeitig mittelfristige Ziele festgelegt werden. Dabei sollten die Kommunikations-

---

[202] Vgl. Pfannenberg (2009), S. 51.

ziele, KPIs, Erhebungs- und Messverfahren und besonders die Jahreszielwerte von den Kommunikationsverantwortlichen selbst festgelegt werden. Anschließend wird die Balanced Scorecard mit der Leitung der Unternehmenskommunikation abgestimmt, da sie deren zentrales strategisches Steuerungsinstrument ist.

Zielsetzung/ Werttreiber	Key-Performance-Indikator (KPI)	Messmethode	Zielvorgabe	Status	Maßnahmen
Positionierung des Unternehmens als „Responsible Corporation"	Reputation in der Dimension „Citizenship"	Stakeholderübergreifende Reputationsanalyse (GRP, Reputation Institute), CATI-Befragung, Indexwert 0-100	75	70	...
	Wahrgenommene soziale Wertbeiträge des Unternehmens	Befragung von politischen Entscheidern und Investoren, CATI, Bewertungsskala 1-6	Ø 2,0	Ø 1,7	...
	Wahrgenommene soziale Wertbeiträge der Kernprodukte	Befragung von Konsumenten, CAWI, Bewertungsskala 1-6	Ø 1,8	Ø 2,2	...
	Share of Voice bei CSR-Themen in der Medienberichterstattung	Inhaltsanalyse von Printmedien (Tages-, Wochen-, Wirtschaftspresse), Benchmark der DAX-30-Konzerne	15 %	17 %	...
	Qualität der Nachhaltigkeitsberichterstattung	Bewertung des Nachhaltigkeitsberichts, IÖW/ future-Ranking, Kategorie „Großunternehmen"	Top 5	7	...

Abb. 41: Ein beispielhafter Auszug für eine Scorecard (Quelle: In Anlehnung an Zerfaß, 2015b).

In den vergangenen Jahren wurde die Balanced Scorecard für die Fokussierung auf die vier Dimensionen Finanzperspektive, Kunden- und Marktperspektive, interne Prozessvperspektive und Potenzialperspektive kritisiert, da durch diese Ausrichtung andere wichtige Interessengruppen nicht berücksichtigt werden können.[203] Kaplan und Norton haben jedoch betont, dass diese vier Perspektiven als ein grober Rahmen und nicht als enges, vorgegebenes Korsett wahrgenommen werden sollen: „The four perspectives should be considered a template, not a straight jacket."[204]

---

203 Vgl. Storck (2012), S. 76 ff.
204 Kaplan / Norton (1997), S. 34.

Kaplan und Norton weisen vielmehr darauf hin, dass sich alle relevanten Stakeholder durchaus in die vorgeschlagenen vier Perspektiven integrieren lassen. Mitarbeiter finden beispielsweise in der Potenzialperspektive eine entscheidende Integration. Ihre Fähigkeiten und Potenziale sind es, die es einem Unternehmen erlauben, die Ziele der internen Kunden- und Marktperspektive zu realisieren. Lieferanten als weiteres Beispiel ordnen sie in die interne Prozessperspektive ein.[205]

11.6.2 Das Strategische Haus

Die Balanced Scorecard wurde von Herwig R. Friedag und Walter Schmidt in Form des Strategischen Hauses weiterentwickelt und zählt seit 2009 zu den Standardinstrumenten des Kommunikations-Controllings.

Das Strategische Haus behebt verschiedene Schwachstellen der Balanced Scorecard und Strategy Map und erhöht gleichzeitig deren Wirksamkeit. Einerseits konkretisiert es den Kern der Strategie und setzt diesen in Beziehung zur handlungsleitenden Ordnung des Unternehmens, andererseits legt es strategischen Initiativen und Stakeholder-Perspektiven in Form einer Matrix übereinander.

Im Dach bildet das Strategische Haus das Leitziel, Leitbild und Kennzahl des Unternehmens ab, in den Aufgängen die Ziele der strategischen Themen zur Umsetzung des Leitziels und in den Etagen die Ziele der einzubeziehenden Stakeholder, konkret:[206]

Das Leitbild zielt darauf ab, wie die relevanten Stakeholder das Unternehmen wahrnehmen sollen, um zur Erreichung des Leitziels beizutragen. Es dokumentiert die Alleinstellungsmerkmale und weckt so die zu erfüllenden Erwartungen.

Das Leitziel soll den Mitarbeitern veranschaulichen, was das Unternehmen durch die Unterstützung der Unternehmenskommunikation erreichen möchte. Dies muss in einem festgelegten Zeitraum realisiert werden.

Die Leitkennzahl bestimmt, woran gemessen wird, ob das Unternehmen sein Leitziel erreicht hat. Sie definiert das oberste Kriterium, dem alle strategischen Entscheidungen untergeordnet werden. Ein entscheidender Unterschied zur klassischen Balanced Scorecard besteht darin, dass die Leitkennzahl nicht zwangsläufig eine Finanzkennzahl sein muss. Friedag und Schmidt lösen sich hier von der Ausrichtung der Balanced Scorecard auf die Finanzperspektive.

---

205 Vgl. Kaplan / Norton (1997), S. 34.
206 Vgl. Buchele / Pollmann / Schmidt (2016), S. 71.

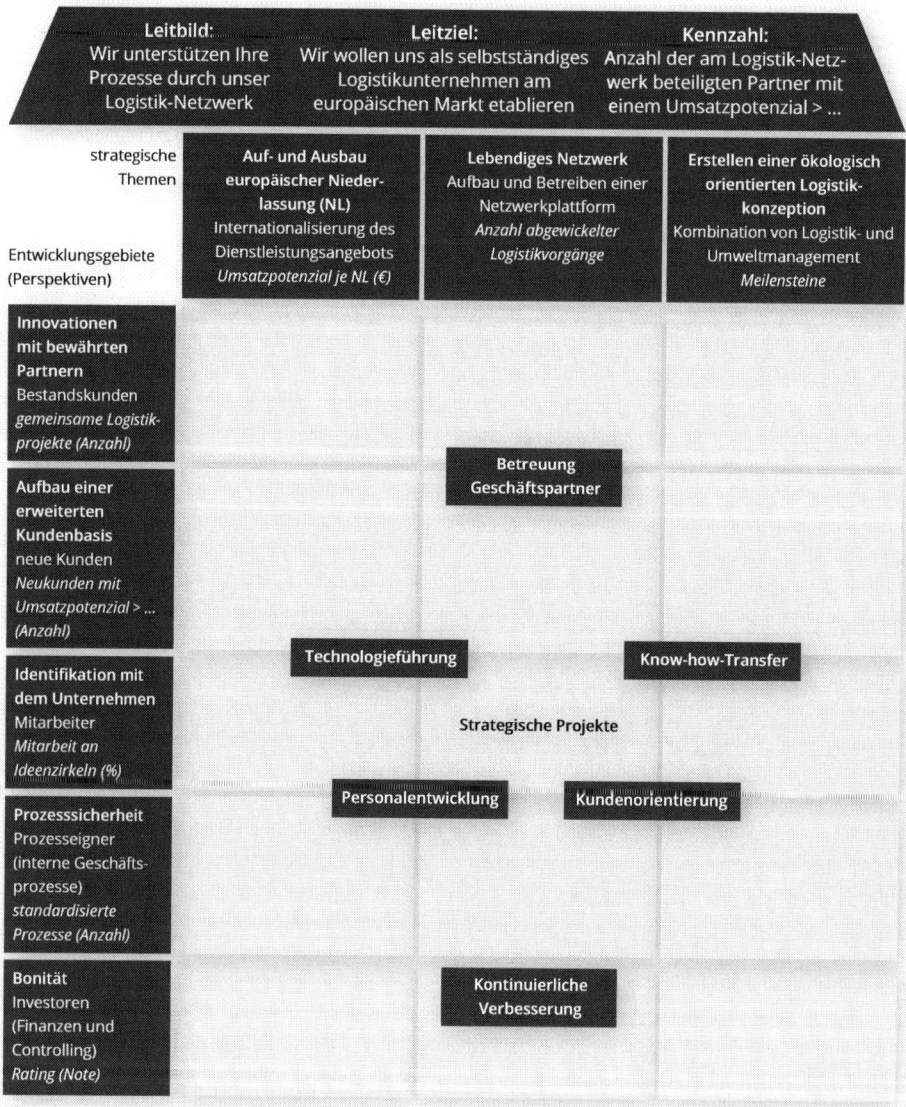

Abb. 42: Das Strategische Haus am Beispiel eines Logistik-Unternehmens (Quelle: In Anlehnung an Carl Hanser, 2012)

Ausgehend von dem strategischen Leitziel gilt es, einzelne Aufgaben bzw. strategische Themen zu identifizieren, die für das Erreichen des Leitziels notwendig sind. Dabei ist es notwendig, sich auf wenige und maßgebliche strategische Themen zu konzentrieren und jedes einzelne mit einem eindeutigen Ziel und einer klaren Kennzahl zu verbinden. Die strategischen Aufgaben sind in den Treppenaufgängen des Strategischen Hauses abgebildet.[207]

---

[207] Vgl. Friedag / Schmidt (2011), S. 60 ff.

Im Anschluss werden die Potenziale identifiziert, die geeignet erscheinen, die Ziele der strategischen Aufgaben zu realisieren. Nach Friedag und Schmidt liegen diese Potenziale sowohl in den internen Prozessen des Unternehmens (Kernkompetenzen) als auch in den Beziehungen zu den Stakeholdern, die auf den Etagen des Strategischen Hauses abgebildet sind. Dabei geht es aus Unternehmenssicht um die Frage, welche gemeinsamen Interessen zusammen mit den Stakeholdern verfolgt werden können, um eine gemeinsame Ausrichtung auf die jeweiligen Ziele der strategischen Themen zu ermöglichen. An jeder Schnittstelle muss geprüft werden, ob das strategische Thema für die jeweiligen Stakeholder relevant ist.[208]

Mit Hilfe von Leitziel, Leitbild, strategischen Themen und Entwicklungsgebieten kann das Strategische Haus errichtet werden. Durch dieses Vorgehen wird aufbauend auf den Überlegungen der Balanced Scorecard ein ausgewogenes strategisches Zielsystem entwickelt. Das hier vorgestellte, zugegebenermaßen sehr theoretische Modell, lässt sich in Form von Workshops mit allen relevanten Vertretern des Unternehmens in die Praxis umsetzen.

Für die erfolgreiche Implementierung der einzelnen strategischen Projekte bedarf es der Unterstützung aller Mitarbeiter. So müssen für jedes strategische Projekt Verantwortliche bestimmt werden, die den betroffenen Mitarbeitern des Unternehmens das entsprechende Projekt vorstellen. Das Strategische Haus dient den Beteiligten dabei als Visualisierungs- und Erklärungshilfe. Das Zielsystem stellt darüber hinaus eine Kommunikationshilfe dar, um die gesamte strategische Ausrichtung des Unternehmens zu verdeutlichen.

Grundsätzlich empfiehlt es sich, aus dem Kreis der Mitarbeiter einen Strategiebegleiter auszuwählen, der den Projektleiter unterstützt. Der Strategiebegleiter kann beispielsweise monatlich die Meinungen aller betroffenen Mitarbeiter sammeln und dem Projektleiter spiegeln. Dieses Verfahren stellt eine kommunikative Beteiligung der Mitarbeiter an einzelnen strategischen Projekten sicher, die wiederum mit Hilfe des Strategischen Hauses auf ein gemeinsames Ziel ausgerichtet sind. Im Anschluss werten die Projektverantwortlichen und die Unternehmensleitung den Erfolg der strategischen Projekte auf Basis der festgelegten KPIs aus.[209]

Zusammengefasst dient das Strategische Haus nicht nur der Entwicklung einer Strategie unter Berücksichtigung aller Stakeholder-Interessen, sondern ermöglicht im Zuge der Mittelfristplanung, die Anforderungen an die Unternehmenskommunikation strategiefokussiert zu definieren und daraus konkrete Handlungsmaßnahmen abzuleiten.

---

208 Vgl. Buchele / Pollmann / Schmidt (2016), S. 72.
209 Vgl. Friedag / Schmidt (2009), S. 95 ff.

11.6.3 Medienresonanzanalyse

Eine der am häufigsten eingesetzten Evaluierungsmethoden ist die Medienresonanzanalyse, die verschiedene öffentlichkeitswirksame Aspekte einzelner Kommunikationsmaßnahmen untersucht, zum Beispiel: Wann wurden wo Informationen über das Unternehmen in den Medien veröffentlicht? In welcher Form ist dies geschehen? Wie war der Tenor? Hat sich das Image oder der Bekanntheitsgrad innerhalb eines Zeitraums geändert?

Die Medienresonanzanalyse bewertet die Qualität der Medienpräsenz eines Unternehmens, indem alle unternehmensrelevanten Presseveröffentlichungen analysiert werden. Sie untersucht dabei folgende Kriterien:[210]

- Zahl der Veröffentlichungen in einem definierten Zeitraum,
- Kernaussagen der veröffentlichten Beiträge,
- Meinungstendenzen innerhalb der Beiträge,
- Nennung von wichtigen Unternehmensrepräsentanten und
- Reichweite des Mediums.

Diese Kriterien müssen gleichermaßen erfasst werden, um den tatsächlichen Aufmerksamkeitswert einer Veröffentlichung messen zu können. So kann zum Beispiel eine halbe Seite in der Welt am Sonntag aufgrund der Auflagenhöhe eine größere Bedeutung für ein Unternehmen haben als 30 Beiträge in regionalen Tageszeitungen.

Die Medienresonanzanalyse beinhaltet eine Vielzahl an Untersuchungsmethoden, unter anderem die Präsenz-, Image- sowie Input-Output-Analyse.[211]

Die Präsenz-Analyse ist die Basis der Medienresonanzanalyse. Auf ihr bauen alle weiteren Analysen auf. Mit der Präsenz-Analyse wird die Medienpräsenz auf Ebene der Meldungen, der Nennungen der Themen sowie Aussagenebene ausgewertet. Wie viele Meldungen sind wann zu welchen Themen erschienen? Welche Auflagenzahlen wurden erreicht, wie hoch sind die Einschaltquoten?

Die Image-Analyse misst die inhaltliche Bewertung und Struktur der Berichterstattung und gibt Aufschluss über das von den Medien gezeichnete Bild, indem einzelne

---

210 Vgl. Mast (2013), S. 144.
211 Vgl. ebd., S. 6.

wertende Aussagen einbezogen werden. Sie zeigt auf, ob zum Beispiel ein Produkt in Print- und Online-Medien oder im Fernsehen und Radio ein positiv oder eher negativ geprägtes Medienimage erreicht hat.

Die Input-Output-Analyse ermittelt die Resonanz auf die Pressearbeit: Wie oft wurde die Pressemitteilung abgedruckt? Welches spezifische Profil ergibt sich, wenn der Input in der Presse mit dem Output der Medien verglichen wird?

Dies wird mittels eines Presseclippings ermittelt, das die Sammlung und Auswertung von veröffentlichten Presseberichten und Artikeln umfasst. Es gibt Auskunft über Umfang und Häufigkeit von Beiträgen zu einem Unternehmen, einem Produkt oder einer Dienstleistung in unterschiedlichen Medien. Aus der Auflagenhöhe der Zeitung lässt sich zum Beispiel die voraussichtliche Anzahl der Leserkontakte und damit die Zielgruppenerreichung (Reichweite) abschätzen. Diese Erhebungen sind dauerhaft durchzuführen, um ausgehend von den Basiswerten die Gesamtsituation besser analysieren und entsprechende Maßnahmen einleiten zu können.

Kritisch zu sehen ist die fehlende Aussagekraft über die Qualität der Inhalte. Neben einer neutralen und positiven Berichterstattung gibt es auch negative Meldungen. Doch welche Meldungen werden gezählt – nur die positiven oder auch die negativen Nachrichten? Fakt ist, dass die Medienpräsenz allein nicht das Ziel des Unternehmens sein kann. Darüber hinaus wird mit dieser quantitativen Methodik vorausgesetzt, dass zum Beispiel der Käufer einer Zeitung jeden Artikel des erworbenen Mediums auch tatsächlich liest. Doch was ist mit den Titelstories, die man im Vorbeigehen an den Verkaufsständen erkennt? Auf solche Fragen gibt die Medienresonanzanalyse keine Antworten.

11.6.4 Weitere Instrumente

Mit Blick auf die Einführung eines Kommunikations-Controllings können weitere, bereits etablierte Instrumente des Managements und des Controllings genutzt werden, die nachfolgend kurz vorgestellt werden.

Stakeholder-Analyse

Die Stakeholder-Analyse ist ein etabliertes Instrument des Controllings, das die für ein Unternehmen relevanten Stakeholder sowie deren Einfluss auf bestimmte unternehmerische Entscheidungen ermittelt. Eine gängige Vorgehensweise ist die Einteilung der Stakeholder in A-B-C-Gruppierungen. A-Stakeholder stehen im Fokus der Kommunikationsarbeit, da sie durch ihr Verhalten unmittelbar die Unternehmensreputation beeinflussen. B-Stakeholder beeinflussen das Image indirekt, indem sie

Einfluss auf das Verhalten der A-Stakeholder ausüben, während C-Stakeholder die A-Stakeholder unter Druck setzen, um ihren Einfluss geltend zu machen. Ein Beispiel hierfür sind Gewerkschaften, die Mitarbeiter für einen Arbeitsstreik mobilisieren.[212]

Portfolio-Analysen

In der Praxis der strategischen Unternehmensführung sind Portfolio-Analysen fester Bestandteil des Portfolio-Management-Konzeptes, das von der Beratungsgesellschaft Boston Consulting Group (BCG) zur Darstellung von Produkt-Markt-Beziehungen weiterentwickelt wurde. Die neue Form umfasst die Analyse des Lebenszyklus von Produkten, Kunden und Geschäftsfeldern, deren Wachstumspotenzial und Marktattraktivität verbunden mit deren Kapitalrückfluss und Kapitalbindung. Die Marktattraktivität wird dabei mit Hilfe der vier Kriterien Marktwachstum, -größe und -qualität, Versorgung mit Energie und Rohstoffen sowie Umweltsituation ermittelt. Mit Blick auf die Ermittlung der Vorteile gegenüber dem Wettbewerb werden ergänzend dazu nachfolgende Kriterien herangezogen:

- Marktposition (unter anderem Marktanteil im Verhältnis zum Hauptwettbewerber oder den drei größten Wettbewerbern),
- Produktionspotenzial,
- F&E-Potenzial (Forschung und Entwicklung) und
- Qualifikation der Führungskräfte und Mitarbeiter.

Je nach Unternehmenssituation werden die relevanten Beurteilungsdimensionen festgelegt und ihre Bedeutung durch eine entsprechende Priorisierung zum Ausdruck gebracht. Die Ergebnisse werden in einer sogenannten BCG-Matrix visualisiert, die bei verschiedenen Analysen der Managementpraxis Anwendung findet. Basierend auf den Ergebnissen der ermittelten Ist-Position lassen sich dann entsprechende Strategien zur Zielerreichung wie Investitions- und Wachstumsstrategien ableiten.[213]

Die BCG-Matrix ist die Vorlage für zahlreiche andere Analysen und Visualisierungen. Sie ermöglicht eine Bewertung strategisch relevanter Geschäftseinheiten auf Basis zukünftiger Gewinnchancen (Marktwachstum) und der gegenwärtigen Wettbewerbsposition (relativer Marktanteil).

Eine aus PR-Sicht relevante Darstellungsform ist das Wirkungsportfolio, da es einzelne Kommunikationsmaßnahmen und Kommunikationskanäle hinsichtlich ihrer

---

212 Vgl. Buchele / Pollmann / Schmidt (2016), S. 73.
213 Vgl. Meffert / Burmann / Kirchgeorg (2015), S. 260 ff.

Ressourcenbindung, ihres Wertschöpfungsbeitrages und Wirkungsbeitrages untersucht und darstellt.

Dabei kann ganz pragmatisch mit Einschätzungen gearbeitet werden. Auf einer Skala von 1 bis 9 können die Kommunikationsverantwortlichen angeben, ob mit Maßnahme 1 mehr oder weniger Wirkung bei den Stakeholdern erreicht wird, und auf der gleichen Skala, wie groß der Wertschöpfungsbeitrag der Maßnahme ist. Werden dazu noch die Kosten der Maßnahmen ermittelt, entsteht das Wirkungs-Portfolio. Eine weitere Möglichkeit besteht in einem sogenannten Rangfolgeverfahren, indem von den Beteiligten Einschätzungen der Art „Maßnahme 1 hat eine größere Wirkung als Maßnahme 2" vorgenommen werden.[214]

Target Costing

Das Target Costing (deutsch: Zielkostenrechnung) ist ein Konzept des marktorientierten Zielkostenmanagements, das seit den 1970er Jahren als strategische Entscheidungshilfe bei der Entwicklung von neuen, wettbewerbsfähigen Produkten dient, indem es die Markt- und Kundenanforderungen systematisch einbezieht. Das Ziel besteht darin, die Kosten der Leistungserstellung so an den Marktbedingungen auszurichten, dass die Wettbewerbsfähigkeit erhalten bzw. ausgebaut werden kann.

Dementsprechend liegt ein Fokus auf der Preisgestaltung. Die Kostenplanung geht dabei mit der Produktplanung einher und setzt auf dem von der Marktforschung ermittelten Preis auf. Dieser Ansatz erlaubt es den Kommunikationsverantwortlichen, Kampagnen und Plattformen genau nach Budgetrestriktionen (Target Costs) zu gestalten und den tatsächlichen Kundennutzen sichtbar zu machen und zu priorisieren.[215]

11.7 Einsatz in der Praxis

In Deutschland messen 94 Prozent der Kommunikationsverantwortlichen ihre PR-Arbeit, aber die Erfolgsmessung beschränkt sich zumeist auf einfache Verfahren zur Bestimmung des medialen Outputs in Form des Pressespiegels. Bereits entwickelte Verfahren wie die Medienresonanzanalyse werden nur von einem Drittel der Kommunikationsverantwortlichen genutzt. Methoden wie die Balanced Scorecard, welche die tatsächlichen Wahrnehmungen oder den betriebswirtschaftlichen Erfolg untersuchen, sind noch seltener zu finden.[216]

---

214 Vgl. Buchele / Pollmann / Schmidt (2016), S. 74.
215 Vgl. Meffert / Burmann / Kirchgeorg (2015), S. 485.
216 Vgl. Bentele / Seidenglanz (2015), S. 16.

Weiterführende Fragestellungen seitens des Controllings erleben die Kommunikationsverantwortlichen häufig als Angriff auf ihr kreatives Selbstverständnis. Doch das Kommunikations-Controlling erschöpft sich wie eingangs erwähnt nicht in der PR-Evaluation, sondern bildet den gesamten Management-Kreislauf ab. Vor diesem Hintergrund muss sich die Unternehmenskommunikation weiter professionalisieren, indem dem Controlling der durchgeführten Maßnahmen ein höherer Stellenwert eingeräumt wird. Nur mit messbaren, belegbaren Erfolgen kann beim Top-Management ein besseres Verständnis für die Bedeutung und Rolle eines professionellen Kommunikationsmanagements erreicht werden.

Mit Blick auf die Diskussionen auf nationaler und internationaler Ebene ist zu beobachten, dass ein Großteil der Branchenvertretungen und Verbände kein Interesse an einem transparenten, einheitlichen Kommunikations-Controlling hat, sondern eigene Interessen verfolgt.

Folglich besteht eine große Herausforderung darin, die im deutschsprachigen Raum relativ weit fortgeschrittene Diskussion in die internationale Forschung einzubringen. Dazu bedarf es allerdings einer gewissen Transparenz in Theorie und Praxis, die nicht von allen Kommunikationsverantwortlichen befürwortet wird. So haben sich die von mir angefragten DAX-30-Konzerne und Mittelstandsunternehmen schlichtweg geweigert, ihr Kommunikations-Controlling als Best Practice in Form eines Praxisbeispiels darzulegen.

Diese Intransparenz ist meiner Ansicht nach auch darauf zurückzuführen, dass in den Controlling-Konzepten und Zielsystemen der Wertschöpfung das Kernstück der strategischen Steuerung von Unternehmenskommunikation steckt, das viele einfach nicht preisgeben möchte.

11.8 Fallbeispiel I: Strategiefokussierung mit strategischem Zielhaus (Deutsche Gesellschaft für Internationale Zusammenarbeit GmbH)

Die Deutsche Gesellschaft für Internationale Zusammenarbeit (GIZ) unterstützt als staatliche Institution die Bundesregierung dabei, ihre Ziele in der internationalen Zusammenarbeit für nachhaltige Entwicklung zu erreichen. Die GIZ ist mit über 17.300 Beschäftigten in mehr als 130 Ländern weltweit tätig. Die Aufgabenfelder reichen von Wirtschafts- und Beschäftigungsförderung über den Aufbau von Staat und Demokratie, die Förderung von Frieden, Sicherheit, Wiederaufbau sowie ziviler Konfliktbearbeitung und Sicherung von Ernährung, Gesundheit und Grundbildung bis hin zu Umwelt-, Ressourcen- und Klimaschutz.

Da diese vielfältigen Aufgaben nur mit einem international einheitlichen Strategieverständnis zu erfüllen sind, beschloss die Stabsstelle Unternehmenskommunikation der GIZ 2011 die systematische Anpassung der Kommunikationsstrategie an die längerfristigen Unternehmensziele der Organisation. Neben einer klaren strategischen Anbindung der Kommunikation galt es vor allem, ein anschauliches und verständliches Zielsystem zu entwickeln und den Wertbeitrag der Kommunikation zu verdeutlichen.

Für die Kommunikationsverantwortlichen ging es darum, die Steuerung der PR-Aktivitäten zu verbessern und die Kommunikation wertschöpfend auf die Unternehmensziele auszurichten. Darüber hinaus war es Ziel, den nationalen und internationalen Kommunikationsteams ein besseres Verständnis ihres individuellen Anteils an der Unterstützung der übergeordneten Ziele zu vermitteln. Dabei sollten die wesentlichen Bedürfnisse aller Beteiligten entsprechend berücksichtigt werden.

Dieser partizipative Ansatz diente einem einheitlichen Strategieverständnis und einer stärker strategiebezogenen Kommunikationspraxis. Dafür wurde die Kommunikationsstrategie mit dem Instrument des sogenannten Zielbaums an die Unternehmensstrategie angeschlossen. Der Zielbaum adaptierte dabei die Strategy Map aus der Unternehmensberatung und verband sie mit dem DPRG/ICV-Bezugsrahmen. Er dient dazu, den Zusammenhang von Zielen und Maßnahmen für alle Mitarbeiter der Unternehmenskommunikation transparent darzustellen sowie gemeinsame Arbeitsschwerpunkte festzulegen und Maßnahmen zu schärfen.

Die Zuweisung von Ressourcen erfolgt auf Basis der vom Team im Zielbaum priorisierten Ziele. Dabei stellt der Zielbaum insbesondere die strategischen und operativen Kommunikationsziele der GIZ dar. Diese Ziele leiten sich aus den Unternehmenszielen ab und sind jeweils auf einzelne Stakeholder bezogen. Grundlage hierfür ist eine Stakeholder Map, die die wesentlichen Anspruchsgruppen der GIZ kartiert. Für die Umsetzung wurden die Stakeholder von der Unternehmenskommunikation mit Beteiligung aller wesentlichen Geschäftsbereiche der GIZ analysiert und priorisiert. Die Stakeholder Map wird regelmäßig aktualisiert.

Der Zielbaum weist für jedes Unternehmensziel der GIZ, das durch Kommunikation zu unterstützen ist, den grundsätzlichen Wertbeitrag der Unternehmenskommunikation aus. Sie schafft damit unter anderem einen Wert, indem sie die GIZ als attraktiven Arbeitgeber positioniert und damit ihren unternehmerischen Beitrag leistet, die Personalpolitik weiterhin am Ziel einer global nachhaltigen Entwicklung auszurichten. Als weltweit tätiges Bundesunternehmen hat es die GIZ mit verschiedensten Stakeholdern zu tun. Die wesentlichen Wirkungs- und Wahrnehmungsziele der Kommunikation sind daher nach den unternehmensrelevanten Stakeholdern definiert. Bei den (Neu-)Kunden gilt es beispielsweise, das breite Leistungsspektrum der GIZ zu veranschaulichen. In Bezug auf Kunden und Auftraggeber zahlt dieses Kommunikationsziel auf das Unternehmensziel „Mit exzellenten Produkten und effizienten Dienstleistungen Märkte festigen und erschließen" ein.

An diese Wirkungsziele schließen die Leistungsziele der Kommunikation an. Diese Ziele betreffen die Maßnahmen-Performance sowie die Prozesssicherheit. Sie sind den unterschiedlichen Gruppen der Unternehmenskommunikation zugeordnet, deren operative Arbeit gemeinsam auf die Wirkungsziele einzahlt. Ein Leistungsziel der Internen wie Externen Kommunikation ist es, den digitalen Wandel der GIZ voranzutreiben und kommunikativ zu begleiten.

Der Zielbaum erlaubt einen systematischen Blick auf das Maßnahmenportfolio und zeigt auf, welche Initiativen und Maßnahmen von den Teams umgesetzt werden, um direkt das Wissen und die Wahrnehmung der Anspruchsgruppen sowie indirekt ihre Einstellungen und Verhaltensweisen in Bezug auf die GIZ-Ziele zu beeinflussen. Dabei verdeutlicht er den Beitrag der einzelnen Mitarbeiter zur Erreichung der Unternehmensziele. Die Gruppe Kommunikationsstrategie beispielsweise verdeutlicht die digitalen Ansätze in der konkreten Projektarbeit der GIZ im integrierten Unternehmensbericht und einem Newsletter. Darüber hinaus bietet die Gruppe Kommunikationsberatung Online-Seminare zu Social Media für die Kommunikatoren in Deutschland und weltweit an.

Die Anbindung der Unternehmenskommunikation an diese Ziele mittels des Zielbaums erfolgte in folgenden zehn Prozessschritten:

1. Analyse: Sichtung und Analyse der strategischen Unternehmensziele und Jahresziele der GIZ

2. Definition der Stakeholder: Durchführung eines Workshops zur Analyse, Priorisierung und Kartierung der relevanten Stakeholder

3. Konkretisierung und Validierung: Durchführung eines Workshops mit den Führungskräften zur Konkretisierung und Validierung des Zielbaums mit strategischen und operativen Zielen

4. Operationalisierung: Detaillierung des Zielbaums in den einzelnen Kommunikationsbereichen

5. Internationale Vermittlung: Strategievermittlung in lokalen Workshops mit Kommunikatoren und Multiplikatoren

6. Kick-off: Durchführung eines Auftakt-Workshops mit den Führungskräften zur Festlegung der kommunikationsrelevanten Unternehmensziele

7. Entwicklung der Werttreiber: Entwicklung von Werttreiberbäumen auf Basis von Unternehmenszielen und Stakeholdern

8. Vertiefung: Durchführung von Arbeitsmeetings zur abteilungsbezogenen Vertiefung des Zielbaums und Ergänzung mit Maßnahmen sowie Qualitätszielen

9. Internationale Abstimmung: Präsentation und Abstimmung der Methodik mit den internationalen Kommunikationsteams

10. Steuerung: Entwicklung von Scorecards mit ausgewählten KPIs zur Steuerung der Unternehmenskommunikation

Die Kommunikationsverantwortlichen entwickelten dazu ein Zielbaum-Poster, das die Strategie der Unternehmenskommunikation und den stakeholderbezogenen Wertschöpfungsbeitrag von der Maßnahmenebene bis zu den Top-Zielen der GIZ veranschaulicht. Zur Klärung der strategischen Prioritäten wurde der Zielbaum in regelmäßigen Abständen vom Managementteam der Unternehmenskommunikation analysiert und überarbeitet.

2015 haben die Kommunikationsverantwortlichen den Zielbaum zu einem sogenannten strategischen Zielhaus weiterentwickelt, indem sie die einzelnen Maßnahmen und Aktionen teamspezifisch aufgearbeitet haben. Weltweit hat jedes Kommunikationsteam ein Dokument mit den auf die individuellen Bedürfnisse ausgerichteten Maßnahmen erhalten, das auch für die anderen Teams in Form eines sogenannten Strategiebooklets im Intranet abrufbar ist. Ergänzend dazu verdeutlicht eine Abbildung, wie die unterschiedlichen Prozesse dieses globalen Kommunikationsmanagements zusammenhängen, so dass für jeden Mitarbeiter der eigene Beitrag zum Gesamtergebnis nachvollziehbarer ist.

Das Zielhaus ist inzwischen die Grundlage für die Strategievermittlung in allen GIZ-Repräsentanzen weltweit. Der Steuerungsaspekt des Kommunikations-Controllings wird dabei mit einer kennzahlenbasierten Bewertung über Communication Scorecards verbunden, welche die jeweils relevanten Leistungs- und Wirkungskennzahlen der Unternehmenskommunikation enthalten. Darüber hinaus erhält das Managementteam halbjährlich einen Report, der die wichtigsten Kennzahlen zusammenfasst und die Wirkungen der Arbeit verdeutlicht.

Die mit dem Zielhaus geleistete visuelle Verknüpfung von Unternehmens- und Kommunikationsstrategie hat die nationalen und internationalen Kommunikationsteams zur aktiven Auseinandersetzung mit der Strategie motiviert und infolgedessen wesentlich zum Ausbau des gemeinsamen Zielverständnisses beigetragen. Vormals abstrakte Zielvorgaben sind jetzt konkrete Handlungsorientierungen.

Mit der internationalen Ausrichtung der Kommunikation auf die GIZ-Strategie haben die Kommunikationsverantwortlichen die Voraussetzungen für eine weltweite, stringente One Voice Policy geschaffen, indem beispielsweise sowohl die Stakeholder Map als auch das Zielsystem regional adaptiert wurden. Der integrative Prozess und die Verabschiedung des Zielhauses haben die Reputation der Unternehmenskommunikation auch intern erhöht. So wird die Stakeholder Map ebenfalls von anderen Fachabteilungen im Unternehmen genutzt.

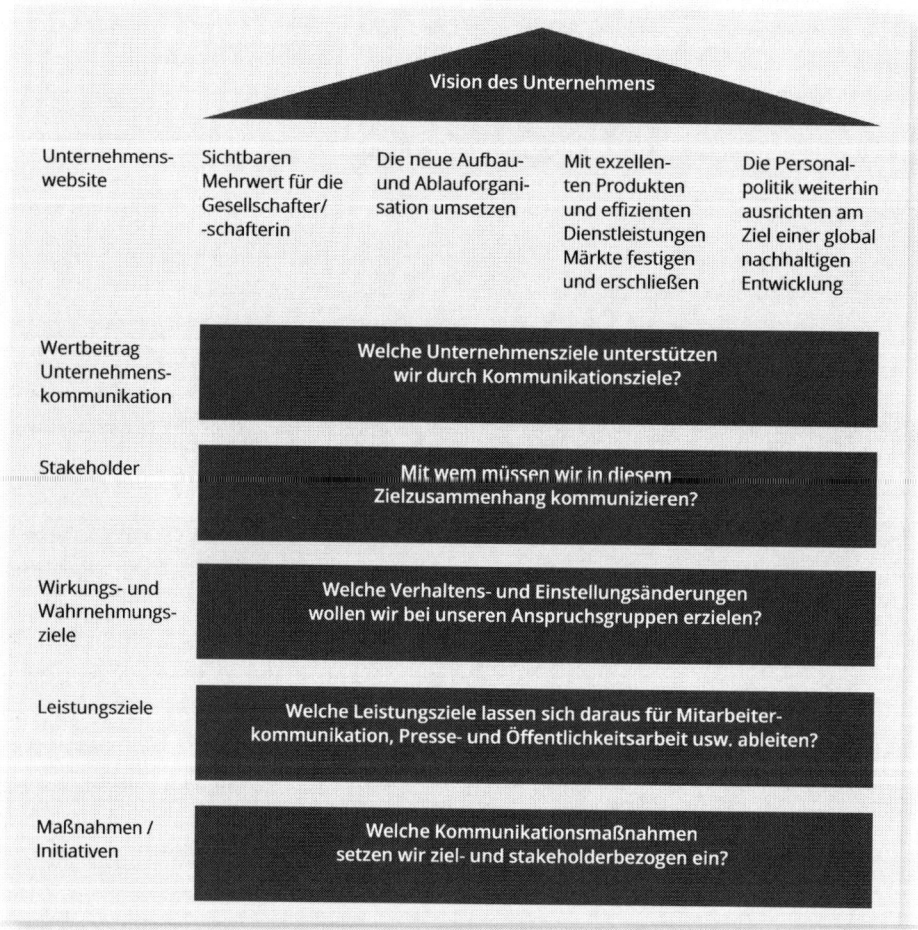

Abb. 43: Das strategische Zielhaus der GIZ weist konkret die Leistungsziele für alle Kommunikationsaktivitäten auf (Quelle: In Anlehnung an GIZ, 2016).

Die hohe Akzeptanz für die Methode und die Visualisierung der Ziele hat die Position der Unternehmenskommunikation nachhaltig gestärkt und im Sinne einer weltweit einheitlichen Kommunikationspraxis bei allen Beteiligten Akzeptanz für zentrale Vorgaben und Maßnahmen der Unternehmenskommunikation geschaffen. Zusammengefasst hat das Zielhaus zu folgenden Ergebnissen geführt:

) Verständnis der Unternehmensstrategie: die Mitarbeiter kennen den eigenen Wertbeitrag zur Unterstützung der GIZ-Ziele,

) höhere Akzeptanz einer strategiebezogenen Kommunikationspraxis,

) stärkere Fokussierung der Unternehmenskommunikation auf die GIZ-Ziele,

) strategiegeleitete Priorisierung der Kommunikationsmaßnahmen sowie die

) Vermittlung des Wertbeitrags von Unternehmenskommunikation innerhalb der GIZ.

Auch die Fachwelt ist vom Kommunikations-Controlling der GIZ überzeugt. So wurde das Unternehmen von der DPRG mit dem Deutschen PR-Preis ausgezeichnet.

11.9 Fallbeispiel II: Aufbau eines internationalen Kommunikations-Controllings (Henkel AG & Co. KGaA)

Der Konsumgüterhersteller Henkel gehört mit seinen drei Geschäftsfeldern Laundry & Home Care (Wasch-/Reinigungsmittel), Beauty Care (Schönheitspflege) und Adhesive Technologies (Klebstoff-Technologien) zu den Fortune-Global-500-Unternehmen, also den 500 umsatzstärksten Unternehmen der Welt, die jedes Jahr vom US-amerikanischen Wirtschaftsmagazin Fortune ermittelt werden. Das Unternehmen ist mit seinen rund 50.000 Mitarbeitern aus 120 Ländern und Standorten weltweit tätig und in allen wichtigen Wachstumsmärkten präsent.

Mit dem Verkauf des Chemie-Geschäfts 2011 und der damit verbundenen strategischen Neuausrichtung führten die Kommunikationsverantwortlichen der weltweiten Konzernkommunikation ein neues strategisches Kommunikations-Controlling ein. Dabei standen sie vor der Herausforderung, die Unternehmensmarke durch die Steigerung des Bekanntheitsgrades und die Verbesserung von Image und Reputation durch weltweit einheitliche Kommunikationsmaßnahmen zu stärken.

Um die vorhandenen Budgets effizient und effektiv einzusetzen sowie ihren Wertschöpfungsbeitrag nachzuweisen, verständigte sich das Unternehmen auf eine zentrale Steuerung des Kommunikationsbudgets. Mit der Zentralisierung der Budgets wurde das Kommunikations-Controlling weltweit vereinheitlicht.

Als zentrales Steuerungsinstrument der weltweiten Henkel-Kommunikation wurde dazu ein sogenanntes Global Communications Council, bestehend aus den Kommunikationsleitern der einzelnen Regionen Europa, Mittlerer Osten, Afrika, Osteuropa, Asien-Pazifik und USA, gegründet. Das Council entwickelte Informations- und Kommunikationsstrategien und übte Koordinations- und Kontrollfunktionen aus.

Die Steuerung der Kommunikation auf weltweiter Ebene erfolgte dabei über ein geschlossenes System aus strategischen Management- und Controlling-Instrumenten, das mit dem bei Henkel eingesetzten Mitarbeiterführungsinstrument des bonusrelevanten Zielvereinbarungsgesprächs verknüpft war. Kernstück der Steuerung waren die von Robert S. Kaplan und David P. Norton entwickelte Strategy Map und Balanced Scorecard, die speziell auf die Anforderungen und Bedürfnisse der Kommunikationsabteilung zugeschnitten wurden und den Kommunikationsverantwortlichen weltweit darüber Aufschluss gaben, welchen Wertbeitrag die Kommunikationsexperten zur Gesamtstrategie von Henkel leisteten.

Die Balanced Scorecard half bei der Generierung von eindeutigen, verbindlichen Zielen, was insbesondere für die Steuerung der lokalen Kommunikationsverantwortlichen außerhalb der Henkel-Zentrale von zentraler Bedeutung gewesen ist.

Wichtiger Bestandteil der Balanced Scorecard sind die Kennziffern zur Messung der definierten Ziele, die seitens der Unternehmenskommunikation vorab definiert werden mussten. Die Bandbreite reichte dabei von rein quantitativen, einfach messbaren Größen wie der Anzahl der Pressemeldungen, über komplexere Kennziffern wie qualitative Inhaltsanalysen, Bekanntheitsgrad des Unternehmens bis zu Ergebnissen aus der Führungskräftebefragung bzgl. der Unternehmenskultur auf Basis des sogenannten Denison-Modells. Dabei wurde unter anderem das Wissen der Führungskräfte über Vision und Werte des Unternehmens oder die Mitarbeiterbindung abgefragt.

Eine weitere wichtige Kennziffer war der Werbeäquivalenzwert, den die Kommunikationsverantwortlichen mit Unterstützung der externen Dienstleister F.A.Z.-Institut und Prime research ermittelten. Die Berichterstattung wurde dort nach Kriterien wie Art des Mediums sowie Platzierung, Länge und Tonalität der Berichterstattung ausgewertet. Dann wurden die Kosten erfasst, die eine vergleichbare Werbeschaltung in diesen Medien verursacht hätte. Dabei wurden positive Berichte addiert, negative Berichte subtrahiert. Der sich so ergebende Werbeäquivalenzwert wurde zudem mit einem Glaubwürdigkeitsfaktor multipliziert, das Ergebnis war der sogenannte PR ad Value.

An dieser Stelle sei angemerkt, dass der Werbeäquivalenzwert sowohl von der Henkel-Kommunikation als auch von einem Großteil der nationalen und internationalen Unternehmen nicht mehr genutzt wird, da er sich in der Praxis als nicht geeignet erwiesen hat, um den kommunikativen Wertschöpfungsbeitrag und den Return on Investment im betriebswirtschaftlichen Sinn darzulegen. Abseits dessen dienen die übrigen Kennziffern der Dokumentation und Evaluation und sind eine wichtige Basis für die Budget- und Projektplanung der Kommunikationsverantwortlichen in den einzelnen Ländern.

Die praktische Umsetzung auf Landesebene lief dabei wie folgt ab: Der lokale PR-Verantwortliche erhielt am Ende eines Jahres die Balanced Scorecard aus der Zentrale und erstellte darauf basierend seinen Kommunikationsplan für das Folgejahr. Dabei wählte er nur die für ihn relevanten Ziele aus der Balanced Scorecard aus und übertrug sie in seine eigene, persönliche Balanced Scorecard. Mit Blick auf die weltweite Vereinheitlichung des Qualitätsmanagements wurden für die lokalen Kommunikationsverantwortlichen Mindeststandards definiert, welche die Kennziffern und den zu erreichenden Zielwert vorgeben, zum Beispiel eine bestimmte Anzahl von Pressemeldungen, Presseveranstaltungen oder Interviews.

Um den vorgegebenen Zielwert einer Kennziffer erreichen zu können, berücksichtigte der lokale Kommunikationsverantwortliche geeignete Maßnahmen und ein entsprechendes Budget in seiner Jahresplanung und reichte diese zur Freigabe bei der Unternehmenskommunikation ein. Wurde er bei der Umsetzung der Maßnahmen durch eine Agentur unterstützt, so wies er das Agenturhonorar in der Budgetplanung aus und gab der Agentur die für das Land definierten Ziele vor. Die Agentur wiederum war aufgefordert, dem lokalen Kommunikationsverantwortlichen und der Zentrale im Rahmen des monatlichen Reportings einen Überblick über die bisher erreichten Zielwerte zu geben, damit bei möglichen Abweichungen von den Zielvorgaben rechtzeitig reagiert und gegengesteuert werden konnte. Am Ende des Jahres dokumentierte der lokale Kommunikationsverantwortliche das Ergebnis seiner Arbeit in einem Wertschöpfungsbericht, der in das jährlich durchgeführte Zielvereinbarungsgespräch einfloss und damit auch für die Bonuszahlungen relevant war.

In allen Fragen der Budgetzuteilung für die Länder, in denen Henkel einen Kommunikationsverantwortlichen einsetzte, war das Global Communications Council in den Entscheidungsprozess eingebunden. So war das Council unter anderem zuständig für die Entwicklung und Einführung der Kennziffern und die Festlegung der kommunikativen Mindeststandards, die neben Faktoren wie Umsatzgröße des Landes oder Bekanntheitsgrad im jeweiligen Land ein wichtiges Kriterium für die Budgetzuteilung und Projektfreigabe darstellten.

Die Aufgabe der lokalen Kommunikationsverantwortlichen bestand darin, den Erfüllungsgrad der Mindeststandards in den Ländern regelmäßig zu evaluieren und in einer zentral geführten, konzernweiten Datenbank mittels eines Ampelstatus entsprechend zu dokumentieren.

Der Wertschöpfungsbeitrag der gesamten Henkel-Kommunikation wird auch heute regelmäßig anhand von internen wie externen Untersuchungen dokumentiert. Neben Instrumenten wie der Balanced Scorecard, der Medienresonanzanalyse oder Führungskräftebefragungen geben Erhebungen zum Bekanntheitsgrad wichtige Anhaltspunkte über die Entwicklung des Markenwertes von Henkel, der ein wesentlicher Indikator für die Beurteilung der Kommunikationsarbeit ist.

Mit der Implementierung dieses einheitlichen Kommunikations-Controllings ist es Henkel gelungen, die Kommunikationsziele mit den strategischen Unternehmenszielen zu verzahnen, die relevanten Budgetentscheidungen daran auszurichten und intern einen nachvollziehbaren Nachweis des Wertschöpfungsbeitrages der Unternehmenskommunikation zu liefern.

Abb. 44: Der Konsumgüterhersteller Henkel hat als eines der ersten deutschen Unternehmen ein strategisches Kommunikations-Controlling etabliert (Quelle: Henkel AG & Co. KGaA, 2017).

Zusammenfassung

›) Das Kommunikations-Controlling ist ein strategisches Führungs- und Entscheidungsinstrument, das der Effizienzsteigerung der Unternehmenskommunikation dient, indem es die Kommunikation auf die Unternehmensstrategie ausrichtet und den Wertschöpfungsbeitrag der einzelnen PR-Maßnahmen nachweisbar und steuerbar macht.

›) Das Kommunikations-Controlling bezieht sich nicht nur auf die PR-Evaluation, sondern bildet den gesamten Management-Kreislauf ab. Im Fokus steht dabei die Frage, inwiefern die Kommunikation die übergeordneten Unternehmensziele unterstützen kann.

›) Als Branchenstandard gilt der DPRG/ICV-Bezugsrahmen, der in Form eines Input-Output-Schemas die systematische Entwicklung strategischer Wertketten von den Unternehmenszielen bis zu den einzelnen PR-Maßnahmen ermöglicht, wodurch der gesamte Wertschöpfungsprozess der Kommunikation transparent dargestellt werden kann.

›) Das Anfang der 1990er Jahre von Robert S. Kaplan und David P. Norton entwickelte Management-Konzept der Balanced Scorecard und Strategy Map wurde von Herwig R. Friedag und Walter Schmidt in Form des Strategischen Hauses weiterentwickelt, das inzwischen zu den Standardinstrumenten des Kommunikations-Controllings gehört.

›) Insgesamt betrachtet findet ein einheitliches strategisches Kommunikations-Controlling derzeit nur in wenigen Unternehmen Anwendung, so dass die Professionalisierung in den nächsten Jahren weiter vorangetrieben werden muss. Nur mit eindeutig messbaren, belegbaren Erfolgen kann das Top-Management von der Bedeutung und Notwendigkeit einer professionellen Unternehmenskommunikation überzeugt werden.

Teil D

Fazit

12. **Glaubwürdigkeit ist die wichtigste Währung**

Journalisten und Pressesprecher – natürliche Feinde oder gute Kumpel? Gastbeitrag von Hans Jessen, langjähriger Korrespondent des ARD-Hauptstadtstudios

12. Glaubwürdigkeit ist die wichtigste Währung

Medien wollen und sollen Akzente setzen. Sie können nicht alles gleich gewichten, so dass gelegentlich das Zerrbild einer Welt entsteht, die von einer monothematischen Krise in die nächste stürzt. Wer an einem Tag verschiedene Zeitungen und Magazine liest, stellt fest, dass die medialen Einschätzungen und Positionen zu Flüchtlingsfrage, Euro-Krise und IS-Terror sich teilweise gewaltig unterscheiden. In Teilen des Internets ist dies wiederum anders: Hier werden mitunter einseitige Meinungen und Propaganda verbreitet. Stichwort: Fake News. Einer Meinung widersprechen oder sich in seinen Positionen herausfordern lassen? Wozu? Die Nutzer glauben ihre Wirklichkeit und die Medien sind sowieso auf der dunklen Seite. Sie sehen in den Medien ein Verlautbarungsorgan der Macht- und Geldeliten und nennen die Journalisten einfach Lügenpresse.

Darüber hinaus wird die Pressefreiheit weltweit eingeschränkt. Die Rechtspopulisten in Polen und Ungarn verschärfen ihre Mediengesetze, in autokratischen Staaten wie der Türkei werden Journalisten verhaftet, in Russland und China müssen sich Vertreter der freien Presse vor der Verhaftung und Schlimmerem fürchten und in den westlichen Demokratien ist es der wirtschaftliche Druck, der es Milliardären wie Silvio Berlusconi ermöglicht, die Medien ihres Landes zu übernehmen und für eigene Zwecke zu instrumentalisieren. Diese Entwicklung ist sehr bedenklich. Dazu befindet sich die Medienwelt in einer tiefgreifenden Transformation. Die Ablösung der klassischen Medien durch unternehmenseigene Kommunikationsformate, der Bedeutungsverlust der PR durch Content-Marketing und die komplette Digitalisierung werden prophezeit.

Die digitalen Kommunikations- und Interaktionsmöglichkeiten haben zweifelsohne eine der größten Innovationswellen der Geschichte ausgelöst, vergleichbar mit dem Buchdruck, der Dampfmaschine oder der Elektrizität. Was wir bisher noch nicht annähernd überblicken, ist die disruptive Kraft der digitalen Revolution, die mit Begriffen wie Big Data, Überwachung, Steuerung und Automatisierung durch Algorithmen besetzt ist, und meines Erachtens die Medienbranche in den nächsten Jahren grundlegend verändern wird. Pressesprecher avancieren zu Community-Managern und Journalisten zu twitternden Dauerbloggern.

Vor diesem Hintergrund wird sich auch der Werbemarkt zunehmend von den Print- in die Online-Medien verlagern, wobei Verlage und Journalisten zukünftig weniger Margen realisieren werden. Der Kostendruck zwingt Verlagshäuser dazu, Budgets zu kürzen und Redaktionen personell zu bündeln. Dem gegenüber stehen Unternehmen, die mit eigenen Kanälen, Plattformen und personellen Ressourcen ein Gegengewicht zu den klassischen Medien darstellen.

Inwiefern wirkt sich die PR dabei auf die öffentliche Meinungsbildung aus? Werden die klassischen Medien durch unternehmenseigene Medien abgelöst? Verliert der Journalist seine Rolle als Gatekeeper? Führt der Kostendruck der Verlagshäuser zu einem journalistischen Qualitätsverlust? Fragen über Fragen, auf die auch dieses Buch keine hinreichenden Antworten geben kann.

Unumstritten ist jedoch, dass sich sowohl die Kommunikationsverantwortlichen als auch die Medienvertreter weiterhin in einem steten Spannungsfeld bewegen werden. Dazu werden sich beide Berufsbilder zukünftig weiter ausdifferenzieren, nicht zuletzt durch die Selbstbeschleunigung der digitalen Kommunikation, die Medien wie Nutzer gleichermaßen verändert hat. Dies hat zweifelsohne auch Auswirkungen auf das Verhältnis zwischen den Pressesprechern und Journalisten.

Was es im Umgang miteinander zu beachten gilt, das erläutert abschließend Hans Jessen, dem ich herzlichst für seinen Gastbeitrag danke.

Journalisten und Pressesprecher – natürliche Feinde oder gute Kumpel?
Gastbeitrag von Hans Jessen, langjähriger Korrespondent ARD-Hauptstadtstudio

Die Antwort auf diese rhetorische Frage lautet selbstverständlich: weder noch. Erstaunlicherweise treten im beruflichen Alltag beide Verhaltensmuster dennoch gelegentlich auf. Als Erwartung, Unterstellung, Verhaltensweise. Das kann nur schiefgehen.

Pressesprecher und Journalisten begegnen sich als Akteure im Kommunikationsprozess. Sie verfügen (oder sollten das zumindest tun) über gemeinsame handwerkliche Fähigkeiten der Formulierung und Übermittlung von Informationen. Das macht eine professionelle Nähe aus, aber sie agieren in sehr unterschiedlichen Rollen. Daraus resultiert eine mindestens ebenso große professionelle Distanz. Diese Gleichzeitigkeit von Nähe und Distanz konstituiert das Verhältnis zwischen Öffentlichkeitsarbeit und Journalismus. Mündet es in einer der beiden eingangs beschriebenen Formen, bedeutet das nichts anderes, als dass eine oder beide Seiten diese Gleichzeitigkeit nicht wahren.

Pressesprecher sprechen für eine Institution: Unternehmen, Behörde, Verband, Partei. Sie geben die Sichtweise des Auftraggebers wieder. Auch bei der Beantwortung von journalistischen Fragen. Journalisten haben eine andere Aufgabe. Ihr ideeller Auftraggeber ist das Publikum, das sie mit ihren Botschaften erreichen möchten: Leser, Hörer, Zuschauer. Journalisten gehen davon aus, dass ihr Zielpublikum Interesse an einer möglichst umfassenden Information hat, die Sachverhalte aus unterschiedlichen Blickwinkeln beleuchtet und konträre Argumente und Interessenlagen kennt und benennt.

Pressesprecher sind für Journalisten lediglich eine von mehreren Quellen, aus denen sie schöpfen. Deren Informationsangebote müssen kritisch hinterfragt und mit anderen Informationen abgeglichen werden. Deswegen sollten Pressesprecher weder genervt noch beleidigt sein. Es ist eher ein Zeichen dafür, dass sie ernst genommen werden. Sie stehen in Konkurrenz zu anderen Informationen und anderen Informanten. Wie erfolgreich sie sich in diesem Wettbewerb behaupten, haben sie ein Stück weit selbst in der Hand. Das hängt – nicht nur, aber auch – von der inhaltlichen und organisatorischen Qualität ihrer Arbeit ab.

Journalisten arbeiten häufig unter permanentem Zeitdruck. Der nimmt, nicht zuletzt durch die Digitalisierung der Informationsströme, in doppelter Weise zu: immer weniger Zeit, um immer mehr Informationen zu verarbeiten. Vor diesem Hintergrund erwarten sie von den Pressesprechern zumindest drei wesentliche Dinge:

1. Sei sachkundig,

2. liefere pünktlich und

3. lüg mich nicht an.

Dies sind drei einfache, aber essenzielle Prinzipien. Werden sie in signifikanter Weise nicht erfüllt, ist eine dialogorientierte Kommunikationsarbeit zum Scheitern verurteilt.

Punkt 2 klingt banal, ist aber oft genug tatsächliche Ursache für mangelnde Berücksichtigung. Medien haben einen Redaktionsschluss, bis zu dem Texte fertig sein müssen. Was bis dahin an Information nicht geliefert wurde, kann nicht gedruckt oder gesendet werden. Journalisten gehen davon aus, dass Pressestellen diese Deadlines kennen und einhalten. Innerhalb von 24 Stunden sollte jede Anfrage beantwortet werden, bei tagesaktuellen Themen wird eine Antwort innerhalb von zwei bis drei Stunden erwartet. Was länger dauert, muss rechtzeitig signalisiert und neu ausgehandelt werden.

Schwieriger als diese durch Zeitmanagement lösbare Aufgabe ist der Zusammenhang von Sachkenntnis und Informationsweitergabe. Der langjährige Pressesprecher des Bundesumweltministeriums, Michael Schroeren, hat aus der Binnensicht geschrieben:

„PressesprecherInnen sind immer nur so gut, wie sie informiert sind. Eine PressesprecherIn muss 100 Prozent wissen, auch wenn weniger als 100 Prozent davon für die Öffentlichkeit bestimmt sein sollten. Getreu der Devise: Alles, was ein Pressesprecher sagt, muss wahr sein, aber nicht alles was wahr ist, muss er auch sagen!"[217]

---

217 Vgl. URL: http://www.cicero.de/berliner-republik/berufsbild-die-methode-glaeseker-macht-keinen-guten-pressesprecher/56750 (Letzter Zugriff: 11.12.2016).

Journalisten, vor allem Fachjournalisten, merken ziemlich schnell, ob hinter den Texten und Antworten von Pressesprechern tatsächliches Wissen über Inhalte und Hintergründe steckt oder ob nur von einer höherer Ebene vorgegebene Botschaften und Sprachregelungen kommuniziert werden. Pressesprecher, die nicht wirklich sachkundig und sprechfähig sind, finden wenig journalistische Resonanz. Sie werden bestenfalls bemitleidet. Journalisten sind ganz gut darin, sich auch andere Informationsquellen innerhalb von Unternehmen und Behörden zu erschließen. Und das tun sie mit Sicherheit dann, wenn sie merken, dass die Informationen der Kommunikationsabteilungen oberflächlich bleiben oder wenn bewusst die Unwahrheit gesagt wird.

Die Akzeptanz und damit die Wirksamkeit von Pressesprechern basiert ganz wesentlich auf doppelter Glaubwürdigkeit: Glaubwürdigkeit in der Sachkenntnis und Vertrauen darauf, dass das, was gesagt wird, so auch stimmt. Den Satz „Dazu werde ich jetzt nichts sagen" hört kein Journalist gern. Aber er wird ihn immer noch eher akzeptieren als wissentlich falsche Faktenbehauptungen, also bewusste Lügen.

Glaubwürdigkeit von Pressesprechern nach außen ist auch das Resultat von Vertrauensverhältnissen innerhalb der Institutionen. Sie müssen Zugang haben zu relevanten Informationen und Entscheidungen. Ein Regierungssprecher, der nicht an Kabinettssitzungen teilnehmen kann oder der Inhalte politischer Gespräche nicht zumindest im Kern kennt, kann die Sichtweise der Regierung gegenüber nachfragenden Journalisten schlichtweg nicht darlegen. Für Wirtschaftsunternehmen trifft das Gleiche zu. Letztendlich gilt: Transparenz und Glaubwürdigkeit sind die wichtigste Währung.

Mirco Hillmann hat es in diesem Buch schon trefflich auf den Punkt gebracht: Die Aufdeckung von Skandalen wie die Dieselgate-Affäre bei Volkswagen haben den betroffenen Unternehmen und Einzelpersonen zweifelsohne mehr geschadet, als jede transparente Kommunikationspolitik es je hätte tun können. An diesen Beispielen wird auch deutlich, wie sehr die Digitalisierung und Globalisierung die Kommunikationsprozesse, Berufsbilder und Rollen der Akteure verändert haben. Dieser Funktions- und Bedeutungswandel führt zu Verlusten und Gewinnen, aber er ist dabei weder eindimensional noch eindeutig.

Journalisten müssen immer mehr Informationen in kürzerer Zeit verarbeiten. Darunter leidet die Gründlichkeit der Recherche, erst Recht in Verbindung mit Personalabbau und Medienkonzentration. Unter diesem Druck geschieht es immer wieder, dass aufgehübschte PR-Texte und Pressemitteilungen weitgehend unverändert und zum Teil ungeprüft übernommen werden, vor allem in personell dünn besetzten Redaktionen. Auch verändert die digitale Datenverarbeitung den Kommunikationsprozess in dramatischer Weise. Jedes Unternehmen kann über eigene Kanäle wie Website oder Social-Media-Plattformen selbst allgemein zugängliche Öffentlichkeit herstellen, so wie sich andererseits auch jeder Bürger eigene Informationsquellen erschließen kann. Es sind nicht mehr allein Journalisten und Redaktionen, die darüber entscheiden, was publiziert wird. Die klassische Gatekeeper-Rolle des Journalisten schwindet zunehmend, wodurch sich wiederum für die Kommunikationsverantwortlichen neue Möglichkeiten ergeben, eigene Themen und Sichtweisen zu platzieren.

Weit vor der verlorenen Präsidentschaftswahl gegen Donald Trump glich es einem Paradigmenwechsel, als Hillary Clinton ihre Kandidatur nicht etwa bei einer Pressekonferenz oder in einem Exklusiv-Interview mit einem großen Fernsehsender bekannt gab, sondern auf ihrer eigenen Website. Dies geschah in einer Form, die allein sie und ihre Berater bestimmten, nicht abhängig von den Inszenierungen klassischer Medien, die aber wiederum darauf eingehen mussten, da es sich um ein Ereignis mit hoher Relevanz für die Öffentlichkeit handelte. Ebenso verhält es sich bei Präsident Donald Trump, der den Kurznachrichtendienst Twitter als Leitmedium nutzt.

Für den klassischen Journalismus war dies eindeutig ein Verlust in Bezug auf die primäre Darstellung von Inhalten und ein entsprechender Gewinn für die Unternehmenskommunikation (wenn man Hillary Clinton und Donald Trump mal als Unternehmen betrachtet). Auch Bundesministerien und politische Parteien dokumentieren die Sommerreisen ihres Spitzenpersonals zunehmend durch selbst produzierte Beiträge auf ihren eigenen Websites und Social-Media-Kanälen und verlassen sich damit nicht mehr allein auf die mediale Berichterstattung.

Gleichzeitig aber mehrt dieselbe digitale Kommunikation mit ihrer Vervielfachung von Quellen die Handlungsmöglichkeiten professioneller Journalisten. Am Beispiel des Ukraine-Konflikts wird diese doppelte Auswirkung deutlich: Über Staatssender und Social Media wurde eine gewaltige Propagandaflut erzeugt, gleichzeitig nutzten investigative Journalisten Social Media, um Bewegungsprofile von Truppeneinheiten zu erstellen, die die Zensurregeln militärischer Geheimhaltung unterlaufen.

Ein weiteres Beispiel ist der Fall Lisa. Anfang 2016 verschwand das in Berlin lebende russlanddeutsche Mädchen auf dem Schulweg und kam erst am nächsten Tag wieder nach Hause. Die russischen Medien verbreiteten über ihre Social-Media-Plattformen das Gerücht, dass Lisa durch Südländer entführt und vergewaltigt wurde, den deutschen Behörden wurde Vertuschung vorgeworfen. Der russische Außenminister Sergej Lawrow griff diese Vermutung öffentlich auf und Rechtsextremisten nutzen den Fall für ihre ausländerfeindliche Propaganda. Am Ende stellte sich aber heraus, dass Lisa die Zeit bei einem Bekannten verbracht hatte. Der Nachweis dafür wurde unter anderem über die Auswertung von Kommunikationsdaten erbracht. Ähnliches gilt auch für journalistische Rechercheverbünde, deren publizierte Erkenntnisse Folgen haben können, gegen die Kommunikationsabteilungen wiederum machtlos sind.

Solche Dramatik mit extremer Fallhöhe ist nicht die Regel im alltäglichen Umgang zwischen Pressesprechern und Journalisten. Aber beide Seiten müssen wissen, dass es diese zwiespältige Dynamik gibt: wachsende Gestaltungsmöglichkeit der Unternehmenskommunikation bei journalistischem Kontrollverlust und gleichermaßen zunehmende journalistische Recherchemöglichkeit bei kommunikativem Kontrollverlust der betroffenen Institutionen.

Das verlangt auf beiden Seiten nicht weniger, sondern mehr professionelle Qualifikation. Dazu gehört auch das Wissen um Rollen, Aufgaben und handwerkliche Kriterien der anderen Seite. Pressesprecher müssen wissen, wie Journalisten ticken, und umgekehrt. Das beste denkbare Ergebnis eines solchen Umgangs miteinander ist dann weder natürliche Feindschaft noch falsche Kumpanei, sondern ein immer waches und immer kritisches Verhältnis im Bemühen um seriöse Information. Nichts für Märchenerzähler und nichts für Leichtgläubige.

Teil E

Checklisten und Ansprechpartner

13.   Checklisten

13.1   Instrumente der Internen Kommunikation
13.2   Instrumente der Externen Kommunikation
13.3   Unternehmenswebsite
13.4   Pressekonferenz
13.5   Interview
13.6   Pressemitteilung
13.7   Agenturauswahl
13.8   Instrumente der Finanzkommunikation
13.9   Storytelling
13.10   Social-Media-Guideline
13.11   Krisenmanual

14.   Kommunikation mit starken Partnern: Wichtige Ansprechpartner

14.1   Kommunikationsberatungen
14.2   PR-Datenbanken und Presseportale
14.3   Medienbeobachtung und -auswertung
14.4   Corporate-Design-Agenturen
14.5   Hochschulen und Weiterbildungsangebote
14.6   Fachmedien
14.7   Verbände und Organisationen
14.8   Kontrollorgane

Glossar
Literaturverzeichnis
Stimmen zum Buch
Der Autor

13. Checklisten: Alles richtig gemacht?

Was müssen Sie hinsichtlich der adressatengerechten Ansprache von internen und externen Stakeholdern beachten? Wie formulieren Sie eine lesenswerte Pressemitteilung? Welche Kriterien müssen Sie bei der Erstellung einer Social-Media-Guideline berücksichtigen? Und sind Sie überhaupt für die Kommunikation im Krisenfall gewappnet?

Fragen über Fragen, auf die Sie im Folgenden Antworten finden – in Form von Checklisten zur Unterstüzung Ihrer täglichen Kommunikationsarbeit.

13.1 Checkliste 1: Instrumente der Internen Kommunikation

Interne Kommunikation ist keine Einbahnstraße. Sie muss in beide Richtung verlaufen (top-down und bottom-up). Im Sinne eines offenen, vertrauensvollen Dialogs gilt es, die Mitarbeiter frühzeitig zu informieren und in wesentliche Unternehmensereignisse einzubinden, feste Regel: Interne vor Externe Kommunikation. Sofern keine gesetzlichen Bestimmungen vorliegen, werden zuerst die Mitarbeiter informiert, danach die Öffentlichkeit. Hier eine Auswahl an Instrumenten der Internen Kommunikation, die Ihnen zur Verfügung stehen:

Information:

- ☐ Mitarbeiterzeitung
- ☐ Broschüre/Flyer
- ☐ Intranet
- ☐ Newsletter
- ☐ Rundmail
- ☐ Blog
- ☐ Bewegtbild
- ☐ Business-TV
- ☐ Rundschreiben
- ☐ Schwarzes Brett

Dialog:

- ☐ Belegschaftsversammlung
- ☐ Townhall-Meetings
- ☐ Kamingespräche
- ☐ Firmenfeiern (Sommerfest, Weihnachtsfeier etc.)
- ☐ Jour fixe

- Quality Circle
- Social Network
- Telefon-/Videokonferenz
- Umfrage

Darüber hinaus sind beispielsweise Incentives (Betriebsausflüge, Gesundheitsprogramme etc.) motivierende Maßnahmen, die sich positiv auf die Unternehmenskultur auswirken und die es seitens der Internen Kommunikation neben einer Vielzahl anderer unternehmensrelevanter Themen zu begleiten gilt.

13.2 Checkliste 2: Instrumente der Externen Kommunikation

Die Instrumente der Externen Kommunikation sind so vielfältig wie ihre Stakeholder selbst, die es im Vorfeld zu identifizieren gilt. Basierend auf ihren individuellen Informationsbedürfnissen müssen zunächst die strategischen Schwerpunkte der Kommunikationsarbeit definiert werden. Dafür bedarf es einer SWOT-Analyse, also der Beantwortung folgender Fragestellungen:

- Worin sind wir gut (Strengths)?
- Worin sind andere besser (Weaknesses)?
- Welche Trends können wir für uns nutzen (Opportunities)?
- Welche Entwicklungen können uns Probleme bereiten (Threats)?

Anhand der Ergebnisse können Sie einheitliche Kommunikationsziele ableiten und eine adressatengerechte Ansprache mittels nachfolgender Instrumente und Maßnahmen realisieren:

- Unternehmenswebsite
- Geschäftsbericht
- Imagebroschüre
- Pressemitteilung
- Kundenmagazin
- Produktkatalog
- Flyer
- Newsletter
- Nachbarschaftszeitung
- Fact Sheet
- Social-Media-Plattformen

- Events (Tag der offenen Tür, Messen, Kongresse etc.)
- Pressekonferenz
- Medienkooperationen (TV, Hörfunk, Online, Print)

Für einige der am häufigsten zum Einsatz kommenden Instrumente und Maßnahmen finden Sie nachfolgend separate Checklisten.

13.3 Checkliste 3: Unternehmenswebsite

Die Unternehmenswebsite ist die digitale Visitenkarte des Unternehmens. Ein erfolgreicher Auftritt im Web zeichnet sich durch eine gut strukturierte, nutzerfreundliche Homepage aus, welche nicht nur die individuellen Informationsbedürfnisse der Stakeholder bedient, sondern auch einen Mehrwert gegenüber der Konkurrenz bietet. Dafür müssen Sie im Vorfeld ein Konzept erstellen, das unter anderem auf der Klärung nachfolgender Fragestellungen basiert:

- Welchen Stellenwert hat das Internet mit Blick auf die Unternehmensstrategie bzw. Gesamtkommunikation?

- Was erwarten Sie von Ihrem Internetauftritt? Welche Ziele sind damit verknüpft (Bekanntheit, Umsatz etc.)?

- Wer sind Ihre Zielgruppen und wo halten sich diese im Web auf? Gibt es positive bzw. negative Influencer?

- Wie ist die Konkurrenz im Web aufgestellt? Was machen die Mitbewerber gut oder schlecht? Wie können Sie von den Stärken und Schwächen profitieren?

Erst wenn diese Fragen geklärt sind, sollten Sie sich mit den Inhalten der Unternehmenswebsite beschäftigen. Folgende Kriterien sind für einen erfolgreichen Auftritt ausschlaggebend:

- Ihre Unternehmenswebsite muss den Stakeholdern einen deutlich wahrnehmbaren Mehrwert gegenüber den bestehenden Informationsangeboten bieten, indem die Inhalte nicht nur übersichtlich, adressaten- und webgerecht aufbereitet sind, sondern sich beispielsweise auch durch die audiovisuelle Verknüpfung mit interaktiven Features (Bewegtbild, Blog etc.) von den Printmedien (Kundenmagazin, Geschäftsbericht etc.) unterscheiden.

- Wählen Sie für Ihre Unternehmenswebsite eine aussagekräftige und einprägsame Domain, die sich bei Bedarf auch für die internationale Verwendung eignet. Ob die gewünschte Domain verfügbar ist, können Sie kostenlos bei verschiedenen Anbietern wie www.checkdomain.de oder www.united-domains.de prüfen.

- Ihre Unternehmenswebsite muss für mobile Endgeräte optimiert sowie barrierefrei sein, d.h., der inhaltliche Aufbau muss klar und übersichtlich strukturiert sein, so dass der Besucher mit wenigen Klicks bei den gewünschten Inhalten und Angeboten landet. Damit geht eine einheitliche Gestaltung einher, die in Form eines Corporate-Design-Manuals festgelegt sein sollte.

- Der Internetauftritt sollte gut verschlagwortet sein und durch professionelle Suchmaschinenoptimierung (SEO) in den gängigen Suchmaschinen prominent auffindbar sein. Die Qualität des Inhaltes, Validität, Seitenstrukturierung und externe Verlinkung sind wesentliche Kriterien für ein erfolgreiches Suchmaschinenranking. Sie können SEO selbst betreiben oder mit der Unterstützung einer darauf spezialisierten Agentur. Unter www.ranking-check.de finden Sie grundsätzliche Hinweise und Ratschläge zu diesem Thema.

13.4 Checkliste 4: Pressekonferenz

Eine Pressekonferenz wird veranstaltet, wenn (anlassbezogen) ein wichtiges Thema oder Ereignis mit Journalisten besprochen und diskutiert werden soll, das den Medienvertretern zugleich einen wesentlichen Mehrwert bietet. Bei der Vorbereitung, Organisation und Nachbereitung von Pressekonferenzen müssen Sie folgende grundlegende Kriterien berücksichtigen:

Grundsätzliches:

- Ist der Anlass bzw. das Thema wirklich geeignet, eine Pressekonferenz anzuberaumen?

- Für welche Journalisten ist das Thema interessant?

- Ist das Thema für Ihre wichtigsten Journalisten wirklich so interessant, dass sie tatsächlich zur Pressekonferenz kommen würden?

Wo:

- Ist es sinnvoll, dass die Pressekonferenz im eigenen Haus stattfindet?

- Bei hausinternen Pressekonferenzen: Lässt sich das Thema durch eine Betriebsbesichtigung praxisnaher und unterhaltsamer vermitteln? Können Sie den Journalisten etwas Besonderes an Ihrem Unternehmen zeigen? Sind die Mitarbeiter auf den Besuch der Medienvertreter vorbereitet?

- Bei externem Veranstaltungsort: Vermittelt der Ort einen adäquaten Eindruck von Ihrem Unternehmen bzw. passt er zum Thema? Ist der Ort zentral gelegen und leicht erreichbar? Sind ausreichend Parkplätze vorhanden?

- Bietet der Raum den Teilnehmern genug Platz und kann er in gewünschter Weise bestuhlt werden? Hat der Raum einen Vorraum, in dem Sie die Medienvertreter empfangen können? Können dort Pressematerialien (Pressemitteilungen, Fotomaterial etc.) hinterlegt werden? Stehen separate Räumlichkeiten für Einzelinterviews zur Verfügung?

- Welche Infrastruktur ist vorhanden und was muss ggf. noch besorgt werden (Leinwand, Beamer, Podium, Mikrofone, Lautsprecher, Telefon- und Internetanschlüsse etc.)? Welche Stromanschlüsse und alternative Sicherungen gibt es? Steht im Notfall Ersatzequipment zur Verfügung?

- Wie sind die Akustik und die Beleuchtung im Raum? Ist eine Verstärkeranlage oder eine zusätzliche Beleuchtung vorhanden?

Wann:

- Ist die Wahl des Termins ereignisgebunden oder ist der Zeitpunkt frei wählbar?

- Überschneidet sich die Pressekonferenz mit einer anderen Veranstaltung bzw. lässt sich eine terminliche Überschneidung vermeiden?

- Sollte die Pressekonferenz eher vormittags (idealerweise zwischen 10 und 11 Uhr) oder nachmittags stattfinden?

- Haben Sie einen Wochentag gewählt, wohlwissend, dass die Redaktionen am Wochenende mit weniger Personal besetzt sind?

Checkliste 4: Pressekonferenz

Einladung:

- Welche Journalisten laden Sie ein? Möchten Sie für den Fall von Absagen Ersatzkandidaten benennen?

- Enthält das Einladungsschreiben alle relevanten Informationen (Agenda, Anfahrtsskizze etc.)?

- Haben Sie eine Antwortmöglichkeit vorgesehen? Soll diese Antwort auch Auskunft darüber geben, ob der Journalist beispielsweise vorab Unternehmensinformationen wünscht?

- Möchten Sie die Pressekonferenz in Form eines Save-the-Date sechs Wochen vor Veranstaltungsbeginn ankündigen? Planen Sie wenige Tage vor der Veranstaltung eine telefonische Rückfrage bei den wichtigsten Journalisten?

Rollenverteilung und Ablauf:

Im Vorfeld müssen Sie einen detaillierten Projektplan mit konkreten Verantwortlichkeiten und Abläufen erstellen:

- Wer bereitet die Pressematerialien (Pressemappe, Sprachregelungen, Frage-und-Antwort-Kataloge etc.) vor? Wer begrüßt die Journalisten und moderiert die Pressekonferenz? Wer sind die Referenten und in welcher Reihenfolge treten sie auf? Wieviel Redezeit steht für jeden Vortrag zur Verfügung?

- Welche Kernbotschaften sollen bei der Pressekonferenz vermittelt werden? Wie lautet ihre Storyline? Sind die Redebeiträge inhaltlich korrekt und verständlich formuliert sowie intern abgestimmt und freigegeben?

- Haben die Redner ihre Vorträge geübt und den Text individuell für den Vortrag vorbereitet? Werden die Vorträge mit anderen Medien (PowerPoint, Film, Animation etc.) visualisiert?

- Ist für die Redner im Vorfeld ein Medientraining erforderlich?

- Wer koordiniert die Einzelinterviews im Anschluss an die Pressekonferenz? Gibt es einen Plan B bei technischen Pannen (Flipchart, Ersatzmonitor etc.)?

- Wurde ein Fotograf oder Filmteam zur internen Dokumentation der Pressekonferenz beauftragt und gebrieft?

- [ ] Wurde ein Medienbeobachtungsdienst für die mediale Auswertung der Veranstaltung beauftragt und gebrieft?

Vorbereitung Pressematerialien:

Erstellen Sie eine Pressemappe mit folgenden Inhalten:

- [ ] Pressemitteilung (+ Fotos/Grafiken) zum Anlass und Thema der Pressekonferenz,
- [ ] Unternehmensportrait mit Übersicht der Produkte, Dienstleistungen und den wichtigsten Finanzzahlen,
- [ ] thematisch passende Fact Sheets,
- [ ] Broschüren,
- [ ] Studien,
- [ ] Lebenslauf und Portraitfotos der Referenten.

Nach der Veranstaltung sollte die Pressemappe neben der Verteilung vor Ort (Print und USB-Stick) auch webgerecht aufbereitet auf der Unternehmenswebsite zur Verfügung stehen. Eine Verbreitung über die eigenen Social-Media-Plattformen und externe Mediendienstleister ist ebenso denkbar.

Nachbereitung:

Im Nachgang zur Pressekonferenz sollten Sie für die Manöverkritik genug Zeit mit allen Beteiligten einplanen, um unter anderem nachfolgende Aspekte zu eruieren:

- [ ] Wurden alle Informationsbedürfnisse der anwesenden Journalisten berücksichtigt? Konnten die Redner alle Interviewanfragen beantworten?
- [ ] Haben auch die nicht anwesenden Journalisten alle Pressematerialien erhalten? Liegt noch genügend Pressematerial vor, um weitere Medienanfragen zu bedienen?
- [ ] War die Telefon-Hotline der Unternehmenskommunikation kompetent besetzt? Gab es auch kritische Stimmen seitens der Medienvertreter?
- [ ] Wurden die Mitarbeiter umfassend über die Pressekonferenz informiert?

- Was sind die wesentlichen Ergebnisse der Medienbeobachtung? Sind Ihre Botschaften bei den Journalisten angekommen?

13.5 Checkliste 5: Interview

Das Interview bietet Ihnen eine gute Gelegenheit, die Botschaften und Positionen des Unternehmens direkt an den Journalisten zu adressieren, und es hilft, bei Rückfragen möglichen Missverständnissen vorzubeugen. Sofern Sie noch keine Interviewerfahrung haben, sollten Sie ein professionelles Medientraining absolvieren. Eine Übersicht von professionellen Anbietern finden Sie unter www.semigator.de.

Grundsätzlich gilt:

- In dem Thema sollten Sie wirklich Experte sein, ansonsten besser den Fachverantwortlichen hinzuziehen.
- Stimmen Sie das Thema mit dem Journalisten ab und vereinbaren Sie einen genauen Freigabeprozess, so dass kein Mitschnitt ohne Ihr Einverständnis ausgestrahlt bzw. abgedruckt wird.
- Informieren Sie sich über den Interviewer und setzen Sie sich mit den wichtigsten Positionen Ihrer Kritiker auseinander.
- Seien Sie darauf vorbereitet, dass immer auch Fragen gestellt werden können, die vorher nicht mit Ihnen abgestimmt wurden.
- Legen Sie fest, welche Botschaften Ihnen wichtig sind.
- Bilden Sie einfache, kurze und prägnante Sätze und bauen Sie Ihre Statements logisch und nachvollziehbar auf.
- Sprechen Sie langsam, klar und deutlich.
- Achten Sie auf Ihre Körpersprache: Es zählen nicht nur die Inhalte, sondern auch Ihre natürliche Gestik und Mimik. Authentizität ist Ihr oberstes Gebot.

13.6 Checkliste 6: Pressemitteilung

Haben Sie einen wichtigen Anlass gefunden, der den Journalisten einen interessanten Neuigkeitswert bietet, dann sollten Sie eine Pressemitteilung verfassen, die folgende Kriterien berücksichtigt:

Form:

- ☐ Die Meldung ist als Pressemitteilung oberhalb des eigentlichen Textes entsprechend gekennzeichnet.

- ☐ Die Pressemitteilung enthält Ort und Datum und den offiziellen Briefkopf des Unternehmens (Logo, Anschrift etc.) inkl. Kontaktdaten des Kommunikationsverantwortlichen.

- ☐ Der Umfang der Pressemitteilung beträgt max. zwei DIN-A4-Seiten.

- ☐ Verwenden Sie für Ihren Text einen 1,5-fachen Zeilenabstand und einen Rand von etwa drei Zentimetern. Dies erhöht bei einem längeren Text die Lesefreundlichkeit.

- ☐ Wählen Sie eine leicht lesbare Schrift (Times New Roman, Arial etc.)

- ☐ Verzichten Sie weitestgehend auf den Einsatz von Hervorhebungen (fett, kursiv, unterstrichen etc.)

Inhalt:

- ☐ Die Pressemitteilung muss den Empfängern einen Neuigkeitswert bieten. Ein aktueller Anlass muss als Aufhänger gegeben sein.

- ☐ Die Headline ist ausdrucksstark formuliert und lädt zum Lesen ein. Dazu können Sie auch eine sogenannte Subline (Unter-Überschrift) formulieren.

- ☐ Der Vorspann liefert die Hauptinformation und Kernbotschaft. Dieser Abschnitt, der nicht länger als drei bis fünf Zeilen sein sollte, beantwortet die klassischen W-Fragen: Wer? Was? Wann? Wie? Wo? Warum?

- ☐ Der Haupttext dient der näheren Erläuterung des Sachverhaltes. Bauen Sie den Text logisch auf. Die wichtigsten Informationen stehen am Anfang, weniger wichtige folgen im Anschluss.

- Der Text muss journalistisch aufbereitet sowie verständlich und wertfrei geschrieben sein (keine Werbung). Vermeiden Sie daher Superlative und Adjektive wie großartig, hervorragend oder beeindruckend.

- Bedienen Sie sich kurzer, prägnanter Sätze statt komplizierter Formulierungen und verzichten Sie dabei auf Füllwörter, die den Text unnötig in die Länge ziehen.

- Verwenden Sie Zitate, die anschaulich und prägnant die Position des Unternehmens vermitteln und idealerweise durch Fakten und weiterführende Informationen untermauert werden.

- Direkte Anreden (ich, wir, Du, Sie) sind in Pressetexten ebenso wenig zulässig wie „Herr" oder „Frau".

- Recherchieren und prüfen Sie die korrekte Schreibweise aller Vor- und Zunamen mit den dazugehörigen Funktionsbezeichnungen.

- Zahlen von eins bis zwölf werden ausgeschrieben, ab der Zahl 13 werden Ziffern benutzt.

- Fügen Sie am Ende des Textes einen sogenannten Presseabbinder hinzu. Hierbei handelt es sich um einen fünf bis zehn Zeilen langen Text mit den wichtigsten Unternehmensinformationen (Gründungsjahr, Geschäftsfelder, Mitarbeiterzahl, Umsatz etc.), der als standardisierter Textblock am Ende jeder Pressemitteilung steht.

- Sofern Sie Foto- und Bildmaterial mitschicken möchten, müssen Sie die Motive und Quellennachweise in Form von Bildunterschriften erläutern, welche unterhalb des Pressetextes platziert und klar den betreffenden Bildern zugeordnet sein müssen. Für die Auflösung der Bilder gilt: 300 dpi für Print, 72 dpi für Online.

Versand:

- Achten Sie beim Empfängerkreis auf einen themenspezifischen Verteiler. Aktuelle Medienkontakte zu verschiedenen Themen finden Sie in professionellen Mediendatenbanken wie www.zimpel.de oder www.meltwater.com.

- Schreiben Sie am besten an einen direkten Ansprechpartner statt an die allgemeine Redaktionsadresse. Am erfolgversprechendsten ist natürlich der persönliche Kontakt in der jeweiligen Redaktion.

- Nutzen Sie für die Veröffentlichung und Weiterverbreitung Ihrer Pressemitteilung auch kostenlose Onlineportale wie www.openpr.de oder www.presseecho.de

13.7 Checkliste 7: Agenturauswahl

Bevor Sie sich auf die Suche nach einem geeigneten Dienstleister machen, sollten Sie die Rahmenbedingungen und Anforderungen intern abgesteckt und in Form eines Briefings verschriftlicht haben. Nur wenn Ihre Ziele und Anforderungen feststehen, kann die geeignete Agentur zur Unterstützung gesucht und gefunden werden. Dabei sollten Sie unter anderem folgende Fragestellungen berücksichtigen:

- Welche konkreten Leistungen soll die Agentur erbringen? Was wird intern abgewickelt und welche Aufgaben soll die Agentur genau übernehmen?
- Welches Budget steht zur Verfügung und welche Leistungen erwarten Sie dafür?

Agenturtyp:

- Bevorzugen Sie eine Full-Service-Agentur oder soll der Dienstleister in bestimmten Feldern der Unternehmenskommunikation wie Social Media, Krisenkommunikation oder Pressearbeit spezialisiert sein?

Standort:

- Befindet sich die Agentur in der Nähe des Unternehmensstandortes oder sind unter Umständen lange Anfahrtswege erforderlich? Hat die Agentur in anderen Regionen Niederlassungen, zum Beispiel in den möglichen Zielregionen des Unternehmens?

Referenzen:

- Worin bestehen Know-how und Expertise, die der Dienstleister in das Projekt einbringen kann?
- Seit wann ist der Dienstleister auf dem Markt vertreten?
- Wie viele Kunden aus welchen Branchen stehen in der Kundendatei?
- Gehören auch Ihre direkten Wettbewerber zum Kundenkreis?

- Welchen Mehrwert bietet Ihnen der Dienstleister gegenüber anderen?
- Welche Referenzen weist der Dienstleister vor?
- Kann Ihnen der Dienstleister ein Beispiel für eine ungewöhnlich kreative Lösung nennen, die er umgesetzt hat?
- Worin begründet der Dienstleister seine Kernkompetenz?
- Über welche fachliche Kompetenz verfügen insbesondere die Agentur-Mitarbeiter, die später Ihre Ansprechpartner sein werden?
- Verfügt die Agentur über ein gut funktionierendes Netzwerk (Wirtschaft, Politik, Medien), das Ihrer Arbeit einen Mehrwert bietet?

Kosten:

- Welche Tagessätze bzw. welche Preise ruft die Agentur auf? Liegen die Kosten im Rahmen Ihres Budgets? Ist das Preis-Leistungs-Verhältnis gerechtfertigt?
- In welcher Kostentransparenz erfolgt der Leistungsnachweis?
- Welche Leistungen sind in der monatlichen Pauschale eingeschlossen?
- Wie hoch ist die Pauschale? Was kosten welche Zusatzleistungen?
- Arbeitet der Dienstleister auf Erfolgsbasis?
- Ist das Werknutzungsrecht (alle Nutzungsrechte) inklusive?

Es empfiehlt sich, diese Kriterien in Form eines Kataloges zusammenzustellen. Das gibt Struktur und Übersicht und so können Sie die Agenturen nach einem Pitch besser miteinander vergleichen.

13.8 Checkliste 8: Instrumente der Finanzkommunikation

Eine professionelle Finanzkommunikation überzeugt nicht nur durch verlässlich kommunizierte Fakten und Argumente, sondern auch durch eine schnelle Berichterstattung und Reaktionsfähigkeit der Investor-Relations-Verantwortlichen auf den globalen Finanzmärkten.

Zu den zentralen Aufgaben der Finanzkommunikation gehören die Pflege, Ansprache und Nachverfolgung von Investoren sowie die Einhaltung der Kapitalmarktregularien und deren Reporting. Neben den verbindlichen Instrumenten können Sie Ihre Finanzkommunikation durch zusätzliche Instrumente entsprechend den Bedürfnissen der Stakeholder stärken.

Verbindliche Instrumente:

- Ad-hoc-Mitteilungen
- Geschäftsbericht
- Hauptversammlung

Ergänzende Instrumente:

- Aktieninformationen
- Aktionärsbrief, -zeitschrift und -Newsletter
- Websiterubrik mit Informationen zu kapitalmarktrelevanten Infos
- Pressekonferenz
- Pressemitteilung
- Fact Sheet
- Finanzkalender
- Nachhaltigkeitsbericht
- Bilanzpresse- und Analystenkonferenz
- Einzel- und Gruppengespräch
- Roadshow
- Telefonkonferenz
- Betriebsbesichtigung

13.9 Checkliste 9: Storytelling

Gute Storys begeistern und erzeugen Spannung bei Ihrer Zielgruppe. Doch um das Unternehmen und seine Leistungen nach dem Prinzip des Storytellings greifbar und erlebbar zu machen, bedarf es der strategischen Planung und Umsetzung von Themen.

Planen:

- Worum geht es?
- Gibt es einen konkreten Anlass?
- Welche Ziele werden verfolgt und wer ist die Bezugsgruppe?

- Welche Geschichten gibt es im Unternehmen? Welche eignen sich für welches Thema?
- Welche Interviewpartner stehen zur Verfügung?
- Welche Fragen sind relevant?
- Wie sieht ein mögliches Drehbuch aus?
- Welche Kanäle und Kommunikationsinstrumente sind denkbar? Was ist bereits vorhanden, was kann zusätzlich implementiert werden?

Befragen:

- Erläutern Sie Anlass, Ziel und Ablauf des Interviews.
- Stellen Sie offene Fragen zur Ermittlung subjektiver Erlebnisse.
- Stellen Sie konkrete Fragen zu den vorab definierten Themen.
- Stellen Sie Abschlussfragen zu den Lessons Learned und Best Practices.
- Lassen Sie am Ende der Befragung Spielraum für weitere Statements der Befragten.

Auswerten:

- Dokumentieren und analysieren Sie alle Themen.
- Priorisieren Sie die erhaltenen Informationen und ordnen Sie diese den einzelnen Themen zu, um daraus eine runde Geschichte zu machen.

Story erstellen:

- Entscheiden Sie sich für eine sinnvolle Art des Aufbaus (chronologisch, themenorientiert oder gemischt).
- Ordnen Sie den jeweiligen Themen die gesammelten Zitate zu.
- Stellen Sie die Handlungsstränge und Themenschwerpunkte zusammen.

Wichtig: Die Inhalte sollten immer authentisch, unterhaltsam und übertragbar bzw. für Ihre Stakeholder relevant sein.

Validieren:

- Senden Sie einen Entwurf an alle Befragten, so stellen Sie die Akzeptanz der Story sicher und korrigieren ggf. inhaltliche Unstimmigkeiten.
- Geben Sie die Möglichkeit, kritische Statements zu anonymisieren.

Kommunizieren:

- Jede gute Story ist viral, d.h., sie wird über verschiedenste Kommunikationsplattformen (Online, Print, Audio etc.) kommuniziert.
- Vernetzen Sie die einzelnen Medien und Kanäle miteinander, Stichwort: Crossmedialität.

13.10 Checkliste 10: Social-Media-Guideline

Für den professionellen Auftritt in den sozialen Medien ist die Erstellung und Einführung einer Social-Media-Guideline unabdingbar. Die Richtlinie schützt das Unternehmen und die Belegschaft vor digitalen Fettnäpfchen, indem sie einerseits aufzeigt, wie sich die Mitarbeiter im Social Web zu verhalten haben und was die „Dos & Don'ts" sind sowie andererseits eine stringente Kommunikation nach innen und außen sicherstellt. Sie definiert den Rahmen der privaten und der beruflichen Kommunikation in sozialen Medien und dient den Mitarbeitern als Orientierung und als Hilfe.

Warum sollten Sie eine Social-Media-Guideline einführen?

- Sie dient der Belegschaft zur Orientierung und gibt Ihnen Sicherheit im Umgang mit Social Media.
- Sie schafft Klarheit bei Rechten und Pflichten (Haftungsrisiken etc.).
- Sie integriert die Ziele der Internen und Externen Kommunikation.
- Sie etabliert eine Kommunikationskultur und schafft Strukturen.

Welche Kriterien sind zu berücksichtigen?

- ☐ Führen Sie die Social-Media-Guideline aktiv und zeitgleich für alle Mitarbeiter in Verbindung mit entsprechenden Kommunikationsmaßnahmen (Schulungen, Seminare, Einzelgespräch etc.) ein.

- ☐ Es empfiehlt sich, die Social-Media-Guideline rechtskräftig in das Unternehmen einzubinden.

Welche Inhalte sind für die Social-Media-Guideline relevant?

- ☐ Stellen Sie den Nutzen und die Vorteile von Social Media für das Unternehmen heraus. Was und wen wollen Sie wie erreichen? Legen Sie fest, wer im Unternehmen mit welchen Botschaften in welchen sozialen Medien kommuniziert.

- ☐ Benennen Sie einen zentralen Ansprechpartner für Rückfragen. Wer kümmert sich im Unternehmen kontinuierlich um Social Media und darf unternehmensrelevante Inhalte veröffentlichen?

- ☐ In welchem Umfang dürfen die Mitarbeiter Social Media während der Arbeitszeit privat nutzen?

- ☐ Sensibilisieren Sie die Mitarbeiter in ihrer Rolle als Botschafter des Unternehmens und die damit verbundenen rechtlichen Aspekte. Selbst wenn sie sich privat in den sozialen Medien äußern, werden sie in ihrer Rolle als Mitarbeiter des Unternehmens wahrgenommen. Das birgt Risiken, etwa wenn eine private Äußerung als eine offizielle Unternehmensposition missverstanden wird. Daher ist ein Hinweis auf diese Doppelrolle umso wichtiger.

Für Social Media gelten ebenso die allgemeinen Grundsätze der Unternehmenskommunikation: Seien Sie stets ansprechbar, authentisch, antworten Sie schnell, reagieren Sie freundlich, mischen Sie sich ein und nehmen Sie Kritik der Stakeholder ernst, indem Sie offen, direkt und auf Augenhöhe mit den Usern kommunizieren.

13.11 Checkliste 11: Krisenmanual

Die Grundlage einer professionellen Krisenkommunikation bildet ein Krisenmanual, das wesentliche Informationen zu den Verantwortlichkeiten und Abläufen sowie konkrete Handlungsempfehlungen für den Fall eines Krisenereignisses umfasst. Mit dem Manual werden Antworten gegeben, in welcher Krisensituation, zu welchem Zeitpunkt, durch welche Person was zu entscheiden oder zu veranlassen ist.

Dabei sollten Sie nachfolgende Punkte unbedingt beachten:

- Ist das Krisenmanual individuell auf das Unternehmen und seine Stakeholder abgestimmt?
- Ist das Krisenmanual umfassend gestaltet, aber zugleich übersichtlich und nutzbar für die Mitarbeiter gehalten?
- Entspricht das Krisenmanual in ausgedruckter und digitaler Fassung dem aktuellsten Stand?
- Haben die relevanten Mitarbeiter Zugriff auf das Krisenmanual? Ist ihnen der Umgang damit vertraut?

Das Krisenmanual sollte im ersten Teil allgemeine Verhaltensregeln und Unternehmensrichtlinien sowie eine Auflistung des zentralen Krisenstabs und Regelungen für die Krisensitzungen enthalten. Im zweiten Teil des Krisenmanuals sollten auf Basis von Krisenszenarien konkrete Handlungsanweisungen (Kommunikation mit Behörden, Journalisten, Öffentlichkeit etc.) gegeben werden.

Nachfolgende Punkte sollten Sie bei der Erstellung eines Krisenmanuals auf jeden Fall mitberücksichtigen:

- Grundsätze und Ziele der Krisenkommunikation
- Zusammensetzung des Krisenstabs (Auflistung der zuständigen Fachabteilungen samt Kontaktdaten)
- Detaillierte Übersicht über die zur Verfügung stehenden Instrumente der Krisenkommunikation

Festlegung der Verantwortlichkeiten und Abläufe:

- Wie ist die Interne und Externe Kommunikation organisatorisch aufgestellt und wie wird sie konkret geregelt?
- Wer wird wann durch wen informiert? Hat jeder Zugriff auf alle relevanten Daten?
- Wie sieht die konkrete Aufgabenverteilung aus?

- Wie gestaltet sich der Abstimmungsprozess zur Veröffentlichung von Mitarbeiterinformationen und Pressemitteilungen?

- Wie wird die Krise dokumentiert und nachbereitet?

- Detaillierte Übersicht über die relevanten Medien samt Kontaktdaten

- Detaillierte Übersicht über die relevanten Verbände und Behörden sowie weitere Institutionen (Verbraucher- und Naturschutzverbände, Politik) samt Kontaktdaten

- Vorformulierte Textbausteine für Pressemitteilungen und Mitarbeiterinformationen, die im Krisenfall nur angepasst werden müssen.

Der letzte Teil des Krisenmanuals enthält die Beantwortung der wichtigsten Fragen, die von den Stakeholdern (Medien, Öffentlichkeit, Politik) gestellt werden könnten. Diese sogenannten FAQ's beschreiben in Interviewform die Positionen des Unternehmens zu den wichtigsten Fragen und sind als vorformulierte Textbausteine schnell einsetzbar.

14. Kommunikation mit starken Partnern: Wichtige Adressen

Das breite Feld der Unternehmenskommunikation unterteilt sich mit dem Aufkommen immer neuer Plattformen und Kanäle in neue Spezialthemen und -disziplinen, welche die Kommunikationsverantwortlichen vor immer größer werdende Herausforderungen stellt.

Es ist nicht leicht, sich den Weg durch die immer komplexer werdende Welt der Unternehmenskommunikation zu navigieren. Umso wichtiger ist es, die richtigen Partner an seiner Seite zu haben, die als Sparringspartner, Infragesteller und Motivator zugleich fungieren.

In der nachfolgenden Übersicht finden Sie eine Auswahl an führenden Kommunikationsberatungen und Dienstleistern sowie PR-relevante Institutionen, Hochschulen, Verbände, Kontrollorgane und Fachmedien.

14.1 Kommunikationsberatungen

A&B ONE
www.a-b-one.de

ACHTUNG!
www.achtung.de

BRUNSWICK GROUP
www.brunswickgroup.com

BURSON-MARSTELLER
www.burson-masteller.de

DASPROGRAMM
www.dasprogramm.de

DEEKELING ARNDT ADVISORS
www.deekeling-arndt.de

EDELMANERGO
www.edelmanergo.com

EWALD & RÖSSING
www.ewaldroessing.de

FINK & FUCHS PUBLIC RELATIONS
www.ffpr.de

FISCHERAPPELT
www.fischerappelt.de

HILL+KNOWLTON STRATEGIES
www.hkstrategies.de

IFOK
www.ifok.de

KETCHUM PLEON
www.ketchum.com

KEYNOTE KOMMUNIKATION
www.keynote-kommunikation.de

LAUTENBACH SASS
www.lautenbachsass.de

NEULAND PR
www.neuland-pr.de

WE DO
www.we-do.eu

14.2 PR-Datenbanken und Presseportale

BUSINESS WIRE
www.businesswire.de

DDP DIRECT
www.ddpdirect.de

FACTIVA
www.factiva.com

NEWS AKTUELL
www.presseportal.de

OPENPR
www.openpr.de

PRESSEBOX
www.pressebox.de

PRESSETEXT
www.pressetext.com

ZIMPEL
www.zimpel.de

14.3 Medienbeobachtung und -auswertung

AUSSCHNITT MEDIENBEOBACHTUNG
www.ausschnitt.de

BLUEREPORT
www.bluereport.net

F.A.Z.-INSTITUT / PRIME RESEARCH INTERNATIONAL
www.faz-institut.de und www.prime-research.com

INFOPAQ
www.infopaq.de

Kantar Media
www.kantarmedia.com

LANDAU MEDIA
www.landaumedia.de

MELTWATER
www.meltwater.com

META COMMUNICATION INTERNATIONAL
www.metacommunication.com

NEWBASE
www.newbase.de

PMG PRESSE-MONITOR
www.presse-monitor.de

PRESSRELATIONS
www.pressrelations.de

UNICEPTA MEDIENANALYSE
www.unicepta.com

14.4 Corporate-Design-Agenturen

DMC GROUP
www.dmcgroup.eu

EDEN SPIEKERMANN
www.edenspiekermann.com

LIGALUX
www.ligalux.de

PBL MILK
www.milkdesign.de

KMS TEAM UND KMS BLACKSPACE
www.kms-team.com und www.kms-blackspace.com

METADESIGN
www.metadesign.com

MUTABOR DESIGN
www.mutabor.de

STRICHPUNKT
www.strichpunkt-design.de

SYNDICATE
www.syndicate.de

WIR DESIGN
www.wirdesign.de

ZEICHEN & WUNDER
www.zeichenwunder.de

14.5 Hochschulen und Weiterbildungsangebote

AKADEMIE FÜR PUBLIZISTIK
www.akademie-fuer-publizistik.de

DEUTSCHE AKADEMIE FÜR PUBLIC RELATIONS
www.dapr.de

DEUTSCHES INSTITUT FÜR PUBLIC RELATIONS
www.dipr.de

DEUTSCHE PRESSEAKADEMIE
www.depak.de

QUADRIGA HOCHSCHULE BERLIN
www.quadriga.eu

14.6 Fachmedien

CSR-MAGAZIN
(Magazin für Corporate Social Responsibility)
www.csr-news.net

HORIZONT
(Fachmagazin für Marketing, Werbung und Medien)
www.horizont.net

JOURNALIST
(Medienmagazin)
www.journalist.de

KM KULTUR UND MANAGEMENT IM DIALOG
(Fachmagazin für Kultursponsoring)
www.kulturmanagement.net

KRESS-REPORT
(Informationsdienst für die Kommunikationsbranche)
www.kress.de

PRESSESPRECHER
(Magazin für Kommunikation)
www.pressesprecher.com

PR JOURNAL
(Online-Portal der PR-Branche)
www.pr-journal.de

PR REPORT
(Magazin für Public Relations)
www.prreport.de

PR-MAGAZIN
(Fachzeitschrift für die PR- und Kommunikationsbranche)
www.prmagazin.de

SPONSORS
(Fachmagazin für Sportsponsoring)
www.sponsors.de

STIFTUNG & SPONSORING
(Magazin für Nonprofit-Management und -Marketing)
www.stiftung-sponsoring.de

WERBEN & VERKAUFEN
(Fachmagazin für Marketing, Werbung und Medien)
www.wuv.de

14.7 Verbände und Organisationen

BUNDESVERBAND DEUTSCHER
PRESSESPRECHER (BDP)
www.bdp-net.de

BUNDESVERBAND DIGITALE
WIRTSCHAFT (BVDW)
http://www.bvdw.org

DEUTSCHE GESELLSCHAFT FÜR
POLITIKBERATUNG (DEGEPOL)
www.degepol.de

DEUTSCHE PUBLIC RELATIONS
GESELLSCHAFT (DPRG)
www.dprg.de

DEUTSCHER MARKETING VERBAND
(DMV)
www.marketingverband.de

DEUTSCHER INVESTOR RELATIONS
VERBAND (DIRK)
www.dirk.org

GESELLSCHAFT PUBLIC RELATIONS
AGENTUREN (GPRA)
www.gpra.de

INTERNATIONAL ASSOCIATION FOR
MEASUREMENT AND EVALUATION OF
COMMUNICATION (AMEC)
www.amecorg.com

INTERNATIONAL PUBLIC RELATIONS
ASSOCIATION (IPRA)
www.ipra.org

KOMMUNIKATIONSVERBAND
www.kommunikationsverband.de

PUBLIC RELATIONS SOCIETY
OF AMERICA (PRSA)
www.prsa.org

PUBLIC RELATIONS ORGANISATION
INTERNATIONAL (PROI)
www.proi.org

14.8 Kontrollorgane

DEUTSCHER RAT FÜR
PUBLIC RELATIONS (DRPR)
Der DRPR ist ein Organ der freiwilligen Selbstkontrolle der in Deutschland tätigen PR-Fachleute. Die Institution stellt diverse Richtlinien für die Kommunikation mit der Öffentlichkeit auf. Ihre Träger sind die Deutsche Public Relations Gesellschaft, die Gesellschaft Public Relations Agenturen, der Bundesverband deutscher Pressesprecher sowie die Deutsche Gesellschaft für Politikberatung.
Mehr Informationen:
www.drpr-online.de

DEUTSCHER PRESSERAT
Der Deutsche Presserat, eingetragen als Trägerverein des Deutschen Presserats e.V., ist eine Organisation der großen deutschen Verleger- und Journalistenverbände: Bundesverband Deutscher Zeitungsverleger (BDZV), Deutscher Journalisten-Verband (DJV), Deutsche Journalistinnen- und Journalisten-Union (dju) und Verband Deutscher Zeitschriftenverleger (VDZ). Der Presserat befasst sich mit Beschwerden, Anfragen, Gesetzesvorhaben und Ereignissen, die im Hinblick auf die Pressefreiheit von grundsätzlicher Bedeutung sind. Der Presserat ist Heraugeber des Pressekodex, der die journalistisch-ethischen Grundsätze festlegt: von einer wahrheitsgemäßen Berichterstattung über die Trennung von Werbung und Redaktion bis zum Schutz der Privatsphäre.
Mehr Informationen:
www.presserat.de

Glossar

Above-the-Line-Kommunikation
Hierunter sind klassische, konventionelle Kommunikationsmaßnahmen zu verstehen, die in der Regel unpersönlich über die Massenmedien gestreut werden (Anzeigen Online/Print, Hörfunk-/TV-Werbung etc.). Dem gegenüber steht die Below-the-Line-Kommunikation.

Advertorial
Das Advertorial setzt sich aus den Wörtern Advertisement (deutsch: Anzeige) und Editorial (deutsch: Redaktionelles) zusammen. Es handelt sich dabei um einen redaktionell aufgemachten Text, der vom Werbe- bzw. Anzeigenkunden gestaltet und bezahlt wird. Im Gegensatz zu einer Werbeanzeige ist der Textanteil grundsätzlich höher. Der Inhalt soll den Anschein eines redaktionell unabhängig verfassten Artikel erwecken und somit die Glaubwürdigkeit erhöhen. Aus presserechtlichen Gründen muss ein Advertorial immer als Anzeige oder Promotion gekennzeichnet sein.

Agenda Setting
Das Agenda Setting (deutsch: Themenwahl) beschreibt den Versuch von Organisationen oder Unternehmen, bestimmte Themen in den Medien zu platzieren. Der Begriff kommt ursprünglich aus der Publizistik. Wissenschaftler haben festgestellt, dass Themen und Inhalte der öffentlichen Diskussion stark dadurch beeinflusst werden, ob die Medien den Diskurs mitgestalten. Es ist eine legitime Aufgabe der Kommunikationsbranche, die öffentliche Diskussion mit eigenen Themenvorschlägen anzuregen.

AIDA-Formel
Hierunter ist das idealtypische Grundprinzip der Werbewirkung für den Prozess der Kaufentscheidung zu verstehen:

A – Attention – Aufmerksamkeit
I – Interest – Interesse
D – Desire – Kaufwunsch
A – Action – Kaufakt

Trotz mancher Abstriche hat die um 1900 von E. St. Elmo Lewis in den USA geprägte Formel nach wie vor ihre Gültigkeit für das Marketing- und Kommunikationsmanagement. Häufig wird die AIDA-Formel durch den Zwischenschritt des Überprüfens zwischen Wunsch und Kauf zu AIDPA (P = Proof) formuliert.

Ambushing
Ambushing (deutsch: aus dem Hinterhalt überfallend) bezeichnet die Kommunikation aus dem Hinterhalt, die im Rahmen von Guerilla-Marketing, Event-Kommunikation und Sponsoring stattfindet, zum Beispiel prominent im Umfeld von Sportveranstaltungen, wenn seitens der Unternehmen im Publikum markant gekleidete Zuschauer sitzen und so die beworbene Marke für andere Zuschauer und Fernsehzuschauer sichtbar machen. Ein Beispiel hierfür ist der durch Zuschauer gebildete Buchstabe „T" bei Heimspielen des deutschen Rekordmeisters FC Bayern München, der für den Hauptsponsor Telekom steht.

Aufmacher
Der Aufmacher bezeichnet die Titelstory, also den Hauptartikel in Printmedien bzw. die erste Meldung in TV oder Hörfunk.

Augmented Reality

Augmented Reality (deutsch: erweiterte Realität) bezeichnet eine computerunterstützte Wahrnehmung bzw. Darstellung, welche die reale Welt um virtuelle Aspekte erweitert. Mit der Integration von Kameras in mobile Geräte können zusätzliche Informationen oder Objekte direkt in ein aktuell erfasstes Abbild der realen Welt eingearbeitet werden. Dabei kann es sich um Informationen jedweder Art, zum Beispiel Textinformationen oder Abbildungen, handeln. Die Anwendungszwecke reichen von der Information über die unmittelbare Umgebung über die ins Sichtfeld eingeblendete Navigation bis hin zu Spielen und Werbung.

Ausschnittdienst

Der Ausschnittdienst bezeichnet einen Dienstleister, der sich auf die Medienbeobachtung spezialisiert hat. Ein Ausschnittdienst beobachtet die Medienlandschaft täglich nach vorgegebenen Stichworten (z.B. Firmen- und Produktnamen) und sammelt dazu die entsprechenden Artikel (Clippings). Neben der Bereitstellung von Zeitungsartikeln, Fernseh- und Hörfunkbeiträgen werden in der Regel auch Informationen über Medium, Autor, Erscheinungstag, Auflage und Platzierung geliefert.

Autorenbeitrag

Der Autorenbeitrag ist ein namentlich gekennzeichneter Fachartikel zu einem bestimmten Thema, der zum Beispiel in Fachzeitschriften veröffentlicht wird. Autorenbeiträge sind ein Instrument der Medienarbeit und oftmals der Produkt-PR zuzuordnen.

Balanced Scorecard

Die Balanced Scorecard (BSC) ist ein Konzept, das die finanziellen Ziele eines Unternehmens mit den Leistungszielen hinsichtlich der Kunden, der internen Prozesse sowie der Mitarbeiter im Sinne eines Gleichgewichts (Balance) miteinander verbindet und die jeweils wichtigsten Zielvorgaben und Maßnahmen übersichtlich auf eine Anzeigentafel (Scorecard) abbildet. Die BSC wurde von den US-Amerikanern Robert S. Kaplan und David P. Norton in den 1990er Jahren als Planungs- und Controlling-Tool entwickelt, um Unternehmensstrategien zu erarbeiten und umzusetzen. Die BSC basiert auf sogenannten Key Performance Indicators (KPI), die unter anderem auf Unternehmensstrategien angewendet werden, so dass diese als Ziele messbar werden. Diese Messgrößen repräsentieren den Erfüllungsgrad der strategischen Ziele, die in einem kontinuierlichen Prozess überprüft und durch korrigierende Maßnahmen gesteuert werden. Die BSC ist damit eine zentrale Steuerungseinheit für die Unternehmensführung.

Banner

Banner sind Werbeflächen, die auf einer Website geschaltet werden und per Hyperlink mit dem Internetangebot des Werbetreibenden verknüpft sind. Banner können anhand ihrer Größe sowie ihres Interaktions- und Funktionalitätspotenzials differenziert werden. Es gibt unterschiedliche, festgelegte Bannergrößen. Ein typisches Banner-Format ist der Skyscraper (deutsch: Hochhaus), der – zumeist am rechten oder linken Rand der Webseite platziert – durch seine große Höhe hervorsticht und oft noch beim Runterscrollen der Webseite sichtbar ist.

Barrierefreiheit
Unter Barrierefreiheit ist zu verstehen, dass Menschen mit Behinderung Internetangebote uneingeschränkt nutzen können. Blinde und sehbehinderte Nutzer lassen sich Webseiten per Software vorlesen oder in Braille-Schrift ausgeben. Gehörlose oder schwerhörige Menschen, deren erste Sprache Gebärdensprache ist, benötigen auf sie zugeschnittene, besondere Darstellungsformen im Internet. Diese barrierefreien Angebote sind in der rechtkräftigen „Barrierefreie-Informationstechnik-Verordnung (BITV)" vom Bundesinnenministerium und Bundesministerium für Arbeit und Sozialordnung geregelt. Sie sind verpflichtend für alle Internetauftritte und alle öffentlich zugänglichen Intranetangebote von Behörden der Bundesverwaltung.

Beilagen
Beilagen sind Werbemittel wie zum Beispiel ein mehrseitiger Prospekt, der Printmedien (Zeitungen, Magazine) beigelegt wird. Die Kosten für die Beilagenwerbung werden zwischen Verlag und Sortiment häufig geteilt, indem der Verlag die Druckkosten für den Prospekt inklusive des individuellen Firmendrucks der kooperierenden Firmen übernimmt und der Einzelhändler die Kosten für die Schaltung in den Printmedien trägt.

Below-the-Line-Kommunikation
Die Below-the-Line-Kommunikation richtet sich mit nicht-konventionellen Kommunikationsmaßnahmen persönlich und direkt an die Bezugsgruppen (Promotion-Aktionen, Direktmarketing, Messen und Ausstellungen etc.). Im Gegensatz zur Above-the-Line-Kommunikation soll die Below-the-Line Kommunikation von den Konsumenten nicht immer direkt als Werbemaßnahme wahrgenommen werden.

Blog
Der Blog ist eine Wortkreuzung aus dem Wort Web und der Anfangssilbe von Logbuch. Die Bezeichnung „Weblog" wird in der Regel zu „Blog" abgekürzt. Gemeint sind damit Online-Tagebücher im Internet, die zu Social Media gehören und zur Bedeutung von Bloggern und Blogger Relations als Handlungsfelder der Online-PR führten. Die Einträge werden als Postings oder Posts bezeichnet.

Blogger
Blogger sind Herausgeber, Betreiber bzw. Verfasser von Beiträgen in einem Blog. Wenn sie darüber hinaus als Meinungsführer in ihren Themen in Social Media breit vernetzt sind, dann werden sie zu digitalen Multiplikatoren, die Influencer genannt werden. Sie sind eine der wichtigsten Dialoggruppen der Online-PR, so dass hier auch von Blogger Relations gesprochen wird.

Blogger Relations
Blogger Relations bezeichnet den Beziehungsaufbau zu Bloggern als Multiplikatoren und Teil des Kommunikationsmanagements, verbunden mit dem Ziel, dass sie das jeweilige Unternehmen und seine Leistungen auf ihren Social-Media-Plattformen erwähnen und positiv hervorheben.

Boilerplate
Die Boilerplate (deutsch: Kochplatte) bezeichnet den abgesetzten Abspann einer

Pressemitteilung, der als Hintergrundinformation zum Beispiel das Unternehmen oder das Produkt beschreibt, um das es in der Pressemitteilung geht. Die Informationen einer Boilerplate sind nicht eindeutig definiert, enthalten aber oft grundsätzliche Informationen zum Absender wie Branchenkennzeichnung, Position im Wettbewerb mit Größenhinweisen wie Mitarbeiterzahlen, Umsätze und Kernleistungen.

Bottom-up-Kommunikation
Die Bottom-up-Kommunikation bezeichnet in Bezug auf den Entscheidungsbildungsprozess in Hierarchien von unten nach oben die partizipative Meinungsbildung für eine Entscheidungsfindung im Gegensatz zur Top-down-Kommunikation. Das Ziel ist die Schaffung einer größtmöglichen Akzeptanz für unternehmerische Entscheidungen innerhalb des Unternehmens.

Boulevard-Zeitung
Eine Boulevard-Zeitung ist ein periodisch in hoher Auflage erscheinendes Druck-Erzeugnis. Die ersten Vertreter der Gattung waren nur auf der Straße (Boulevard) käuflich zu erhalten. Die Boulevard-Zeitung wird heute noch als Straßenverkaufszeitung bezeichnet, da sie sich in der Regel nur im Einzelverkauf oder aus Automaten und nicht wie die regionalen und überregionalen Tageszeitungen im Abonnement beziehen lässt. Die Boulevard-Zeitung zeichnet sich durch spezifische sprachliche und gestalterische Charakteristika aus, zum Beispiel eine sensationsorientierte inhaltliche Aufmachung, große Überschriften und eine großflächige emotionale Bildsprache.

Beispiele hierfür sind die BILD-Zeitung (Axel Springer), der Kölner Express (DuMont Mediengruppe) oder die Hamburger Morgenpost (Funke Mediengruppe).

Brainstorming
Das Brainstorming (deutsch: einen Sturm im Gehirn entfachen) ist eine vom US-Autoren Alex Osborn 1939 erfundene Kreativitätstechnik, welche die Erzeugung von neuen, ungewöhnlichen Ideen fördern soll. Dabei werden in der Gruppe alle, auch scheinbar abwegige Ideen und Gedanken geäußert und zugelassen ohne Bewertung derselben. Ziel ist, aus möglichst vielen Ideenvorschlägen die passenden zusammenzustellen und diese zum Beispiel in einem Kommunikationskonzept weiterzuentwickeln.

Campaigning
Die Planung und Umsetzung von (integrierten) Kommunikationskampagnen, die sich von einem klaren Positionierungsziel ausgehend erst im Umsetzungsprozess herausbilden und laufend verändern, werden als Campaigning (deutsch = Kampagne führen) bezeichnet. Kampagnen sind im Unterschied zu klassischen PR-Programmen non-linear, crossmedial, zeitlich befristet, thematisch eng fokussiert und vor allem dramaturgisch angelegt.

CEO-Positionierung
Die CEO-Positionierung umfasst die interne und externe Kommunikationsfähigkeit des Top-Managements als Teil der Unternehmenskommunikation. Der Begriff CEO (Chief Executive Officer) umfasst den Vorstand (Aktiengesellschaft) bzw. die Geschäftsführung (Gesellschaft

mit beschränkter Haftung). Der Positionierungsbegriff bezieht sich auf die authentisch herausgestellten Merkmale der Person des CEO für das Unternehmensimage.

Change Communications
Change Communications (deutsch: Veränderungskommunikation) ist eine anlassbezogene Form des Kommunikations-Managements zur Unterstützung tiefgreifender unternehmerischer Veränderungsprozesse, zum Beispiel Fusionen oder Übernahmen. Das Ziel besteht darin, auf weiche Faktoren von Organisationen Einfluss zunehmen und so den Erfolg der Veränderungsprozesse zu unterstützen. Durch das Betriebsverfassungsgesetz und die hier definierten Betriebsänderung gibt es mit dem Interessenausgleich und Sozialplan auch formale Handlungsfelder von Change Communications.

Change Management
Das Change Management (deutsch: Veränderungsmanagement) ist die laufende Anpassung von Unternehmensstrategien und -strukturen an sich verändernde Umwelt- und Rahmenbedingungen. Eine besondere Dynamik entsteht durch Faktoren wie beispielsweise Internationalisierung, Globalisierung von Absatz- und Finanzmärkten, den rasanten technischen Fortschritt und politische oder soziale Veränderungen (gesetzliche Auflagen, demografischer Wandel etc.).

Claim
Der Claim (deutsch: Anspruch) beschreibt als kompakter begrifflicher Zusatz zur Marke den Markenkern eines Unternehmens als Leistungsanspruch mit dem Ziel der Erklärung des Logos, der Aufmerksamkeitssteigerung, Identifikation und/oder Wiedererkennung. Er wird oft mit dem Slogan gleichgesetzt, jedoch gilt dieser oft als temporärer, auf Kampagnen bezogener Ausspruch.

Clipping
Unter Clippings (deutsch: Ausschnitte) sind die in Printmedien erschienenen redaktionellen Beiträge erfasst. Clippings werden zur Evaluation von Kommunikationsmaßnahmen mit Kriterien wie Medium, Auflage sowie Datum versehen und können zu einem Pressespiegel zusammengestellt werden.

Consumer-PR
Die Consumer-PR (deutsch: Verbraucherkommunikation) bezeichnet als Teil der Produkt-PR das Handlungsfeld des Aufbaus von Beziehungen zu Konsumenten und deren Medien.

Content Management System (CMS)
Das Content Management System (deutsch: Redaktionssystem) ist ein Anwendungsprogramm, das die gemeinschaftliche Erstellung und Bearbeitung des Inhalts von Text- und Multimedia-Dokumenten (Content) ermöglicht und organisiert, zum Beispiel für Intranet- und Internetauftritte und Social-Media-Plattformen.

Content-Marketing
Das Content-Marketing bezeichnet die informierende, beratende und unterhaltende Bereitstellung von Unternehmensinformationen. Im Gegensatz zu werblicher Kommunikation (Anzeigen, Banner, Werbespots) betont das Content-

Marketing nicht die positive Selbstdarstellung, sondern die Bedeutung informierend-unterhaltender Inhalte, um Interessenten und Kunden zu gewinnen oder zu halten. Insofern findet hier eine Annäherung des Marketings an die Unternehmenskommunikation statt.

Corporate Affairs
Corporate Affairs (deutsch: Firmenangelegenheiten) bezeichnen neben den Angelegenheiten des Unternehmens auch jene Abteilung innerhalb einer Organisation bzw. eines Unternehmens, die sich mit imageprägenden Themen und den aktuellen internen Fragestellungen befasst. Dabei bedient sie sich in der Regel des gesamten Instrumentariums der Internen und Externen Kommunikation.

Corporate Behaviour
Das Corporate Behaviour (deutsch: Unternehmerverhalten) ist das einheitliche, gelebte und gewachsene (kommunikative) Verhalten der Mitglieder einer Organisation nach innen und außen. Es umfasst zum Beispiel ein höfliches, dienstleistungsorientiertes Auftreten oder eine einheitliche Kommunikation der Interessen des Unternehmens.

Corporate Citizenship
Unter Corporate Citizenship (deutsch: gesellschaftliches Engagement eines Unternehmens) ist das gesamte, über die eigentliche Geschäftstätigkeit hinausgehende Engagement eines Unternehmens zur Lösung gesellschaftlicher Probleme zu verstehen. Es definiert die Rolle des Unternehmens nicht nur inhaltlich, sondern strukturell neu. Unternehmen sollen als gute „Corporate Citizens" bürgerschaftliches Engagement übernehmen, also neben ihren originären Aufgaben auch freiwillige Leistungen für die Gesellschaft erbringen (Volunteering, Spenden).

Corporate Communications
Corporate Communications (deutsch: Unternehmenskommunikation) umfasst die einheitliche Kommunikation der Mitglieder einer Organisation in Form von Pressemitteilungen nach innen und außen, Imagebroschüren, Mitarbeiterzeitungen, Autorenbeiträgen, Newslettern, Intranet und Pressekonferenzen. All diesen Maßnahmen liegt in der Regel eine Kommunikationsstrategie zugrunde, die sicherstellt, dass Mitarbeiter und Öffentlichkeit das „richtige" Bild vom Unternehmen vermittelt bekommen.

Corporate Culture
Die Corporate Culture (deutsch: Unternehmenskultur) setzt sich zusammen aus der Geschichte eines Unternehmens und aus dessen Philosophie. Darunter ist die Formulierung von kulturellen Werten und Normen zu verstehen, die für eine Organisation und deren Mitglieder Gültigkeit besitzen und identitätsstiftend wirken.

Corporate Design
Das Corporate Design (deutsch: Unternehmensdesign) ist die einheitliche Darstellung eines Unternehmens oder einer Organisation in Wort, Bild, Schrift, Ton und Farbe. Internetauftritt, Briefpapier, Printprodukte etc. sollten gleichermaßen den Corporate-Design-Richtlinien entsprechend gestaltet sein. Das Corporate Design dient der Steigerung des Wieder-

erkennungswertes und damit der identitätsstiftenden Kommunikation.

Corporate Identity
Die Corporate Identity oder kurz CI (deutsch: Unternehmensidentität) ist die Gesamtheit von Merkmalen, die ein Unternehmen kennzeichnen und es von anderen Unternehmen unterscheiden. Es setzt sich zusammen aus Corporate Design, Corporate Communications und Corporate Behaviour. CI beinhaltet nicht nur ein optisch einheitliches Erscheinungsbild, sondern schließt das Verhalten der Mitarbeiter innerhalb und außerhalb eines Unternehmens ein. Ein umfassender CI-Prozess ist sehr zeitaufwändig und dauert Monate bis Jahre. Er stärkt jedoch die Identifikation der Mitarbeiter mit dem Unternehmen und ist die beste Basis für ein zielgerichtetes Miteinander aller Hierarchiestufen und Abteilungen im Sinne der Strategieerreichung.

Corporate Publishing
Das Corporate Publishing (deutsch: unternehmerische Publikationstätigkeit) steht für journalistisch aufbereitete Unternehmenspublikationen und Medien, zum Beispiel Mitarbeiter- und Kundenmagazine, Geschäftsberichte, Imagebroschüren, die oftmals auch werblich aufgemacht sind. Dementsprechend richtet sich das Corporate Publishing sowohl an interne als auch an externe Dialoggruppen.

Corporate Social Responsibility
Corporate Social Responsibility (deutsch: unternehmerische Sozialverantwortung) oder kurz CSR ist die Übernahme von sozialer Verantwortung in der Gesellschaft durch ein Unternehmen bzw. innerhalb eines Unternehmens mit dem Ziel, die Mitarbeiterzufriedenheit und -motivation zu steigern. Extern können entsprechende Projekte dazu beitragen, das Image eines Unternehmens zu verbessern und sich im Wettbewerb zu positionieren.

Dachmarke
Die Dachmarke bezeichnet im Gegensatz zur Einzelmarke nur solche Marken, unter denen sogenannte Submarken geführt werden, verbunden mit dem Ziel, dass Image und Reputation der bekannten Dachmarke auf die Submarken ausstrahlen, zum Beispiel Nivea (Dachmarke), Nivea Sun oder Nivea for Men (Submarken).

Direktmarketing
Das Direktmarketing ist der Oberbegriff für alle Marketing-Aktivitäten, die eine direkte Ansprache des möglichen Kunden mit der Aufforderung zur Antwort enthalten. Die Zustellung erfolgt per Post, per E-Mail oder durch dafür geschaffene Vertriebsorganisationen. Im Gegensatz zur Massenwerbung hat das Direktmarketing eine höhere Zielgruppensicherheit, da das Werbemittel entweder personifiziert oder direkt zugestellt wird.

Diversity-Kommunikation
Hierunter fällt die kommunikative Begleitung von Diversity-Themen (deutsch: Vielfalt), also imagebildende Kommunikationsmaßnahmen auf der Basis von Vielfalt. Sie umfasst das interne Kulturmanagement zur Förderung der Akzeptanz von Diversity. In der Praxis gehört unter anderem Alters-Diversity (die Förderung von Senioren, um sie in Zei-

ten einer alternden Bevölkerung an das Unternehmen zu binden) genauso zu Diversity wie die Gender-Diversity (die Förderung von Frauen als Führungskräfte in den männerdominierten Führungsetagen) oder die kulturelle Vielfalt (die Unterstützung von Mitarbeitern unterschiedlicher Nationen im Unternehmen). Damit ist Teammanagement eine im HR-Management angewandte Form von Diversity-Management, indem Teams auf Basis der Vernetzung, Nutzung und gemeinsamen Anerkennung der Unterschiedlichkeit ihrer Mitglieder erfolgreich sind.

Earned Media
Earned Media (deutsch: verdiente Medien) bezeichnen in der Klassifizierung der möglichen Medienpräsenz solche übermittelten Medieninhalte, die durch die Ersteller und/oder Nutzer gekennzeichnet sind, zum Beispiel positive Berichterstattung von Journalisten oder Mund-zu-Mund-Propaganda in Online-Communities.

Employer Branding
Das Employer Branding (deutsch: Arbeitgebermarkenbildung) ist als Teil der Internen Kommunikation eine unternehmensstrategische Maßnahme, um ein Unternehmen intern und extern als attraktiven Arbeitgeber darzustellen und von anderen Wettbewerbern im Arbeitsmarkt positiv abzuheben und zu positionieren. Es bezieht sich unter anderem auf Kommunikationsmaßnahmen zur Bindung von Mitarbeitern und Führungskräften sowie die Gewinnung neuer Kandidaten.

Equity-Story
Hinter der Equity-Story verbirgt sich die Kapitalmarktstory, welche die Geschäftsidee, die Positionierung, die Erfolgsfaktoren, Börsenreife und das Zukunftspotenzial eines börsennotierten Unternehmens zusammenfasst. Sie wird im Vorfeld von Börsengängen entwickelt und beantwortet vor allem die Fragen der Analysten und Anleger, warum das emittierte Wertpapier für sie attraktiv ist, verbunden mit dem Ziel, positive Analystenkommentare zu erzielen und Anlegerinteresse zu wecken.

Ethno-Marketing
Unter Ethno-Marketing (deutsch: Volk und Marketing) ist die gezielte werbliche Ansprache an ethnische Minderheiten durch einen auf ihre Volksgruppe abgestimmten Marketing- und Kommunikations-Mix zu verstehen. In Deutschland hat diese Marketingform aufgrund des demografischen Wandels in den vergangenen Jahren an Bedeutung gewonnen. Unternehmen wie E.ON oder Telekom beschäftigen eigens muttersprachliche Texter für ihre speziell auf die ausländischen Mitbürger ausgerichteten Werbekampagnen. So bietet E.ON mit der eigens für die türkischstämmige Bevölkerung eingeführten Strom-Marke „Enerji Almanya" einen türkischsprachigen Energieservice an und die Telekom schaltet in deutsch-russischen Medien regelmäßig Anzeigen für preiswerte Tarife, um nach Russland zu telefonieren.

Evaluation
Unter Evaluation sind Instrumente zu verstehen, mit denen der Erfolg einer Kommunikationsmaßnahme oder -stra-

tegie gemessen und bewertet wird. Die einfachste Form der Evaluation ist das Clipping bzw. das Media Monitoring, anhand dessen abzulesen ist, wie oft und in welchen Medien über ein Thema berichtet wurde. Dies ist die rein quantitative Evaluation. Die qualitative Evaluation berücksichtigt Faktoren wie zum Beispiel die Tonalität der Berichterstattung (positiv, neutral, negativ) oder das Verwenden bestimmter Schlüsselwörter. Hierbei zählt die Medienresonanzanalyse zu den am häufigsten genutzten Instrumenten.

Events
Events sind besondere Ereignisse, die als Kommunikationsmaßnahme von Unternehmen, Organisationen und Gruppen aller Art eingesetzt werden. Es sind Live-Veranstaltungen, die direkt und indirekt medial begleitet für die jeweiligen Zielgruppen Erlebnisse ermöglichen, die zur Erreichung der Kommunikations- und Marketingziele beitragen. Darüber hinaus werden Botschaften von Events mit höchstmöglichen Aufmerksamkeits- und Erinnerungswerten transportiert.

Externe Kommunikation
Die Externe Kommunikation dient dem Austausch von Informationen und Nachrichten zwischen der Organisation und anderen Unternehmen, Gruppen oder Einzelnen, die nicht in die Struktur der Organisation selbst eingebunden sind. Ziel ist es, Aufmerksamkeit zu erzeugen und den Bekanntheitsgrad, die Glaubwürdigkeit, das Vertrauen und die Akzeptanz des Unternehmens in der Öffentlichkeit zu steigern. Dafür stehen verschiedene Instrumente in den Bereichen Online, Print, TV und Hörfunk zur Verfügung: von der Unternehmenswebsite über Pressemitteilung, Kundenmagazin und Pressekonferenz bis hin zu TV- und Radio-Spot.

Frequently Asked Questions (FAQs)
Die FAQs (deutsch: häufig gestellte Fragen) sind ein Fragen-und-Antworten-Katalog. Ursprünglich aus dem IT-Bereich stammend, enthält ein FAQ die am häufigsten gestellten Fragen zu einem bestimmten Themenkomplex und liefert gleich die Antworten dazu. In der Unternehmenskommunikation kann ein FAQ vielfach eingesetzt werden: als Anhang zu einem Pressetext, zu einem neuen Produkt oder einem komplexen Sachverhalt; in der Krisenkommunikation, um eine einheitliche Sprachregelung zu gewährleisten, oder als Antwortvorgabe für mögliche Fragen auf einer Pressekonferenz.

Fundraising
Fundraising (deutsch: Erschließen von Vermögen) ist eine aus den USA stammende Form des Marketings, die darauf abzielt, die Tätigkeiten einer Organisation an ausgewählte gegenwärtige und potenzielle Förderer heranzutragen. Dies geschieht auf Basis einer langfristig angelegten Kommunikationsstrategie, verbunden mit der Zielsetzung Ressourcen in Form von Geld-, Sach- und Dienstleistungen für die Organisation zu beschaffen.

Gegendarstellung
Eine Gegendarstellung bezieht sich auf eine Tatsachenbehauptung in einem veröffentlichten redaktionellen Beitrag (TV, Online, Print), die nachweislich falsch ist bzw. nicht der Wahrheit entspricht. Nach den publizistischen Grundsätzen des

Deutschen Presserates ist der Verfasser des veröffentlichten Beitrages dazu verpflichtet, die Gegendarstellung innerhalb von drei Monaten auf der gleichen Seite und an vergleichbarer Stelle, an welcher der Artikel erschienen ist, zu veröffentlichen. Reine Meinungsäußerungen sind nicht gegendarstellungsfähig. Die an die Redaktion übermittelte Gegendarstellung darf von den Journalisten nicht verändert werden. Die Redaktion hat allerdings das Recht, im Vor- oder Abspann Bezug zu der Gegendarstellung zu nehmen. Das Einreichen einer Gegendarstellung sollte gut überlegt sein, da ein persönliches Gespräch mit dem verantwortlichen Redakteur oftmals zielführender ist.

Geschäftsbericht
Der Geschäftsbericht ist die Zusammenfassung von Jahresabschluss und Lagebericht bzw. Konzernabschluss und Konzernlagebericht. Die Aufstellung eines Geschäftsberichts ist gesetzlich nicht vorgeschrieben. Vielmehr bildet er das zentrale Instrument der Kapitalmarktkommunikation. Bei der Offenlegung bzw. Veröffentlichung des Geschäftsberichts müssen Form und Inhalt gemäß § 328 HGB beachtet werden. Darüber hinaus dient der Geschäftsbericht dem Aufbau und der Pflege des Unternehmensimages, indem er neben dem Zahlenwerk auch Einblicke in die Kultur, Schwerpunkte und Philosophie des Unternehmens gibt.

Guerilla-Marketing
Das ursprünglich aus dem südamerikanischen Straßenkampf entlehnte Wort „Guerilla" bezeichnet eine konzertierte, aufmerksamkeitserregende Marketing- oder PR-Aktion, die auf unkonventionellen Methoden beruht und im Vergleich zu klassischen Werbekampagnen mit geringen Kosten verbunden ist. So hat das schwedische Einrichtungshaus Ikea zu einer Shop-Eröffnung in Japan Ikea-Möbel in U-Bahn-Waggons platziert und die Fluglinie Air Berlin hat bei der Aktion „Airtramp" die Berliner Bevölkerung aufgefordert, sich mit einem Schild am Straßenrand einzufinden, um einen von 50 Freiflügen an eine Wunsch-Destination zu ergattern. Solche Guerilla-Marketing-Aktionen lassen sich nicht ohne Weiteres unverändert wiederholen. Sie beruhen auf dem Prinzip, dass die Aktion so viel Gesprächsstoff bietet, dass sie sich über verschiedenste Kanäle (Social Media, Mundpropaganda etc.) von alleine verbreiten.

Harte Faktoren
In der Unternehmensführung wird zwischen harten und weichen Faktoren unterschieden, die den Erfolg eines Unternehmens bestimmen. Harte Faktoren (Hard Facts) lassen sich in betriebswirtschaftlichen Kennzahlen wie Kosten, Kapitalumschlag oder Durchlaufzeiten ausdrücken (vgl. auch „Weiche Faktoren").

Hoax
Als Hoax (deutsch: Jux, Schwindel) wird eine elektronische Falschmeldung bezeichnet, die durch Dritte über E-Mails verbreitet wird und alle Themenbereiche tangieren kann – von einer Virus-Warnung über Unternehmens- und Börsennachrichten, Umweltschutz und Wetter bis hin zu weiteren Warnhinweisen. Ein Hoax wird von vielen für wahr gehalten und daher wie ein Kettenbrief an Freunde, Kollegen, Verwandte und andere Personen weitergeleitet.

Image-Analyse

Die Grundlage eines Kommunikationskonzeptes ist eine sorgfältige Analyse der Ausgangssituation, des Ist-Images. Teil dieser Situationsanalyse ist die Image-Analyse, in der interne und externe Images eines Unternehmens, einer Organisation oder einer Institution untersucht und identifiziert werden, um darauf basierend entsprechende Kommunikationsstrategien und -maßnahmen zu entwickeln und umzusetzen.

Integrierte Kommunikation

Die Integrierte Kommunikation bezeichnet den Prozess der allumfassenden, vernetzten, strategischen und damit zielgerichteten Kommunikation. Sie umfasst Analyse, Planung, Organisation, Durchführung und Kontrolle der gesamten Internen und Externen Kommunikation von Unternehmen, Organisationen oder Personen, mit dem Ziel, eine konsistente und aufeinander abgestimmte Unternehmenskommunikation zu gewährleisten.

Interne Kommunikation

Die Interne Kommunikation bezeichnet jegliche Art von Informationsaustausch zwischen der Unternehmensleitung, den einzelnen Managementebenen und der Belegschaft mittels interner Medien wie Intranet, Mitarbeiterzeitung, E-Mail, Newsletter oder des direkten Gesprächs in Form von Belegschaftsversammlungen und Mitarbeitergesprächen. Die zu vermittelnden Informationen reichen von der Vorstellung der Unternehmensstrategie über Nachrichten zum aktuellen Unternehmensgeschehen bis hin zu anlassbezogenen persönlichen Statements der Geschäftsführung. Das Ziel der Internen Kommunikation ist die bestmögliche Einbindung der Mitarbeiter in das Unternehmensgeschehen im Sinne einer offenen Feedbackkultur. Damit hat die Interne Kommunikation neben der Funktion der Information auch eine mitarbeiterbindende, motivierende und identifizierende Wirkung.

Investor Relations

Unter Investor Relations (deutsch: Anlegerpflege) ist die Kommunikation eines börsennotierten Unternehmens mit der Öffentlichkeit und Finanzwelt (Aktionäre, Analysten, Journalisten etc.) zu verstehen. Diese benötigen alle relevanten Informationen, um den Aktienwert des Unternehmens möglichst exakt beurteilen zu können. Somit ist es Aufgabe der Investor-Relations-Verantwortlichen, in der Öffentlichkeit und insbesondere am Finanzmarkt eine möglichst realistische Wahrnehmung des Unternehmens zu erreichen. Im Kern geht es darum, die Erwartungen des Kapitalmarktes mit den tatsächlichen und wahrscheinlichen Entwicklungen des Unternehmens in Einklang zu bringen.

Issues Management

Issues Management (deutsch: Risiken- und-Chancen-Management) bezeichnet die systematische Auseinandersetzung einer Organisation (in der Regel Unternehmen, aber auch Behörden, Parteien, Verbände etc.) mit Anliegen ihrer Umwelt. Dabei geht es um die frühzeitige Identifizierung von Issues, die sich positiv oder negativ auf die Unternehmensreputation auswirken können, zum Beispiel wirtschaftliche, politische oder gesellschaftliche Themen, die für die

Kommunikation mit bestimmten Interessengruppen relevant sind.

Kommunikations-Controlling
Beim Kommunikations-Controlling handelt es sich um eine Unterstützungsfunktion, die Strategie-, Prozess-, Ergebnis- und Finanztransparenz für den arbeitsteiligen Prozess des Kommunikationsmanagements schafft und geeignete Methoden, Strukturen und Kennzahlen für die Planung, Umsetzung und Kontrolle der Unternehmenskommunikation zur Verfügung stellt.

Krisenkommunikation
Unter der Krisenkommunikation sind alle für den Krisenfall relevanten kommunikativen Maßnahmen zu verstehen, die negative Auswirkungen der Krise, zum Beispiel Imageschädigung und Vertrauensverlust, verhindern oder zumindest eindämmen. Dies bedingt eine genaue Zuordnung von Zuständigkeiten und Verantwortlichkeiten im Krisenfall sowie eine klare Kommunikationslinie für ein inhaltlich und argumentativ einheitliches Auftreten. Mit Blick auf die Reputation eines Unternehmens besteht das Ziel auch darin, mögliche Krisen bereits im Vorfeld zu verhindern.

Launch
In Marketing und PR bezeichnet der Launch (deutsch: Einführung) die Markteinführung eines neuen Produktes oder einer neuen Marke, für die ein bestimmtes Marketing- und Kommunikationskonzept entwickelt wird. Das Konzept enthält dabei verschiedene Maßnahmen (Online, Print, Hörfunk und Fernsehen), um die Aufmerksamkeit für das Produkt zu erhöhen. Die Wiedereinführung eines Produkts, das entweder längere Zeit nicht auf dem Markt war, für das es jedoch im Zuge von Trends wieder eine Nachfrage gibt, oder dessen Design dem Zeitgeist angepasst wurde, wird als Relaunch bezeichnet.

Litigation-PR
Unter Litigation-PR (deutsch: prozessbegleitende Öffentlichkeitsarbeit) ist die strategische Kommunikation vor, während und nach juristischen Auseinandersetzungen zu verstehen. Ziel ist es, die juristische Strategie der beteiligten Anwälte zu unterstützen, das Ergebnis der juristischen Auseinandersetzung mit Hilfe der Öffentlichkeit zu beeinflussen und gleichzeitig Schäden an der Reputation des Mandanten zu vermeiden. Sie wird auch als Teilbereich der Krisenkommunikation bzw. des Reputationsmanagements gesehen.

Lobbyismus
Lobbyismus ist eine aus dem Englischen übernommene Bezeichnung (Lobbying) für eine Form der Interessenvertretung in den Bereichen Politik und Gesellschaft. Die Interessengruppen, sogenannte Lobbys, versuchen besonders durch den Aufbau und die Pflege persönlicher Beziehungen, die Exekutive und Legislative zu beeinflussen. Außerdem wirken sie auf die öffentliche Meinung durch strategische PR-Arbeit ein. Der Begriff ist negativ besetzt, so dass die Interessenverbände nicht unter diesem Begriff auftreten. Gängige Bezeichnungen für lobbyistische Tätigkeiten sind zum Beispiel Public Affairs, politische Kommunikation und Politikberatung.

Marketing

Das Marketing ist eine unternehmerische Aufgabe, zu deren wichtigsten Herausforderungen das Erkennen von Marktveränderungen und Bedürfnisverschiebungen gehört, um rechtzeitig Wettbewerbsvorteile aufzubauen. Der Grundgedanke ist die konsequente Ausrichtung des gesamten Unternehmens an den Bedürfnissen des Marktes. Im Unterschied zur Kommunikation geht das Marketing in erster Linie vom Absatz aus und fragt nach den Möglichkeiten der Absatzsteigerung, die oft über den Preis gesteuert werden. Heutzutage muss das Marketing aber zunehmend gesellschaftliche und politische Erwartungen einbeziehen. Nicht zuletzt deshalb ist eine Zunahme ganzheitlicher, sprich integrativer Konzepte zu verzeichnen (vgl. Integrierte Kommunikation).

Marktforschung

Unter Marktforschung ist die systematische Sammlung, Aufarbeitung, Analyse und Interpretation von Daten über unternehmensrelevante Märkte zum Zweck der Informationsgewinnung für Marketing-Entscheidungen zu verstehen. Die hieraus gewonnenen Informationen sind unter anderem die Grundlage für die Planung von Marketing- und Kommunikationsmaßnahmen. Die Daten helfen beispielsweise, die Ursachen von Absatzproblemen zu erkennen und zu analysieren und neue Produkte erfolgreich auf dem Markt einzuführen. Darüber hinaus ermöglichen die Ergebnisse der Marktforschung eine realistische Erfolgskontrolle zum Einsatz der Marketing- und Kommunikationsinstrumente.

Media Monitoring

Als Media Monitoring (deutsch: Medienbeobachtung) wird die regelmäßige Beobachtung und Dokumentation bestimmter Medien im Hinblick auf ein Thema bezeichnet. Artikel, in denen das gesuchte Stichwort enthalten ist, werden als Clipping aufbereitet. Die gefundenen Clippings werden dem Kunden mit Angaben wie Datum, Auflage, Platzierung oder Reichweiten in einem regelmäßigen Turnus zugestellt. Aus ausgewählten Clippings wird schließlich der tägliche, wöchentliche oder monatliche Pressespiegel erstellt (vgl. Evaluation bzw. Clipping).

Mediaplanung

Die Mediaplanung ist eine Einschätzung und eine Grobplanung für verschiedene Werbemedien (TV, Print, Internet, Radio), die bei einer Kampagne zum Einsatz kommen sollen. Die Mediaplanung verfolgt das Ziel, das seitens des Unternehmens zur Verfügung stehende Werbebudget mit Blick auf die vorab festgelegten Kommunikationsziele optimal einzusetzen. Wichtige Kennzahlen der Mediaplanung sind unter anderem die mediale Reichweite und die Kontakte. Neben den rein quantitativen Zielen ist die Qualität der Kontakte von großer Bedeutung, um die avisierte Zielgruppe möglichst exakt zu treffen und den Streuverlust zu minimieren.

Nachhaltigkeitskommunikation

Es handelt sich um ein Konzept, mit dessen Hilfe Unternehmen auf freiwilliger Basis soziale und Umweltschutzbelange in ihre Geschäftstätigkeiten und ihren kommunikativen Austausch mit Stakeholdern einbeziehen. Im Mittelpunkt steht die Darstellung konkreter Unternehmensaktivitäten, die Ausdruck nachhaltigen Wirtschaftens sind.

Öffentlichkeitsarbeit
Der Begriff Öffentlichkeitsarbeit ist zum deutschsprachigen Synonym von PR-Aktivitäten geworden und findet weit verbreitet Anwendung. Die Urheberschaft des Begriffes hat der inzwischen verstorbene Kommunikationswissenschaftler Albert Oeckl für sich in Anspruch genommen, der als eine der Leitfiguren bei der Entwicklung standespolitischer Strukturen der PR gilt. Public Relations ist die Planung und Steuerung aller relevanten Kommunikationsprozesse für Personen und Organisationen mit deren Bezugsgruppen in der Öffentlichkeit. PR ist demnach eine langfristig und strategisch angelegte Führungsfunktion des Managements. Sie vermittelt Standpunkte und gibt Orientierung, um einen politischen, wirtschaftlichen und sozialen Handlungsraum von Personen oder Organisationen im Prozess der öffentlichen Meinungsbildung zu schaffen und zu sichern.

Opinion Leader
Zu den Opinion Leader (deutsch: Meinungsführer) gehören Personen, die sich durch ihre Fachkompetenz und besondere Kommunikationsfähigkeiten auszeichnen und dadurch in ihren Gruppen Gehör finden und diese in ihren Entscheidungen beeinflussen können. Sie nehmen eine Schlüsselrolle bei der Meinungsbildung ein und sind somit für die Öffentlichkeitsarbeit wichtig, da mit ihrer Unterstützung die Kommunikation mit der avisierten Zielgruppe effektiver gestaltet werden kann.

Page Impressions
Bei den Page Impressions oder Pages Views (deutsch: Seitenabrufe) handelt es sich um die Anzahl der aufgerufenen Seiten (Sichtkontakte) eines Online-Angebots. Registriert wird die Anzahl der Seiten, die von einem Besucher innerhalb eines mehrseitigen Online-Angebots aufgesucht werden, ohne zwischendurch den Anbieter zu wechseln. Das Verhältnis von Visits zu Page Impressions sollte bei redaktionell ambitionierten Projekten möglichst hoch sein, da nur so gewährleistet ist, dass der Besucher mehrere Seiten besucht.

Pitch
Der Begriff Pitch (deutsch: Spielfeld) stammt ursprünglich aus dem Rugbysport. Dort bezeichnet es das Spielfeld und den Kampf, im Baseball auch einen Ballwurf. In der Werbe- und PR-Sprache bezeichnet Pitch die Präsentation eines Entwurfs, zum Beispiel zu einer Kommunikationskampagne, im Wettbewerb von mehreren Agenturen.

Podcasting
Der Begriff Podcasting kommt vom englischen Wort Broadcasting (deutsch: Rundfunk) und dem weit verbreiteten MP3-Player iPod von Apple. Er bezeichnet das Produzieren und Anbieten von Mediendateien (Audio oder Video) über das Internet. Ein einzelner Podcast ist eine Serie von Medienbeiträgen (Episoden), die über einen Newsfeed (meist RSS) automatisch bezogen werden können.

Pressespiegel
Ein Pressespiegel fasst als Teil der Medienbeobachtung alle aktuellen (positiven

und negativen) Medienberichte zumeist in Form von Ausschnitten zusammen und spiegelt somit wider, wie das Unternehmen oder die Marke nach außen wahrgenommen wird.

Presseverteiler

Ein Presseverteiler enthält die Kontaktdaten von allen unternehmensrelevanten Medienvertretern, die im Rahmen der Kommunikationsarbeit mit Informationen versorgt werden müssen. Ein Presseverteiler sollte neben Namen, Adressen, Telefon- und weiteren Kontaktdaten auch wissenswerte Informationen über den Journalisten oder Meinungsbildner enthalten. Eine kontinuierliche Pflege und Aktualisierung der Kontaktdaten ist unerlässlich, andernfalls erreichen die Informationen nicht ihre Empfänger.

PR-Evaluation

Die PR-Evaluation umfasst die Messung und Bewertung von Kommunikationsaktivitäten mit Blick auf die vorab definierten Ziele. Dies kann formativ (integrierter, begleitender Prozess) oder summativ (abschließende Ergebniskontrolle) erfolgen. Der Erfolg einer Kommunikationsmaßnahme lässt sich nur auf Basis eines Vergleichs zwischen angestrebten und verwirklichten Zielen beurteilen (Soll- und Ist-Wert).

Product Placement

Product Placement (deutsch: Werbeintegration) bezeichnet und umfasst die werbewirksame und zielgerichtete Integration von Markenprodukten und Dienstleistungen in verschiedenen Medien. Sie ist ein Instrument des Marketings und wird vor allem in Film- und Fernsehproduktionen und Videospielen eingesetzt. Die praktische Umsetzung ist vielfältig und reicht vom Tragen einer bestimmten Armbanduhr über den redaktionellen Eingriff in einzelne Szenen bis hin zur Themensetzung ganzer Produktionen.

Promotion

vgl. Advertorial

Public Affairs

Public Affairs (deutsch: öffentliche Angelegenheiten) ist eine noch relativ junge Disziplin der Unternehmenskommunikation, die ihre Wurzeln in den USA hat. Sie bezeichnet das strategische Management von Entscheidungsprozessen an der Schnittstelle zwischen Politik, Wirtschaft und Gesellschaft. Public Affairs ist eine Form des Lobbyismus, die sich sowohl der Methoden klassischer Public Relations (Presse- und Medienarbeit, Issues Management etc.) als auch spezifischer Instrumente wie Kommunikation mit und Beratung von relevanten Entscheidungsträgern (direkt oder über Meinungsbildner und Medien), politisches Monitoring sowie Corporate Social Responsibility (CSR).

Reputation

Unter Reputation ist das von den Stakeholdern wahrgenommene Ansehen einer Organisation zu verstehen. Sie ist ein wichtiger unternehmerischer Erfolgsfaktor und Teil des Marken- bzw. Unternehmenswerts. Eine hohe Reputation wird gleichgesetzt mit einem guten Ruf bzw. mit einem hohen Ansehen. Sie umfasst die Gesamtheit der Werturteile, die sich im Laufe der Zeit über Organisationen entwickelt haben.

Roadshow
Die Roadshow (deutsch: Werbeveranstaltung) bezeichnet eine Präsentation, die nacheinander, meist an ein bis zwei Tagen, vor verschiedenen Vertretern einer Zielgruppe gehalten wird. Der Begriff verdeutlicht, dass man seine Zuhörer besucht, nicht umgekehrt. Im Finanzwesen ist eine Roadshow zumeist die Unternehmenspräsentation eines Vorstandsmitglieds oder eines Investor-Relations-Verantwortlichen vor Vertretern der Finanzwelt (Investoren, Analysten etc.). Im Kontext der Pressearbeit sind dies in der Regel Besuche der Kommunikationsverantwortlichen bei ausgewählten Redaktionen.

RSS-Feed
Hinter der Abkürzung des englischen Begriffs Really Simple Syndication (deutsch: wirklich einfache Verbreitung) verbirgt sich eine Technik, die es einem User ermöglicht, die Inhalte einer Website bzw. Teile davon zu abonnieren oder in andere Websites zu integrieren. Ein RSS-Channel versorgt den Adressaten oft, ähnlich wie ein Nachrichtenticker, mit kurzen Informationsblöcken, die aus einer Schlagzeile mit kurzem Textanriss und einem Link zur Originalseite bestehen. Zunehmend werden aber auch komplette Inhalte klassischer Webangebote ergänzend als Volltext-RSS bereitgestellt.

Shareholder
Ein Shareholder (deutsch: Aktionär/Anteilseigner) ist eine Person oder Institution, die Aktien eines Unternehmens besitzt und damit Kapitalgeber ist. Der Shareholder Value bezeichnet den Wert des Aktienvermögens.

Shareholder Value
Das Shareholder-Value-Konzept ist eine Konzeption der Unternehmensführung, die nicht mehr das traditionelle Ziel der Gewinnmaximierung des Unternehmens, sondern die bestmögliche Befriedigung der Aktionärsansprüche verfolgt.

Shitstorm
Ein Shitstorm wird als Begriff für ein Phänomen auf Social-Media-Plattformen wie Facebook oder Twitter verwendet, bei dem innerhalb einer kurzen Zeit sehr viele kritische, negative Äußerungen zu einem Unternehmen, einem Produkt, einer Dienstleistung oder einer Person veröffentlicht werden. Dabei ist die Kritik häufig nicht sachlich oder objektiv, sondern emotional, bedrohend, aggressiv oder beleidigend. Ein Shitstorm verbreitet sich viral in rasender Geschwindigkeit und wird abhängig vom Thema und der Tragweite oftmals auch von den Medien redaktionell aufgegriffen. Das Gegenteil von einem Shitstorm ist ein Candystorm, der im deutschen Sprachraum eine Welle von positiven Bekundungen und Zuspruch in den sozialen Medien bezeichnet.

Slogan
Bei einem Slogan handelt es sich um eine zentrale Werbeaussage, die durch Kürze und Prägnanz, verstärkt durch sprachlich-rhythmische Intonation und Wortwohlklang, die Akzeptanz und die Gedächtniswirkung erhöhen soll. Slogans werden hauptsächlich in der Werbung oder Markenkommunikation und in der Politik verwendet. Der Slogan soll der Öffentlichkeit in kompakter Form eine Aussage vermitteln. Slogans werden häufig auch durch Melodien untermalt (Jingle).

Social Media

Social Media (deutsch: soziale Netzwerke) sind eine Vielfalt digitaler Medien und Technologien, die es Nutzern ermöglichen, sich untereinander auszutauschen und mediale Inhalte einzeln oder in Gemeinschaft zu gestalten. Die Interaktion umfasst den gegenseitigen Austausch von Informationen, Meinungen, Eindrücken und Erfahrungen sowie das Mitwirken an der Erstellung von Inhalten. Das gemeinsame Erstellen, Bearbeiten und Teilen der Inhalte, unterstützt von interaktiven Anwendungen, betont auch der Begriff Web 4.0, worunter zum Beispiel Angebote im Bereich Augmented Reality fallen. Die sichtbare Realität wird hier überlagert von eingeblendeten Informationen über Projektionsbrillen.

Sponsoring

Sponsoring ist die gezielte Bereitstellung von Geld- und Sachleistungen für Einzelpersonen, Organisationen und Veranstaltungen zur Erreichung autonomer Ziele. Eine Klassifikation in Einzelbereiche ergibt sich aus der Unterscheidung in Sportsponsoring, Kultursponsoring, Social Sponsoring und Umwelt-Sponsoring, die jüngste Form des Sponsorings. Ziele des Sponsorings sind die Steigerung der Unternehmens- und Markenbekanntheit sowie die Verbesserung des Images durch einen Imagetransfer der Gesponserten auf das Unternehmen und seine Produkte.

Stakeholder-Analyse

Die Stakeholder-Analyse ist ein etabliertes Instrument des Controllings, das die für ein Unternehmen relevanten Stakeholder sowie deren Einfluss auf bestimmte unternehmerische Entscheidungen ermittelt. Eine gängige Vorgehensweise ist die Einteilung der Stakeholder in A-B-C-Gruppierungen. A-Stakeholder stehen im Fokus der Kommunikationsarbeit, da sie durch ihr Verhalten unmittelbar die Unternehmensreputation beeinflussen. B-Stakeholder beeinflussen das Image indirekt, indem sie Einfluss auf das Verhalten der A-Stakeholder ausüben, während C-Stakeholder die A-Stakeholder unter Druck setzen (zum Beispiel Gewerkschaften, die Mitarbeiter mobilisieren), um ihren Einfluss geltend zu machen.

Stakeholder-Management

Das Stakeholder-Management ist ein strategisches Instrument zum Aufbau und zur Pflege von Beziehungen mit unternehmensrelevanten Meinungsbildnern und Multiplikatoren, welche einen positiven oder negativen Einfluss auf die Interessenlage des Unternehmens ausüben können, zum Beispiel Aktionäre, Bürgerinitiativen oder Umweltschutzorganisationen. Die Unternehmen müssen mit diesen Gruppen in Kontakt treten und versuchen, langfristig einen Ausgleich der Interessen bzw. eine Balance zu erzielen.

Storytelling

Das Storytelling (deutsch: Geschichten erzählen) ist eine Erzählmethode, mit der explizites, aber vor allem implizites Wissen in Form einer Metapher weitergegeben wird. Die Zuhörer werden in die erzählte Geschichte eingebunden, damit sie den Gehalt der Geschichte leichter verstehen. Dadurch wird der Inhalt der Geschichte nicht nur gehört, sondern auch erlebt. Das hat den Vorteil, dass das zu transportierende Wissen eher verstanden und angenommen wird. In verschiedenen Bereichen gehört Storytelling zum Alltag: ob im Journalismus (Frage des Journalisten: „Wo ist die Story dahinter?"), Marketing, Werbung oder im Wissensmanagement. Erzähler nutzen Geschichten, um komplexe Sachverhalte, Abläufe, Kultur, Lebensgefühl und Images zu vermitteln und weiterzugeben. Die Einsatzmöglichkeiten sind vielfältig und nehmen auch in der Unternehmenskommunikation zu.

SWOT-Analyse
Die SWOT-Analyse ist ein Instrument der strategischen Unternehmensplanung, das die Stärken und Schwächen sowie Chancen und Risiken in einem Unternehmen oder eines Produkts untersucht. SWOT ist die englische Abkürzung für die Attribute Stärken (Strengths), Schwächen (Weaknesses), Chancen (Opportunities) und Risiken (Threats), die bei der Analyse in Form einer Vier-Felder-Matrix abgebildet werden. Im Fokus steht die Beantwortung unternehmensrelevanter Fragestellungen wie: Worin sind wir gut (Strengths)? Wo sind andere besser (Weaknesses)? Welche Trends können wir für uns nutzen (Opportunities)? Welche Entwicklungen können uns Probleme bereiten (Threats)? Basierend auf den Ergebnissen werden entsprechende Maßnahmen beschlossen. Die SWOT-Analyse stellt somit eine Positionierungsanalyse für wettbewerbliche Aktivitäten dar.

Tabloid
Mit Tabloid wird ein kleineres Zeitungsformat bezeichnet, in angelsächsischen Ländern ist es die Bezeichnung für eine Boulevardzeitung. Bekannte Titel sind The Sun, Daily Mirror und Daily Mail.

Tausenderkontaktpreis (TKP)
Der TKP bezeichnet die Relation zwischen dem Anzeigenpreis und dem Produkt aus der Zahl der erreichten Leser und der Zahl der durchschnittlichen Kontakte pro erreichtem Leser. Diese Kennzahl der Mediaplanung sagt aus, wie viel tausend Kontakte mit einem Werbeträger kosten.

Teaser
Der Teaser (deutsch: Anreiz) bezeichnet die einleitenden Sätze, die den Leser neugierig auf einen Text, zum Beispiel eine Pressemitteilung oder einen redaktionellen Beitrag, machen sollen.

Testimonial
Das Testimonial (deutsch: Werbefigur) ist eine in der Regel bezahlte Person, die für ein Produkt, ein Unternehmen oder eine Dienstleistung wirbt. Testimonials können unbekannte Gesichter sein, die durch geschickte PR zu „Werbestars" avancieren. Am häufigsten werden jedoch Prominente aufgrund ihres hohen Bekanntheitsgrades als Testimonials für eine oder mehrere Marken verpflichtet. Entscheidend für einen positiven Imagetransfer sind die Übereinstimmung des Produktimages mit den gegebenen oder auch vermeintlichen Eigenschaften des Prominenten und die Glaubwürdigkeit der Werbebotschaft insgesamt.

Themenplan
Der Themenplan bzw. Redaktionsplan bezeichnet die redaktionelle Aufteilung der Ausgabe einer Zeitung oder eines Magazin zur internen Seitenplanung, d.h., die Übersicht über die redaktionellen Themen zukünftiger Ausgaben, die unter

anderem der Gewinnung von Anzeigenkunden dient. Diese Themenpläne sind Bestandteil der Mediaplanung.

Top-down-Kommunikation
Die Top-down-Kommunikation ist eine Methode, um Informationen und Anordnungen innerhalb einer Firma mit einer hierarchischen Struktur zu vermitteln: ausgehend von der Unternehmensleitung über die Führungskräfte bis zu den Mitarbeitern. Die Kommunikation erfolgt einseitig direktiv von der Führungsspitze in die Belegschaft hinein. Die Mitarbeiter haben dabei nur eine begrenzte Möglichkeit, ihre Meinung der Führungsspitze mitzuteilen.

Touchpoints
Die Touchpoints (deutsch: Berührungspunkte) bezeichnen alle Berührungspunkte eines Unternehmens mit den internen und externen Stakeholdern, unter anderem Mitarbeiter, Kunden, Geschäftspartner, Journalisten und Öffentlichkeit. Sie bilden für die Unternehmenskommunikation wichtige Ansatzpunkte, um das Image von Produkten, Dienstleistungen und Unternehmen zu prägen.

Townhall-Meeting
Das Townhall-Meeting (deutsch: Bürgerversammlung) bezeichnet die Präsentation der Unternehmensleitung vor der Belegschaft. Die Treffen dienen dem beidseitigen Dialog. Die Geschäftsführung steht den Mitarbeitern zu verschiedenen Unternehmensthemen Rede und Antwort.

Unique Advertising Proposition (UAP)
Die UAP (deutsch: einzigartige Werbeaussage) steht für die Alleinstellung eines Produktes durch Werbung und hilft dem Unternehmen, sein Erzeugnis von Konkurrenzprodukten zu unterscheiden und somit dessen Einzigartigkeit auf dem Markt herauszustellen.

Unique Selling Proposition (USP)
Mit dem USP (deutsch: einzigartiges Verkaufsversprechen) ist der einzigartige Produktnutzen bzw. das Leistungsmerkmal gemeint, durch das sich ein Produkt oder eine Dienstleistung von allen anderen unterscheidet, die auf gleicher Ebene konkurrieren. Dabei ist es egal, ob dieser Nutzen objektiv vorhanden ist oder nur emotional empfunden wird. Wichtig ist, dass er vom Konsumenten wahrgenommen wird und von der Konkurrenz nur schwer kopiert werden kann.

User Generated Content (UGC)
Der UGC (deutsch: nutzergenerierter Inhalt) bezeichnet Inhalte, die von den Mediennutzern selbst erstellt werden. Insbesondere durch den Anstieg der sozialen Medien hat der Anteil nutzergenerierter Inhalte gegenüber redaktionellen Inhalten stark zugenommen. Der UGC umfasst sowohl eigene als auch fremde Inhalte, die in den sozialen Medien geteilt, kommentiert oder selbst erstellt werden.

Valid-Metrics-Modell
Das Valid-Metrics-Modell (deutsch: verlässliches Messgrößen-Modell) ist ein Stufenmodell des Kommunikations-Controllings vom internationalen Branchenverband AMEC (Association for the Measurement and Evaluation of Communication), das den Wertschöpfungsbeitrag der Kommunikation mittels Kennziffern

auf fünf verschiedenen Wirkungsstufen (Awareness, Knowledge, Interest, Preference, Action) darstellt.

Value Link
Der Value Link (deutsch: Werttreiberbaum) ist ebenfalls ein Instrument des Kommunikations-Controlling, das plausible Kernzusammenhänge zwischen einzelnen Kommunikationsinstrumenten zeigt, zum Beispiel Medien der Internen oder Externen Kommunikation.

Virales Marketing
Virales Marketing zeichnet sich dadurch aus, dass sich Nachrichten epidemisch, d.h., wie ein Virus, ausbreiten, was man früher auch als Mundpropaganda bezeichnete. Insbesondere durch das Internet verbreiten sich Inhalte sehr schnell, und zwar positiv wie negativ, so dass Virales Marketing nur begrenzt steuerbar ist. Es kann die Glaubwürdigkeit und Bekanntheit einer Marke oder eines Produkts erhöhen und dem Inhalt zumindest kurzzeitig einen Kultstatus verleihen. Ein gutes Beispiel hierfür ist das Supergeil-Video von Edeka: Mehr als acht Millionen Menschen haben sich angeschaut, wie der Berliner Künstler Friedrich Liechtenstein zu Zeilen wie „Super-Uschi, Super-Muschi, Super-Sushi, supergeil" durch Supermarktregale und Wohnzimmer schwoft. In den Download-Charts der Musikdienste stand die Edeka-Version des Liedes, anders als das Original, mehrere Wochen unter den Top 100. Der Spot ist ein Paradebeispiel des Viralen Marketings, bei dem sich Werbebotschaften über Social-Media-Plattformen schnell und großflächig verbreiten.

Virtuelle Aufmerksamkeitsanalyse
Im Rahmen einer Suchmaschinenoptimierung wird die virtuelle Aufmerksamkeitsanalyse durchgeführt. Sie deckt die Schwächen einer Webseite auf, indem sie ermittelt, welche Anteile einer Webseite innerhalb der ersten Sekunden von einem Besucher erfasst werden und im Fokus stehen und welche dagegen untergehen. Dieses sogenannte Eye Tracking erfolgt durch Tests mit Probanden oder mittels spezieller Software wie EyeWorks oder Nyan.

Vlog
Die Bezeichnung Vlog setzt sich aus den Wörtern Video und Blog zusammen: Es ist ein Weblog in Videoform.

Vox Pop
Bei den Vox Pop (deutsch: Stimme des Volkes) handelt es sich um eine Passantenbefragung zur Generierung von O-Tönen (Statements) im Rahmen der TV- und Hörfunk-Berichterstattung.

Webinar
Das Webinar ist ein Kunstwort aus World Wide Web und Seminar, das als Form der Online-Lehre zumeist interaktive Lernformen mit Möglichkeiten zum Dialog zwischen Lehrendem und Lernenden beinhaltet. Als Kommunikationsinstrument ist es hilfreich, um vor allen Dingen in dezentralen Organisationsstrukturen mit vielen Teilnehmern komplexe Inhalte und Botschaften zu transportieren.

Weiche Faktoren
In der Unternehmensführung wird zwischen harten und weichen Faktoren unterschieden, die den Erfolg eines Unternehmens bestimmen. Zu den weichen

Faktoren (Soft Facts) zählen Images, Stimmungen, aber auch Wissen und daraus resultierendes Verhalten (De-/Motivation) sowie Handlungsweisen (Unterstützung/Widerstand). Solche Faktoren heißen weich, weil sie gar nicht oder nur mit Hilfsindikatoren als Kennzahlen darstellbar sind (vgl. auch „Harte Faktoren").

Werbeäquivalenzwert
Der Werbeäquivalenzwert bewertet die Kosten des Platzes redaktioneller Veröffentlichungen, die angefallen wären, falls die gleiche Fläche als Anzeige geschaltet worden wäre. Der Äquivalenzwert dient als Qualitätsindikator in der Medienresonanzanalyse. In der Praxis wird der Werbeäquivalenzwert kaum noch genutzt, da er sich als nicht geeignet erwiesen hat, um den kommunikativen Wertschöpfungsbeitrag und den Return on Investment im betriebswirtschaftlichen Sinn darzulegen.

White Paper
Das White Paper (deutsch: Weißbuch) bezeichnet im Allgemeinen eine Sammlung von Empfehlungen zu einem Thema oder Sachverhalt und bezeichnet im PR-Kontext ein Dossier mit Informationen, das Dialoggruppen zur Urteilsbildung und Entscheidungsfindung aufbereitet wird.

Whistleblower
Der Whistleblower (deutsch: Pfeifenbläser) ist ein Mitarbeiter einer Organisation, der aus gemeinnützigen Motiven und eigenen moralischen Wertvorstellungen die „Alarmglocke" läutet, indem er die Behörden, Medien und Öffentlichkeit informiert, um auf bedenkliche Entwicklungen, Ereignisse oder Vorgänge in seinem Arbeits- oder Wirkungsbereich hinzuweisen und auf Abhilfe zu dringen. Dabei riskiert er seine Arbeitsstelle und seinen Ruf und muss mit Disziplinarmaßnahmen rechnen.

Wiki
Das Wiki (von wikiwiki, hawaiianisch: schnell) bezeichnet eine Seitensammlung im Internet, die von Usern nicht nur gelesen, sondern auch verändert werden kann. Einzelne Seiten oder Artikel sind durch Querverweise verbunden. Eines der bekanntesten Wikis ist das freie Online-Nachschlagewerk Wikipedia, das sich seit seiner Gründung 2001 zur weltweit größten Online-Enzyklopädie entwickelt hat.

Wissensmanagement
Das Wissensmanagement hat die Aufgaben, Wissen zu nutzen (um implizites Wissen durch Mangel an Sichtbarkeit und Anwendbarkeit einsetzbar zu machen), zu aktualisieren (um Wissensbestände zu halten und zu verbessern), zu erhalten (um Wissen ausscheidender Mitarbeiter zu bewahren) und mittels Wissen die Mitarbeiter zu motivieren. Als Erfolgsfaktor für erfolgreiches Wissensmanagement gilt die Unternehmenskultur, so dass Wissensmanagement auch ein wesentliches Handlungsfeld der Internen Kommunikation ist.

Wording
Das Wording (deutsch: Formulierung) sind die in unternehmensinternen Abstimmungsprozessen fachlich, rechtlich bzw. politisch freigegebenen Aussagen und/oder der Wortlaut zu einem Thema, verbunden mit dem Ziel, sachlich und politisch korrekte sowie einheitliche Botschaften zu kommunizieren.

Yellow Press
Mit Yellow Press (deutsch: Regenbogenpresse) wird der Boulevardjournalismus bezeichnet. Das Wort leitet sich ab vom 1895 veröffentlichten Cartoon „The Yellow Kid", das in der New York World erschien und zum Synonym für Sensationspresse wurde. Kennzeichnend für die Yellow Press sind emotionale Themen wie Skandale, viele großformatige (oft durch Paparazzi aufgenommene) Fotos und sensationslüsterne Berichte über das Privatleben von mehr oder weniger bekannten Persönlichkeiten. Nicht selten werden durch die Berichterstattung deren Persönlichkeitsrechte verletzt, so dass es Klagen gegen die Yellow Press gibt, die eine Gegendarstellung seitens des Mediums nach sich ziehen.

Literaturverzeichnis

Aerni, Markus / Bruhn, Manfred (2012): Integrierte Kommunikation. Grundlagen mit zahlreichen Beispielen, Repetitionsfragen mit Antworten und Glossar (2. Auflage), Business Economist: Germany/ Switzerland.

Ahrens, Cynthia / Ahrens, Leif (2015):Leadership-Sprache – Zehn Gebote für ausdrucksstarke und überzeugende Kommunikation, Wiesbaden: Springer Fachmedien.

Allianz SE und Allianz Global Corporate & Specialty SE (2016): Risk Barometer 2016, München: Allianz Global Corporate & Specialty SE.

Authority Report Parse.ly (2015): Understanding Traffic Patterns from the Top News Topics of 2015, New York: Parse.ly.

Barthel, Michael / Shearer, Elisa / Gottfried, Jeffrey / Mitchell, Amy (2015): The Evolving Role of News on Twitter and Facebook, Washington: Pew Research Center.

Becker, Roman / Daschmann, Gregor (2015): Das Fan-Prinzip. Mit emotionaler Kundenbindung Unternehmen erfolgreich steuern, Wiesbaden: Springer Gabler.

Beger, Rudolf / Mathes, Rainer (2014): Unternehmenskommunikation. Grundlagen, Strategien, Instrumente, Wiesbaden: Springer Gabler.

Bell, Martin (2011): Die Krümel für die Wackeren. In: PR REPORT (1/2011), Hamburg: Haymarket Media.

Bentele, Günter / Seidenglanz, René (2015): Ist PR eine Führungsfunktion? Wie Anspruch und Wirklichkeit auseinanderklaffen. In: pressesprecher – Magazin für Öffentlichkeitsarbeit und Kommunikation (12/2015), Berlin: Helios Media.

Bergauer, Anja (2003): Führen aus der Unternehmenskrise. Leitfaden zur erfolgreichen Sanierung, Berlin: Schmidt.

Bergius, Sabine (2010): Investor-Relations-Manager setzen strategisch auf Nachhaltigkeit. In: Handelsblatt (12.10.2010), Düsseldorf: Handelsblatt.

Bittelmeyer, Andrea (2004): Storytelling – Geschichten, die das Unternehmen schreibt. In: managerSeminare (Heft 78), Bonn: managerSeminare.

Bommer, Kay (2016): Investor Relations: Es gibt keine für alle gültige Empfehlung. In: prmagazin (3/2016), Remagen: Verlag Rommerskirchen.

Borchelt, Rick E. / Nielsen, Kristian H. (2014): Public Relations in Science. Managing the trust portfolio. In: Bucchi, Massimiano / Trench, Brian (Hrsg.): Routledge Handbook of Public Communication of Science and Technology. Second Edition, London, New York: Routledge, Taylor & Francis Group.

Bredemeier, Karsten (2007): Der Rhetorik-Code. Orientierungsgebend – Ergebnissichernd, Zürich: Orell Füssli.

Brugger, Florian (2010): Nachhaltigkeit in der Unternehmenskommunikation, Wiesbaden: Springer Gabler.

Bruhn, Manfred (Hrsg.) (2016): Handbuch Strategische Kommunikation, Wiesbaden: Springer Fachmedien.

Bruhn, Manfred (2015): Kommunikationspolitik: Systematischer Einsatz der Kommunikation für Unternehmen (8. Auflage), München: Vahlen.

Bruhn, Manfred / Martin, Sieglinde / Schnebelen, Stefanie (2014): Integrierte Kommunikation in der Praxis. Entwicklungsstand in deutschsprachigen Unternehmen, Wiesbaden: Springer Gabler.

Bruner, Jerome (2003): Making stories, Harvard: Harvard University Press.

Buchele, Mark-Steffen / Pollmann, Rainer / Schmidt, Walter (2016): Kommunikationscontrolling. Starter-Kit zur Konzeption und Implementierung eines Controllingsystems für die Unternehmenskommunikation, Freiburg / München: Haufe Gruppe.

Bundesministerium des Innern (2014): Leitfaden Krisenkommunikation (4. Auflage), Berlin: Bundesministerium des Innern.

Burmann, Christoph / Halaszovich, Tilo / Schade, Michael / Hemmann, Frank (2015): Identitätsbasierte Markenführung. Grundlagen – Strategie – Umsetzung – Controlling (2. Auflage), Wiesbaden: Springer Gabler.

BVDW Fachgruppe Social Media (2014): Social Media Kompass 2014/2015, Düsseldorf: Bundesverband Digitale Wirtschaft (BVDW).

Chase, W. Howard (1984): Issue Management: Origins of the Future, Stamford: Issues. Action Publications.

Coombs, Timothy (2015): Ongoing Crisis Communication: Planning, Managing, and Responding, Kalifornien: Sage.

Denning, Steve (2001): The Springboard: How Storytelling Ignites Action in Knowledge-Era Organizations, Woburn: Butterworth-Heinemann.

Deutsches Patent- und Markenamt (2016): Jahresbericht 2015, München: Deutsches Patent- und Markenamt.

DIN SPEC 1086 (2009): Qualitätsstandards im Controlling, Berlin: DIN Deutsches Institut für Normung.

Di Piazza, Samuel / Eccles, Robert (2003): Vertrauen durch Transparenz. Die Zukunft der Unternehmensberichterstattung, Weinheim: Wiley-VCH.

Derno, Alexander (2016): Jeder ist Autor. In: PR REPORT (5/2016), Salzburg-Eugendorf: Johann Oberauer.

Dudenhöffer, Ferdinand (1998): Abschied vom Massenmarketing: Systemmarken und Beziehungen erobern Märkte, Düsseldorf: Econ-Verlag.

Drechsler, Ralf (2012): Die Bibliothek in der finanziellen Krise: Handlungsempfehlungen für erfolgreiche Krisenkommunikation. In: Praxishandbuch Bibliotheks- und Informationsmarketing, Berlin/Boston: Walter de Gruyter.

EACD / EUPRERA (2016): European Communication Monitor 2016, Brüssel: European Association of Communications Directors / European Public Relations Education and Research Association.

Ecco (2015): Die Tageszeitung auf der roten Liste: So sehen Journalisten die Medienzukunft, Düsseldorf: EC Public Relations.

Eck, Klaus / Eichmeier, Doris (2014): Die Content-Revolution im Unternehmen. Neue Perspektiven durch Content-Marketing und -Strategie, Freiburg / München: Haufe Gruppe.

Edelman (2016): Edelman Trust Barometer 2016, New York: Edelman Berland.

Edelman (2015): Trust Barometer Executive Summary. Annual Global Study, New York: Edelman Berland.

Ernst, Felicitas (2013): Alarm! Und nun?. In: pressesprecher – Magazin für Öffentlichkeitsarbeit und Kommunikation (3/2013), Berlin: Helios Media.

Etzold, Veit (2013): „Der weiße Hai" im Weltraum. Storytelling für Manager, Weinheim: Wiley-VCH.

EY (2014): Effektive Finanzkommunikation: Marktstudie zur Investor-Relations-Organisation, Eschborn: Ernst & Young.

Facebook (2015): 43rd Annual Global Media and Communications Conference, Transcript Facebook Q3 2015 Earnings, Menlo Park: Facebook.

Faktenkontor / news aktuell: Social-Media-Trendmonitor „Social Media: Kommunikation, Strategie, Ziele", Hamburg: Faktenkontor / news aktuell.

FAZ (2016/20): Der Bildersturm im Internet, Frankfurt am Main: Frankfurter Allgemeine Zeitung.

Fearn-Banks, Kathleen (2007): Crisis Communications. A Casebook Approach (3. Auflage), New Jersey: Lawrence Erlbaum Associates Publishers.

Feldhoff, Ellen / Erlach, Christine / Herbert, Carsten (2005): Die Legionäre Roms – eine Stimme, eine Meinung oder etwa doch nicht?, Düsseldorf: E.ON.

Fiedler, Katja / Mast, Claudia (2004): Mitarbeiterzeitschriften im Zeitalter des Intranet. In: Kommunikation & Management (Band 5), Stuttgart: Universität Hohenheim.

Fischerländer, Stefan / Wenz, Christian (2015): Besser auffindbar – Suchmaschinenoptimierung. In: Wenz, Christian / Hauser, Tobias (Hrsg.): Websites optimieren – Das Handbuch (2. Auflage), Wiesbaden: Springer Vieweg.

Förster, Uwe (2016): Siemens: Eine neue „Welt". In: PR REPORT (1/2016), Salzburg-Eugendorf: Johann Oberauer.

Förster, Uwe (2011): Wer fehlt, verliert. In: PR REPORT (1/2011), Hamburg: Haymarket Media.

Forthmann, Jörg / Heintze, Roland (2015): Vordenker in der Krisenkommunikation. Die 10 entscheidenden Erfolgsfaktoren für (Kommunikations-)Manager, Norderstedt: BoD – Books on Demand.

Frank, Ralf (2010): Glaubwürdigkeit als übergeordnetes Ziel. Gute Finanzkommunikation orientiert sich am Nutzer. In: Corporate Finance & Private Equity Guide 2010, München: GoingPublic Media.

Frank, Ralf (2006): Serie, Teil 2: DVFA-Grundsätze für effektive Finanzkommunikation. In: GoingPublic (8/2006), München: GoingPublic Media.

Friedag, Herwig R. / Schmidt, Walter (2011): Balanced Scorecard (4. Auflage), Freiburg: Haufe Gruppe.

Friedag, Herwig R. / Schmidt, Walter (2009): Management 2.0: Kooperation. Der entscheidende Wettbewerbsvorteil, Freiburg / Berlin / München: Haufe Gruppe.

Friedrich, Geraldine (2011): Man kennt sich. In: PR REPORT (3/2011), Hamburg: Haymarket Media.

Fröhlich, Romy / Szyszka, Peter / Bentele, Günter (Hrsg.) (2015): Handbuch der Public Relations. Wissenschaftliche Grundlagen und berufliches Handeln, Wiesbaden: Springer VS.

Fuhr, Julia (2011): Konsument als Kreativchef. In: PAGE (1/2011), Ulm: Ebner.

Gaßner, Volker (2015): Crowdsourcing – Die kollaborative Entwicklung von Ideen, In: Steinke, Lorenz (2015): Die neue Öffentlichkeitsarbeit, Wiesbaden: Springer Gabler.

GfK (2015): Studie „best brands 2015 – das deutsche Markenranking", Nürnberg: GfK.
Grayson, David (2009): Corporate Responsibility und die Medien, Berlin: Centrum für Corporate Citizenship Deutschland.

Grice, Paul (1991): Studies in the way of words, Cambridge: Harvard University.

Groß, Oliver (2009): Spurwechsel – Jetzt mach ich es: Mit der Notizbuchstrategie finden Sie die richtige Lösung, Göttingen: Business Village.

Grosse, Angela (2005): Der Fall „Brent Spar". Die Kampagne gegen die Versenkung der Ölplattform. In: Hamburger Abendblatt (30.04.2005), Hamburg: Axel Springer.

Grupe, Stephanie (2011): Public Relations: Ein Wegweiser für die PR-Praxis, Berlin / Heidelberg: Springer.

Gülde, Sebastian (2010): Hoffen und Harren. In: pressesprecher – Magazin für Öffentlichkeitsarbeit und Kommunikation (7/2010), Berlin: Helios Media.

Herbst, Dieter Georg (2015): Public Relations (4. Auflage), München: BookRix.

Herbst, Dieter Georg (2014a): Storytelling (3. Auflage), Konstanz: UVK Verlagsgesellschaft.

Herbst, Dieter Georg (2014b): Rede mit mir. Warum Interne Kommunikation für Mitarbeiter so wichtig ist und wie sie funktionieren kann (2. Auflage), Berlin: School for Communication and Management.

Herbst, Dieter Georg (2008): Public Relations für die Marke. In: Hermanns, Arnold / Ringle, Tanja / Overloop van, Pascal C. (Hrsg.): Handbuch Markenkommunikation, München: Franz Vahlen.

Herbst, Dieter Georg (2003): Praxishandbuch Unternehmenskommunikaion, Berlin: Cornelsen.

Hoffjann, Olaf / Pleil, Thomas (Hrsg.) (2015): Strategische Onlinekommunikation. Theoretische Konzepte und empirische Befunde, Wiesbaden: Springer VS.

Homberger, Natalie (2006): Storytelling in der Internen Kommunikation – Eine Welt in sich. In: Berg, Hermann-Josef / Kalthoff-Mahnke, Michael / Wolf, Eberhard: Jahrbuch der Internen Kommunikation, Dortmund: Kalthoff-Mahnke Kommunikation.

Howe, Jörg (2012): Social Media Leitfaden – 10 Tipps zum Umgang mit Social Media, Stuttgart: Daimler.

Huck-Sandhu, Simone (2006): Glaubwürdigkeit: Erfolgsfaktor für die Unternehmenskommunikation. Ergebnisse einer qualitativen Befragung von Kommunikationsverantwortlichen, Stuttgart: Universität Hohenheim.

Immerschitt, Wolfgang (2015): Aktive Krisenkommunikation. Erste Hilfe für Management und Krisenstab, Wiesbaden: Springer Gabler.

Issues Management Gesellschaft Deutschland e.V. (2007): Ergebnisse einer Expertenbefragung, Frankfurt am Main: Frankfurter Allgemeine Buch im FAZ-Institut.

Journalistenzentrum Wirtschaft und Verwaltung (2010): Kommunikation zwischen Pressestellen und Medien im Wandel, Berlin: Zimpel.

Kalt, Gero / Kinter, Achim / Kuhn, Michael (Hrsg.) (2009): Strategisches Issues Management: Vom erfolgreichen Umgang mit Krisen und Profilierungsthemen. Konzepte – Implikationen – Best Practices, Frankfurt am Main: Frankfurter Allgemeine Buch im FAZ-Institut.

Kalt, Gero / Kinter, Achim (2003): Chefsache Issues Management. Ein Instrument zur strategischen Unternehmensführung – Grundlagen, Praxis, Trends, Frankfurt am Main: Frankfurter Allgemeine Buch im FAZ-Institut.

Kaplan, Robert S. / Norton, David P. (2004): Strategy Maps: Converting Intangible Assets into Tangible Outcomes, Boston: Harvard Business School Press.

Kaplan, Robert S./Norton, David P. (1997): The Balanced Scorecard. Translating Strategy into Action, Boston: Harvard Business Review Press.

Kirchhoff, Klaus Rainer / Piwinger, Manfred (2009): Praxishandbuch Investor Relations. Das Standardwerk der Finanzkommunikation (2. Auflage), Wiesbaden: Gabler.

Knittel, Christopher R. / Stango, Victor (2012): Celebrity Endorgements, Firm Value and Reputation Risk: Evidence from the Tiger Woods Scandal. California/Massachusetts: University of California/Massachusetts Institute of Technology and NBER.

Koch, Wolfgang / Frees, Beate (2016): Ergebnisse der ARD/ZDF-Online-Studie 2016: Internetnutzung: Frequenz und Vielfalt nehmen in allen Altersgruppen zu. In: Media Perspektiven (10/2016), Frankfurt am Main: ARD-Werbung Sales & Services.

Köhler, Kristin (2015): Investor Relations in Deutschland. Institutionalisierung – Professionalisierung – Kapitalmarktentwicklung – Perspektiven, Wiesbaden: Springer Gabler.

Kotler, Philip / Bliemel, Friedhelm (2005): Marketing-Management. Analyse, Planung und Verwirklichung (10. Auflage), München: Pearson Studium.

Krüger, Florian (2015): Corporate Storytelling. Theorie und Empirie narrativer Public Relations in der Unternehmenskommunikation, Wiesbaden: Springer VS.

Kuhn, Michael (2007): A virtual Network. In: Kuhn, Michael / Kalt, Gero / Kinter, Achim: Chefsache Issues Management. Ein Instrument zur strategischen Unternehmensführung – Grundlagen, Praxis, Trends, Frankfurt am Main: Frankfurter Allgemeine Buch im FAZ-Institut.

Kümmel, Antje (2009): Interne Kommunikation 2009 – Was bleibt, was kommt, was ist zu verbessern?, Köln: Kommunikationsblog.de.

Laudenbach, Peter (2014): Die Event-Maschine. In: brand eins: Agenturen. Hör zu (12/2014), Hamburg: brand eins Verlag.

Leitl, Michael (2005): Was ist Corporate Social Responsibility? In: Harvard Business Manager (2/2005), Hamburg: Manager Magazin.

Li, Charlene / Bernoff, Josh (2011): Groundswell: Winning in a world transformed by social Technologies, Massachusetts: Harvard Business School Publishing.

Lies, Jan (2016): Kompakt-Lexikon PR. 2.000 Begriffe nachschlagen, verstehen und anwenden, Wiesbaden: Springer Gabler.

Linke, Anne (2015): Management der Online-Kommunikation von Unternehmen. Steuerungsprozesse, Multi-Loop-Prozesse und Governance. Wiesbaden: Springer VS.

Löhneysen, Gisela von (1982): Die rechtzeitige Erkennung von Unternehmenskrisen mit Hilfe von Frühwarnsystemen als Voraussetzung für ein wirksames Krisenmanagement, Göttingen: Universität Göttingen.

Lotter, Wolf (2009): Propaganda! Public Relations will so gern objektiv erscheinen. In: brand eins: Sagen, was Sache ist (2/2009), Hamburg: brand eins Verlag.

Lyseggen, Jorn (2010): The Future of Content, Oslo: Meltwater Group.

Mangold, Marc (2002): Markenmanagement durch Storytelling, München: FGM.

Mast, Claudia (2013): Unternehmenskommunikation. Ein Leitfaden (5. Auflage), Konstanz und München: UVK.

Mast, Claudia (2010): Bestandsaufnahme zur internen Kommunikation. In: Schönefeldt, Ute: Zeitschrift Personalführung (11/2010), Düsseldorf: DGFP Deutsche Gesellschaft für Personalführung e.V.

Meffert, Heribert / Burmann, Christoph / Kirchgeorg, Manfred (2015): Marketing: Grundlagen marktorientierter Unternehmensführung. Konzepte, Instrumente, Praxisbeispiele (12. Auflage), Wiesbaden: Springer Gabler.

Microsoft (2015): Attention spans, Ontario: Microsoft Canada.

Möhrle, Hartwin (2016): Krisen-PR – Risiken und Krisen souverän managen – Das Handbuch der Kommunikations-Profis, Frankfurt am Main: Frankfurter Allgemeine Buch im FAZ-Institut.

Möhrle, Hartwin (2007): Krisen-PR – Krisen erkennen, meistern und vorbeugen – Ein Handbuch von Profis für Profis (2. Auflage), Frankfurt am Main: Frankfurter Allgemeine Buch im FAZ-Institut.

Moore, Simon / Seymour, Mike (2005): Global Technology and Corporate Crisis: Strategies, Planning and Communication in the Information Age, New York: Taylor & Francis.

Nicolai, Susanne (2016): Intern gleich extern? Nicht in der Krisenkommunikation. In: pressesprecher – Magazin für Öffentlichkeitsarbeit und Kommunikation (4/2016), Berlin: Helios Media.

Nielsen (2015): Global Trust in Advertising. Winning Strategies for an evolving Media landscape, New York: Nielsen Company.

Nieschlag, Robert / Dichtl, Erwin / Hörschgen, Hans (2002): Marketing (19. Auflage), Berlin: Duncker & Humblot.

Oltmanns, Torsten / Kleinaltenkamp, Michael / Ehret, Michael (2009): Kommunikation und Krise. Wie Entscheider die Wirklichkeit definieren, Wiesbaden: Gabler.

Paries, Sabina (2016): Die Macht der Bilder. Das 1x1 des PR-Fotos, Eugendorf: Oberauer.

Perrey, Jesko / Meyer, Thomas (2009): Mega-Macht Marke: Erfolg messen, machen, managen (3. Auflage), München: Redline.

Pfannenberg, Jörg (Hrsg.) (2013): Veränderungskommunikation. So unterstützen Sie den Change Prozess wirkungsvoll. Themen, Prozesse, Umsetzung (3. Auflage), Frankfurt am Main: Frankfurter Allgemeine Buch im FAZ-Institut.

Pfannenberg, Jörg / Zerfaß, Ansgar (2010): Wertschöpfung durch Kommunikation: Kommunikations-Controlling in der Unternehmenspraxis, Frankfurt am Main: Frankfurter Allgemeine Buch im FAZ-Institut.

Pfannenberg, Jörg (2009): Die Balanced Scorecard im strategischen Kommunikations-Controlling (communicationcontrolling.de Dossier Nr. 2), Berlin / Leipzig: DPRG / Universität Leipzig.

Pfannenberg, Jörg / Sass, Jan (2007): Werttreiber, Value Links und Key Performance Indicators der Kommunikation. In: Theoretische Grundlagen. Thesenpapiere des Arbeitskreises „Wertschöpfung durch Kommunikation", Berlin: DPRG.

Pflaum, Dieter / Linxweiler, Richard (1998): Public Relations der Unternehmung, Landsberg am Lech: Verlag Moderne Industrie.

Pilsczek, Rafael Robert (2013): Mehr Sein als Schein. Wie wir die Welt sehen, Hamburg: PPR-Hamburg.

Piwinger, Manfred / Porák, Victor (2005): Kommunikations-Controlling: Kommunikation und Information quantifizieren und finanziell bewerten, Wiesbaden: Gabler.

Pleil, Thomas / Zerfaß, Ansgar (2014): Internet und Social Software in der Unternehmenskommunikation. In: Zerfaß, Ansgar / Piwinger, Manfred (Hrsg.): Handbuch Unternehmenskommunikation. Strategie – Management – Wertschöpfung (2. Auflage), Wiesbaden: Springer Gabler.

Popp, Dirk (2016): Unter Feinden? Erfolgreich agieren in der Krisenkommunikation. Gesprächsbeitrag bei der Veranstaltung PR Morgen des Bundesverbandes deutscher Pressesprecher e.V. am 20.07.2016 in der Microsoft-Repräsentanz, Berlin. (Eigenes Gesprächsprotokoll)

PricewaterhouseCoopers / Kirchhoff (2005): Kapitalmarktkommunikation in Deutschland. Investor Relations und Corporate Reporting, Frankfurt am Main / München: PricewaterhouseCoopers / Kirchhoff Consult AG.

Purkiss, John / Royston-Lee, David (2009): Brand You: Turn Your Unique Talents into a Winning Formula, Oklahoma: Artesian Publishing.

Puscher, Frank (2015): Content Marketing bei Bosch: Unsere Nutzer werden zu Storytellern. In: Absatzwirtschaft (03/2015), Hamburg: Meedia.

Püttjer, Christian / Schnierda, Uwe (2002): Die heimlichen Spielregeln der Verhandlung, Frankfurt am Main: Campus.

Quast, Thomas (2007): Bedeutung und Eignung von Events als PR-Instrument in der Einschätzung von Kommunikationsprofis: Status Quo und Trends. In: pr-magazin (1/2007), Remagen: Verlag Rommerskirchen.

Radeljic, Josko (2014): Nachhaltigkeit – ein Thema der Investor Relations. In: Börsen-Zeitung (6/2014), Frankfurt am Main: Herausgebergemeinschaft Wertpapier-Mitteilungen.

Rao, Hayagreeva und Sivakumar, Kumar (1999): Institutional Sources of Boundary-Spanning Structures: The establishment of Investor Relation Department in the Fortune 500 Industrials. In: Organization Science (1/2010), Thousand Oaks: Sage.

Repucom (2015): National Brand Study (Interne Unterlage), Köln: Repucom.

Riecher-Rössler, Anita / Berger, Pascal (2004): Definition der Krise und Krisenassessment. In: Riecher-Rössler, Anita / Berger, Pascal / Yilmaz, Ali Tarik / Stieglitz, Rolf-Dieter (Hrsg.): Psychiatrisch-psychotherapeutische Krisenintervention, Göttingen: Hogrefe Verlag.

Ries, Klaus / Wiedemann, Peter M. (2005): Unternehmen im öffentlichen Blickfeld. Zur Funktion und Implementierung von Issues-Management-Systemen. In: Kuhn, Michael / Kalt, Gero / Kinter, Achim (Hrsg.): Chefsache Issues Management. Ein Instrument zur strategischen Unternehmensförderung – Grundlagen, Praxis, Trends, Frankfurt am Main: Frankfurter Allgemeine Buch im FAZ-Institut.

Rolke, Lothar / Zerfaß, Ansgar (2014): Erfolgsmessung und Controlling der Unternehmenskommunikation: Wertbeitrag, Bezugsrahmen und Vorgehensweisen. In: Zerfaß, Ansgar / Piwinger, Manfred (Hrsg.): Handbuch Unternehmenskommunikation, Wiesbaden: Springer Gabler.

Rolke, Lothar (2014): Der Stakeholder-Kompass. In: Paul, Herbert / Wollny, Volrad (Hrsg.): Instrumente des strategischen Managements: Grundlagen und Anwendung (2. Auflage), München: Oldenbourg Wirtschaftsverlag.

Rolke, Lothar / Wolff, Volker (2000): Finanzkommunikation Kurspflege durch Meinungspflege. Die neuen Spielregeln am Aktienmarkt, Frankfurt am Main: Frankfurter Allgemeine Buch im FAZ-Institut.

Rommerskirchen (2016): Journalistische Recherche im Netz. Ergebnisse einer Befragungsstudie von Januar 2016, Remagen: Verlag Rommerskirchen.

Roselieb, Frank / Dreher, Marion (Hrsg.) (2008): Krisenmanagement in der Praxis. Von erfolgreichen Krisenmanagern lernen, Berlin: Erich Schmidt Verlag.

Roselieb, Frank (2002): New Crisis Communications? – Krisenkommunikation und Issues Management in der New Economy. In: Roselieb, Frank (Hrsg.): Die Krisen managen, Frankfurt am Main: Frankfurter Allgemeine Buch im FAZ-Institut.

Rosen, Rüdiger von (2010): Innovative Instrumente der Finanzkommunikation. Studien des Deutschen Aktieninstituts, Frankfurt am Main: Deutsches Aktieninstitut.

Rosenbach, Marcel (2015): Foto-Fast-Food. In: Spiegel (53/2015), Hamburg: Spiegel-Verlag Rudolf Augstein.

Rossi, Carsten / Gatz, Nicole (2015): Die Zukunft der Mitarbeiterzeitung, Düsseldorf / Berlin: Kuhn, Kammann & Kuhn und School for Communication and Management (SCM).

Roth, George / Kleiner, Art (1997): Learning Histories: A New Tool For Turning Organizational Experience Into Action. In: Harvard Business Review (10/1997), Boston: Harvard Business Publishing.

Rupp, Miriam (2016): Storytelling für Unternehmen – Mit Geschichten zum Erfolg in Content Marketing, PR, Social Media, Employer Branding und Leadership, Frechen: mitp.

Sammer, Peter (2014): Storytelling, Köln: O'Reilly Verlag.

Sanders, Frank / Mathias Bucksteeg (2008): Achtung, Hochspannung. In: prmagazin (11/2008), Remagen: Verlag Rommerskirchen.

Sauvant, Nicole (2002): Professionelle Online-PR – Die besten Strategien für Pressearbeit, Investor Relations, Interne Kommunikation, Krisen-PR, Frankfurt am Main / New York: Campus.

Schach, Annika / Christoph, Cathrin (2015): Compliance in der Unternehmenskommunikation. Strategie, Umsetzung und Auswirkungen, Wiesbaden: Springer Gabler.

Scharf, Andreas / Schubert, Bernd (2015): Marketing – Einführung in Theorie und Praxis (6. Auflage), Stuttgart: Schäffer-Poeschel.

Scharrer (2014): Flipper statt Bowling. In: Horizont (30/2014), Frankfurt am Main: Deutscher Fachverlag.

Schick, Siegfried (2014): Interne Unternehmenskommunikation. Strategien entwickeln, Strukturen schaffen, Prozesse steuern (5. Auflage), Stuttgart: Schäffer-Poeschel.

Schmidt, Klaus (2008): Identitätsorientierung als Leitlinie der Markenführung. In: Hermanns, Arnold / Ringle, Tanja / Overloop van, Pascal C. (Hrsg.): Handbuch Markenkommunikation, München: Franz Vahlen.

Schnorrenberg, Thomas (2008): Investor Relations Management: Praxisleitfaden für erfolgreiche Finanzkommunikation, Wiesbaden: Gabler.

Schultz, Don / Schultz, Heidi (1998): Transitioning Marketing Communication into the 21st Century. In: Journal of Marketing Communications (Volume 4 / Issue 1), New York: Taylor & Francis Group.

Schulz-Bruhdoel, Norbert (2013): Die PR- und Pressefibel (6. Auflage), Frankfurt am Main: Frankfurter Allgemeine Buch im FAZ-Institut.

Schuwirth, Sven (2008): Planung von integrierter Markenkommunikation am Beispiel der Audi AG. In: Hermanns, Arnold / Ringle, Tanja / Overloop van, Pascal C. (Hrsg.): Handbuch Markenkommunikation, München: Franz Vahlen.

Schwarz, Andreas (2010): Krisen-PR aus Sicht der Stakeholder. Der Einfluss von Ursachen- und Verantwortungszuschreibungen auf die Reputation von Unternehmen, Wiesbaden: VS.

Seymour, Mike / Moore, Simon (2000): Effective Crisis Management: Worldwide Principles and Practice, London: Continuum International Publishing Group.

Steinke, Lorenz (2015): Die neue Öffentlichkeitsarbeit. Wie gute Kommunikation heute funktioniert: Strategien – Instrumente – Fallbeispiele, Wiesbaden: Springer Gabler.

Steinke, Lorenz (2014): Kommunizieren in der Krise. Nachhaltige PR-Werkzeuge für schwierige Zeiten, Wiesbaden: Springer Gabler.

Stickelbrucks, Tim (2016): Das klingt nach einer großen Chance. In: W&V (15/2016), München: Werben & Verkaufen.

Storck, Christopher (2015): Verfahren zur Messung der PR-Wirkung. In: Esch, Franz-Rudolf / Langner, Tobias / Bruhn, Manfred (Hrsg.): Handbuch Controlling der Kommunikation, Wiesbaden: Springer Gabler.

Storck, Christopher (2012): Strategie braucht Kommunikation. Führen mit messbaren Zielen, um Komplexität zu meistern. In: Kommunikationsmanager (1/2012), Frankfurt am Main: Frankfurt Business Media.

Storck, Christopher / Stobbe, Christopher (2011): Positionspapier Kommunikations-Controlling, Bonn/Gauting: Deutsche Public Relations Gesellschaft e.V. (DPRG) und Internationaler Controller Verein (ICV).

Stotschek, Daniela (2003): Das Intranet als Medium der Mitarbeiterkommunikation. Theoretische Grundlagen und empirische Bestandsaufnahmen der Situation in österreichischen Unternehmen, Salzburg: Universität Salzburg.

Swoboda, Bernhard / Giersch, Judith (2007): Internationales Corporate Brand Management – Das Beispiel Henkel, Trier: Universität Trier.

Szyska, Peter (2001): Produkt-PR, Aufwand ohne Nutzen oder nützlicher Aufwand? In: Bentele, Günter / Piwinger, Manfred / Schönborn, Gregor: Kommunikationsmanagement, Strategien, Wissen, Lösungen, Neuwied: Kriftel.

Szyszka, Peter (1994): Journalisten in der Öffentlichkeitsarbeit? In: Reineke, Wolfgang / Eisele, Hans: Taschenbuch der Öffentlichkeitsarbeit – Public Relations in der Gesamtkommunikation (2. Auflage), Heidelberg: Sauer.

Telekom (2016): Das Geschäftsjahr 2015 –Antworten für die digitale Zukunft, Bonn: Deutsche Telekom.

Thier, Karin (2010): Storytelling. Eine Methode für das Change-, Marken-, Qualitäts- und Wissensmanagement (2. Auflage), Heidelberg: Springer.

Töpfer, Armin (1999): Plötzliche Unternehmenskrisen – Gefahr oder Chance? Grundlagen des Krisenmanagement, Praxisfälle, Grundsätze zur Krisenvorsorge, Neuwied: Luchterhand.

Treibstoff (2016): Virtual Reality: Neue Welten (5/2016), Hamburg: news aktuell.

Trommsdorf, Volker (2011): Positionierung und Markenstrategien, Berlin: Technische Universität Berlin.

Van Riel, Cees / Fombrun, Charles F. (2006): Essentials of Corporate Communication: Implementing practices for effective reputation management, Abingdon: Taylor & Francis.

Vollbracht, Matthias (2016): Engagements der Geldgeber sind ein Glücksspiel. In: PR REPORT (5/2016), Salzburg-Eugendorf: Johann Oberauer.

Voss, Jochen (2005): To blog or not to blog. In: prmagazin (3/2005), Remagen: Verlag Rommerskirchen.

Wartburg, Walter von (2003): Das Ansehen verbessern – den Ruf schützen. In: Frankfurter Allgemeine Zeitung (07.04.2003), Frankfurt am Main: Frankfurter Allgemeine Zeitung.

Watson, Tom / Noble, Paul (2014): Evaluating Public Relations: A Guide to Planning, Research and Measurement (3. Auflage), London: IPCR.

Weber, Torsten (2015): CSR und Produktmanagement. Langfristige Wettbewerbsvorteile durch nachhaltige Produkte, Wiesbaden: Springer Gabler.

Weill, Claude (2004): Die Finanzgemeinde liebt keine Überraschungen. In: Medienpartner SPRG (9/2004), Zürich: Schweizer Public Relations Gesellschaft.

Wenz, Christian / Hauser, Tobias (Hrsg.) (2015): Websites optimieren – Das Handbuch (2. Auflage), Wiesbaden: Springer Vieweg.

Westner, Markus K. (2006): Über aktuelle Weblog-Scripte und -Service. In: Arnold, Picot / Fischer, Tim (Hrsg.): Weblogs professionell. Grundlagen, Konzepte und Praxis im unternehmerischen Umfeld, Heidelberg: dpunkt.

Westphal, Susanne (2003): Unternehmenskommunikation in Krisenzeiten. Glaubwürdig und offen kommunizieren gegenüber Mitarbeitern, Geschäftspartnern, Investoren und Medien, Weinheim: Wiley-VCH.

Winter, Egger / Springer Fachmedien Wiesbaden (Hrsg.) (2014): Gabler Wirtschaftslexikon (18. Auflage), Wiesbaden: Springer Gabler.

Xetra Deutsche Börse Group (2010): Ihr Weg an die Börse – Ein Leitfaden, Frankfurt am Main: Deutsche Börse.

Zerfaß, Ansgar (2015a): Kommunikations-Controlling: Steuerung und Wertschöpfung. In: Fröhlich, Romy / Szyska, Peter / Bentele, Günter (Hrsg.): Handbuch der Public Relations (3. Auflage), Wiesbaden: Springer VS.

Zerfaß, Ansgar (2010): Unternehmensführung und Öffentlichkeitsarbeit. Grundlegung einer Theorie der Unternehmenskommunikation und Public Relations (3. Auflage), Opladen: Westdeutscher Verlag.

Zerfaß, Ansgar (2004): Die Corporate Communications Scorecard – Kennzahlensystem, Optimierungstool oder strategisches Steuerungsinstrument? In: pr-portal.de (57), Frankfurt am Main: Hunstein & Kang.

Zerfaß, Ansgar (1997): Pressearbeit im Internet. In: Public Relations – Brief der Deutschen Public Relations Gesellschaft, Berlin: Deutsche Public Relations Gesellschaft.

Zerfaß, Florian (2015b): Porsche-Prozess: Das Schweigen des Kommunikators Anton Hunger. In: Wirtschaftswoche (43/2015), Düsseldorf: Handelsblatt.

Stimmen zum Buch

„Das 1×1 der Unternehmenskommunikation ist ein Buch für Praktiker, die eine sich ständig verändernde Kommunikationswelt aktiv mitgestalten wollen. Es unterstreicht die Notwendigkeit, innovationsfähig zu bleiben, und rückt die notwendigen Grundlagen für eine professionelle Kommunikationsarbeit in den Blickpunkt: ein gelungener Wegweiser für die aktuelle Praxis."
Thomas Dillmann, Chefredakteur PR-Journal

„Das Buch gehört auf den Schreibtisch von allen, die erfahren möchten, wie professionelle Kommunikation in der Praxis funktioniert. Ein übersichtliches Nachschlagewerk insbesondere zu aktuellen Sponsoring- und PR-Themen. Klare Sprache, gute Struktur und interessante Beispiele machen viel Freude beim Lesen."
Sven Hannawald, zweifacher Skiflug-Weltmeister und Geschäftsführer der Sven Hannawald & Sven Ehricht Unternehmensberatung GmbH

„Kompakt und übersichtlich stellt das Buch die wesentlichen Trends der Unternehmenskommunikation vor und beleuchtet dabei die Beziehungen zwischen Journalisten und Pressesprechern. Ein unterhaltsamer Ratgeber aus der Praxis für die Praxis, der nicht nur Einsteigern wertvolle Tipps für den Medienalltag gibt."
Tina Hassel, Studioleiterin und Chefredakteurin Fernsehen im ARD-Hauptstadtstudio

„Ein gelungenes Grundlagenwerk praktischer Unternehmenskommunikation. Das Buch bietet einen spannenden Einblick in den PR- und Marketing-Alltag mit vielfältigen Praxisbeispielen aus mittelständischen und börsennotierten Unternehmen sowie Behörden und Verbänden."
Alexander Jobst, Vorstand Marketing FC Gelsenkirchen-Schalke 04 e.V.

„Mirco Hillmann zeigt, wie erfolgreiche Unternehmenskommunikation in der Praxis funktioniert. Einsteiger und Profis profitieren gleichermaßen davon, da das Buch nicht nur einen Überblick über die theoretischen Grundlagen vermittelt, sondern auch wertvolle Tipps für den PR-Alltag liefert."
Susanne Marell, CEO Edelman.ergo GmbH

„Das 1×1 der Unternehmenskommunikation verbindet anschaulich Theorie und Praxis der Public Relations. Dabei werden Ereignisse aus dem Kommunikationsalltag mit fachlichem Wissen unterlegt und bewertet. Ein praktischer Ideengeber, der sowohl Einsteigern als auch erfahrenen Kommunikatoren Impulse für die eigene Kommunikationsarbeit gibt."
Norbert Minwegen, Präsident der Deutschen Public Relations Gesellschaft e.V.

Der Autor

Mirco Hillmann ist als Pressesprecher bei dem Energieunternehmen GAZPROM Germania GmbH tätig, das mit den Hauptgeschäftsfeldern Erdgashandel und Erdgasspeicherung in über 20 Ländern weltweit vertreten ist. Der gelernte Journalist arbeitete zuvor mehrere Jahre für den Konsumgüterhersteller Henkel und den Energie-Konzern E.ON, wo er in ähnlicher Position nationale und internationale Projekte in den Bereichen Interne und Externe Kommunikation, Change Management, Presse- und Öffentlichkeitsarbeit sowie Krisenkommunikation verantwortete. Als Lehrbeauftragter der Kommunikations- und Wirtschaftswissenschaften gibt Mirco Hillmann seit vielen Jahren Gastvorträge und Seminare an deutschen Hochschulen, unter anderem an der Technischen Universität Chemnitz und Fachhochschule Erfurt. Er ist Mitglied im Bundesverband deutscher Pressesprecher (BdP) und in der Deutschen Public Relations Gesellschaft (DPRG).

Printed in Poland
by Amazon Fulfillment
Poland Sp. z o.o., Wrocław